건강·영양 및 안전

아동영양과 건강교육

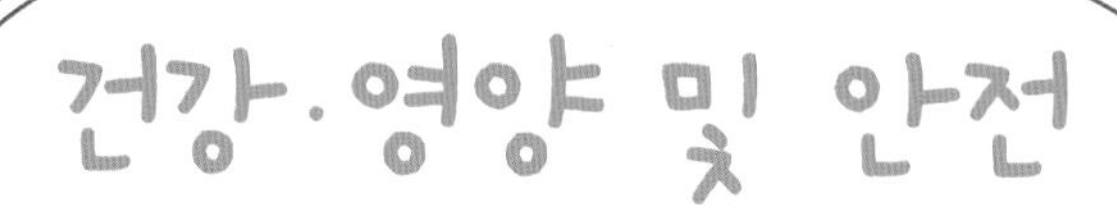

아동영양과 건강교육

송태희 · 곽현주 · 우인애 · 김용선 · 이현옥 · 백성희

(주)교 문 사

머리말

가족구조의 변화와 여성의 사회활동이 증가함에 따라 가정에서 어머니가 주로 담당하던 아동의 영양과 건강이 점차 영유아보육시설 및 유아교육기관에서 담당하게 되었습니다. 따라서 아동의 영양과 건강뿐만 아니라 안전에 관한 중요성이 점차 대두되고 있으며, 유아교사의 책임 또한 증가하고 았는 실정입니다. 보육시설 및 유아교육기관의 교사들이 아동의 발달 단계와 그에 따른 영양과 건강, 그리고 안전에 대하여 바르게 알고 적용할 필요성이 대두되어 이 책을 집필하게 되었습니다.

이 책은 아동관련 공부를 하는 학생들이 교육현장에서 바로 사용할 수 있도록 건강 · 영양과 안전에 관한 이론과 활동이 겸비된 유익한 자료가 되도록 '건강 · 영양과 안전' 을 중심으로 이론과 활동 영역으로 구성하였습니다. 1부는 〈영양과 건강〉으로 식품영양학과 간호학을 전공한 교수들이 성장과 발달, 건강문제와 건강교육, 영양소와 영양섭취기준, 건강문제와 건강관리, 영양과 식생활 관리, 식품과 위생, 안전관리와 응급처치로 구성되었으며, 보육시설과 유치원에서 필요한 영양, 건강, 안전의 기초 이론과 실제 적용을 위한 사례를 수록하였습니다.

2부는 유아교육을 전공한 교수가 유아교육기관 현장에서 영양, 건강과 안전에 관한 활동 수업을 할 수 있도록 수업 준비 과정에서부터 내용까지 자세하게 수록한 활동 모음으로 〈영양 · 건강 및 안전활동의 실제〉로 구성하였습니다.

부록에는 건강 · 영양 및 안전에 관련된 월별 식단과 보육시설 평가인증 및 유치원 평가에 관련된 서류를 수록하였습니다.

이 책의 자료들이 예비 유아교사 및 현직 교사에게 도움이 되길 바라는 마음에서 저자들이 여러 번 모여 교육 경험과 현장 경험을 토론하고, 정성을 다하여 자료를 모으고 정리하였습니다. 그러나 부족한 부분은 추후 전문가들의 자문과 독자들의 의견에 따라 꾸준히 수정, 보완하여 더 좋은 책으로 거듭나고자 합니다.

끝으로 이 책에 사진을 포함한 다양한 자료를 제공해 주신 면일어린이집에 감사드리며, 이 책이 출판되도록 도와주신 (주)교문사 류제동 사장님과 영업부, 편집부 여러분께 감사드립니다.

2010년 8월
저자 일동

차 례

Chapter 5 식품과 위생

Chapter 6 안전관리와 응급처치

제2부 영양 · 건강 및 안전활동의 실제

영양교육: 음식

건강 · 안전교육: 건강과 안전

부 록

Nutrition and Health Education for Young Children

PART 1

영양과 건강

영아기란 태어나서 1세까지의 기간을, 유아기는 생후 1~5세의 기간을 말한다. 영아기는 태아기 다음으로 성장이 왕성한 시기이고, 유아기에는 언어를 이해하고 표현하며, 음식에 대한 욕구 표현도 분명해지고 독립성도 증가하여 스스로 음식을 먹을 수 있으며, 골격과 근육이 크게 발달하는 시기이다. 학령기 전기는 6~9세로 지속적이고 완만한 성장을 이루는 시기이다.

Chapter 1

성장 발달

1. 아동기의 특징

1) 영아기

영아기란 태어나서 1세까지를 말하며, 태아기 다음으로 성장이 왕성한 시기로 신체적으로 신장은 2배, 체중은 3배까지 증가한다. 또한 신경세포의 분열이 활발하고 신경, 골격 및 근육이 발달하여 앉고, 기고, 서고, 뛰는 등 운동기능이 점차 발달하며 정교해진다.

이 기간에 영양이 부족하게 되면 영양 장애를 유발하고, 영양이 과잉되면 세포수의 증가로 비만이 유발되므로 이 시기에 맞는 적절한 영양 공급이 필요하다.

2) 유아기

유아기는 생후 1~5세를 말하며, 영아기에 비해 성장 발달 속도가 둔화되는 기간이다. 유아기에는 언어를 이해하고 표현할 수 있으며, 음식에 대한 욕구 표현이 분명해지고 독립성도 증가하여 스스로 음식을 먹을 수 있고, 골격과 근육이 크게 발달하는 시기이다.

3) 학령기

학령기는 6~12세를 말한다. 그 중 전기에 해당하는 6~9세는 지속적이고 완만한 성장을 이루는 시기이며, 후기에 해당하는 10~12세는 남아의 경우 골격이 발달하고, 여아는 지방의 축적이 현저해진다.

2. 아동기의 성장 발달

성장은 신체 크기의 증가를, 발달은 신체조직 또는 기관의 구조 및 기능의 변화로 활동의 폭을 넓히는 과정을 말하며, 발육은 성장과 발달을 모두 포함하고 있다. 아동의 성장을 알아보는 일반적인 지표로 체중과 신장이 사용되고 있다.

표 1-1 인간의 발육 단계

발육의 구분		연 령	특 징
배아기 (embryonic period)		임신 전기 (임신 3개월)	• 세포의 급속한 분화(hyperplasia predominant period) • 신체 기관과 구조의 형성
태아 전기 (early fetal period)		임신 중기 (임신 4~6개월)	• 세포의 수와 크기 증가 (hyperplasia and hypertrophy period)
태아 후기 (late fetal period)		임신 말기 (임신 7개월~분만)	• 세포 크기 증가(hypertrophy period) • 출생 후 환경변화에 대한 적응 준비
분만기 (parturient period)		진통과 분만	• 환경의 급격한 변화 • 자궁 내 수중 환경에서 자궁 밖 대기 환경
신생아기 (neonatal period)		출생 후 2주간	• 대기 환경에 대한 적응 • 휴 식
영아기 (infant)	전 기	2주~5개월	• 제1 발육 급진기 • 기본적인 신체 및 심리기능 형성
	후 기	6~11개월	
유아기 (preschool period)	전 기	1~2세	• 신체 활동 증가 • 신체 또는 심리 기능 숙련(빠른 학습 속도)
	후 기	3~5세	
학령기 (school period)	전 기	6~9세	• 지속적이고 완만한 성장 • 남아는 골격 발달, 여아는 지방 축적 현저
	후 기	10~12세	

자료 : 이상일 외(2002). 영유아영양. 교문사, p10 일부 수정

1) 신장 및 체중의 성장

우리나라 영아의 출생 시 평균체중은 남아 3.41kg, 여아 3.29kg이며, 평균신장은 남아 50.12cm, 여아 49.35cm이다. 보통 영아는 출생 후 3개월에 체중이 2배로 증가하며 그 이후로 증가율이 다소 늦어져 1세가 되면 출생 시 3배 정도가 된다. 2세가 되면 출생 시의 4배로 증가하고, 매년 2~3kg씩 증가하게 된다. 신장은 생후 1년 동안 25~30cm가 커서 약 1.5배가 되며, 유아기는 영아기보다 성장 속도가 다소 감소하여 4세가 되면 태어날 때의 2배가 되고, 그 이후로는 매년 5~7cm 정도씩 자라게 된다. 2008년 대한소아과학회에서 발표한 우리나라 소아 · 청소년의 신체발육표준치는 표 1-2와 같고, 표준성장도표는 그림 1-1~그림 1-4와 같다. 보육시설에서의 영유아의 성장에 관한 기록은 18개월 미만의 아동의 경우 2개월마다, 그 이상의 아동은 6개월마다 측정하여 기록한다.

퍼센타일(percentile, ‰)

표준성장도표에 나타난 퍼센타일이나 백분위는 같은 성별 · 연령별 신체계측치를 작은 것에서부터 큰 순서로 놓고, 전체를 100으로 보아 몇 번째에 위치하는지를 나타내는 것이다.
표준성장도표은 그림 1-1~그림 1-4까지 보듯이 3, 10, 25, 50, 75, 90, 97퍼센타일로 되어 있으며, 이 곡선에서 3~97퍼센타일에 있으면 정상범위에 속한다고 본다. 3퍼센타일 이하면 비정상적으로 너무 작다고 할 수 있으며, 97퍼센타일 이상이면 비정상적으로 큰 것을 의미한다. 아동은 각자의 퍼센타일이 있으면서 꾸준히 성장하게 되는데 만약 아동이 그 표준성장도표에서 벗어나게 되면 영양이나 건강상의 문제는 없는지 살펴보아야 한다.

표준성장도표 보는 법

1 남아와 여아의 그래프를 구분해서 본다.

2 가로축의 연령과 세로축의 신장을 대입하여 교차점을 본다(나이는 만 나이를 대입).

3 교차점이 3퍼센타일 곡선 아래쪽에 있다면 저신장에 속하는 것이다.
(3퍼센타일 곡선 이하가 저신장인 이유는 저신장의 기준이 또래아동 100명을 키 순서대로 세웠을 경우 앞에서 3번까지이기 때문이다.)

예, 7살의 동일 아동(男)의 키가 105cm라면 3퍼센타일 미만이므로 저신장으로 판정한다.

표 1-2 소아 · 청소년 신체발육표준치(체중, 신장, 체질량지수, 머리둘레)

남아				연령	여자			
체중 (kg)	신장 (cm)	체질량지수 (kg/m²)	머리둘레 (cm)		체중 (kg)	신장 (cm)	체질량지수 (kg/m²)	머리둘레 (cm)
3.41	50.12		34.70	출생시	3.29	49.35		34.05
5.68	57.70		38.30	1~2개월	5.37	56.65		37.52
6.45	60.90		39.85	2~3개월	6.08	59.76		39.02
7.04	63.47		41.05	3~4개월	6.64	62.28		40.18
7.54	65.65		42.02	4~5개월	7.10	64.42		41.12
7.97	67.56		42.83	5~6개월	7.51	66.31		41.90
8.36	69.27		43.51	6~7개월	7.88	68.01		42.57
8.71	70.83		44.11	7~8개월	8.21	69.56		43.15
9.04	72.26		44.63	8~9개월	8.52	70.99		43.66
9.34	73.60		45.09	9~10개월	8.81	72.33		44.12
9.63	74.85		45.51	10~11개월	9.09	73.58		44.53
9.90	76.03		45.88	11~12개월	9.35	74.76		44.89
10.41	78.22		46.53	12~15개월	9.84	76.96		45.54
11.10	81.15		47.32	15~18개월	10.51	79.91		46.32
11.74	83.77		47.94	18~21개월	11.13	82.55		46.95
12.33	86.15		48.45	21~24개월	11.70	84.97		47.46
13.14	89.38	16.71	49.06	2~2.5세	12.50	88.21	16.34	48.08
14.04	93.13	16.29	49.66	2.5~3세	13.42	91.93	16.01	48.71
14.92	96.70	15.97	50.10	3~3.5세	14.32	95.56	15.76	49.18
15.91	100.30	15.75	50.43	3.5~4세	15.28	99.20	15.59	49.54
16.97	103.80	15.63	50.68	4~4.5세	16.30	102.73	15.48	49.82
18.07	107.20	15.59	50.86	4.5~5세	17.35	106.14	15.43	50.04
19.22	110.47	15.63	51.00	5~5.5세	18.44	109.40	15.44	50.21
20.39	113.62	15.72	51.10	5.5~6세	19.57	112.51	15.50	50.34
21.60	116.64	15.87	51.17	6~6.5세	20.73	115.47	15.61	50.44
22.85	119.54	16.06	51.21	6.5~7세	21.95	118.31	15.75	50.51
24.84	123.71	16.41		7~8세	23.92	122.39	16.04	

자료 : 질병관리본부(2007). 한국 소아 · 청소년 신체발육표준치

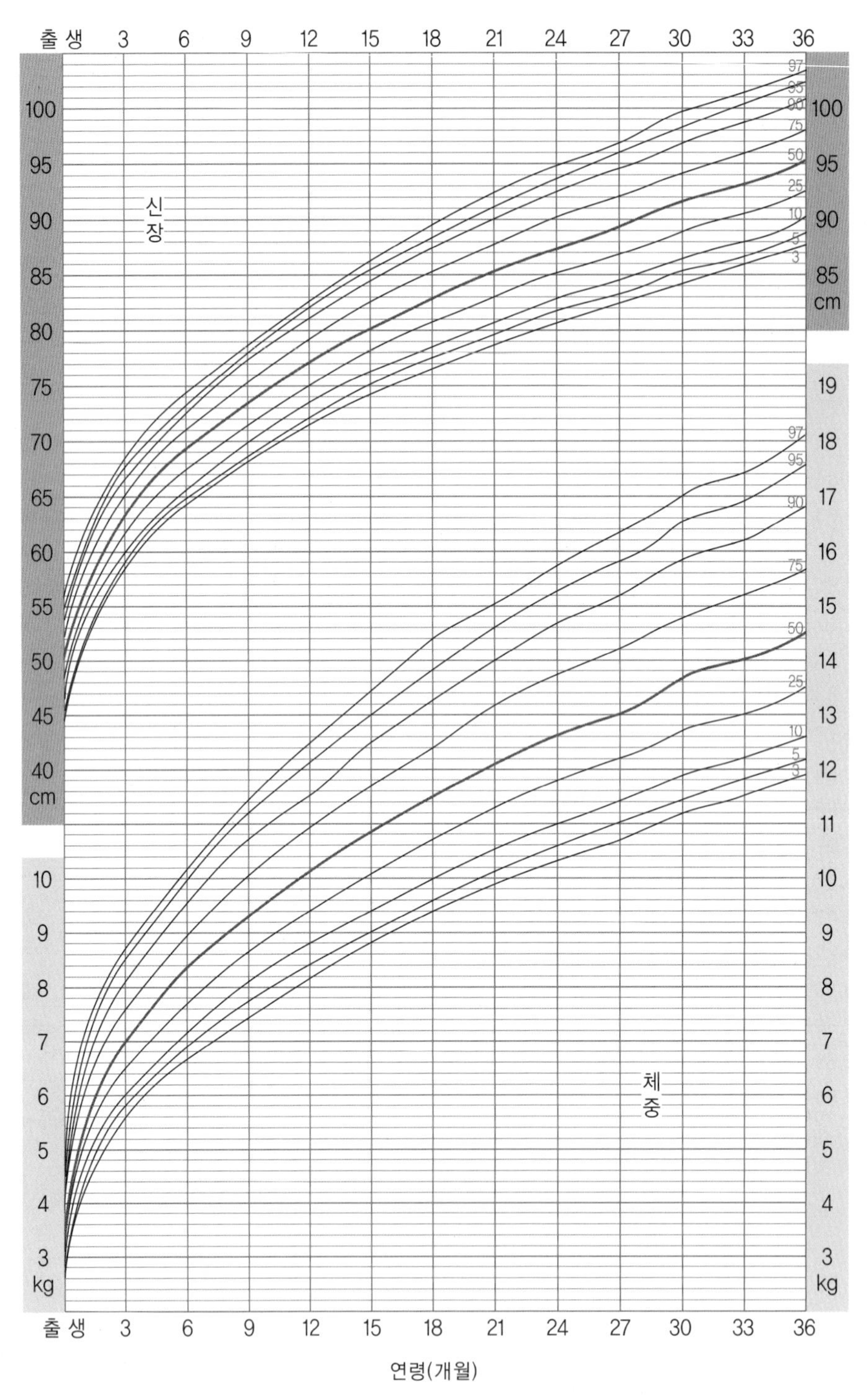

그림 1-1 남아(0~36개월)의 표준성장도표

자료 : 질병관리본부(2007)

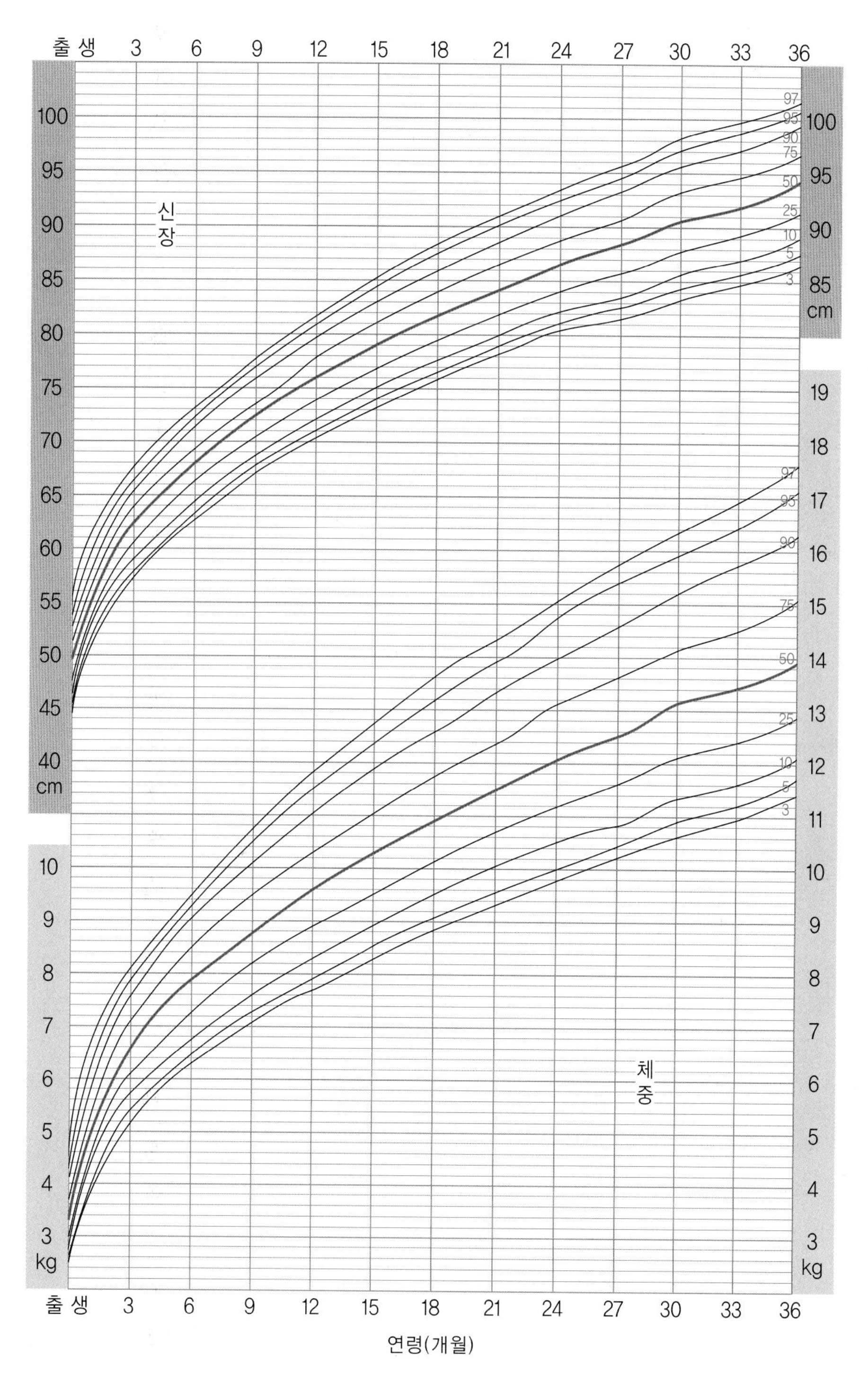

그림 1-2 여아(0~36개월)의 표준성장도표

자료 : 질병관리본부(2007)

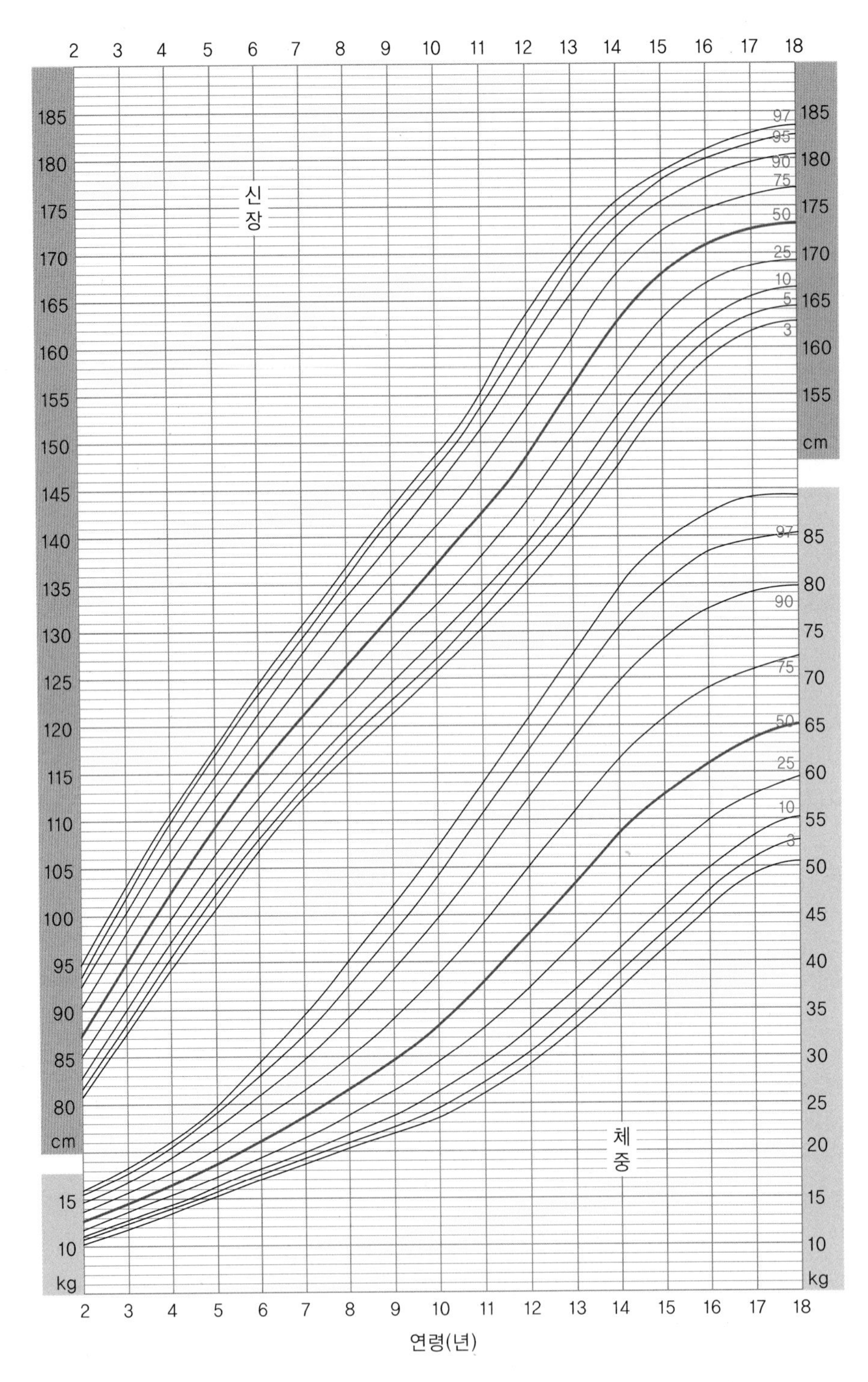

그림 1-3 남아(2~18세)의 표준성장도표

자료 : 질병관리본부(2007)

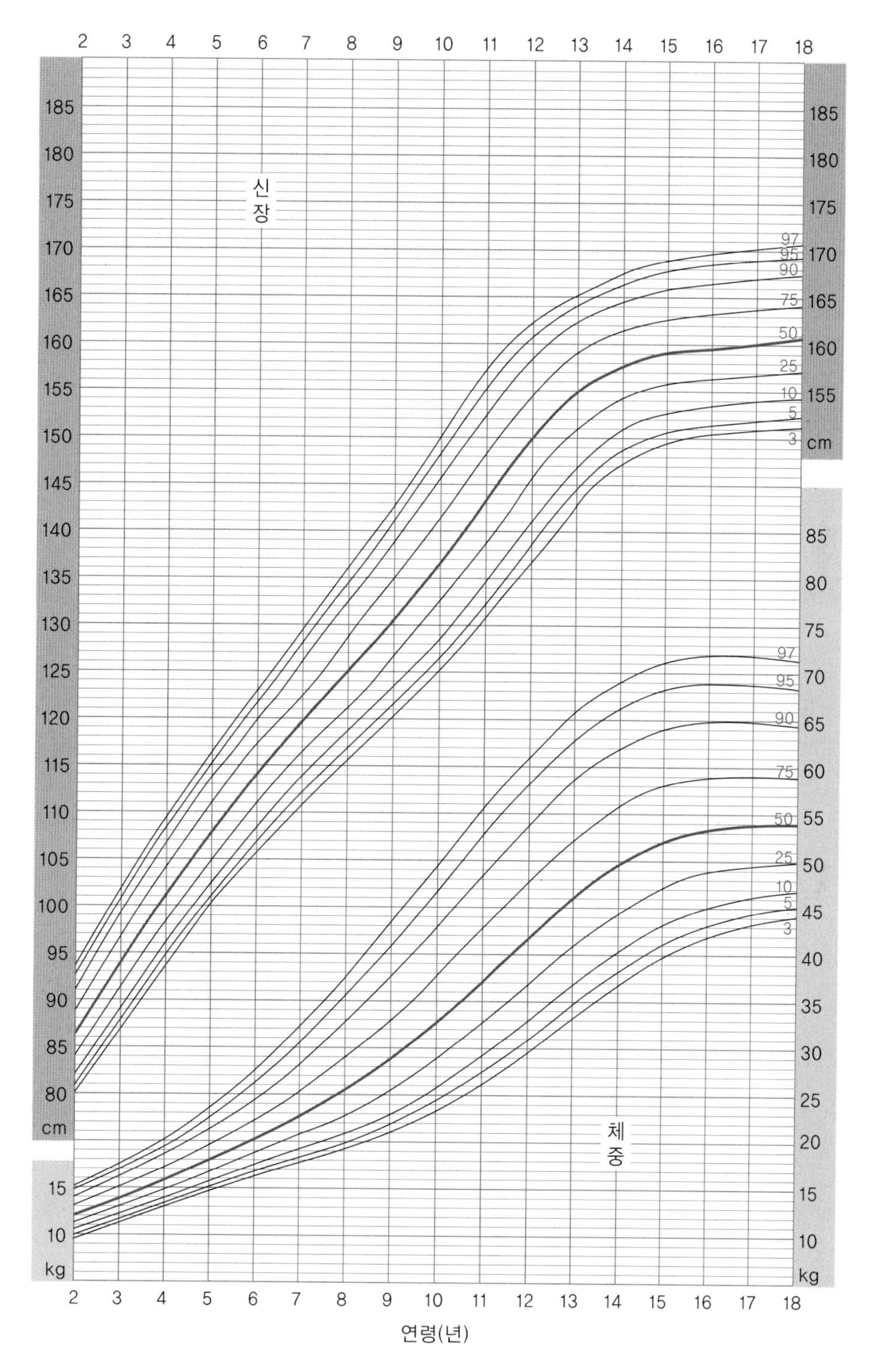

그림 1-4　여아(2~18세)의 표준성장도표

자료 : 질병관리본부(2007)

2) 머리둘레 및 가슴둘레

출생 시 남아의 머리둘레는 34.70cm, 여아의 머리둘레는 34.05cm이며 생후 1년 동안 12cm 정도 커지며, 몸에서 머리가 차지하는 비율이 점차 감소하게 된다. 생후 2년이 되면 머리가 성인의 2/3 정도 되며, 두뇌는 약 6세까지 발달한다. 신생아의 가슴둘레는 머리둘레보다 약간 작아 약 33cm 정도이나, 생후 1년이 되면 머리둘레와 가슴둘레는 비슷해지고 그 후로는 가슴둘레가 머리둘레보다 커진다.

3) 신체비율의 변화

체중과 신장이 증가하면서 태어날 때 몸의 1/4이던 머리의 비율이 상대적으로 감소하여 성인이 되면 1/8 정도가 되고, 영아기를 거쳐 유아기가 되면서 몸통과 다리가 차지하는 비율이 점차 증가하게 된다.

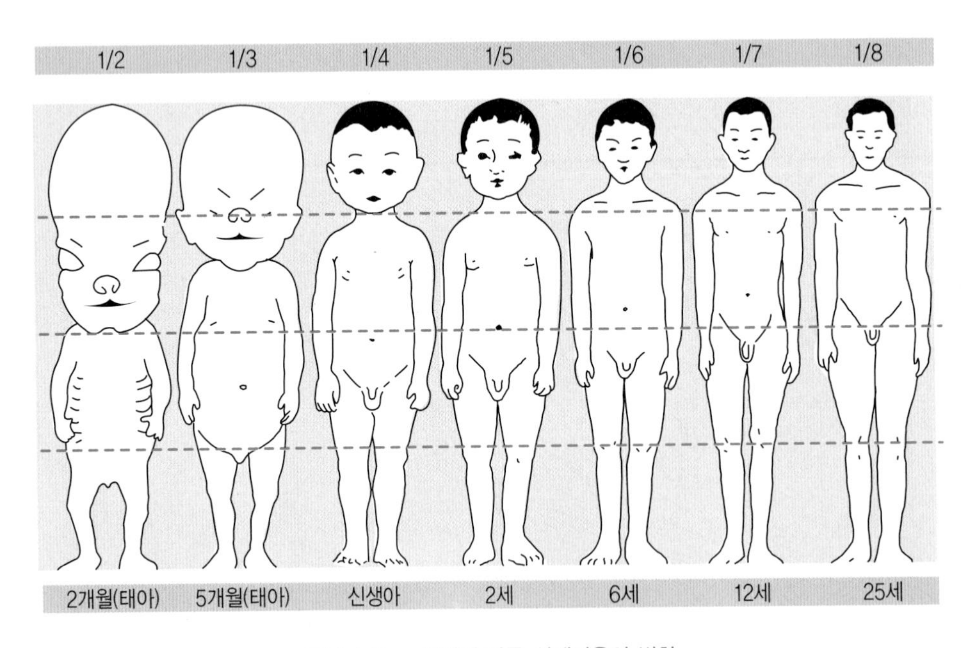

그림 1-5 성장에 따른 신체비율의 변화

4) 체구성 성분

신장과 체중이 증가함에 따라 체구성 성분도 변화하게 된다. 체내 총 수분함량은 신체에서 가장 많은 부분을 차지하는 성분으로 신생아일 때는 약 74% 정도로 어른보다 높으나, 점차 감소하여 4개월 무렵에는 어른 수준과 비슷한 60%에 이르게 된다. 1세가 되면 지방조직과 근육을 구성하는 단백질이 증가하고, 총 무기질은 체중의 약 2% 정도가 된다.

성별에 따라 체구성 성분의 차이가 나타나는데 남아는 여아보다 체내 단백질 축적량이 많고, 여아는 남아보다 체지방의 함량이 높게 나타난다.

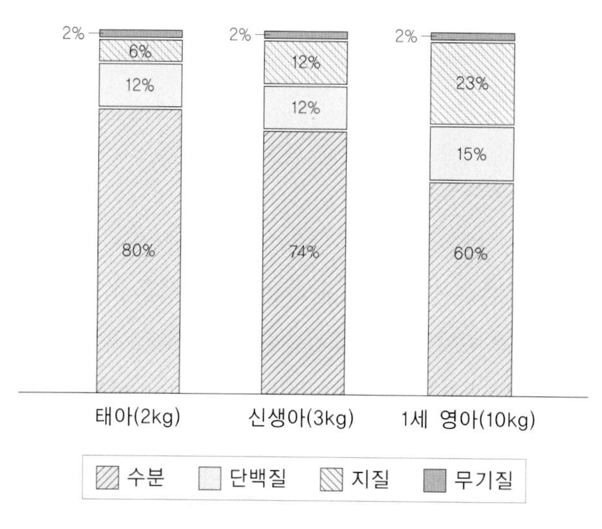

그림 1-6 성장 단계별 신체 구성 성분의 변화

5) 뇌 중량 변화

신생아의 뇌는 135g으로, 성인 뇌 중량의 10% 정도이다가 출생 후 1년이 되면 무게가 910g으로 증가한다. 4세에는 성인의 75%, 6세에는 90%까지 커지며, 11~15세가 되면 1.3~1.4kg으로 성인과 같은 중량이 된다.

6) 치 아

출생 후 6개월에 아래 앞니가 나오고, 2년 6개월까지 모두 20개가 나온다. 월령에 따른 유치의 수는 대략 월령에서 6을 빼면 된다. 유치는 6세가 되면 큰 어금니가 나오고, 그 후 유치가 빠지면서 12~13세가 되면 사랑니를 제외한 28개의 영구치가 난다. 영구치는 유치와는 달리 빠지면 다시 나지 않는다.

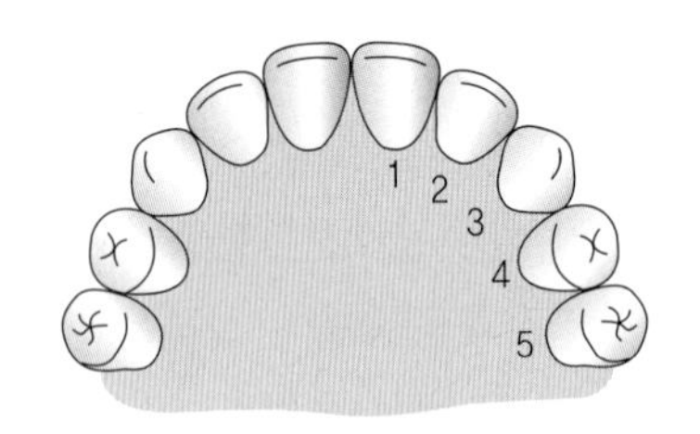

그림 1-7 유치의 발생 순서

3. 아동의 생리 발달

1) 구강 기능

신생아는 출생 후 젖을 빨고 삼키는 것만 가능하다가 생후 4개월이 되면 유즙은 삼키고 젖꼭지는 밀어낸다. 생후 4~6개월이 되면 걸쭉한 음식을 먹을 수 있고 입 안의 음식을 혀로 돌려 가며 씹을 수 있으며, 6~8개월이 되면 컵을 이용하여 액체를 마실 수 있게 된다. 신생아는 침의 분비량이 적고 산성이지만, 1세가 되면 하루 50~150mL 정도까지 증가하여 중성이나 약알칼리성의 침을 분비하게 되고, 2세가 되면 성인과 같은 기능을 다하게 된다. 전분분해효소인 타액 아밀라아제의 함량은 신생아기에는 매우 적지만, 이유가 가능한 4개월 무렵부터 증가하여 생후 6개월~1세 사이 성인 수준에 도달한다.

2) 소화 및 흡수기능

영유아가 음식을 섭취한 후 음식물 중에 있는 영양소가 체내에서 분해되는 과정을 소화라고 한다. 음식을 먹은 후 입, 식도, 위, 소장, 대장을 거쳐 소화작용이 일어난 후 항문을 통해 배설하게 되며, 입에서부터 항문까지를 소화기관이라 한다.

신생아의 출생 직후 위 용량은 10~12mL 정도였으나 점차 증가하여 1세가 되면 300mL로 늘어난다. 2세에 600~700mL, 10세에 900mL 정도로 증가하면서 위의 기능도 점차 성숙해진다. 출생 직후 위의 pH는 약알칼리성이었으나 생후 24시간 이내에 위산의 분비

표 1-3 영아의 발달에 따른 음식물의 섭취과정

	행동 발달	섭식운동의 발달	심리 발달	섭취 가능 식품
신생아~3개월	• 엎어 놓아도 질식하지 않도록 머리를 좌우로 돌릴 수 있는 정도의 방어적 운동 • 고개를 쳐들 수 있다.	• 뿌리반사 • 혀내밀기반사 • 혀의 상하운동	• 좋고 싫음의 표현(웃음)	• 모유, 조제유
3~6개월	• 목을 가눈다. • 도와주면 앉는다. • 큰 물체를 잡고, 주먹과 장난감을 뺀다.	• 혀내밀기반사의 소실 • 혀의 상하운동이 전후방 운동으로 전환 • 숟가락을 잡는다.	• 좋고 싫음의 표현이 더욱 뚜렷해진다. • 5개월부터 낯가림이 뚜렷해진다.	• 모유, 조제유, 이유시작의 적기 • 유동식 • 숟가락으로 먹이기
6~9개월	• 혼자 앉는다. • 뒤집고 긴다. • 작은 물체를 손으로 잡기 시작한다.	• 음식을 당분간 입 안에 가둘 수 있다. • 혀 운동이 다양해진다. • 씹는 운동이 시작된다.	• 호기심이 많고, 다른 사람의 흉내를 많이 낸다.	• 모유, 조제유 • 반고형식 • 빨대의 사용
9~12개월	• 일어선다. • 작은 물체를 손가락으로 잡는다.	• 입술과 턱의 운동이 강화된다. • 혀 운동과 씹는 운동이 조화를 이룬다.		• 모유, 조제유 • 부드러운 고형식, 컵으로 먹일 수 있다.
1~2세	• 15개월에 걷고, 24개월에 뛴다.	• 손, 팔, 삼킴 운동들이 조화를 이룬다.	• 의사표현을 언어로 한다.	• 생우유 • 성인과 같은 식단

자료 : 이상일 · 최혜미(2002). 영유아영양. 교문사, p21

가 시작되어 강산성이 되며, 소화효소는 3~4세 무렵이 되면 성인과 같은 수준으로 발달한다. 위에 음식이 머무르는 시간은 모유의 경우 2~3시간, 우유는 3~4시간, 죽은 약 4시간, 채소는 4~5시간 정도 걸린다.

단백질 소화 면에서 보면, 영아기에는 소장 내 트립신 함량은 성인과 비슷하며, 키모트립신이나 카르복시펩티다아제는 성인보다 훨씬 적지만 신생아의 단백질 소화 능력에는 문제가 되지 않으며, 2세 무렵에 단백질 소화 능력이 완성된다. 소장을 통과하는 시간은 모유의 경우 15시간, 우유 16시간, 성인식 18~20시간이다.

지방의 소화는 영아기에는 췌장 리파아제와 담즙산의 분비가 적어 지방의 소화, 흡수력이 떨어지지만 3~4세 무렵이 되면 리파아제의 분비 기능이 완성된다.

탄수화물 소화를 위한 소장의 말타아제, 이소말타아제, 수크라아제, 락타아제 등은 일찍 발달되어 출생 시에는 거의 완전하게 당질을 소화시키나, 췌장의 아밀라아제는 생후 4개월 이상에 나타나서 6개월~2세가 되어야 완성되므로 곡류 이유식은 생후 4개월 이후에 시작하는 것이 좋다. 또한 대장은 소화액의 분비가 없어서 소화는 충분하게 이루어지지 않으나 세균에 의해 소장에서 충분히 소화되지 않은 영양소나 섬유소 등이 발효되어 분해된다.

3) 신장 기능

신장은 대사산물을 여과하여 소변으로 배출하는 기능을 하는데, 신생아의 신장은 성인에 비해 크기도 작고 기능도 미숙하지만 2~3세 무렵에는 수분 평형을 이루기 위해 소변을 농축하거나 희석시킬 정도로 기능이 발달하게 된다. 신생아는 방광 용적이 75mL 정도로 작아 1일 10~30회 정도 소변을 보지만, 점차 신장 기능이 발달하여 유아기에는 1일 7~10회에 걸쳐 600~1,000mL의 소변을 보게 되며, 12세가 되면 성인처럼 4~6회 정도의 소변을 보게 된다.

4) 호흡 기능

영아기의 호흡은 복식호흡으로 30~40회/분 정도이고, 유아기가 되면 흉식호흡이 주가 되며, 호흡수는 20~30회/분, 1회 호흡량은 125~175mL 정도로 성인의 반 이하이다. 생후 1주 동안은 불규칙하며 폐 전체에 공기가 채워지려면 2~3일이 걸린다.

5) 간 기능

간은 출생 시 150g, 1세에 300g, 성인이 되면 1,500g으로 어릴수록 체중에 비해 간이 크며, 8세가 되면 간의 구조가 성인처럼 된다. 간은 담즙을 분비해서 지방의 소화를 돕고 글리코겐의 생성과 분해, 지방의 합성과 산화 및 해독작용 등을 한다.

4. 영양평가

영유아기는 다른 어느 시기보다도 영양상태에 따라 성장과 발달에 영향을 미치므로 이 시기에 영양공급이 불량할 경우 여러 가지 건강문제를 야기할 수 있다. 그러므로 영유아의 영양상태에 영향을 주는 여러 가지 요인을 측정하는 영양평가, 즉 신체계측에 의한 평가, 임상평가, 생화학적 평가, 식이섭취조사 등 영양상태를 정확하게 판정하여 영유아의 건강상태를 관리하고 증진시킨다.

1) 신체계측에 의한 평가

신체계측은 영유아의 영양상태를 나타내는 가장 좋은 지표로 신장과 체중, 앉은키 및 상 · 하체의 비율, 피부두께, 머리둘레, 가슴둘레, 상완둘레 등을 측정하는 것이다.

신체계측 항목

(1) 신장과 체중

신장과 체중은 영양을 판정할 수 있는 가장 간단하고 객관적인 기본자료이다.

영유아는 1~3개월마다, 그 이후에는 3~6개월마다 신체계측을 하여 성장곡선을 작성한다. 일반적으로 영양에 문제가 있으면 체중이 감소한 후 성장이 일어나지 않게 된다. 그러므로 나이에 비해 키가 작으면 만성적인 영양불량을 의미하고, 키에 비해 체중이 적으면 급성 영양불량을 의미하게 된다.

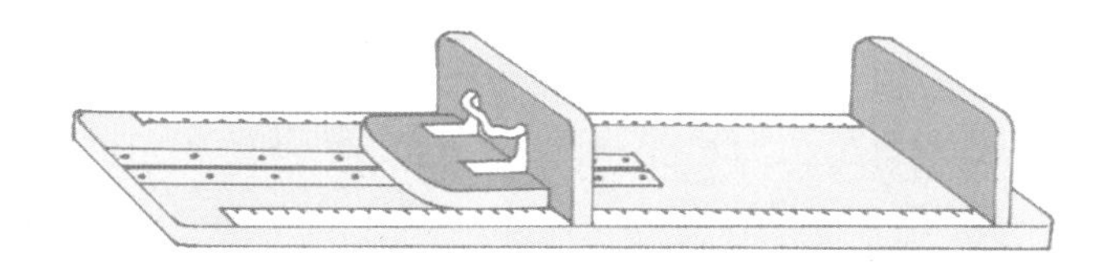

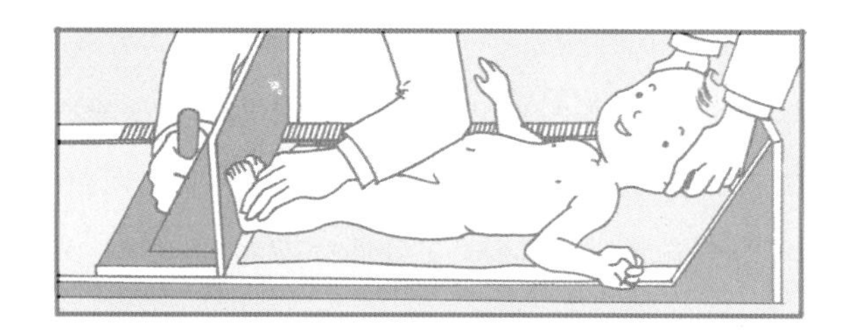

그림 1-8　　2세 미만 유아의 누운 키 측정방법

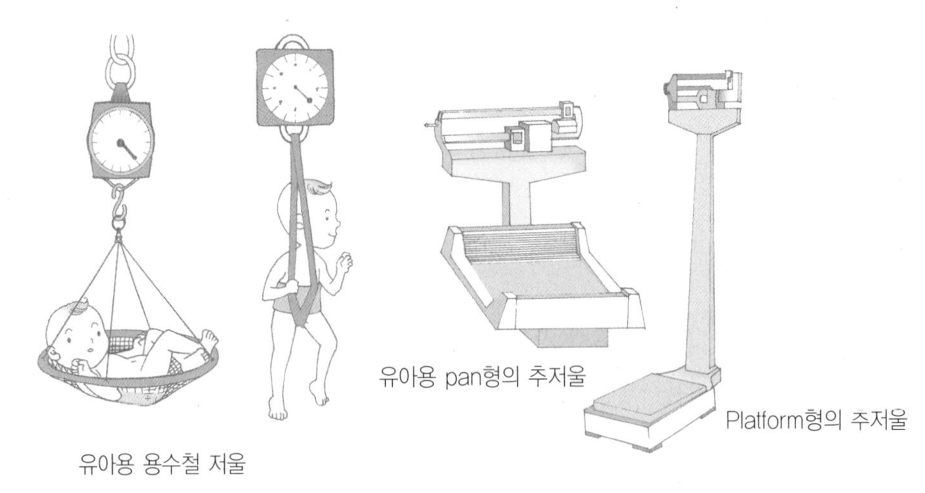

그림 1-9　유아용 체중계

(2) 앉은키와 상 · 하체의 비율

앉은키는 신장을 측정할 때처럼 앉거나 뉘인 상태에서 머리 정수리부터 엉덩이까지 측정한 것으로 상체의 길이에 해당한다. 신장에서 앉은키를 빼면 하체의 길이이며, 상 · 하체의 비율은 성장판 또는 성장호르몬 이상 질환을 감별할 수 있다.

(3) 피부두께(체지방 측정)

체지방은 약 50% 정도가 피하에 있어 피부두께를 측정함으로써 체지방을 측정할 수 있다. 피부두께는 캘리퍼(caliper)를 이용하여 상완의 중간 뒤쪽 삼두근 주위에서 세 차례 측정하여 평균치를 구한다. 영유아는 피하두께를 측정하기 어려우므로 일반적으로 키에 대한 체중 백분위로 평가한다.

(4) 머리둘레

머리둘레는 줄자로 이마의 가장 튀어나온 부분과 뒤통수의 정점을 최단거리가 되도록 하여 가장 큰 둘레를 측정한다. 2세까지는 머리둘레가 키의 증가와 함께 영양평가 수단이 될 수 있으나 그 이후에는 적합하지 못하다. 또한 머리둘레는 다른 질병 등 영양 외적인 요인에 영향을 받는 경우도 많다.

(5) 가슴둘레

줄자로 겨드랑이 밑과 유두점을 지나 측정한다.

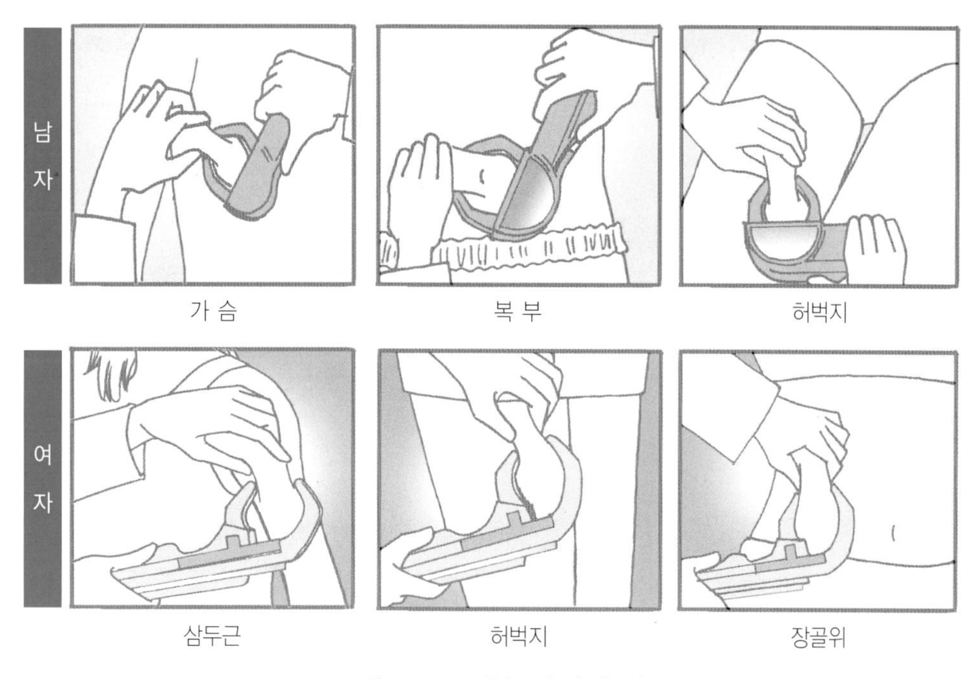

그림 1-10 피부 두께 측정부위

(6) 상완둘레(체단백질량 측정)

상완둘레는 체단백질량을 측정하는 간단한 방법인데, 줄자로 상완 중간을 2회 이상 측정하여 평균값으로 한다.

신체계측지수

신장과 체중을 연관시켜 영양평가를 할 수도 있으며, 카우프(Kaup) 지수, 표준비체중지수, 뢰러(Röhrer) 지수 등이 일반적으로 사용된다.

(1) 카우프 지수

영유아의 영양평가에 흔히 사용되나 3개월 미만 영아의 영양판정에는 적합하지 않다.

$$\text{카우프 지수 (Kaup Index)} = \frac{\text{체중(g)}}{\text{신장(cm)}^2} \times 10$$

표 1-4 카우프 지수를 이용한 영양상태 평가

1세 미만	판 정	1~2세
15 이하	영양불량	14 이하
15~18	정 상	14~17
18~20	비만 경향	17~18.5
20 이상	비 만	18.5 이상

(2) 표준비 체중지수

아동의 비만을 판정하기 위해 고안된 지수로 질병관리본부에서 보고한 우리나라 아동의 신체발육 표준치에서 성별 · 연령별 백분위의 50퍼센타일(‰)을 표준체중과 신장으로 산출하며, 90 미만은 저체중, 90~100은 정상, 110~120은 과체중, 120 이상은 비만으로 구분한다.

표준비 체중지수 (Weight-Length Index, WLI) = (A/B) × 100

A : 실제 체중(kg)/실제 신장(cm)
B : 50퍼센타일(‰) 체중(kg)/50퍼센타일(‰) 신장(cm)

(3) 뢰러 지수

아동기의 발육을 판정하기 위해 사용되는 방법으로 156 이상은 고도비만, 156~140은 비만, 140~110은 정상, 109~92는 수척, 92 이하는 고도수척으로 판정한다.

$$\text{뢰러 지수 (Röhrer)} = \frac{\text{체중(kg)}}{[\text{신장(cm)}]^3} \times 10^7$$

2) 임상평가

임상평가는 머리카락, 혀, 눈, 피부, 심박동과 호흡 등을 보고 진단하여 영양결핍이나 영양불균형 등을 알아내는 평가방법으로 평가자의 충분한 경험이 필요하며, 필요하다면 생화학적 조사를 하여 정확하게 진단하여야 한다.

외 관

유아의 체형과 자세 같은 전반적인 신체와 활동상태 및 표정 등을 관찰하여 평가한다.

건강 내력 및 전문의 진찰

태아기부터 현재까지의 건강 내력 및 식이 정보를 알아보고, 이상 소견이 발견되면 전문의의 진찰 및 특수검사를 받아서 평가한다.

3) 생화학적 평가

객관적이고 임상적인 증상이 나타나기 이전의 영양결핍을 판정하기 위해 생화학적 평가가 사용된다. 생화학적인 평가는 혈액검사와 요검사로 판정한다.

혈액검사

혈액은 혈장과 혈액세포로 구성되어 있다. 혈액검사는 일반적으로 적혈구, 백혈구, 혈소판, 헤모글로빈, 헤마토크리트 등의 기본 검사로 질병을 진단하는 데 유용하게 사용된다. 고형식을 주어야 하는 시기의 영유아에게 이유식으로 적절한 영양공급이 되지 않을 경우 빈혈이 나타날 수 있다. 혈액 내 헤모글로빈 농도가 11g/dL 이하인 경우나 헤마토크리트 수치가 33% 이하인 경우 빈혈로 판정한다.

요검사

혈액검사와 함께 신체기능을 판단하는 또 다른 생화학적 검사방법으로 요당, 요단백, 요중케톤체, 빌리루빈, 잠혈, 아질산 반응 등을 검사하여 영양상태를 평가한다.

표 1-5 정상 아동 및 영양불량 아동의 신체적 특징

구 분	정상 아동	영양불량 아동
체 형	나이에 맞는 보기 좋은 체격	마르거나 뚱뚱함
자 세	팔, 다리가 곧고 유연하며 바른 자세	어깨가 쳐지고, 앞뒤 · 좌우의 균형이 맞지 않고, 유연하지 못함
근 육	근육질이며 강직성이 있음	지방질이며 약함
골 격	골격 크기가 정상임	뼈끝이 뭉툭함
피 부	윤기가 나고 부드럽고 촉촉하고 탄력이 있음	건조하고 거칠며, 피부 지방이 없고 까칠하며 부분적인 피부 병변이 있음
운동과 활동	집중력 우수, 자극에 즉각적 반응, 왕성, 적극적	게으름, 쉽게 지침, 무관심, 산만, 자극에 미온적인 원기 반응
얼 굴	균일한 피부색, 좋은 혈색, 밝은 표정	피부색이 창백하거나 청색, 황색, 홍조 등을 띠고, 색이 균일하지 않고, 뺨, 눈 밑 또는 눈 주위의 표정이 밝지 않음
머리카락	윤기가 나며 부드럽고 탄력이 있어 잘 빠지지 않음	윤기가 없으며 건조하고 부스러지며, 머리카락이 가늘고 잘 빠지며 숱이 적음
눈	맑고 반짝이며, 흰동자가 핏발이 없이 깨끗하고, 암적응이 바로 일어남	눈빛이 탁하고 건조하고 윤기가 없으며, 충혈되어 있고, 눈두덩이 부어 있고, 암적응이 늦음
입 술	부드럽고 균일한 분홍색	건조하고, 각질이 있고 갈라지거나 창백, 지나친 홍조, 입가가 갈라지고 궤양성 병변이 일어남
구 강	붉은색이 도는 분홍색, 침이 적당히 분비됨	창백하거나 출혈이 있고, 궤양성 병변 또는 흰색의 곱이 발견됨. 건조하거나 침을 많이 흘림
혀	촉촉하게 젖어 있고 붉은색으로 균일한 작은 돌기가 있음	건조하거나 갈라지거나 백태가 낌, 창백하거나 청색, 입 밖으로 돌출되거나 이 자국이 생기거나 궤양이 있음, 돌기가 소실되어 표면이 매끄러움
치아와 잇몸	충치가 없고 고르게 정렬되어 있고 윤기가 나며 옅은 황백색의 치아, 잇몸은 붉고 건강함	충치가 있고, 비정상적인 모양이거나 갈색 또는 부분적인 탈색, 잇몸이 자주 붓고 피가 남
갑상선	정상 크기	목이 부어 있음
손 톱	윤기가 나며 분홍색으로 균형 있는 모양	창백하거나 청색, 탈색, 주름이 많고 쉽게 부러지고 잘 자라지 않음
전반적인 성장	정상 성장	성장 지연

자료 : Kretchmer, N. & Zimmerman, M.(1997). *Developmental Nutrition*. Allyn & Bacon.
(사)전국보육교사교육연합회 편-이명희, 장은정, 최인숙(2006). 아동영양학. 형설출판사, p81
이상일 · 최혜미(2002). 영유아 영양. 교문사, p105.

표 1-6 신체적 증상에 따른 임상적 소견

조 직	신체적 증상	임상적 소견
얼 굴	창백함 콧구멍 주변 피부의 껍질 벗겨짐	니아신, 철 결핍 비타민 B_2, 비타민 B_6 결핍
눈	각막 및 내부의 경화 : 내부의 창백함 각막에 거품같은 점 형성	철 결핍 비타민 A 결핍
입 술	충혈 : 입과 입술의 부풀음 입가의 갈라짐	비타민 B_2 결핍
이	썩거나 빠짐 에나멜의 변색	과량의 당분(치아 위생불량) 과량의 불소
혀	충혈, 껍질 벗겨짐, 갈라짐, 부풀음 자홍색 창백	니아신 결핍 비타민 B_2 결핍 철 결핍
잇 몸	해면질, 충혈, 출혈	비타민 C 결핍
피 부	피부건조, 각질이 일어남 피부조직 출혈	비타민 A 결핍 비타민 C 결핍
손 톱	손톱 깨지기 쉬움, 융기	철 결핍

자료 : Lynn, R. M., Marie, Z. C. & Jeanettia, M. R. (2001). Health, Safety, and Nutrition for young child 5th ed. Delmar, p80.

기타 검사

영양문제가 의심되면 이외에도 혈청 단백질, 지질검사, 혈당검사, 간기능검사 등을 실시하며, 필요에 따라서는 정밀검사를 수행하여 정확한 판정을 하여야 한다.

4) 식이섭취 조사

영양평가를 위한 기초자료로 식이섭취 조사가 필요하다. 특히 태아기부터의 영양이 성인기까지 건강을 좌우하는 경우가 많으므로 수유방법 및 양과 횟수, 수유 행동, 영양보충식 및 고형식 섭취 여부와 기타 식습관 및 식품 알레르기 증상 여부 등 식사 관련 사항을 조사함으로써 영양의 과 · 부족을 판단하여야 한다.

식이섭취 조사에는 여러 가지 방법이 있으나 개인을 대상으로 하는 방법에는 회상법(recall method), 식이기록법(diet record method), 식품섭취빈도 조사법(food frequency method), 식사력 조사법(diet history method) 등이 있다. 조사내용은

로는 섭취한 식품의 종류, 양, 빈도, 식이구성 등이 있고, 조사기간은 대부분 현재의 식이섭취 상황을 조사하나 질병 등의 병력에 영향을 주는 내용을 조사할 때에는 가까운 과거, 혹은 오래된 과거 등의 식이섭취 상황을 조사하기도 한다. 아동의 경우 정확한 자료를 얻기 위해서는 부모가 적극적으로 협조해 주어야 한다.

회상법

회상법은 조사자가 조사 대상자를 직접 만나 면접을 통하여 일정 기간 동안 섭취한 식품의 종류와 양을 기억하도록 하여 조사한다. 회상하는 기간에 따라 24시간 회상법, 3일 회상법, 7일 회상법이 있으나 24시간 회상법이 가장 많이 이용된다. 시간이 적게 들고 문맹인 사람에게도 사용이 가능하지만 일상적인 섭취조사가 어렵고 기억력에 의존해야 하기 때문에 정확성이 떨어지는 단점이 있다.

식이기록법

식이기록법은 조사대상자 본인이 일정 기간 동안 자신이 섭취한 음식의 종류와 양을 일기와 같이 그때그때 기록하도록 하는 방법으로 조사 기간은 3~7일이 적당하다. 이 방법은 대상자의 교육이 잘 되어 있는 경우에는 먹는 즉시 식품명, 양, 장소 및 식이의 특징 등을 기록하므로 회상법에 비하여 비교적 정확하고 많은 수의 조사원이 필요 없다. 그러나 대상자의 협조가 중요하며, 측정과 기록과정이 식품 섭취에 영향을 줄 수 있다.

식품섭취빈도 조사법

식품섭취빈도 조사법은 식품에 대한 식품의 섭취 횟수를 조사하여 영양소의 섭취에 대한 정보를 얻을 수 있는 방법으로, 평소의 식품섭취유형을 분석하는 자료로서 식사의 질을 평가하는 적합한 방법이다. 조사하려는 특정한 식품의 목록을 만들고 하루, 1주일 또는 한 달 등의 표시된 기간 내에 섭취한 횟수를 대략적으로 조사하여 일상적 식품 섭취 패턴에 관한 질적인 정보를 제공한다. 조사하는 데 시간이 적게 들고 짧은 시간에 전반적인 식품섭취 형태를 파악할 수 있으나, 대상집단에서 많이 소비하는 식품에 대한 일반적인 자료가 있어야 하고, 영양소로 전환할 경우 자료가 많이 필요하다는 어려움이 있다.

식사력 조사법

식사력 조사법은 자세하고 광범위한 면접을 통하여 측정 기간 동안 소비한 식품에 대해 질문함으로써 조사대상자의 장기간에 걸친 식사 섭취 상태를 파악할 수 있는 방법이다. 일반적으로 숙련된 영양조사원이 조사대상자를 면담하는 형태로 이루어진다. 대부분 오랜 시간에 걸쳐 나타나는 만성질병에 대한 역학연구에 주로 사용되므로 일반적으로 과거에 섭취한 식이 형태를 조사하는 경우가 많고, 목적에 따라 전체적인 식품섭취 혹은 특정 식품이나 영양소에 대한 섭취경향을 평가할 수도 있다. 오랜 기간의 양적인 식품 섭취와 상세한 자료를 수집할 수 있어 좋지만, 경비가 많이 들며 대상자의 협력이 없으면 어렵다.

Chapter 2

건강문제와 건강교육

인간은 어느 시기에나 건강이 중요하지만 신생아부터 학령기에 이르는 아동의 건강은 급속한 성장 발달이 이루어지고, 이후 전 생애의 건강에 기초가 된다는 점에서 특히 중요하다. 과거, 아동의 건강관리는 전적으로 부모의 책임이었다. 그러나 현대사회에서는 영유아 교육기관에 취원하는 아동의 수가 증가하고 종일제 유아교육프로그램의 수요가 증가함에 따라 교육기관에서도 아동을 위한 건강관리의 책임을 갖게 되었으며 교사가 이를 담당하는 비중도 커지게 되었다. 따라서 아동의 건강을 유지 · 증진시키기 위해서는 이들의 발달 특성을 이해하고, 이를 기초로 정기적인 건강평가, 예방접종 및 건강관리, 그리고 건강문제 이해 등이 필요하다.

1. 건강상태 평가

아동의 성장 발달이 연령에 따른 평균 기대 수준에 속하는지를 정기적으로 확인해야 한다.

영아기에는 한 달에 한 번, 유아기에는 6개월~1년에 한 번 체중과 신장, 가슴둘레와 머리둘레를 측정하고 신체검진 및 발달을 점검한다. 이때 무엇보다 중요한 것은 같은 연령의 아동 평균치와 비교해서 많고 적음을 비교 판단하는 것이 아니라 안정되고 완만한 성장곡선을 유지하는가를 파악하는 것이다. 학령기에는 학교에서 집단검진을 통하여 매년 건강상태를 평가받게 된다.

우리나라 아동의 성장 발달은 연령별 체중과 신장의 평균과 퍼센타일을 참조하여 평가할 수 있다.

2. 예방접종 및 건강관리

1) 예방접종

영유아기는 전염병에 대한 면역력이 약하므로 교사와 영유아가 전염성 질환에 걸릴 경우 이를 다른 영유아에게 쉽게 전염시킬 수 있다. 따라서 보육시설에서는 전염성 질환의 예방과 관리를 위한 대책을 수립하여 시행함으로써 모든 영유아가 건강하게 생활할 수 있도록 도와주어야 한다.

유아교육기관에서는 영유아에게 자주 발생하는 전염성 질환(예: 수두, 볼거리, 홍역, 수족구, 독감, 뇌염 등)의 증상, 등원하지 않아야 할 전염성 질환의 종류와 기간, 전염성 질환에 걸렸을 경우 등에 대해 체계적이고 구체적인 대책이 수립되어야 한다.

영유아에게 자주 발생하는 전염성 질환에 대한 정보를 보호자에게 수시로 제공하고, 이를 예방하기 위한 예방접종과 건강검진에 대한 정보를 부모에게 가정통신문, 게시판, 문자서비스 등을 통해 안내한다.

건강검진 실시 결과, 치료를 요하는 영유아에 대해서는 시설장이 보호자와 협의하여 필요한 조치를 취해야 한다.

특히 전염병의 예방을 위해 예방접종 및 관리가 필수이다.

그림 2-1　아동의 예방접종

전염병의 예방 및 관리에 관한 법률 제31조(예방접종 완료 여부의 확인)

① 특별자치도지사 또는 시장 · 군수 · 구청장은 초등학교와 중학교의 장에게 〈학교보건법〉 제10조에 따른 예방접종 완료 여부에 대한 검사 기록을 제출하도록 요청할 수 있다.

② 특별자치도지사 또는 시장 · 군수 · 구청장은 〈유아교육법〉에 따른 유치원의 장과「영유아보육법」에 따른 보육시설의 장에게 보건복지가족부령으로 정하는 바에 따라 영유아의 예방접종 여부를 확인하도록 요청할 수 있다.

③ 특별자치도지사 또는 시장 · 군수 · 구청장은 제1항에 따른 제출 기록 및 제2항에 따른 확인 결과를 확인하여 예방접종을 끝내지 못한 영유아, 학생 등이 있으면 그 영유아 또는 학생 등에게 예방접종을 하여야 한다.

또한 영유아나 종사자가 전염성 질환에 감염된 것으로 밝혀지거나 전염성 질환이 의심되는 경우 유아교육기관으로부터 격리시키고 치료를 받도록 문서화해야 한다. 예방접종에는 국가필수예방접종과 기타예방접종이 있다.

예방접종은 가능하면 오전에 하며, 접종 후 20~30분간 접종기관에 머물러 아동의 상태를 관찰한다. 귀가 후에는 적어도 3시간 이상 아동의 이상상태를 주의 깊게 관찰하고 최소 3일간은 특별한 관심을 가지고 관찰하며 고열, 경련이 있을 때에는 곧 의사의 진찰을 받도록 한다.

구분	대상 전염병	예방접종 백신종류 및 방법	횟수	출생~1개월이내	1개월	2개월	4개월	6개월	12개월	15개월	18개월	24개월	36개월	만4세	만6세	만11세	만12세
국가필수예방접종	결핵[1]	BCG(피내용)	1	BCG 1회(피내용)													
	B형간염[2]	HepB(0-1-6개월)	3	B형간염 1차	B형간염 2차			B형간염 3차									
	디프테리아[3] 파상풍 백일해	DTaP	5			DTaP 1차 (기초)	DTaP 2차 (기초)	DTaP 3차 (기초)		DTaP 4차(추가)				DTaP 5차(추가)			
		Td(성인용)	1													Td 8차(추가)	
	폴리오[4]	IPV(사백신)	4			IPV 1차 (기초)	IPV 2차 (기초)	IPV 3차 (기초)						IPV 4차(추가)			
	홍역[5] 유행성이하선염 풍진	MMR	2						MMR 1차(기초)					MMR 2차(추가)			
	수두	Var	1						수두 1회								
	일본뇌염[6]	JEV(사백신)	5						일본뇌염 사백신 1~2차(기초)				일본뇌염 사백신 3차(기초)		일본뇌염 사백신 4차(추가)		일본뇌염 사백신 5차(추가)
	인플루엔자[7]	Flu	–					고위험군에 한하여 접종									
	장티푸스[8]	(경구용) 고위험군에 한하여 접종	–												고위험군에 한하여 접종		
		(주사용) 고위험군에 한하여 접종	–									고위험군에 한하여 접종					
	신증후군출혈열[9]	(주사용)	–	고위험군에 한하여 접종													
기타예방접종	결핵[1]	BCG(경피용)		BCG 경피용(1회)													
	일본뇌염[6]	JEV(생백신)	3						일본뇌염 생백신 1차(기초)				일본뇌염 생백신 2차(기초)		일본뇌염 생백신 3차(기초)		
	b형 헤모필루스 인플루엔자 뇌수막염	Hib	4			Hib 1차(기초)	Hib 2차(기초)	Hib 3차(기초)	Hib 4차(추가)								
	A형간염[10]	HepA	2						A형간염 1차(기초)~2차(기초)								
	폐구균[11]	PCV	4			폐구균 1차(기초)	폐구균 2차(기초)	폐구균 3차(기초)	폐구균 4차(추가)								

- 국가필수예방접종 : 국가가 권장하는 예방접종(국가는 전염병예방법령을 통해 예방접종대상 전염병과
- 예방접종의 실시기준 및 방법을 정하고, 국민과 의료인들에게 이를 준수토록 하고 있음)

· 기초접종 : 최단 시간 내에 적절한 방어면역 획득을 위해 시행하는 총괄적 접종
· 추가접종 : 기초접종후 얻어진 방어면역을 장기간 유지하기 위해 일정기간후 재차 시행하는 접종

1. 생후 4주 이내 접종
2. 임산부가 HBsAg 양성인 경우에는 출생 후 12시간 이내에 백신과 B형간염 면역글로불린(HBIG)을 동시에 주사하고, 이후의 접종 일정은 약품설명서에 기재된 접종 방법(0, 1, 6 방식)대로 실시
3. DTaP는 디프테리아, 파상풍, 백일해 혼합백신으로 총 5회 접종하여, 만 11~12세에 백일해를 제외한 Td로 1회 접종 (기타 고위험군 성인에게 우선순위에 따라 Td 접종권장)
4. 폴리오(IPV) 3차 접종은 생후 6개월에 홍역 단독 백신(또는 MMR)으로 조기접종하여, 이 경우 생후 12개월에 다시 MMR로 접종
5. 홍역 유행시 생후 6개월에 홍역 단독 백신(또는 MMR)으로 조기접종하여, 이 경우 생후 12개월에 다시 MMR로 접종
6. 일본뇌염(사백신) 기초접종은 3회(1~2주 간격으로 2회 접종한 다음 12개월후 3차 접종), 만 6세와 만 12세에 각 1회 추가접종
7. 인플루엔자는 고위험군에게 우선접종을 권장(생후 6~23개월 영유아 포함)하며, 접종대상자의 경우 6개월~9세 미만 아동이 처음 접종할 경우 1개월 간격으로 2회 접종, 이후 매년 1회 접종
8. 장티푸스는 추정위험군에서 선별접종하여, 접종대상자의 경우 경구용 생백신은 격일로 3~4회(6세이상), 주사용은 1회 근육주사(2세 이상)
9. 신증후군출혈열은 고위험군을 대상으로 선별접종하여, 접종대상자의 경우 1개월 간격으로 2회 접종후 12개월후 3차접종
10. A형간염은 만 1~16세에 1회 기초접종, 기초접종 6~12개월후 추가접종
11. 7가 폐구균 단백결합백신의 접종 일정

그림 2-2 표준예방접종일정표

자료 : 2010년 질병관리본부 예방접종 도우미(2010. 8. 5), http://nip.cdc.go.kr/

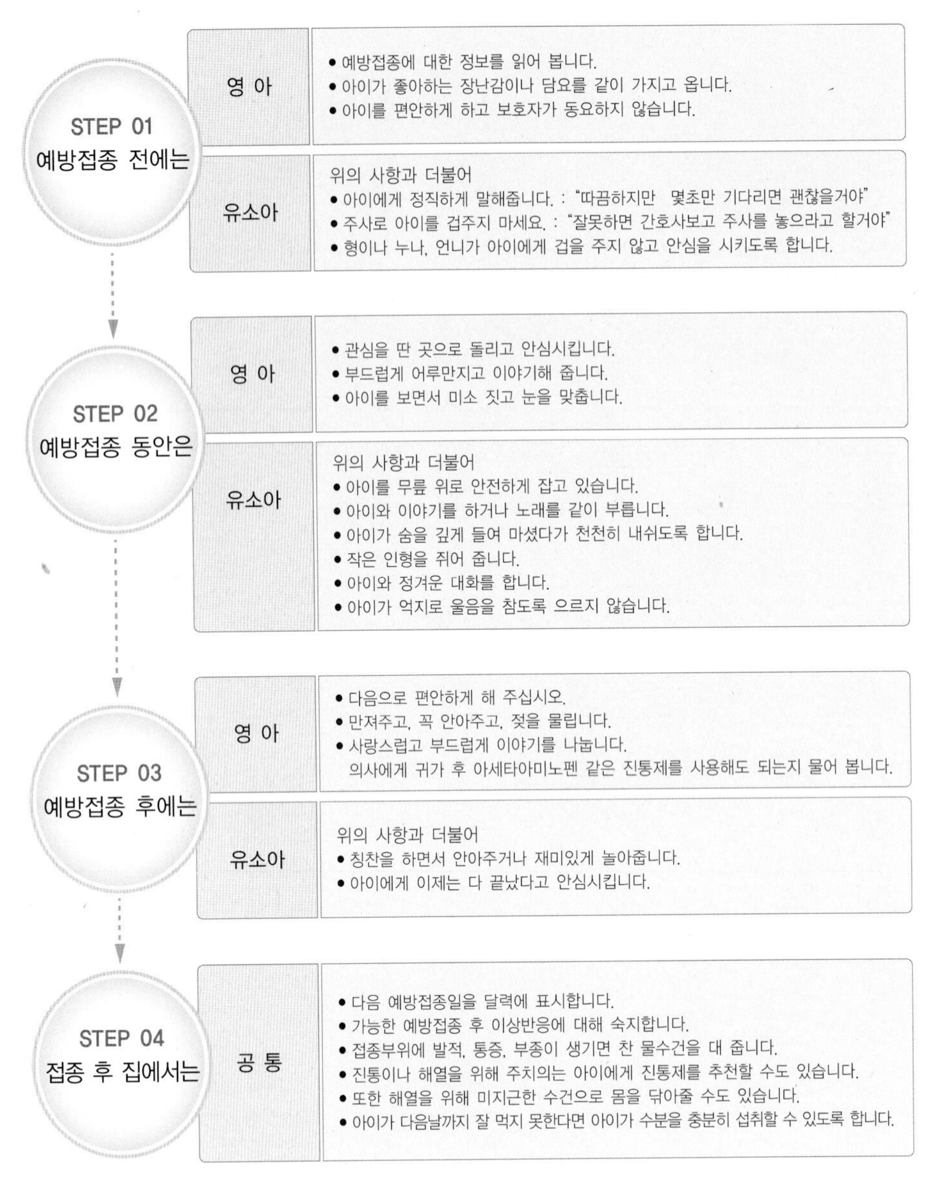

그림 2-3 예방접종 절차

자료 : 2010년 질병관리본부 예방접종 도우미(2010. 8. 5), http://nip.cdc.go.kr/

2) 개인위생

목욕시키기

영아는 분비물이 많아 피부가 쉽게 더러워지므로 피부의 청결을 위해 목욕이 필요하다. 또 혈액 순환이 잘되고, 식욕을 증진시키며, 기분 좋게 잠들게 하는 효과도 있다. 그러나 신생아의 경우는 배꼽이 떨어지기 전까지는 부분 목욕을 시키는 것이 좋다. 목욕시키기 전에 준비물을 미리 챙겨둔다.

목욕시킬 때의 실내 온도는 20℃ 정도가 적당하며, 목욕 시간이 너무 길면 아이가 지치므로 5~10분 정도가 적당하다. 목욕물의 온도는 여름에는 38℃, 겨울에는 40℃로 한다. 온도의 측정은 온도계로 하는 것이 무난하나, 없을 때는 팔꿈치를 담가 보아 적당한 온도인가를 알아본다.

목욕시키는 시간은 정해진 것은 아니나 수유 직후는 피하고, 낮에 따뜻할 때, 우유 먹이기 전에 시키는 것이 좋다. 밤에 잘 자지 않는 신생아는 저녁 수유 시간 이전에 목욕시키면 잠을 잘 자게 된다.

목욕시키는 순서는 다음과 같다.

- 방의 온도 및 목욕 시 필요한 준비물을 확인한다.
- 벗긴 아기 몸을 타월로 감싼다.
- 거즈나 손수건에 물을 적셔 얼굴을 먼저 닦는다(눈을 먼저 안쪽에서 바깥쪽으로, 이마에서 뺨으로 부드럽게 닦고 얼굴에는 비누를 사용하지 않는다).
- 아기를 옆구리에 끼고 비누로 머리를 감긴다.
- 타월을 벗기고 발쪽부터 아기를 욕조에 담근다.
- 목과 겨드랑이, 몸통 앞부분과 사타구니, 팔 · 다리를 닦는다.
- 아기가 엄마의 왼팔에 엎드리듯 욕조에 담근 채 등과 엉덩이와 발을 닦는다.
- 비눗기가 적으면 그대로 아기를 욕조에서 꺼내거나 필요시 여분의 따뜻한 물에 헹구어 준다.
- 타월 위에 눕혀 몸을 골고루 닦는다.
- 파우더는 코로 들어가지 않도록 주의하고 필요시 소량 발라 준다.
- 기저귀를 채우고 옷을 입힌다.
- 목욕을 끝내면 목이 마르므로 미지근한 물이나 젖을 준다.

아동이 성장함에 따라 목욕은 놀이같이 부모나 교사와 아동이 함께 참여하는 즐거운 시간으로 만드는 게 좋다. 또한 커가면서 나타나는 신체의 변화와 이상 증상을 제일 쉽게 파악할 수 있는 시간이기도 하다.

눈 · 귀 · 코 청결히 하기

목욕을 마친 후에 물기를 닦아주고 눈 · 코 · 입 · 손 · 발 등을 세심하게 손질해 마무리한다. 눈은 깨끗한 거즈를 더운물에 적셔 안에서 눈꼬리를 향해 닦아준다. 귀는 물이 들어가거나 고여 있지 않도록 하는 것이 중요하다. 코는 아기의 얼굴을 고정시키고 면봉을 이용하여 세심하게 얕게 닦아준다. 살이 겹친 곳이나 손가락 · 발가락 사이도 목욕 후에 물기를 잘 닦아주어야 한다. 살이 겹쳐 있는 부분에 물기가 남아 있으면 자칫 피부가 짓무를 수 있고 피부 질환이 생길 수 있다.

배꼽 소독하기

탯줄은 출생과 동시에 잘려지며 약 7~10일이 지나면 떨어지게 된다. 배꼽이 아물어 떨어지기 전에 목욕을 시킬 경우는 깨끗이 씻긴 다음 건조시킨다. 이때 배꼽 상처는 깨끗하게 물기가 없게 해주고 감염되지 않도록 소독용 알코올로 닦아준다. 배꼽이 불결하여 그곳으로 세균이 침입했을 때는 제대감염이 될 수 있으므로 주의해야 한다.

손톱 · 발톱 깎아주기

손톱 · 발톱은 손과 발이 움직이지 않도록 깊은 수면 중에 깎아준다. 깨어 있을 때에는 손톱을 깎을 때 깎으려는 쪽의 손이나 팔이 움직이지 않도록 손으로 누르고, 다른 한 손도 팔로 누른다. 손톱이 자라 각질화된 부분이 2~3mm 정도가 될 때 깎아주고 손톱을 너무 바짝 깎지 않아야 한다. 발톱을 자를 때도 발가락을 꼭 잡고 천천히 자른다. 만약 너무 바짝 깎았을 때에는 알코올 소독액으로 소독해 준다.

3) 수면과 휴식

영아들은 보통 하루 14~18시간 정도 자며, 돌이 되면 12시간 정도 잔다. 침구는 푹신한 것보다 표면이 단단하여 엎드렸을 경우 코가 눌리지 않아야 한다. 잠잘 때는 대사율이 저하되어 깨어 있을 때만큼 체열을 생산하지 못하므로 오한이 나지 않도록 보온이 필요하다. 2~3세가 되면 10~12시간의 수면을 하도록 한다.

4~5세가 되면 잠자는 시간이 줄고 낮잠을 안 자는 경우도 있다. 아동의 성장과 에너지 회복과 보존을 위하여 수면과 휴식이 중요하다.

취침 전에 격한 활동이나 TV 시청을 삼간다. 잠자기 전 이를 닦고 세수를 하고 소변을 본 후 잠옷을 입히고 동화책을 읽는 등 일련의 과정을 반복하면 취침시간이 되었다는 것을 알게 된다.

더 자라게 되면 수면 습관도 개별적으로 고유한 형태를 가지게 되며 수면시간도 적어진다. 아동의 건강상태와 활동량에 따라 차이가 있으나 적어도 8시간은 자도록 해야 한다. 6~7세가 지나면 더 이상 낮잠이 필요하지 않다. 자정에서 새벽 2시까지 성장호르몬이 가장 활발히 분비되므로 10시 이전에 잠자리에 들도록 하고 늦게까지 깨어 있지 않도록 한다.

4) 치아관리

생후 6개월 전후로 치아가 나기 시작하면 이와 입 안을 거즈로 잘 닦아주거나 수유 후 물을 마시게 해준다. 18개월 이전까지는 엄마의 손가락에 끼우는 실리콘 칫솔 등을 이용하고, 18개월부터 5세까지는 하루 두 번 아침식사와 잠자기 전 부모가 칫솔질을 해준다. 불소가 함유된 치약은 양칫물을 뱉을 수 있게 되면 사용하고, 칫솔은 유아용으로 칫솔머리가 작고 칫솔모가 부드러운 것을 선택한다.

유치의 관리는 매우 중요한데 유치가 잘 보존되어야 영구치 교환과 치열이 잘 형성될 수 있다. 유치는 난 순서대로 빠지는데, 영구치는 6~7세 무렵부터 나며 12~15세 사이에 모두 영구치로 교환된다.

충치를 예방하기 위하여 산에 대한 치아의 저항력을 증가시키는 방법으로 불소 도포를 한다. 미생물의 활동을 감소시키기 위해 양치질을 식후 3분 내에 최소 3분을 하고, 취침 전에도 하도록 교육한다. 칫솔질을 식후에 바로 할 수 없으면 물로 헹구도록 한다.

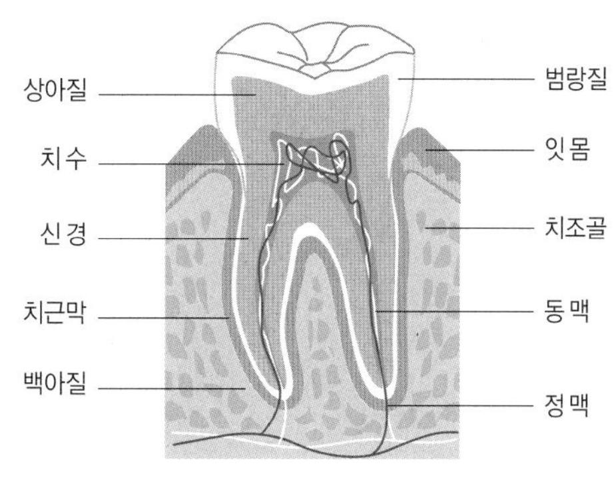

그림 2-4 치아의 구조

젖병 치아우식증

젖병 치아우식증은 우유병 증후군이라고도 부르며, 누운 채로 젖병을 물고 잠을 자는 경우 이것이 습관화되어 치아가 썩게 되는 것이다. 그러므로 취침시간에 음식을 먹이는 것은

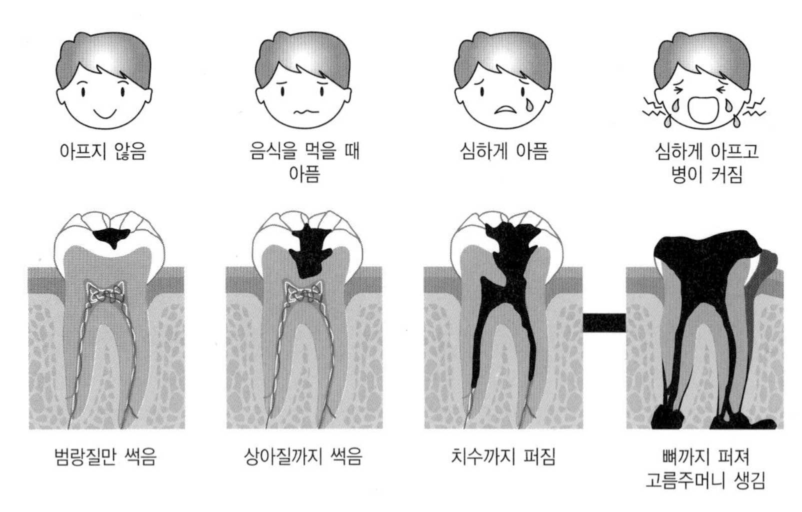

그림 2-5 치아우식증의 진행과정

구강 건강에 좋지 않다.

충 치

유치를 건강하게 관리하는 것이 영구치를 건강하게 하는 방법이다. 충치는 세균이 치아에 남은 설탕에서 젖산을 형성하여 치아의 에나멜을 녹여 생긴다. 그러므로 유아의 치아 형성에 도움을 주는 칼슘과 인 및 비타민 A와 D, 단백질 등의 영양소를 충분히 섭취하여야 하며, 식사 후에는 3분 동안 칫솔질을 하고, 간식을 먹은 후에도 이를 닦는 습관을 생활화하여야 한다. 또한 해조류, 채소류 등 충치유발지수가 낮은 식품을 섭취하도록 하며, 엿, 캐러멜, 사탕 등 충치유발지수가 높은 식품을 먹은 후에는 반드시 칫솔질을 하도록 한다.

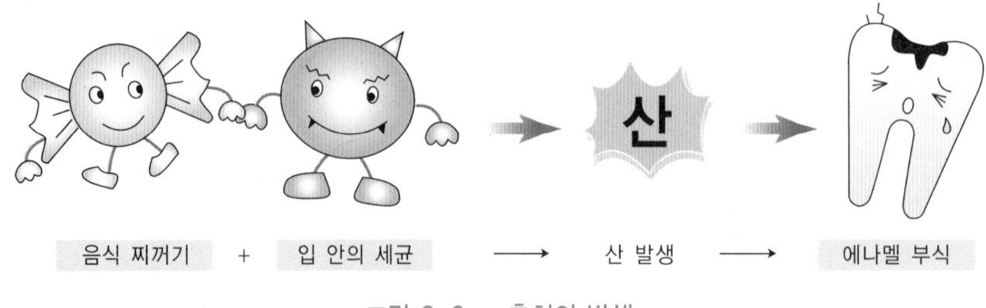

그림 2-6 충치의 발생

그림 2-7 충치를 발생시키는 식품, 방지하는 식품

표 2-1 **충치유발지수**

음 식	충치유발지수	음 식	충치유발지수
마가린, 버터	0	아이스크림, 고구마	11
동태찌개	1	요구르트	14
쇠고기찌개, 어묵	2	초콜릿	15
김치(배추)	3	건포도	16
고사리	4	도넛, 인절미	19
우유, 딸기	6	비스켓	27
깍두기	7	캐러멜	38
사과, 라면	10	젤 리	46

자료 : 서울특별시 치과의사회

설탕 섭취를 줄이려면

- 걸쭉한 시럽과 함께 통조림 과일 대신 신선한 과일 또는 천연주스에 담겨진 과일로 바꾼다.
- 케이크와 과자같은 후식의 섭취를 최소화하고 신선한 과일을 준다.
- 과일음료는 달지 않은 천연과일주스로 준다.
- 잼이나 젤리의 사용 횟수도 줄인다.

아동 구강관리에 관한 잘못된 상식들

1. 불소가 들어 있는 치아는 건강에 나쁘다?
불소는 아동의 치아건강에 매우 좋은 영향을 미치며, 치약에 함유된 불소의 양은 용법을 지킬 경우 해롭지 않다.

2. 교정치료는 아이가 다 자란 다음에 해야 한다?
턱 교정은 성장 시기를 놓치면 치료가 불가능해지므로 아이의 턱이 지나치게 작거나 주걱턱의 증상이 있으면 서둘러 치과에서 진찰을 받아야 한다.

3. 과일주스나 요구르트는 치아에 좋다?
탄산음료와 마찬가지로 과일주스나 유산균 음료도 산도가 매우 낮지만 치아를 부식시키기에 충분하다. 게다가 당분이 많이 함유되어 있으면 더욱 충치를 유발하기 쉬우므로 치아에 미치는 악영향은 아주 크다.

4. 아이의 식사시간이 긴 것은 충치와 무관하다?
충치가 생기도록 하는 것은 음식 종류와 더불어 음식물이 치아에 접촉하는 시간이 매우 중요하다. 식사는 정해진 시간에 식탁에 차려 주는 습관을 길러야 한다.

5. 치아코팅을 하면 이가 안 썩는다?
치아코팅(실런트)은 치아의 홈을 메워 주는 것으로 충치 발생을 감소시켜 주는 예방법이다. 그러나 실런트를 해주어도 불량한 구강위생이 지속된다면 충치는 발생할 수 있다.

6. 식사 후 껌을 씹으면 칫솔질을 하지 않아도 된다?
껌을 씹는다고 플라크가 제거되는 것이 아니라 입 안의 청량감만을 준다. 설탕이 함유되지 않고 충치 예방 효과가 있는 것으로 알려진 자일리톨껌도 칫솔질을 하고 난 후 씹어야 한다.

7. 약을 먹이고 한다는 수면치료는 위험하다?
수면치료로 흔히 알려진 것은 정확히 말해 진정요법이다. 안정제를 복용시키는 진정요법은 설득에 의한 협조적 행동이 불가능한 저연령 아동의 경우에 선택할 수 있는 방법으로 신체적 이상이 없는 건강한 아이라면 위험성이 거의 없다.

8. 모유를 먹이면 이가 썩지 않는다?
모유나 우유나 마찬가지로 치아가 오랫동안 적셔지게 되면 구강 내 세균에 의해 산이 만들어지고 이러한 산 성분은 충치를 유발한다.

9. 노리개 젖꼭지를 빨면 이가 잘못된다?
만 3세 이전에 노리개 젖꼭지를 사용하는 것은 치아배열에 영향을 주지 않는다. 다만 지나친 노리개 젖꼭지에 대한 탐닉과 만 3세 이후에도 지속되는 사용은 부정교합을 일으킬 수 있으므로 중단해야 한다.

10. 치약 없이 칫솔로만 이를 닦아도 깨끗해진다?
치약에 의한 세정 효과와 화학적인 충치예방 효과를 포기하는 어리석은 행동이다. 다만 치약을 짜는 것은 콩알만큼의 크기를 넘어서면 안 된다.

11. 치과에서 엑스선을 찍어야 한다는데 방사선이 아이에게 나쁘다?
치과용 엑스선기기에서 발생하는 양은 대략 자연적으로 공기나 햇빛으로부터 받는 연간 방사선량보다도 훨씬 적다.

자료 : 문화일보, 2006년 5월 23일

5) 대소변 가리기

대소변의 조절이 안 되는 시기에는 배설한 요와 변을 청결히 치워야 한다. 기저귀는 아이에게 부담이 없고 감촉이 좋으며 공기도 잘 통하고 흡수성이 좋은 거즈 등 면제품을 선택하는 것이 좋으며, 기저귀 커버는 채우는 것보다 밑에 깔아 주는 것이 좋다.

아동이 대변을 보았을 때, 특히 여아는 앞에서 뒤로 닦아 준다. 뒤에서 앞으로 닦으면 요도에 변이 들어가 염증을 일으키기 쉽다. 닦은 다음에는 반드시 따뜻한 물을 적신 천으로 깨끗이 닦고 말려준다. 이때 변의 상태를 살펴야 한다.

기저귀의 세탁은 충분히 헹구어 합성세제로 인한 자극이 없도록 하며, 햇볕에 말리면 감촉을 좋게 할 뿐만 아니라 살균효과도 있다. 일회용 기저귀는 환경오염 문제가 심각하므로 필요시에만 사용하는 것이 좋다.

대소변 가리기는 18~24개월 사이에 시작한다. 대소변을 보고 싶다는 것을 느끼고 참은 채 화장실까지 갈 수 있어야 하고, 혼자 옷을 벗거나 입을 수 있어야 한다. 가장 중요한 것은 유아가 하고자 하는 것인데, 대소변 가리기는 지능지수나 운동신경과는 상관없이 개인차가 있으므로 서두르거나 강압적으로 시키지 말고 느긋한 마음으로 할 수 있도록 한다.

아동용 변기를 따로 마련해 주고 형이나 언니 등 다른 사람의 대소변 보는 것을 시범 보여주는 것도 좋은 방법이다. 유아가 보내는 신호에 주의를 기울이고 변기에 앉힌다. 응가, 쉬, 대변, 소변, 똥, 오줌 등 적절한 용어를 선택하여 사용한다. 대소변에 대하여 더럽고 수치스럽다는 부정적인 생각을 강요하지 말고 스트레스나 바뀐 환경으로 실수했을 경우라도 꾸중하지 말고 잘했을 경우에는 칭찬해 준다.

용변을 본 후에는 닦아주고 손을 씻도록 한다.

6) 성교육

성교육의 적절한 시기는 아동이 성에 대해 호기심을 보이는 4세를 전후하여 이런저런 질문을 할 때이다. 이 시기에 여성과 남성의 역할, 생명의 소중함, 몸의 구조 등에 대해 교육하며, 자신의 몸의 소중한 곳을 아무나 만지지 않도록, 싫을 때는 싫다고 말할 수 있도록 교육한다.

7) 놀이와 활동

놀이는 감각적 자극으로 작용하며 아동의 신체적 · 인지적 · 사회적 발달의 기회를 제공한다. 따라서 아동은 다양한 감각적 자극이 필요하며 발달 시기에 알맞은 적절한 장난감을 제공해야 한다.

영아기에는 안아주고 귀여워해 주며 이야기해 주고 노래를 불러주며 '까꿍놀이', '잼잼' '곤지곤지' 등 단순하면서 듣고 보고 찾는 놀이를 즐기게 해준다. 장난감을 선택할 때는 모서리가 날카롭지 않고 견고하며, 너무 크거나 작지 않고 아동이 빨거나 입에 물어도 안전한 제품을 주도록 한다. 아동에게 놀이는 필수적인 것으로 새로운 기술과 능력을 발달시키기 위한 기회이기도 하다.

2~3세가 되면 평행놀이로 서로 간의 협력이나 주고받는 것이 없이 따로따로 노는 형태이다. 4~5세는 차츰 같은 또래와의 놀이를 통해 자기통제와 친구와 함께 지내는 방법과 협력하는 것을 배운다. 놀이를 통해 운동기술이 발달하고 자신을 통제하는 방법을 습득하고 긴장을 해소하는 등 심리적 발달에 영향을 준다. 친구에 대한 태도나 억압된 감정의 표현, 모방놀이를 통한 가정에서의 역할 습득, 사회적 발달 등을 도모할 수 있다.

학령기에서도 놀이는 중요한 요소이며 계속 육체적 · 사회적 · 정서적 기능, 기술을 확대할 기회가 제공되어야 한다. 이전 어느 시기보다 놀이를 할 때 친구와 협력하는 반면에 경쟁하는 양상도 보인다. 일반적으로 또래집단을 형성하거나 특별한 단짝친구를 원한다. 각자의 재능과 능력을 찾고 자신을 확인할 혼자만의 시간도 필요하다.

그림 2-8　아동의 놀이활동

8) 안전사고 예방

신생아를 위험으로부터 보호하기 위해 다음과 같은 사항을 주의해야 한다.

- 푹신한 베개, 의복, 이불 등이 코나 입을 막지 않도록 한다.
- 수유 시 젖이 코나 입을 막지 않도록 한다.
- 수유 후 트림을 꼭 시킨 후 오른쪽 옆으로 비스듬히 눕혀 젖을 토했을 때 폐에 들어가거나 코가 막혀 질식하지 않도록 한다.
- 얼굴을 할퀴지 않도록 손싸개를 씌우거나 옷으로 가린다.
- 손위의 형제들이 실수하지 않도록 주의하며 아이들끼리만 한 방에 있지 않게 한다.

영유아기 안전사고 예방을 위해서는 다음에 주의해야 한다.

- 위험한 행동을 못하게 하고 위험에 대하여 경고해야 한다.
- 약품, 세척제 등은 손이 닿지 않는 곳에 보관하고, 날카로운 도구나 기구도 치우도록 한다.
- 전열제품 사용시에는 아동과 떨어진 곳에서 다루며, 전기 콘센트에는 안전커버를 사용한다.
- 방바닥에는 아동이 집어먹을 수 있는 것을 두지 않도록 한다.
- 물을 받아놓은 통 근처에서는 놀지 못하도록 한다.
- 가스레인지 위의 냄비는 손잡이를 잡을 수 없도록 돌려둔다.
- 식탁 위에는 늘어지는 식탁보를 씌우지 않는다.
- 현관이나 계단, 베란다에는 안전문을 설치하고 문에 손가락이 끼지 않도록 주의한다.
- 욕실의 수도꼭지는 찬물쪽으로 고정해 두고, 변기 뚜껑은 닫아두며, 욕실바닥에 미끄럼방지용 패드나 테이프를 붙여둔다.

3. 건강문제

1) 열

아동에게 갑작스럽게 열이 난다면 대개 세균이나 바이러스 감염에 의한 것이다. 이때 몸은 감염에 대항하여 싸우게 되고 그 과정에서 열이 나는 것이므로 무조건 해열제를 먹이는 것은 바람직하지 못하다. 반대로 열이 계속 오르도록 방치해서도 안된다. 고열이 나는데도 추워한다고 하여 이불로 싸두면 열이 심하게 올라 열성 경련을 일으킬 수 있으므로 주의해야 한다. 일반적으로 열이 있는 상태란 겨드랑이 체온이 37.5℃ 이상인 경우이다.

우선 옷을 얇게 입히고 방 안을 서늘하게 한다. 그리고 머리와 목을 차게 식혀주고 땀에 젖은 옷은 바로 갈아 입힌다. 열이 내리지 않는다면 미지근한 물에 수건을 적셔 몸을 문지르듯 닦아준다. 찬물이나 알코올을 사용하면 오히려 근육을 수축시키고 몸을 떨어 열을 발생하기 때문에 좋지 않다. 열이 나게 되면 몸에서 많은 수분이 소실되므로 수분 보충을 해준다. 해열제는 상비약으로 준비해 두는데, 질병의 치료제가 아니고 열을 내리기 위한 치료보조제이다. 해열제의 용량을 임의로 늘리거나 투약 간격을 줄이면 안된다.

2) 기침과 가래 / 콧물과 코막힘

기침은 목에서 폐에 이르는 기도 내의 분비물이나 이물질을 몸 밖으로 내보내기 위한 반사작용이다. 가벼운 기침에서 온 몸을 울리는 기침까지 형태가 다양하다. 원인은 기관지 염증으로 인한 것이 대부분이지만 알레르기, 심리적인 긴장 때문에도 발생한다. 기침하는 아동을 보는 것은 괴롭지만 기도 안의 나쁜 물질을 밖으로 내보내려는 자연스런 현상이기 때문에 억지로 못하게 하거나 기침을 억제하는 약에만 의존하는 것은 좋지 않다.

아동을 세워 안고 등을 쓸어주거나 요 밑에 쿠션이나 방석을 괴어 윗몸을 높여준다.

가래를 묽게 하여 배출되기 쉽도록 수분 섭취를 늘리고 습도를 조절하며 실내를 청결하게 한다. 코가 막혀 아동이 답답해할 때는 실내습도를 50~60% 정도로 해주고, 코막힘이 심해 입으로 숨을 쉬거나 수유가 곤란하면 거즈에 따뜻한 물을 적셔 온습포를 해준다

체온 재는 법

• 가능한 체온계를 이용하여 아이를 안정시킨 후 정확히 재도록 한다.

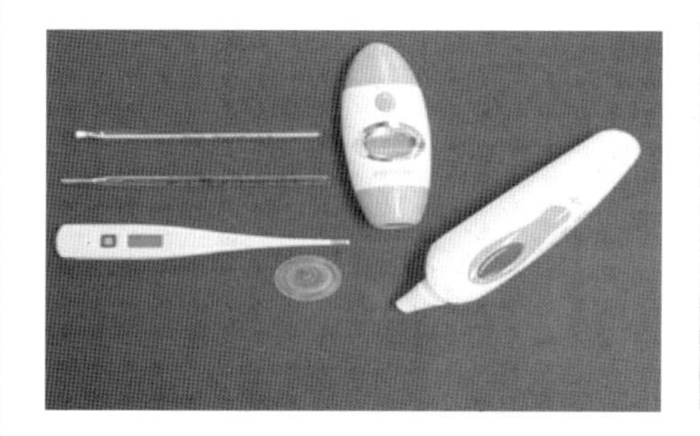

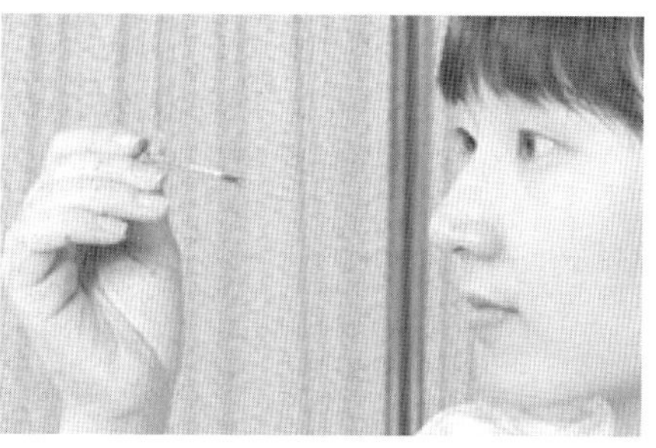

그림 2-9 체온계의 종류(좌)와 수은체온계 측정 모습(우)
자료 : 백성희 외(2008). 기본간호중재의 적용. 수문사, pp51-53.

• 수은 체온계 사용 시는 수은주가 35℃ 이하로 내려가도록 털어서 흔든 뒤 사용하고 체온계가 깨져 수은이 나오지 않도록 주의한다. 고막체온계는 외이도에 체온계를 삽입하여측정하므로 사용이 간편하나 중이염의 경우 체온측정에 오류가 있을 수 있다.

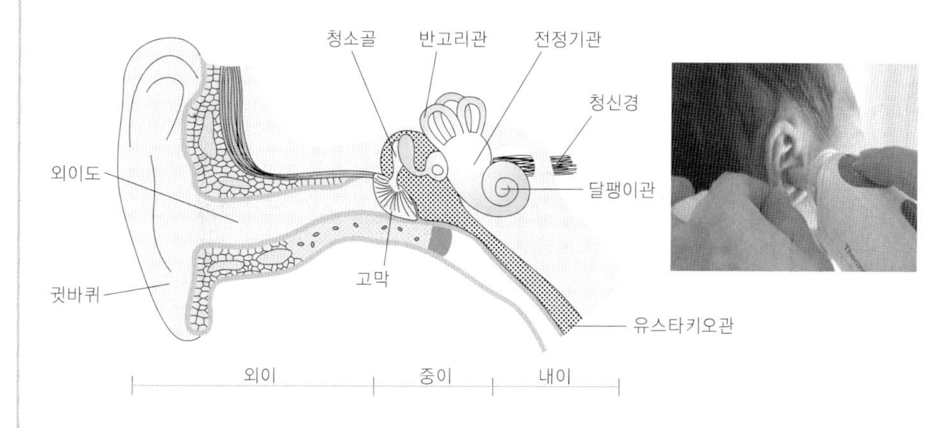

그림 2-10 귀의 구조(좌)와 고막체온계 측정 모습(우)
자료 : 백성희 외(2008). 기본간호중재의 적용. 수문사, p56.

3) 구 토

위 속의 음식물이나 위액을 비정상적으로 토하는 것이다. 설사나 변비와 함께 소화기계 이상이 있을 경우 대표적으로 나타나는 증상이다. 구토를 하더라도 아동의 상태가 좋아 보인다면 4시간 정도 모유나 우유를 주지 말고 보리차 등으로 수분을 보충하면서 경과를 지켜보고, 만약 상태가 더 나빠진다면 진료를 받도록 한다.

심하게 토할 때는 몸을 일으켜 주거나 안아준다. 눕혀놓으면 토물이 기도를 막지 않도록 머리를 옆으로 돌려준다. 더럽혀진 이불이나 옷을 갈아 입히고 보리차를 조금씩 자주 먹인다. 영유아의 경우 의사의 진료를 받지 않고 6시간 이상 굶기는 것은 금한다.

4) 설 사

묽은 변을 자주 보는 현상으로 음식을 급히 섭취한 경우, 과일과 같은 섬유질이 많은 음식을 섭취한 경우, 장내 감염 등으로 인해 장이 비정상적으로 자극된 경우 과도한 장운동을 유발함으로써 발생할 수 있다. 장내 감염은 일반적으로 바이러스나 세균이 원인인데, 음식이 오염되었거나 오염된 손을 깨끗이 씻지 않은 경우 구강을 통해 전염되기도 한다. 감기 혹은 중이염이 있는 경우에는 열을 동반한 설사를 한다.

일단 설사를 하게 되면 그 결과 음식물로부터 인체에 필요한 수분을 흡수할 수 있는 시간이 충분하지 못하여 심각한 수분소실 혹은 탈수가 나타난다. 특히 어릴수록 탈수는 매우 심각하며, 발한과 함께 구토, 열을 동반한 설사를 하는 경우 더욱 위험하다.

설사가 잦으면 기저귀를 사용하는 영아의 경우 기저귀 발진이 생길 우려가 있으므로 설사 후 바로 기저귀를 갈아주고 휴지나 물티슈로 닦는 대신 물로 직접 씻긴다. 설사자체는 병이 아니고 몸 속의 나쁜 물질을 내보내는 작용이므로 무조건 지사제를 써서 설사를 막는

표 2-2 설사 시의 식사계획

경과시간	식사계획
처음 8시간	반 시간 또는 매 시간 15~30mL의 액체(약간의 설탕을 넣은 연한 차, 설탕물, 이온음료 등) 공급
12~24시간(배변 횟수가 더 이상 증가되지 않거나 감소)	맑은 유동식(clear liquid diet)을 2시간마다 60~90mL씩 증가
24~36시간(증세가 명확하게 호전)	젤리, 바나나, 사과소스, 크래커 등의 담백한 고체 또는 반고체 식품
36~48시간	점차 정상식(토스트, 감자, 흰밥 등)으로 이행
3~5일	점차 우유 제품 첨가

자료 : 김은경 외(2008). 생애주기영양학. 신광출판사, p140

것은 좋지 않다. 병원에 갈 때는 변의 색과 물기, 냄새, 횟수, 점액질이 섞여 있는지 혹은 혈변을 보는지를 자세히 관찰하고 의사에게 이야기하도록 한다.

5) 탈 수

구토, 설사, 열로 인해 수분이 상실되고 적절한 수분이 공급되지 못한 경우 발생된다. 설사를 하는 아동의 장은 운동이 과도하여 수분을 섭취할 수 있는 충분한 시간을 갖지 못하기 때문에 탈수가 더욱 급속히 진행된다. 열이나 발한으로 인해 탈수가 나타난 경우에는 인체의 화학반응이 파괴되고 필요한 영양분이 소실되며, 순환 혈액량이 저하되어 심각한 위험을 초래한다.

탈수는 영구적 뇌손상이나 사망의 원인이 되기도 하므로 응급치료를 시행한다. 증상은 입과 입술의 건조, 심해지면 아이가 늘어지고 생후 18개월 미만의 영아는 대천문이 움푹 들어간다. 소변량이 감소하고 짙은 황색의 소변을 본다. 탈수가 심하게 진행되면 8~12시간 동안 소변이 배설되지 않는다.

설사나 구토를 하면 체온을 측정하고, 열이 있는 경우에는 미지근한 물로 닦아 주어 열을 내리도록 한다. 10분 간격으로 소량의 수분을 자주 마시도록 격려한다. 이때 희석되지 않은 주스나 우유는 주지 않도록 하고 대신 수분과 전해질을 보충한다. 처방 없이 지사제나 진토제를 주지 않는다.

소변색이 정상으로 되고 횟수가 규칙적이면 정상상태로의 회복을 의미하는 징후이다. 상태가 정상으로 회복되면 3배 희석된 우유를 제공하고, 점차 우유의 농도와 양을 증가시켜 2~3일 이내에 정상 농도의 우유를 주도록 한다. 고형식이를 줄 때는 저섬유식이부터 시작하여 점차적으로 양을 늘린다.

6) 변 비

변비는 변 보기 어려움, 복부 불편감과 딱딱한 변을 보는 것으로 며칠에 한 번 보느냐는 아이마다 장운동이 다르므로 별 의미가 없다.

딱딱한 변을 본 후 항문에 열상이 생겨 아파하거나 피가 나는 경우 따뜻한 물에 좌욕을 해주는 것이 도움이 되며 영아의 경우 면봉 끝에 바세린이나 베이비 오일을 묻혀 항문을 살살 자극해 주는 것도 한 방법이다. 모유를 먹는 영아는 변비가 없으나 분유 수유를 하는 영아의 경우는 수분 섭취를 늘려준다. 이유식이 시작되었거나 밥을 먹는 경우라면 식사량이 충분한지 확인하고 특히 식이섬유와 수분을 많이 섭취하도록 한다.

7) 신생아 황달

출생 후 적혈구가 파괴되어 지용성 간접 빌리루빈을 형성한다. 이것이 직접 빌리루빈으로 전환되어 배설되어야 하는데, 출생 시에는 이 작용을 하는 간의 효소가 충분히 활동하지 못하여 생리적 황달이 발생한다. 만삭아의 경우 간접 빌리루빈이 7mg/100mL 이상으로 상승되면 황달이 확인되며, 신생아의 55~70%에 있어 생후 2~3일부터 발생되어 수일간 증가되고 7일 정도에 소실된다. 보통 생리적 황달은 특별한 처치를 필요로 하지 않으나 광선요법이 도움이 된다. 이때 황달이 심하게, 생후 10일 이상 오래 지속되는 것은 병리적 상태이므로 피부색을 관찰하여 노란색이 옅어지지 않으면 진찰을 받아 입원치료를 결정해야 한다.

8) 기저귀 발진

기저귀가 닿는 부분, 즉 엉덩이, 아랫배, 회음부, 사타구니 등에 발진이 생기는 것을 말한다. 심하면 피부가 벗겨지고 진물이 나며, 피가 맺히고 심하게 가려워한다. 기저귀 자체가 원인인 경우도 있지만 대부분 대소변, 세균이나 곰팡이균, 약물, 화장품 등이 기저귀 발진을 일으킨다. 천 기저귀를 쓰는 경우 세탁방법이 잘못되었거나 혹은 너무 강한 세제를 사용하거나 헹굼을 적절히 못했을 경우이고, 젖은 기저귀를 오래 채워두는 경우 베이비 파우더와 대소변의 암모니아, 세균, 산 등이 피부를 자극해서 생기는 것이다. 감기에 걸렸거나 설사를 하는 경우에도 기저귀 발진이 생기기 쉽다.

종이 기저귀든 천 기저귀든 대소변을 본 즉시 갈아주고 물티슈보다는 물로 씻기고 완전히 피부를 말려준다. 증상이 심한 경우 일정 시간 기저귀를 채우지 않는 것이 좋다. 연고를 함부로 사용하는 것은 좋지 않으며, 베이비 파우더와 함께 연고를 사용하는 것은 기저귀 발진을 악화시킬 수 있으므로 사용하지 않도록 한다.

9) 땀 띠

땀띠는 더워서 땀을 흘릴 때 땀샘의 구멍이 막혀 땀이 배출되지 못해 물집같은 것이 잡히는 것을 말한다. 땀이 많이 나는 부위인 이마와 목 주위, 피부가 접히는 부분에 좁쌀같이 오톨도톨한 발진이 돋는다.

땀띠를 예방하는 방법은 땀 흡수가 잘 되도록 면옷을 헐렁하게 입히고 자주 닦아주고 시원하게 해준다. 피부가 접힌 부위에 땀이 찬다고 거즈를 둘러주는 것은 좋지 않다. 대개의 경우는 시원하게 해주고 땀을 잘 닦아주는 것으로 좋아진다.

주의해야 할 점은 베이비 파우더는 예방적 차원에서 피부 마찰을 줄이고 피부를 마른 상태로 유지하기 위해 사용하나 일단 땀띠가 생긴 후에는 사용하지 않는 것이 좋다.

10) 급성 비인두염(감기)

바이러스에 의한 것으로 아동에게 가장 흔한 질병이다. 계절과 상관없이 걸릴 수 있지만 특히 환절기에는 일교차가 크고 건조해서 바이러스가 활동하기 쉽다.

증상은 열과 기침, 재채기와 콧물, 코막힘이 있고 설사와 구토가 같이 오는 경우도 있다. 개인에 따라서 목이 붓고 아파서 잘 먹지 못하기도 한다.

예방하기 위해 외출 후 반드시 손발을 씻고 칫솔질을 하도록 한다. 또 실내공기가 오염되지 않도록 자주 환기하고 구석구석 물걸레질로 청소하며, 실내에서 절대로 금연하도록 한다. 집안이 건조하지 않도록 젖은 빨래를 널어두거나 가습기를 사용할 경우 가습기 청소를 자주 하여야 한다.

전파양식은 주로 비말 감염으로 아이에게 기침할 때 입을 가리라고 교육한다. 보통 감기라고 하여도 연령, 과거의 감염, 알레르기, 영양상태에 따라 증상의 정도가 다르게 나타난다. 바이러스 질환으로 균을 없앨 수 있는 약은 없으므로 푹 쉬며 안정을 취하고 적절히 보온하며, 식사는 소화가 잘 되는 것으로 소량씩 자주 주고 음료를 수시로 먹여 수분 섭취량을 늘린다. 열이 나면 옷을 벗겨 시원하게 해주고 미지근한 물을 적신 수건으로 몸을 닦아준다. 그래도 열이 떨어지지 않으면 해열제를 먹이는데 구토가 있다면 좌약으로 된 해열제를 사용한다.

감기 자체는 흔한 질병이긴 하나 이차적인 합병증이 생기지 않도록 1주일을 경과하게 되면 진찰을 받고 처방에 따라야 한다.

11) 세기관지염

여러 갈래로 나뉜 기관지 중 가느다란 기관지에 바이러스가 침입하여 일으킨 염증으로 숨을 쉴 때 쌕쌕 소리가 나고 기침을 심하게 하며 숨쉬기를 힘들어하는 경우가 있다. 주로 영아에게 많으며 열은 원인균에 따라 없거나 미열 혹은 고열이 나기도 한다. 염증으로 기관지가 좁아지고 가래 등의 분비물이 배출되기 어려워 숨쉴 때 소리가 나고 흉골의 함몰이 보이기도 하며 콧구멍이 벌렁거린다. 영아는 많이 보채고 호흡이 어려워 잘 먹지 못한다.

숨쉬기 힘든 것이 가장 큰 문제로 가쁜 호흡이 체내 수분을 많이 빼앗아가므로 가습기로 습도를 유지하고 분비물을 묽게 하여 배출이 쉽게 되도록 수분 섭취를 늘려주는 것이 중요하다. 영아가 힘들어하면 윗몸을 세워 안아주고 통원치료를 받는 중이라도 숨이 차서 물을 먹이기도 힘들어지거나 청색증을 보이면 즉시 응급실로 데려간다.

소화되기 쉬운 음식을 소량씩 자주 먹이고 처방된 약물을 먹인다. 가래가 배출되기 쉽도록 손을 동그랗게 오므려 영아의 가슴과 등을 톡톡 쳐주고 체위를 자주 변경한다.

12) 급성 후두염

열이 있고 쉰 목소리가 5일 이상 계속되거나 숨을 들이쉴 때 소리가 나고 기침을 할 때 개 짖는 소리처럼 컹컹하며 호흡이 빠르고 가슴이 조이는 듯한 증상이 나타난다. 또한 밤 11시~새벽 2시 사이가 되면 증상이 더 심해져 잠을 이루기 어렵고, 일단 기침이 시작되면 한두 시간 심하게 한다.

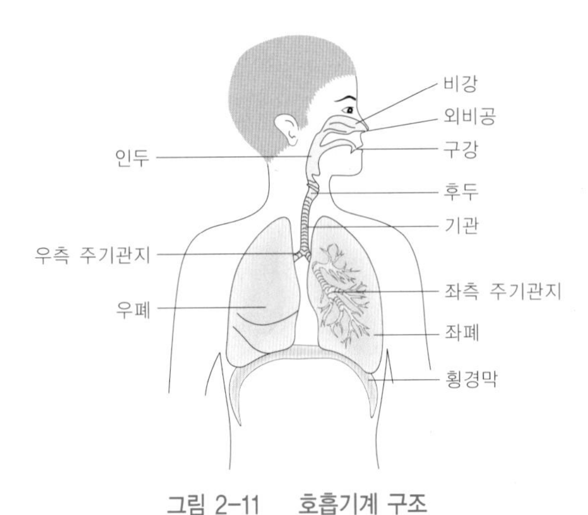

그림 2-11 호흡기계 구조

그림 2-12　크룹 텐트

이와 같은 증상은 후두에 염증이 생겨 발생하는 것으로 크룹(croup)이라고도 한다. 충분히 휴식을 취하도록 하고 폐렴 때와 같이 돌본다. 특히 찬가습기를 틀어주는 것이 도움이 되며 물을 자주 조금씩 마시도록 한다. 울면 증세가 심해지므로 울지 않도록 잘 달랜다. 기침이 멎지 않아 괴로워할 때는 세워 안고 등을 문질러 준다. 아침이 되어 증세가 좋아졌더라도 병원을 방문하고 완치가 될 때까지는 외출을 삼가도록 한다. 헐떡거릴 정도로 숨이 가쁘고 입술이 파래지거나 열이 높고 침을 많이 흘릴 때는 후두가 지나치게 부은 것으로 한밤중이라도 응급실로 가야 한다. 위중해서 입원하게 되면 크룹 텐트라는 기구에서 치료 받게 된다.

13) 폐 렴

폐에 염증이 생긴 것으로, 폐 자체에 염증이 생기거나 다른 질병의 합병증으로 발생한다.

원인은 바이러스, 마이코플라즈마, 세균, 이물 흡인 등이다. 고열, 구토, 가래가 있고 기침을 동반하며 호흡곤란이 일어날 수도 있다. 기침은 마른기침부터 숨쉬기 힘들 정도의 심한 기침까지 다양하다. 숨을 가쁘게 몰아쉬기도 하고 숨 쉴 때마다 가래 끓는 소리가 들리기도 한다.

원인에 따라서 치료하게 되는데 바이러스로 인한 폐렴의 경우는 대증요법(對症療法, 원인이 아니라 증세에 대한 치료)으로 치료하나 세균성이거나 마이코플라즈마로 인한 폐렴의 경우 항생제를 사용하고 심한 경우 입원치료를 받게 된다. 항생제는 증상이 좋아졌다 하여 임의로 중단하지 말고 처방 받은 기간 동안 계속 복용하도록 한다. 또 흡입치료를 하는 경우가 있는데 약물을 작은 수증기 형태로 만들어 들여 마심으로써 직접 호흡기에 작용하도록 하는 것으로, 흡입치료 마스크로 코와 입이 잘 감싸지도록 대준다. 흡입치료 후 물을 마시도록 하고 등과 가슴을 두드려 가래 배출을 돕는다.

14) 천 식

열은 별로 없으나 계속해서 기침을 하고, 그르렁거리는 소리를 내며 숨 쉴 때 휘파람 같은 소리가 나기도 하고, 숨이 차며 숨을 가쁘게 쉬는 것이 일반적인 증상이다.

이전에 아토피 피부염을 앓았거나 음식 등에 알레르기를 가진 아동인 경우 새벽이나 아침기침이 오래 지속된다면 전문의의 진찰을 받을 필요가 있다.

기관지 천식은 유전성이 강한 알레르기성 질환으로 원인을 제거하는 것이 중요하다.

꽃가루, 동물의 털, 먼지, 진드기, 곰팡이, 견과류, 유제품, 생선, 메밀 등의 식품과 감기 바이러스, 독감, 심한 운동, 스트레스, 찬 공기와 매연, 담배 연기, 향수 등 여러 가지 원인이 있다. 적절한 약물을 쓰는 것이 중요한데 반드시 의사의 진찰을 받도록 하고 처방 받은 약물의 사용법을 숙지한다.

일반적으로 다음 사항을 잘 지켜야 한다.

- 집 안에 동물을 키우지 않는다.
- 실내에서 금연하고 환기를 자주 한다.
- 실내온도를 20~22℃로, 습도를 50~60% 정도로 유지한다.
- 물걸레를 이용하여 구석구석 먼지를 제거한다.
- 햇볕이 잘 들고 통풍이 잘되는 방을 사용하도록 한다.
- 이불과 요는 자주 햇볕에 말리고 55℃ 이상 뜨거운 물로 세탁한다.

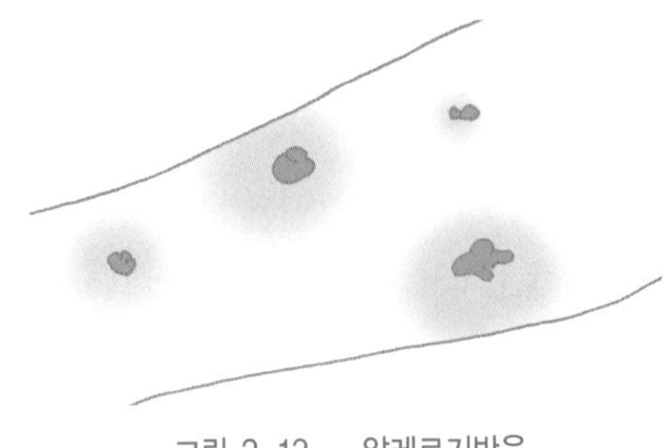

그림 2-13 알레르기반응

• 천 소파와 카펫을 사용하지 않는다.
• 심리적으로 안정시킨다.

15) 편도선염

연쇄상구균이나 바이러스에 의한 편도선의 급성 감염이다. 편도선염이 진행되면 인후통, 열 및 편도선의 부종이 나타나는데, 코의 뒷부분에 위치한 아데노이드까지 쉽게 손상받을 수 있다. 1세 미만의 영아가 편도선염으로 고생하는 경우는 드물지만 학령기 전기의 아동은 편도선과 아데노이드의 크기가 상대적으로 증대하고, 감염성 미생물에 노출되는 기회가 증가하여 발생빈도가 증가한다. 그러나 10세 무렵이 되면 감염에 대한 저항력이 증가하여 아데노이드가 작아지면서 편도선염의 발생빈도는 감소한다.

증상은 인후통과 음식 또는 침을 삼키기 힘들어하고, 편도선에 붉고 노란색 반점으로 염증부위가 보인다. 미열에서 고열이 있고 목의 임파선이 붓고 아데노이드까지 염증이 확대되면 구강호흡, 코골기, 코맹맹이 소리를 한다. 호흡시 불쾌한 냄새가 난다.

인후통을 호소하거나 삼키기가 곤란하여 잘 먹지 못하면 입을 벌리게 하여 전등을 비춰 인후를 검사한다. 인후를 검사할 때에는 머리를 뒤로 젖히고 깨끗한 숟가락의 손잡이 부위로 혀를 가볍게 눌러준다. 그리고 아동에게 "아"하고 소리내도록 지시한다. 이때 인후가 개방되고 1~2초간 편도선이 붉고 커졌는지, 노란 반점이 생겼는지의 여부를 충분히 관찰할 수 있다. 체온을 측정하여 열이 있는지를 확인한다.

목의 양옆을 만져 목 임파선이 부어 있는가도 확인한다. 임파선이 부은 경우에는 피부 아래에서 커다란 완두콩만한 것이 만져진다.

감염이 없을 때에도 연하장애나 호흡장애를 초래할 정도로 크거나 종양인 경우에는 절제술을 하게 되므로 진찰을 받도록 한다.

16) 경 련

뇌의 비정상적 반응에 의해 나타나는 일종의 발작성 경기를 의미한다. 원인은 바이러스 감염 시 체온상승으로 인해 발생하는 것으로, 생후 6개월에서 6세 사이의 아동에게 자주 일어난다. 열성경련은 가족적 성향을 갖는다. 경련을 유발하는 기타 원인으로는 뇌염 혹은 뇌막염, 저혈당, 저칼슘혈증 등 혈액 내 화학성분의 변화 혹은 감정적 변화 등이 있다.

경련이 진행되는 동안 의식을 잃게 되고, 호흡정지와 경직, 그리고 몇 분간 팔다리를 폈다 구부렸다를 반복하게 된다. 또한 경련이 일어나기 전에 괴성을 지르기도 하고, 경련이 진행되는 동안 소변이나 대변을 불수의적으로 보기도 한다. 경련 후에 아동은 혼수 혹은 수면에 빠진다. 경련은 생명을 위협하는 질환은 아니지만 영구적 뇌손상을 초래하기도 하므로 신중하게 다루어야 한다.

의식이 소실되면 즉시 안전한 곳에 눕히고 머리를 한쪽으로 돌려주어 혀가 기도를 차단하지 않도록 한다. 경련이 진행되는 동안 아동을 절대 혼자 두지 않는다.

아동이 손상을 입을 수 있으므로 경련을 억지로 멈추려고 시도하지 않는다. 이를 갈 때 입 속에 무언가를 억지로 넣으려 하거나 강제로 입을 벌리지 않는다. 격렬한 경련이 멈춘 뒤에도 아동의 머리를 한쪽으로 돌려주어 혀가 기도를 막지 않도록 한다. 경련 후에도 열이 지속되면 옷을 벗기고, 미온수로 닦아주어 열을 내리게 한다. 아동이 잠을 자면 가벼운 홑이불을 덮어주고 조용한 환경에서 안정시킨다.

17) 장중첩

장의 일부가 다른 장 속으로 밀려들어가 겹쳐지는 것이다. 원인은 확실하지 않으며 생후 2개월에서 2년 사이 아동에게 많은데 남아에게 더 많이 나타난다.

배가 심하게 아프고 구토와 설사가 있다. 복통의 경우 한 5~10분간 심하게 아프다가 괜찮아지고 또 다시 아픈 형태로 나타난다. 배가 아플 때 다리를 배쪽으로 붙이고 심하게 울며 토하고 변이 점액과 혈액이 섞인 젤리 형태라면 곧 응급실로 가도록 한다.

18) 수족구병

콕사키 바이러스 감염에 의한 것으로 감염된 지 4~6일 후 발병한다. 처음에 잘 먹지 않고 보채다 2~3일 지나면 발진이 돋는데 부위는 손, 발과 입 안에 물집이 잡힌다. 열이 나고 입 안이 헐어 침 삼키기도 어려워서 침을 많이 흘리고, 입 안이 아파서 잘 먹지 못한다. 발진은 5~10일이면 자연히 없어진다. 주로 6개월에서 4세 사이 아이들에게 잘 걸리고 비교적 전염성이 강해 유치원이나 어린이집에 한 명이 걸리면 다른 아이들도 쉽게 걸린다.

수족구를 예방하려면 수족구가 돌 때는 아이들이 많은 곳을 피하고 자주 씻고 칫솔질을 자주 하도록 한다.

안정을 취하도록 하고 수분공급을 충분히 해주고 열이 많이 나는 경우 해열제를 먹이는데, 해열제는 열을 내릴 뿐 아니라 진통효과가 있어 입 안이 아픈 것을 줄일 수 있다. 먹는 음식은 차갑게 해서 주고 자극이 없는 삼키기 쉬운 음식을 주도록 한다. 우유병보다는 빨대나 컵을 사용하도록 한다. 대부분은 큰 후유증이 없이 잘 낫지만 뇌막염 등의 합병증이 생길 수 있으므로 수족구에 걸린 아이가 머리가 아프고 목덜미가 뻣뻣하다거나 토하면 병원에 가도록 한다.

19) 홍 역

바이러스에 의해 감염되며 감염된 사람이 기침, 재채기할 때 나오는 분비물에 의해서 전파된다. 면역성이 없는 경우 바이러스에 노출되면 홍역에 걸릴 확률은 90% 이상이다.

전염성이 있는 시기는 발진이 나타나기 전 6~7일부터 발진 후 2~3일까지이다. 잠복기가 약 10~12일 정도인데 이 기간에도 홍역을 옮길 수 있다.

증상은 감기와 같이 시작되는데 열이 나고 기침과 콧물, 결막염 등이 3~5일간 지속되다 입 속 볼 안쪽에 작고 흰 반점인 코플릭(Koplick) 반점이 나타난다. 이후 적갈색의 발진이 귀 뒤쪽부터 생기는데 점차 얼굴, 목, 팔, 몸통으로 퍼진다. 발진이 나타난 지 3~4일이 되면 열도 떨어지고 점차 발진이 사라진다.

대증요법으로 열이 나면 해열제를 쓰고, 탈수증상이 있으면 수분을 공급하고, 결막염이 있다면 눈이 부시면서 아플 수 있으므로 방을 어둡게 한다. 흔한 합병증으로는 중이염, 폐렴, 뇌염이 있으며, 입원치료를 하기도 한다.

20) 풍 진

바이러스에 의해 감염되며 초기에는 아무런 증세가 없는 경우도 있으나 미열과 감기증상이 있다. 귀 뒤, 목 뒤, 후두부의 임파선이 붓고 작은 발진이 생기기 시작하여 몸 전체로 퍼져 2~3일간 지속된다.

풍진은 심각한 병은 아니고 대개 합병증이 없이 잘 치유된다. 그러나 전염성이 강하므로 다른 아동과 접촉을 삼가고 풍진 항체가 없는 임산부와 접촉 시 태아에게 선천성 풍진 증후군으로 백내장, 심장질환, 귀머거리, 소두증의 증상이 생길 수 있으므로 주의해야 한다.

21) 수 두

바리셀라 조스터 바이러스에 의한 질병으로 잠복기가 2~3주 정도로 길고 전염성이 매우 강하다. 한 번 앓으면 평생 면역이 생기고 비교적 어린 나이에 앓는 것이 합병증이 덜하다. 수두 초기에는 감기와 비슷하다 2~3일 사이에 몸 전체에 피부 발진이 돋으며 입술, 항문, 귀까지 발진이 생기기도 한다. 홍역은 물집이 잡히지 않는데 비해 수두는 투명하게 물집이 잡히고 가렵다. 며칠 지나면 딱지가 지면서 회복된다. 수두접종을 했어도 수두에 걸릴 수 있는데 이런 경우 수두를 가볍게 앓고 얼굴에 물집도 비교적 적게 생긴다.

가려움증이 심해 긁어 딱지가 떨어지면 흉터가 생기므로 긁지 않도록 하고 손을 자주 깨끗이 씻고 손톱을 짧게 자르고 잘 다듬어 주고 칼라민(calamine) 로션을 발라준다. 또 완전히 나을 때까지 등원(교)시키지 않도록 하고, 열이 심하고 인후통이 있을 때는 해열제를 준다.

22) 가와사키병

바이러스 감염에 의한 이차적 면역반응이라고 추정하고 있으며, 학령 전기 아동에게 흔하며, 여아보다 남아에게서 많다. 다른 발열질환과 구분할 수 있는 임상증상은 다음 여섯 가지 중 다섯 가지가 해당될 때이다.

① 고열이 5일 이상 계속되고, ② 목옆에 임파선이 붓고, ③ 결막염이 생기고 눈이 충혈된다. ④ 목이 붓고 입술이 빨개지고, ⑤ 혓바닥이 붉어지며(딸기혀), ⑥ 손발에 발진이 생기는데 몸에 생기기도 한다.

열을 내리고 휴식을 취하도록 하며, 음식은 부드럽고 삼키기 쉬운 것으로 소량 자주 주며 미지근한 물로 목욕하고 로션을 발라준다. 입술에도 윤활제를 발라준다.

23) 아토피(영아습진, 태열)

재발이 잘 되는 만성질환으로 시간이 지나면서 저절로 좋아지는 경우도 있지만 제대로 치료하지 않으면 나중에 천식이나 알레르기성 비염 등의 알레르기 질환이 잘 생긴다.

영아형 아토피인 경우는 얼굴, 턱, 귀 밑, 기저귀 부위, 팔, 다리에 잘 생긴다. 피부가 건

아토피 피부염 예방 및 관리를 위한 7대 생활습관

1. 실내는 적절한 온도와 습도를 유지한다.
2. 적당하게 목욕하고, 목욕 후에는 보습제를 발라 피부가 건조해지지 않도록 한다.
3. 세척력이 강한 비누와 세제의 사용을 최소화한다.
4. 새로 산 옷은 한 번 빨아서 입고, 화학섬유보다는 면으로 된 옷으로 입는다.
5. 땀을 흘리면서 신체 접촉이 많은 운동을 피한다.
6. 긁으면 더 가렵다. 손톱을 짧게 깎고, 잘 때는 장갑을 끼고 잔다.
7. 스트레스는 피부의 적, 정서적 안정을 취한다.

〈 아토피 피부염 진단 체크리스트 〉

• 주요 진단 기준
  ① 가려움
  ② 2세 미만은 얼굴, 몸통, 팔다리가 접혀지는 부위의 습진, 2세 이상은 얼굴, 목, 팔다리가 접히는 부위 습진
  ③ 아토피(아토피 피부염, 천식, 알레르기 비염)의 개인 및 가족력
• 보조 진단 기준
  ① 피부건조증
  ② 마른 버짐
  ③ 눈 주위가 검게 변하거나 습진이 생김
  ④ 귀 주위가 검게 변하거나 습진이 생김
  ⑤ 입술이 건조해지고 갈라짐
  ⑥ 손, 발의 습진
  ⑦ 비듬
  ⑧ 모공 주변에 닭살처럼 피부가 두드러지는 현상
  ⑨ 유두 습진
  ⑩ 땀 흘리면 가려움 증상 나타남
  ⑪ 긁으면 피부에 하얀 선이 나타남
  ⑫ 피부단자검사 양성 반응
  ⑬ 혈청 글로불린 E의 증가
  ⑭ 피부 감염 증가

주요 진단 기준 중 2개 이상, 보조 진단 기준 중 4가지 이상 증상이 나타나면 아토피 피부염으로 의심해 볼 수 있다.

자료 : 대한아토피피부염학회(동아일보, 2007년 10월 24일)

조하여 거칠고 붉어지고 짓무른다. 가려움증이 심한 것이 특징인데 진물이 나고 피가 나도록 긁게 되면 피부에 손상을 입게 되고 더 가려워지는 악순환이 된다.

목욕은 더러움을 없애는 정도로 미지근한 물로 샤워하는 것이 좋고 때수건을 사용해서는 안된다. 목욕 후 3분 이내 보습제를 충분히 발라준다. 모유는 적어도 6개월 이상 먹이고 이유식을 늦게 시작하며, 시판 이유식이나 선식 등을 이유식으로 하는 것은 좋지 않다. 면으로 된 헐렁한 옷을 입히고 세탁 시 잘 헹군다. 애완동물을 키우지 말고 물걸레질을 자주 하여 환경을 깨끗이 한다. 치료제로는 스테로이드 연고와 가려움증을 가라앉히기 위해 항히스타민제 등을 사용하는데 처방을 받아 사용하여야 한다.

24) 식품 알레르기

식품 알레르기는 우리 신체가 집먼지, 진드기, 꽃가루, 음식 등의 원인물질과 접촉해서 기관지, 피부, 장 등의 신체조직에 과민반응을 일으키는 것이다. 알레르기 질환 중 아토피 피부염은 식품과의 연관성이 40~60%로 가장 높게 보고되고 있으며, 연령별로는 어릴수록 식품과의 연관성이 높아진다. 식품 알레르기로 판정되면 원인으로 의심되는 식품을 먹지 말고 증상의 호전 정도를 살펴보면서 알레르기와 영양적 측면을 모두 고려하여 대체식품을 선택하여 먹도록 한다. 즉, 우유 알레르기가 있는 경우는 일반 우유 대신 모유나 대두단백 조제유, 단백질 가수분해 조제유로 바꾸어 먹여야 하며, 달걀, 우유, 땅콩, 대두, 밀 등 알레르기 유발물질로 잘 알려진 식품은 아이가 2~3세 될 때까지 주지 않는 것이 좋다. 우리나라 사람에게 알레르기를 유발하는 것으로 알려진 12품목에 대해서는 함량과 관계 없이 표시하도록 하는 알레르기 유발식품 표시제도가 있다.

식품 알레르기 예방을 위해 주의할 식품

- 영유아의 경우 장벽의 구조 및 기능이 덜 발달되어 있기 때문에 식품 단백질이 쉽게 장점막을 통과하여 체내로 들어와 알레르기를 일으킬 수 있다.
- 달걀, 우유, 대두는 영유아기에 가장 흔한 알레르기 유발식품이며, 이밖에도 메밀, 땅콩, 돼지고기, 닭고기, 고등어 등 생선류, 조개류, 새우, 게 등의 갑각류, 토마토, 복숭아 등도 알레르기를 잘 일으킬 수 있는 식품으로 알려져 있다.
- 이러한 식품들은 훌륭한 영양공급원이기도 하기 때문에 무조건 제한할 필요는 없으며 항상 주의깊게 관찰하면서 먹이도록 해야 한다.

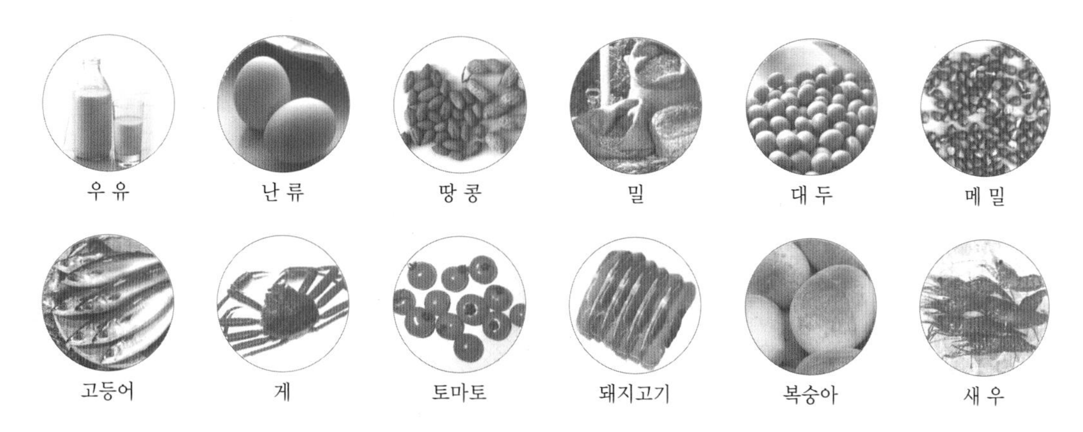

그림 2-14 알레르기 유발식품
자료: 식품의약품안전청(2007)

25) 결막염

바이러스나 세균이 눈에 침입하여 염증이 발생한 것으로, 증상은 눈물이 나고 눈이 벌겋게 충혈된다. 또 눈이 가렵고 쓰리며, 밝은 빛을 견디기 힘들고 농성 분비물로 인해 아침에 일어나면 눈꺼풀이 붙어 있다.

깨끗한 솜에 미지근한 소금물을 적셔 눈을 안쪽에서 바깥쪽으로 닦아준다. 한쪽 눈에만 염증이 있는 경우 건강한 쪽의 눈을 보호하기 위해 눈에 안대를 대준다. 감염 전파를 예방하기 위해 항상 깨끗하게 씻고, 눈을 비비지 않도록 주의시킨다. 아동이 사용하는 수건은 분리하여 사용한다.

26) 중이염

코나 인후로 침입한 세균이 중이로 이동하여 생긴 염증이다. 중이에 분비물이 고이고 통증이 생기며 난청을 유발한다. 영아가 귀를 잡아당기거나 비비며 울고, 38.6℃ 이상의 고열을 동반한다.

흔히 호흡기 감염과 동반하여 나타나므로 증상을 잘 관찰해야 한다. 체온을 측정하여 열이 있는지 확인하고 편안하고 시원하게 해준다. 귀의 심한 통증을 호소하면 더운 찜질을 해주어 통증을 완화시킨다.

27) 축농증(부비동염)

코뼈 양옆의 부비동이라는 곳에 염증이 생긴 것을 말한다. 이곳은 공기가 차 있는 공간인데 감기나 비염이 오래 되어 부비동에 염증이 생기면 공기 대신 고름이 고여 축농증이 된다. 코가 막힌 것처럼 숨쉬기 힘들어하고 코막힌 소리를 낸다. 콧물이 누렇고 밖으로 흘러나오기도 하지만 목 뒤로 넘어가는 경우도 많다. 이런 경우 기침을 많이 하게 된다. 목 뒤를 살펴보아 끈끈한 콧물이 붙어 있으면 축농증을 의심하게 되고 필요에 따라 X-선 촬영을 하기도 한다.

보통 2~3주 정도 항생제를 투여한다. 만성인 경우 4주 이상 약을 먹어야 하기도 한다. 수술요법은 아동의 경우 별로 권장하지 않는다. 습도를 적절히 유지해 주고 물을 많이 먹이며 식염수를 체온 정도로 따뜻하게 하여 코 안에 흘려주는 것이 도움이 된다.

28) 요로 감염

신장과 방광, 신장과 요도 간의 거리가 짧고 세균이나 병원체에 대한 저항력이 약하기 때문에 요로 감염이 잘 생긴다. 또는 신체 다른 부위의 염증으로 인해 이차적으로 생기는 경우도 있다.

증상은 열이 올랐다 내렸다 하고, 구토, 복통, 설사, 경기 등이 나타난다. 여아가 남아에 비하여 발생빈도가 높다. 소변을 보고 난 후 시원하지 않다거나 자주 들락거리고 배가 아프다거나 소변 볼 때 아프다고 하거나 소변 색이 탁하거나 이상한 냄새가 나며 별다른 증세 없이 고열이 나는 경우는 요로 감염을 의심할 수 있다.

예방을 위하여 소변을 참지 않도록 하고 평소에 물을 많이 먹도록 하며, 속옷은 면으로 된 헐렁한 것을 입히고 꼭 끼는 바지를 입지 않도록 한다. 손을 자주 씻어주고 여아의 경우 변을 닦을 때 앞에서 뒤로 닦도록 한다.

요 배양검사에 따라 처방된 항생제를 투약한다. 증상이 좋아졌다고 임의로 항생제 치료를 멈추면 치료 기간이 길어지고 후유증이 크므로 완치 때까지 계속 약을 먹여야 한다.

29) 선천성 대사장애

선천성 대사장애는 태어날 때부터 영양소 대사에 필요한 여러 가지 효소가 없거나 문제가 발생하여 신체에 필요한 물질은 생산되지 못하고 중간대사산물이 축적되어 생리적 기능이 원활하게 이루어지지 않아 뇌나 신체의 손상을 일으키는 질병이다. 우리나라 영아에게도 선천성 갑상선기능저하증, 페닐케톤뇨증, 단풍시럽뇨증, 호모시스틴뇨증, 히스티딘뇨증, 갈락토오스혈증, 글리코겐 저장질환 등이 있는 것으로 보고된 바 있다. 선천성 대사장애는 출산 전에 양수검사를 하거나 출생 후 3~6일 무렵에 발꿈치에서 혈액을 채혈하여 진단할 수 있다. 선천성 갑상선기능저하증은 선천적인 갑상선자극호르몬의 결핍으로 발생하는 질환으로 갑상선호르몬을 투여하여 치료하고, 아미노산 대사장애는 단백질을 완전히 가수분해하여 장애요인이 되는 아미노산을 제거하여 만든 특수 조제유를 먹여야 한다.

30) 빈 혈

영아기에 이유가 늦어짐으로써 생후 6개월에서 3세 사이에 급격한 성장에 따른 체내 철 고갈 및 우유만 먹어 식사로부터 충분한 철 공급이 되지 않을 경우 철 결핍성 빈혈이 나타나게 된다. 그러므로 살코기, 소의 간, 달걀 노른자, 말린 과일, 종자류, 견과류 등 철 급원 식품과 철의 흡수를 돕는 비타민 C가 풍부한 채소나 과일을 함께 먹는 것이 좋다.

빈혈이 있는 아동에게 좋은 식품은?

- 빈혈이 있는 아동은 특히 다양한 식품을 섭취해야 한다.
- 철의 급원으로 가장 좋은 식품은 육류, 어패류, 가금류(닭고기 등), 철 강화 곡류나 곡류로 만든 가공식품(빵, 면류), 콩류 및 진한 녹색채소 등이다.
- 채소류에 있는 철은 흡수율이 낮으나 몸 안에 철이 많이 부족할 때에는 흡수율이 높아진다.
- 곡류는 일반적으로 주식으로 섭취량이 많아 철의 주요 급원이 된다.

31) 영양부족과 성장장애

영양학적 · 신체적 · 사회 · 심리적 요인으로 성장장애가 발생하며, 그 중에서도 영양학적 요인이 가장 큰 비중을 차지한다. 개발도상국이나 빈곤한 가정의 경우 에너지와 단백질, 철이나 아연 등의 미량무기질 결핍이 흔히 발생한다. 젖을 충분히 빨지 못하거나 긴 수유간격, 어머니의 질병 또는 나쁜 영양상태로 인한 모유 분비의 부족, 스트레스, 흡연,

음주 등 신체적 요인이나 가정 불화, 부모의 사랑이 부족한 경우 등 사회 · 심리적인 요인에 의해서도 성장이 부진해진다.

32) 과체중과 비만

비만은 섭취 열량이 소비 열량보다 많아 체내에 지방이 과도하게 축적되는 것이다. 비만의 원인은 고열량이면서 영양은 적은 식품을 좋아하고, 혼자 먹는 빈도가 높고, 빨리 많이 먹는 식습관을 가지고 있는 경우, 밤에 많이 먹는 식습관 및 당분이 많은 간식과 인스턴트 식품의 섭취가 많은 경우 발생하기 쉽다.

비만아들의 잘못된 섭식행동들을 살펴보면 다음과 같다.

- 저열량 · 고영양식품보다는 열량이 높고 영양가가 적은 식품을 선호한다.
- 음식을 먹는 데 기분이나 상황에 대한 변명이 구구하다.
- 생리적인 욕구에 관계 없이 먹는 것에 집착한다. 어떠한 상황에서도 먹는 것에 대해 관심을 갖는다.
- 영양소에 대한 이해가 부족하다.
- 가족을 포함하여 다른 사람과 함께 먹으려 하지 않는다.
- 식사가 불규칙하다.
- 오전에는 식욕부진 또는 메스꺼움을 느낀다.
- 오전보다는 오후나 밤에 많이 먹는다.
- 음식을 매우 빨리 먹는다.

유아 비만의 판정은 카우프 지수로 1세 미만은 20 이상, 1~2세는 18.5 이상일 경우에 비만으로 보거나, 질병관리본부에서 보고한 우리나라 아동의 신체발육표준치에서 성별, 연령 백분위의 50퍼센타일을 표준체중과 신장으로 산출하는 표준비 체중지수 120 이상을 비만으로 판정한다. 또한 뢰러 지수 140 이상을 비만으로 판정하기도 한다(1장 영양평가 중 신체계측지수 참조).

비만은 단순한 체형의 변화뿐만 아니라 비만으로 인한 다양한 합병증이 있기 때문에 더욱 주의하여야 한다. 비만을 예방하고 치료하기 위해서는 식사요법, 운동요법, 영양상담, 행동수정요법 등을 해야 한다.

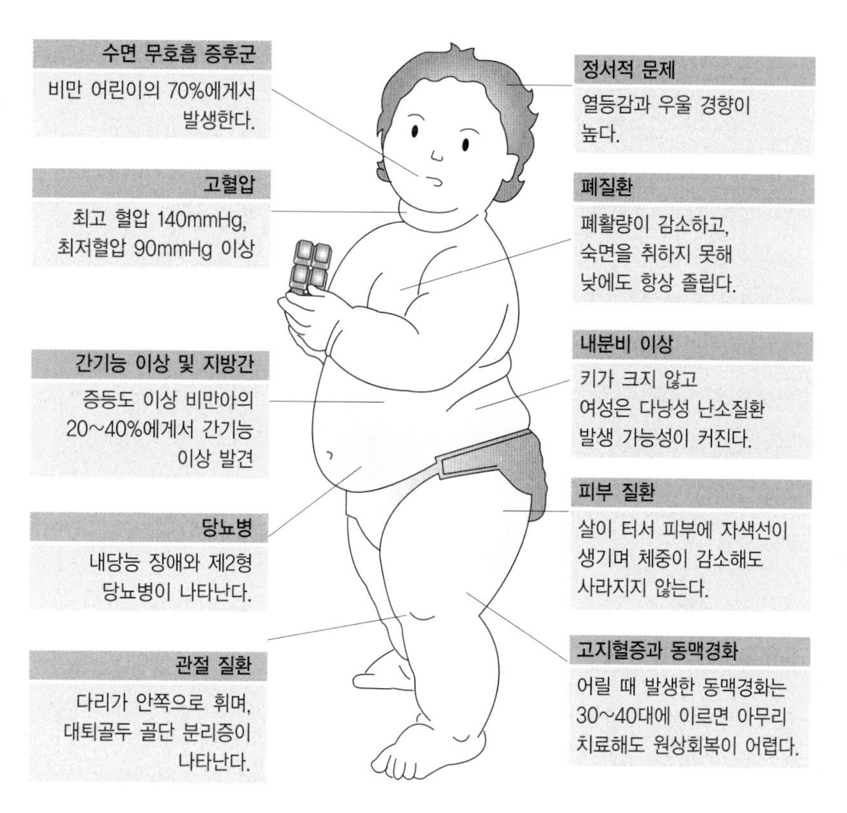

그림 2-15　비만아가 걸리기 쉬운 질병
자료: 강재헌(2006), 소리없이 아이를 망치는 질병 – 소아비만, 웅진지식하우스

식사요법

식사요법은 저열량 · 고영양 식사를 섭취하고, 야식과 간식을 줄이고, 채소 등 다양한 식품 종류를 3~4회 나누어 섭취하고, 천천히 씹어 먹음으로써 과식을 방지한다.
동물성 지방은 되도록 적게 먹고, 조리방법은 튀김보다는 구이나 찜으로 하는 것이 좋다.

운동요법

운동요법으로는 육체적 활동을 증가시켜 에너지 사용량을 증가시켜야 한다.

저열량 조리법

1. 기름사용량이 적은 조리법을 쓴다.
2. 눈에 보이는 지방을 제거한다.
3. 튀김을 할 때 튀김옷을 얇게 입힌다.
4. 맑은국을 이용한다.
5. 자연식품을 이용한다(슬로푸드 운동 : Slow Food Movement).
6. 식초와 해조류를 이용한 조리를 한다.
7. 코팅처리된 프라이팬과 냄비를 사용한다.
8. 전자레인지를 활용한다.
9. 알루미늄 호일에 싸서 구우면 맛의 효과를 높일 수 있다.
10. 육류는 안심이나 대접살 등의 부위를 택하여 조리할 때는 당근, 죽순, 양파 등 채소와 함께 조리한다.
11. 음식의 간은 싱겁고 담백하게 한다.
12. 똑같은 재료라도 크게 썰어 사용하고 파슬리나 상추 등으로 장식하여 조리한다.
13. 채소 섭취량을 늘리려면 데치거나 삶아 먹는 것이 효과적이며, 담색채소(양배추, 양상치)보다 녹황색채소(시금치, 쑥갓, 호박, 당근)가 좋다.
14. 버섯류(콜레스테롤치를 떨어뜨리는 역할)를 이용한 조리를 한다.
15. 설탕 대신 식초, 겨자, 계피, 생강, 레몬, 카레 등의 향신료를 사용하여 음식 맛의 효과를 높인다.

표 2-3 비만에 좋은 음식, 나쁜 음식 '식품신호등'

• 초록군(자주 먹어도 되는 음식)
우유류 : 우유 · 두유 3/4컵, 플레인 요구르트 1개, 요구르트 2병, 저지방우유 1컵 과일류 : 토마토 2개, 귤 2개, 수박 큰 것 2쪽, 자두 4개, 딸기 24알, 포도 30알, 참외 1개, 사과 1개, 배 1/2개, 복숭아 1개, 토마토주스 2컵
• 노랑군(적당량 먹어야 할 음식)
어육류 : 돼지고기 · 쇠고기 탁구공 크기 2토막, 참치통조림 1/5통, 갈비 1대, 닭다리 1개, 달걀 큰 것 1알, 햄 1쪽, 프랑크소시지 1개, 비엔나소시지 5개, 두부 1/4모, 새우 1/3컵, 치즈 1장 반
• 빨강군(적게 먹어야 할 음식)
곡류 : 쌀밥 · 보리밥 1/3공기, 식빵 1장, 삶은 국수 1/2공기, 감자 1개, 고구마 1/2개, 옥수수 1/2개, 인절미 1개 지방류 : 마요네즈 · 버터 · 마가린 1큰술, 기름 2작은술, 땅콩 2큰술
• 검은군(가능하면 먹지 말아야 할 음식)
단순당 : 사탕 · 콜라 · 사이다 · 초콜릿 · 잼 · 젤리 등

자료 : 강재헌(2006). 소리없이 아이를 망치는 질병 – 소아비만, 웅진지식하우스

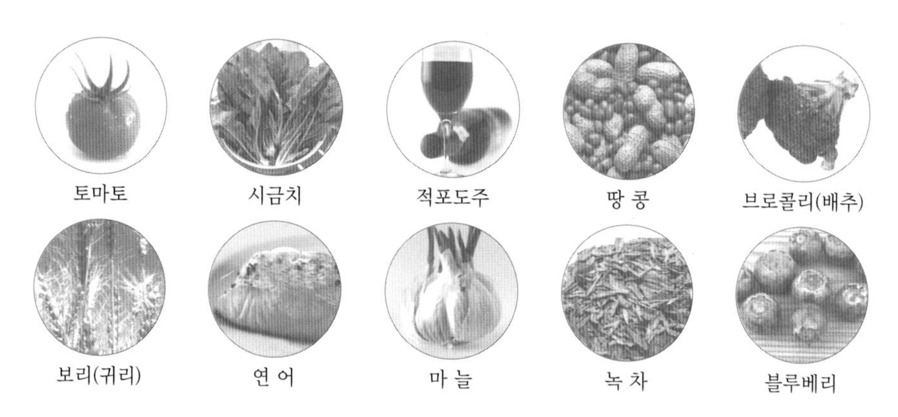

그림 2-16 몸에 좋은 10가지 식품
자료 : The Times(2002)

Five a day

미국 『타임』지에서 2002년 1월 "토마토, 시금치, 적포도주, 견과류, 브로콜리, 귀리, 연어, 마늘, 녹차, 블루베리-몸에 좋은 10가지 식품"으로 선정한 이 식품들은 모두 색을 가진 컬러푸드이다. 컬러푸드는 눈길을 끌고 식욕을 돋우지만 그보다도 이들 색에 함유된 피토케미컬(phytochemical)이라는 생리활성을 지닌 성분이 체내에서 다양한 효능을 나타내어 암을 비롯한 만성질환 예방에 도움을 주거나 노화 방지 등 인체의 손상을 최소화시켜 건강을 지키는 파수꾼 역할을 한다.

1991년부터 미국 국립암센터에서 하루에 5가지 색깔의 채소, 과일, 곡류를 섭취하는 운동, 즉 "Five a Day" 캠페인이 벌어지고 있다. 다양한 색으로 구성된 식단일수록 서로 상승작용을 하여 우리 건강에 도움을 준다고 하니 색깔음식, 즉 컬러푸드로 건강한 밥상을 지키도록 한다.

영양상담

전문가의 영양상담을 통해 영양의 균형을 이루도록 해야 한다.

영양상담 내용

1. 영유아의 영양 상태 파악
2. 성장 및 상태에 맞는 영양교육
3. 영양평가
4. 영양평가에 따른 수정

비만의 식습관 check point

- □ 아침을 거르는 경우가 많다
- □ 식후 디저트가 먹고 싶어진다.
- □ 저녁식사 시나 저녁식사 후에도 많이 먹는다.
- □ TV나 책을 보면서 식사를 하는 습관이 있다.
- □ 큰 접시에 수북히 반찬을 덜어 먹고 있다.
- □ 과자나 스낵을 줄줄이 먹고 있다.
- □ 집에 언제나 과자를 사다 놓고 있다.
- □ 채소는 별로 좋아하지 않는다.
- □ 탄산음료를 자주 마신다.
- □ 오늘 하루 먹은 음식의 종류를 기억할 수 없다.

합 계	판 정	제 언
0~2개	합 격	특별히 문제가 없습니다. 현 상태를 계속 유지하십시오.
3~5개	요주의	숨겨진 비만군입니다! 규칙적이며 올바른 식습관을 갖는 것이 중요합니다.
6개 이상	대단히 위험	식사의 의미를 다시 한 번 잘 생각해 보십시오. 지금 바로 고치도록 노력하십시오.

행동수정요법

식사일기와 운동일기 등을 기록하여 나쁜 식습관을 찾아내 바람직한 식습관으로 고치는 행동수정요법을 한다.

비만 예방 행동수정요법

① 천천히 먹는다.
② 한 번에 20번 이상 씹어라.
③ 저녁식사는 8시 이전에 하고 이후엔 먹지 말라.
④ 식사 중 TV를 보거나 책을 읽지 말라.
⑤ 식사는 지정된 장소에서 하라.
⑥ 정해진 시간에만 식사하라.
⑦ '홀로 식사'를 피하라.
⑧ 채소, 해조류를 즐겨라.
⑨ 아침식사를 거르지 말고 세 끼 식사량은 균등하게 하라.
⑩ 과식 경향이 있는 사람은 물 2~3컵을 마신 뒤 식사를 시작하라.

33) 야뇨증

일차성 야뇨증은 소변을 가리지 못하는 아동이 계속 소변을 못 가리는 것이고, 이차성 야뇨증은 소변 가리기가 끝난 아동이 스트레스 등의 원인으로 소변 가리기를 못하는 것을 말한다.

심리적 스트레스로는 동생이 생겼거나 이사를 했거나 아동을 돌봐주는 보모가 바뀌었거나 야단을 심하게 맞은 경우가 있다.

잠들기 전 반드시 소변을 보게 하고 가능하면 밤 중에라도 한번 가서 보게 한다. 탄산음료나 카페인이 있는 음료, 주스를 너무 많이 먹이는 것은 피한다. 스트레스를 주는 원인이 있으면 제거하고 야단치거나 창피를 주면 더 악화될 수 있으므로 잘했을 경우 칭찬해 주는 것이 더 도움이 된다. 요는 비닐 커버를 씌우고 요 위에 까는 시트와 옷가지를 잠자리 옆에 준비해 준다. 젖은 요에서 자지 않도록 하고 기저귀를 채우는 것은 별로 좋은 방법이 아니다.

34) 틱 장애

신체 혹은 얼굴의 근육이 돌발적으로 빠르게, 반복적으로 수축하는 것이다. 이는 신경이나 근육의 이상에 의해 발생되는 것이 아니며, 아동의 의사와는 무관하게 발생된다. 틱의 증상으로는 눈 깜빡거리기, 입이나 코를 실룩거리기, 머리를 뒤로 젖히기, 턱을 앞으로 내밀기, 코 훌쩍거리기, 코로 킁킁 소리내기 등이며, 드물게는 머리를 때리기도 한다. 틱의 대부분은 일시적이며, 특히 불안하거나 피곤할 때 심하게 나타나고, 안정을 취하면 소실된다. 틱은 다소 신경이 쓰이나 심각한 증상은 아니다.

틱에 대해 과민반응을 보이면 불안으로 상태가 더욱 악화될 수 있으므로 무관심한 것 같이 행동한다. 피곤할 때 심해지므로 충분히 휴식할 수 있도록 한다. 머리를 부딪치는 습관이 있으면 절대 혼자 두지 말고, 손상의 예방을 위해 침대나 가구의 모서리에 스펀지를 대어 안전한 환경을 만들어 준다.

35) 자폐증

다른 사람에 대한 반응과 애착행동이 없고 의사소통에 장애가 있으며, 주위 환경과 환경 변화에 대해 이상한 반응을 보이는 것으로 2세 반 이전에 나타났을 때 유아 자폐증이라 한다. 출생 후부터 이상한 행동을 보이는 경우와 1세 반에서 2세까지 괜찮다가 그 후에 이상한 행동을 보이는 두 그룹으로 나눌 수 있다. 후자의 경우 환경 변화와 관계하여 나타날 수 있다. 대개의 경우는 출생 후부터 다른 아이들과 다르게 전혀 울지를 않았다거나 혹은 안기는 것을 싫어하고 어머니에 대한 애착행위가 없고 옹알이를 하지 않는 등 언어 발달도 비정상이거나 늦다. 격리불안이 전혀 없는 경우도 있지만 반대로 타인에 대한 심한 공포를

그림 2-17 특정 장난감에 집착하는 자폐아

보이는 경우도 있다. 이상한 행동을 되풀이하거나 손가락을 눈 앞에 대고 흔들거나 머리를 바닥에 대고 빙글빙글 돌아간다. 특정 장난감에 집착하고 3~4세가 지났는데도 말이 없거나 정상이 아닌 발음을 하고 남의 말을 앵무새처럼 따라 한다. 자폐증과 유사한 행동을 보이나 자폐증이 아닌 경우도 있으므로 정확한 진단이 필요하다. 여러 가지 중복된 장애로 보기 때문에 아직 자폐의 원인이 확실히 밝혀지지 않았으며, 자폐란 병이 어머니가 잘못하거나 애착에 장애가 있어 걸리는 것은 아니라고 알려져 있다.

자폐아라고 판단되면 하루 빨리 전문의를 찾아 정밀검사를 받고 진단이 되면 특수교육으로 사회에 대한 적응력을 기르는 것이 가장 중요하다.

36) 과잉행동장애

과잉행동장애(attention-deficit hyperactivity disorder, ADHD)란 집중력이 약해 쉽게 싫증을 내고 주의가 산만하다거나 참을성이 적고 감정 변화가 많으며 매우 충동적인 행동을 보이는 것을 말하는데, 중추신경계의 이상이나 환경인자의 요인으로 나타나는 것으로 생각된다.

과잉행동장애아의 행동은 방향성이나 목적성이 결여되어 있는 반면에, 활동적인 아동은 무슨 일이든 하고자 하는 목적이 뚜렷하며 일을 시작하면 끝맺음을 하고자 하는 성취의욕이 있는 차이를 보인다. 이런 경우 아동이 항상 부산한지 아니면 특정 장소에서만 산만한지, 연령이 얼마인지, 제재를 가했을 때 어느 정도 통제가 가능한지, 아동의 인지적 기능이 얼마인지 등의 여러 가지 요소들을 종합하여 아동의 집중력이 정상인지 아닌지를 결정한다. 과잉행동장애로 진단된 경우 전문가의 도움을 받아 성장 발달을 돕는 적절한 영양 공급과 차분한 분위기를 제공해 주고 발육에 알맞는 놀이치료가 필요하다.

사례 ①

건강 계획안

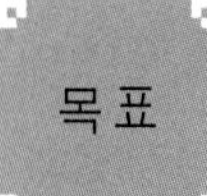

1. 영유아의 건강 관찰 기록과 건강기록을 하여 영유아의 발달 사항을 확인하고, 부모에게 건강정보를 제공하여 건강에 대한 이해를 돕는다.
2. 지역사회 연계 및 전문가의 교류를 통한 다양한 건강교육으로 영유아의 건강한 성장 · 발달을 돕는다.

1. 영유아 개별 건강관리

개별 건강기록부	• 개인별 건강상태 기록, 병력 관리 등을 통해 건강관리의 전반적인 기록 및 관리를 한다.	
신체 계측	• 신체계측 (키, 몸무게, 머리 둘레)	• 개인별 발육 곡선기록표 / 영 · 유아(4회), 방과후(2회)
건강 검진	• 년1회 개별 건강검진 (3월)	• 전체원아 및 교직원전체 • 방과후 제외 - 학교보건법(제7조 제1항 의거)
투약 관리	• 투약의뢰 → 투약보고서 (가정배부)	• 개인별 투약의뢰서 보관
비상연락 및 응급처치동의서	• 병원 내원 전(필요시)에 또는 119 구급대 이송 전에 필요한 구급처치	• 변경 시 수시 기록을 함 (특이사항 및 병력)

2. 건강기록 및 보건실 운영관리

보건업무 일지	• 영유아의 증상, 투약, 응급처치 및 전반적인 보건실 하루 일과를 기록화한다. → 통계자료
사고보고서	• 사고보고서를 작성하며 원인이 되는 것을 찾도록 한다.
상해보험 관리	• 안전공제회 상해보험 가입 → 사고발생시 보험금 청구 → 보험금 지급(유아교육기관) • 안전공제회 상해보험(교사 - 시설지원)
의료기 소독 관리	• 의료기 기구류는 살균 소독
비상약품 관리	• 약품관리(보건실/현장학습용/각 반 미니약품)를 하고 약품 내역서를 작성하여 구비한다.

3. 건강 정보 안내

방 법	• 어린이집 홈페이지나 ☆☆건강통신으로 정보를 제공한다.
내 용	• 전염성 질병에 대한 안내 • 위생적인 환경관리 • 건강정보 등

4. 편안한 보건실 환경

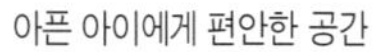

아픈 아이에게 편안한 공간

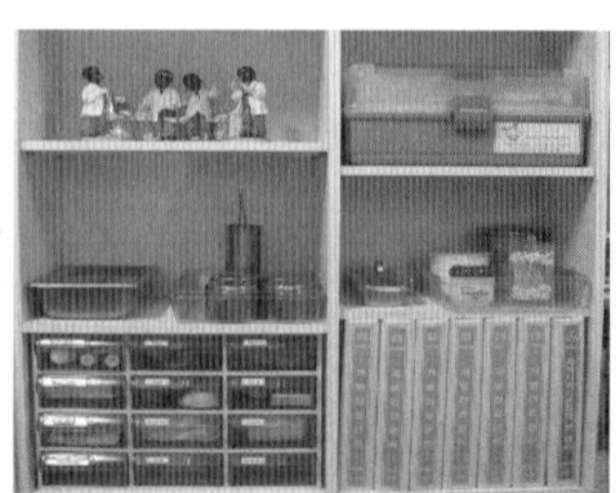

비상약을 구비해요

투약 전에 책을 보며 기다려요

5. 지역사회 교류

(1) ♡♡보건소

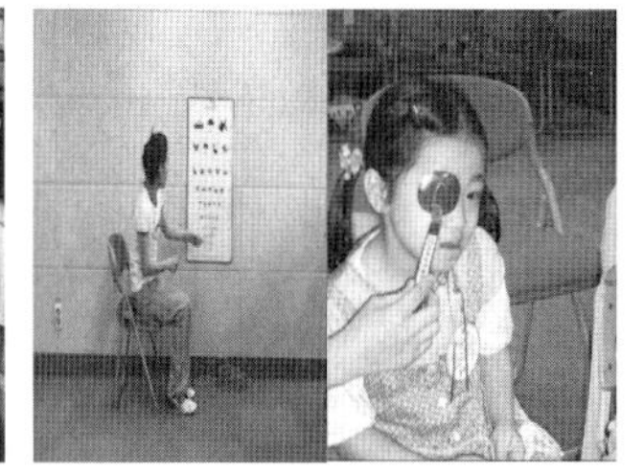

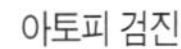

아토피 검진 | 불소 도포 | 한국실명예방재단

(2) 주치의제도

· 주치의제도란? 전염성 발생, 응급환자의 상황에 우선적으로 치료, 대처할 수 있어요.
다양한 건강교육으로 영유아의 건강한 성장 발달을 도와요.

· 무엇을 하나요? 응급상황 시 전화상담, 응급환자 생겼을 시 우선 진료, 교사 간담회
병원 현장학습 건강교육(구강 검진, 영유아 · 교사 건강교육)

△△의원

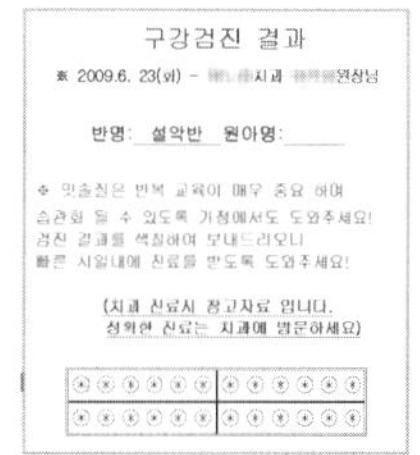

구강검진 결과

※ 2009.6. 23(화) - 치과 원장님

반명: 설악반 원아명:

※ 양치질은 반복 교육이 매우 중요 하며
습관화 될 수 있도록 가정에서도 도와주세요!
검진 결과를 색칠하여 보내드리오니
빠른 시일내에 진료를 받도록 도와주세요!

(치과 진료시 참고자료 입니다.
정확한 진료는 치과에 방문하세요)

○○치과

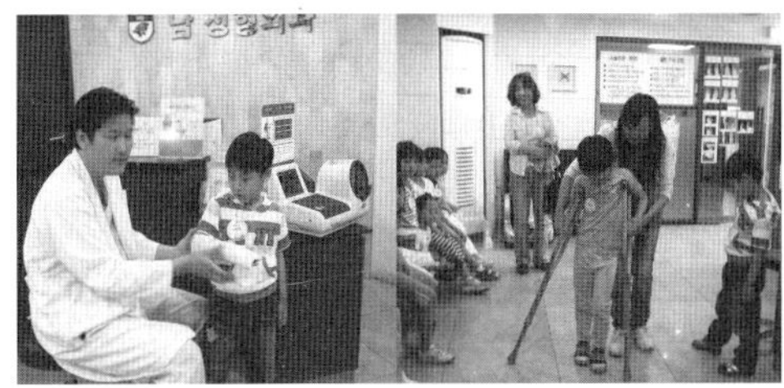

♤♤정형외과의원

♧♧청소년소아과

· 건강교육 일정

일 시	교육 내용
○월 ○일(화)	건강교육(아동) / 교사간담회 ▪ 주 제 : 우리 몸 속에서 알려주는 질병?
○월 ○일(화)	병원에서 하는 일과 병원에는 무엇이 있나요? (현장학습)
○월 ○일(화)	구강검진 및 구강교육 : 나는 어느 부분의 칫솔질을 더 잘해야 할까요?
○월 ○일(화)	건강교육(아동) / 교사간담회 ▪ 주 제 : 고마운 약과 몸에 해로운 약은?
○월 ○일(화)	구강검진 및 구강교육 : 치아에 좋은 음식은 무엇이 있을까요? (칼슘)

6. 자체 건강교육

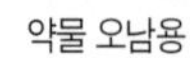

약물 오남용 | 1830 위생교육

생활 속 응급처치 교육 | 전문가와 함께 하는 간담회

영유아교육 | 교사교육

7. 학부모님 부탁드려요!!

⌘ 투약의뢰서

1. 원아가 건강이 좋지 않을 경우에는 담임선생님이나 보건선생님께 미리 연락을 주세요.
2. 투약의뢰서 없이는 약을 투약하지 않습니다. (증상 / 용량/ 시간 정확하게 기입)
3. 냉장보관 약일 경우 약병에 기입해 주세요. (냉장보관)
4. 약을 보내실 때에는 1회분 (ex. 물약 몇 mL, 가루약 1포)만 보내주시고 약 봉투에 넣어 이름을 꼭 기입해 주세요.
5. 장기투약의뢰서는 5일 같은 증상 및 같은 약일 경우 사용해요.

※ 약물오남용으로 인해 발생하는 일이 없도록 도와주세요! (부모님이 챙겨 주세요)

⌘ 투약과정

투약의뢰서 확인

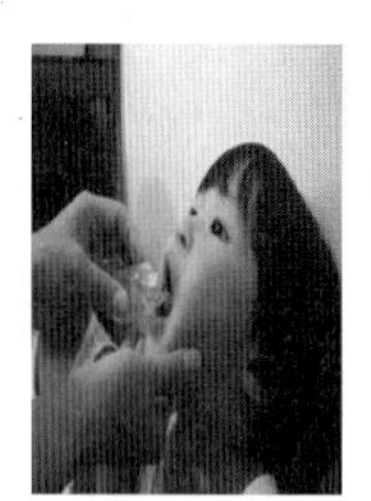

각 반 투약

투약 후 의뢰서에 기록하여 알림

자료 : 면일어린이집

MEMO

Chapter 3

영양소와 영양섭취기준

1. 영양섭취기준

한국영양학회는 1962년 세계식량농업기구(FAO)와 세계보건기구(WHO) 한국위원회에 의해 한국인의 영양권장량이 최초로 제정된 이후 2000년 7차 개정까지 5년마다 개정을 해왔으나, 2005년에 영양권장량의 한계점을 보완하여 영양섭취기준(Dietary Reference Intakes; DRIs)의 개념을 도입하여 권장섭취량 외에도 평균필요량, 충분섭취량, 상한섭취량을 추가하였다. 이는 1970~1980년대 굶주리던 상황에서 하한선인 최소섭취기준, 즉 '영양권장량' 만을 제시해오던 종래 패턴에서 탈피, "너무 많이 먹는 것을 경고하고, 가능한 한 다양한 식품을 골고루 먹으면서, 전체 영양섭취량을 관리하도록 권장하고 있다"고 볼 수 있다.

표 3-1 영양섭취기준의 4가지 개념

개 념	정 의
평균필요량 (Estimated Average Requirements; EAR)	• 대상집단을 구성하는 건강한 사람들의 절반에 해당하는 사람들의 1일 필요량을 충족시키는 영양소 섭취 수준 • 비만방지를 위한 기준 : 과도한 영양 섭취 방지
권장섭취량 (Recommended Intake; RI)	• 인구집단의 97~98%에 해당하는 대다수 사람들의 영양소 필요량을 충족시켜 주는 영양소 섭취량 • 평균필요량에 2배의 표준편차를 더해서 계산된 수치
충분섭취량 (Adequate Intake; AI)	• 영양소 필요량에 대한 정확한 자료가 부족하거나 평균필요량이나 권장섭취량을 설정하기에 과학적 근거가 충분하지 못할 때 제시
상한섭취량 (Tolerable Upper Intake Level; UL)	• 인체 건강에 유해한 영향이 나타나지 않는 최대 영양소 섭취 수준 • 과량 섭취 시 건강에 악영향의 위험이 있다는 자료가 있는 경우에 설정 가능

2. 영양과 영양소

영양(nutrition)은 섭취한 음식물을 소화, 흡수시킨 후 각 영양소를 이용함으로써 건강을 유지하는 상태를 말하며, 영양소(nutrient)는 식품을 구성하고 있는 물질 중 우리 몸에 에너지를 공급하거나 신체를 구성하며 성장 및 체조직을 유지, 보수하고 다양한 생리기능을 조절하는 등 건강한 생활을 유지하는 데 필요한 성분을 통칭하는 것으로 종류에 따라 인체 내에서 합성되기도 하지만 대부분은 식품을 섭취함으로써 얻을 수 있다.

영양소는 탄수화물, 단백질, 지질, 비타민, 무기질을 5대 영양소로, 수분을 포함하여 6대 영양소로 분류하며, 영양소의 기능에 따라 열량소, 구성소, 조절소로 나눌 수 있다.

표 3-2 영양소의 종류

구 분	기 능	종 류
열량소	에너지 공급원으로서 영양소	탄수화물(4kcal/g), 단백질(4kcal/g), 지질(9kcal/g)
구성소	신체 구성 물질로서 영양소	단백질, 무기질, 수분
조절소	생체의 대사를 조절하는 영양소	비타민, 무기질, 단백질, 수분

3. 영양소와 영양필요량

1) 에너지

기 능

인체는 생명을 유지하고 성장 및 생리현상 유지, 신체활동과 체온조절 등을 위하여 에너지(energy)를 필요로 하며, 에너지는 식품에 포함된 탄수화물, 지질, 단백질로부터 공급받고 또한 알코올 섭취(7kcal/g)로도 에너지를 공급받을 수 있다. 인체의 에너지 소비량은 기초대사량(혹은 휴식대사량), 활동대사량, 식이성 발열효과, 그리고 적응대사량에 근거하여 결정된다.

기초대사량은 식후 12시간 후 체온조절, 호흡, 심장박동, 혈액순환, 체내의 항상성 유지 등 생명현상을 유지하기 위해 필요한 최소한의 에너지 필요량으로 총에너지 소비량 중 가장 큰 비중(60~70%)을 차지한다.

활동대사량은 의식적인 근육활동, 즉 육체적 활동에 필요한 에너지로 총에너지 소비량 중 20~40% 정도를 차지하며 활동강도, 활동시간 및 개인의 체격 등에 의해 영향을 받는다.

식이성 발열효과(식사성 열발생 에너지)는 식품의 소화, 흡수, 대사, 이동, 저장을 위해 필요한 에너지로 총에너지 소비의 10% 정도에 해당한다.

적응대사량은 환경변화에 적응하는 데 요구되는 에너지로 추위에 노출되거나 과식, 부상 및 여러 가지 스트레스 상황하에서 열발생으로 소비되는 에너지를 말한다.

영유아기는 단위체중당 에너지 필요량이 높은 시기이다. 그 이유는 첫째, 체표면적의 비율이 상대적으로 높아서 열손실이 크며, 둘째는 높은 성장률, 셋째는 대사율과 활동량이 증가하기 때문이다. 특히 유아의 경우 신체 발달 정도와 활동량에 따라 에너지 필요량의 개인차가 크므로 활동량이 왕성하고 활발한 발육이 진행되고 있는 영유아에게 충분한 열량 공급이 중요하다고 할 수 있다.

에너지 섭취기준

성장에 추가로 필요한 에너지는 전기 영아 115.5kcal/일, 후기 영아 22kcal/일, 유아 20kcal/일로 책정된다. 에너지 필요추정량은 전기 영아 600kcal/일, 후기 영아 730kcal/일, 1~2세 유아 1,000kcal/일, 3~5세 유아 1,400kcal/일, 6~8세 남아 1,600kcal/일, 여아 1,500kcal/일로 설정되었다(부록 참조). 이를 위해 말린 과일, 치즈 등 에너지 밀도가 높은 식품과 식물성 기름을 적당량 함유할 것을 권장한다.

2) 탄수화물

탄수화물(carbohydrates)은 탄소, 수소, 산소로 구성된 물질로서 $C_m(H_2O)_n$의 구조식을 이루며 당질이라고도 한다.

분 류

탄수화물은 더 이상 가수분해되지 않는 구조로 이루어진 가장 작은 구성단위를 단당류, 두 개의 단당류가 결합된 이당류 및 수십 개 이상의 단당류가 결합된 다당류로 분류된다.

표 3-3 탄수화물의 분류

분 류			주요 급원
단당류	6탄당 (hexose)	포도당	과일(포도), 벌꿀, 혈액(0.1%) 전분, 맥아당(엿당), 설탕 등의 가수분해산물
		과 당	과일, 벌꿀
		갈락토오스	유즙에 함유된 유당성분으로 단독으로 존재하지 않음
	5탄당 (pentose)	리보오스	핵산(RNA) 구성성분
		디옥시리보오스	핵산(DNA) 구성성분
이당류		맥아당(포도당+포도당)	식혜, 물엿
		설탕(포도당+과당)	사탕수수, 사탕무
		유당(포도당+갈락토오스)	유즙(모유에는 7%, 우유에는 4% 정도 함유)
다당류	단순 다당류	전 분	곡류, 서류, 콩류 등
		글리코겐	동물성 저장다당류(간, 근육, 조개류 등)
	복합 다당류	셀룰로오스	식물세포벽의 주성분(모든 식물의 줄기와 잎)
		헤미셀룰로오스	식물세포벽의 주성분
		펙 틴	식물의 뿌리, 과일(감귤, 사과, 바나나), 해조류 등

유당 불내증(lactose intolerance)

유당분해효소가 부족하거나 활성이 저하되어 유당의 소화, 흡수가 어렵고 장내세균에 의해 발효되어 다량의 가스를 발생하여 복부팽만, 복통, 설사 등의 증상을 나타내는 것을 말한다.

기 능

(1) 에너지원 및 혈당 유지

탄수화물은 1g당 4kcal의 에너지를 제공하며, 특히 적혈구, 뇌세포, 신경세포는 포도당만을 에너지원으로 사용하므로 세포의 기능 유지를 위해 탄수화물을 필수적으로 섭취하여야 하며, 사람의 혈액 중에는 70~100mg/dL의 포도당(혈당)이 함유되어 있다. 일반적으로 한국인의 탄수화물 섭취 적정비율은 총 섭취에너지의 약 55~70% 정도이다.

(2) 케톤증 예방

탄수화물 섭취가 제한되고 주로 단백질과 지질만으로 구성된 식사를 계속하게 되면 지질이 불완전하게 되어 아세토아세트산, β-하이드록시부티르산, 아세톤 등 케톤체가 혈액에 증가하는 현상(케톤증)을 보인다. 따라서 적절한 탄수화물 섭취는 지질의 불완전 산화를 방지하여 케톤증을 예방할 수 있다.

(3) 단백질 절약작용

탄수화물 섭취가 부족하면 단백질 등으로부터 포도당을 새롭게 합성하는 포도당신생합성이 진행되므로 탄수화물의 적절한 섭취는 체내 단백질의 분해를 억제하여 단백질을 절약할 수 있다.

(4) 단맛 제공

탄수화물 중 다당류와 달리 단당류와 이당류는 모두 단맛을 지니는 감미료로 음식에 독특한 향미와 단맛을 제공한다.

빈열량식품(empty calorie food)

설탕은 다른 영양소는 거의 함유하지 않고 당질 99.9%, 수분 0.1%로 387kcal/100g의 열량을 나타낸다. 이와 같이 열량 이외에 다른 영양소는 거의 함유하고 있지 않으므로 설탕 함량이 높은 식품(초콜릿, 탄산음료, 알코올음료 등)을 빈열량식품이라 하며 많이 섭취할 경우 영양소 섭취가 부족되기 쉽다. 설탕의 과잉섭취는 비만, 당뇨병, 심장병, 과잉행동, 충치유발 등을 야기하는 것으로 알려져 있다.

(5) 식이섬유 제공

식이섬유는 배변 효과, 비만 예방, 동맥경화증의 혈중 콜레스테롤과 중성지방 감소 효과, 혈당 상승 억제, 인슐린 절약작용으로 당뇨병 예방, 대장암 및 담석증의 예방 효과를 나타낸다.

표 3-4 식이섬유의 분류

분 류	종 류	주요 급원	생리효과
불용성 섬유소	셀룰로오스	밀, 보리, 현미	· 배변량 증가 · 소화관 내의 체류시간 단축으로 배변속도 증가
	헤미셀룰로오스	곡류, 채소	
	리그닌	식물의 줄기	
수용성 섬유소	펙 틴	과실류(사과, 감귤류)	· 위, 장 통과지연으로 만복감 부여 · 포도당 흡수지연 · 혈청 콜레스테롤의 감소
	검	두류, 귀리, 보리	
	헤미셀룰로오스 일부	보리, 귀리	
	해조다당류(점액질)	해조류	

혈당지수(당지수, Glycemic Index, GI)

탄수화물 함유식품을 그 식품이 혈당을 얼마나 빨리 올리는가에 따라 분류해 놓은 등급으로, 빈속에 음식을 먹은 다음 30분 후의 혈당치 상승률(포도당을 100으로 한 경우)과 식품 100g가운데 당질 함유량을 산출한 수치이다. 혈당을 빨리 올리는 식품(GI가 높은 식품)은 빨리 배고픔을 느끼게 하고 지방 저장을 촉진시키는 효소치를 상승시키며, 지방이 연소시키는 체내 능력을 저하시킨다.

표 3-5 식품군별 혈당지수

구 분	고혈당지수 식품(GI 70 이상)	중혈당지수 식품(GI 56~69)	저혈당지수 식품(GI 55 이하)
곡류/빵/면	바게트빵 93, 식빵 91 백미 84, 콘플레이크 75 옥수수 75, 라면 73	파스타 · 현미플레이크 65 현미 56	오트밀 55, 메밀국수 54 보리 50 통밀빵 · 중화면 50
과일	딸기잼 82 수박 70	파인애플 65 건포도 · 귤통조림 57 바나나 55	포도 50 복숭아 41, 감 37 사과 36, 키위 35 귤 33, 딸기 29
두류/해조류	팥소 78~80		두부 42, 두유 23 다시마 17, 미역 16, 김 15
서류/채소류	감자 90, 당근 80	호박 65, 토란 64 밤 60, 은행 58	고구마 55 우엉 45, 연근 38 양파 · 토마토 30 양배추 · 피망 · 무 26 오이 23, 시금치 15
육류/어패류			베이컨 49, 햄 46 돼지고기 46, 닭고기 45 새우 · 오징어 · 낙지 40
우유/유제품	가당연유 82	아이스크림 65	버터 · 달걀 30 우유 · 플레인 요구르트 25
과자류/음료	백설탕 109, 초콜릿 90 벌꿀 88, 도넛 86 감자튀김 85, 메이플시럽 73	포테토칩 60 카스텔라 69	천연과즙주스 42 카페오레 39 녹차 · 홍차 10

급원식품

탄수화물은 대부분 식물성 급원(곡류, 서류, 과일)에서 공급되며 식이섬유는 곡류(귀리, 현미, 보리, 옥수수), 서류(고구마, 감자), 과일(사과, 배, 감귤), 채소(오이, 당근, 양배추), 두류, 해조류 등에 많이 들어 있다.

3) 지 질

지질(lipids)은 탄소, 수소, 산소로 구성되며 물에 녹지 않고 유기용매에 녹는 영양소로, 상온에서 액체상태인 기름(oil)과 고체상태인 굳기름(fat)으로 존재하며 총칭하여 유지(fat & oil)라고 부른다.

지질과 지방산의 분류

(1) 지질의 분류

- 단순지질 – 지방산과 알코올의 에스테르화합물
  – 유지(중성지질), 왁스
- 복합지질 – 지방산, 알코올 이외에 다른 분자군(인산, 당, 아미노산, 황 등)이 함유된 화합물
  – 인지질, 당지질, 단백지질, 황지질 등
- 유도지질 – 단순지질과 복합지질의 가수분해산물
  – 지방산, 글리세롤, 알코올, 스테롤 등

(2) 지방산의 분류

- 포화지방산 – 분자 내 이중결합 없이 단일결합으로 연결
- 불포화지방산 – 단일불포화지방산 : 이중결합이 1개
  – 다중불포화지방산 : 이중결합이 2개 이상

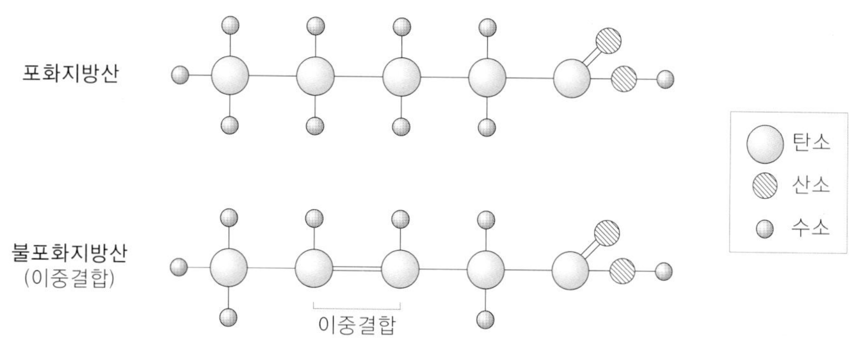

그림 3-1 포화지방산과 불포화지방산

가시지방과 비가시지방

가시지방은 지방이 눈에 보이는 버터, 마가린, 식용유 등을 말하며, 비가시지방은 육안으로 식별되지 않는 육류나 우유 속에 함유된 지방 등을 말한다.

오메가(ω 또는 n) 지방산

다중불포화지방산은 메틸기에서 가장 가까운 이중결합을 이루는 탄소의 위치에 따라 n-3, n-6, n-9 지방산으로 분류한다.

표 3-6 오메가(ω 또는 n) 지방산의 분류와 급원

분 류	종 류	주요 지방산 급원
n-3	α-리놀렌산(linolenic acid, $C_{18:3}$)	들기름, 콩기름, 견과류, 녹색채소
	아이코사펜타에논산(eicosapentaenoic acid, EPA, $C_{20:5}$)	등푸른생선(고등어, 정어리, 연어 등)
	도코사헥사에논산(docosahexaenoic acid, DHA, $C_{22:6}$)	등푸른생선(고등어, 정어리, 연어 등)
n-6	리놀레산(linoleic acid, $C_{18:2}$)	참기름, 옥수수기름 등 식물성기름
	아라키돈산(arachidonic acid, $C_{20:4}$)	육류, 달걀
n-9	올레산(oleic acid, $C_{18:1}$)	올리브유, 카놀라유

(3) 필수지방산

필수지방산(essential fatty acids)은 피부의 정상적인 기능에 필수적이며, 혈중 콜레스테롤을 감소시켜 주고, 세포막의 인지질을 구성하는 지방산이다. 또한 유연성, 투과성 등에 매우 중요한 물질로, 체내에서 합성되지 않거나 부족하게 합성되어 반드시 식사를 통해 섭취해야 하는 지방산이다. 필수지방산의 종류로는 체내에서 합성되지 않는 리놀레산과 α-리놀렌산이 있고, 부족하게 합성되는 아라키돈산이 있다.

기 능

(1) 효율적인 에너지원

지질은 체내에서 1g당 9kcal의 에너지를 발생하므로 탄수화물과 단백질에 비해 2배 이상 농축된 에너지원이다.

(2) 체온조절 및 장기보호

피하지방은 체온손실을 막아 주는 절연체로서 체온을 일정하게 유지하며, 체지방은 심장, 신장 등 주요 장기와 유방, 자궁 등의 생식기관을 감싸고 있어서 외부의 충격으로부터 보호해 주는 역할을 한다.

(3) 지용성 비타민의 흡수촉진

비타민 A, D, E, K 같은 지용성 비타민은 지질에 용해되어 흡수되므로 지질 섭취가 적으면 흡수량도 저하된다.

(4) 조직의 구성성분

인지질과 콜레스테롤은 세포막을 구성하는 지질이며, 특히 뇌, 신경조직 등에는 콜레스테롤이 다량 함유되어 있어 성장기 유아에게는 필수적인 성분이다.

(5) 맛, 향미, 포만감 제공

위장 내에 오래 남아 있어 포만감을 충분히 느끼게 해주며, 음식의 맛과 향미를 향상시키는 데 효과적이다.

(6) 필수지방산의 공급

식물성 기름은 필수지방산의 주요 공급원이 된다. 한편 필수지방산인 α-리놀렌산으로부터 DHA와 EPA가 생합성되는데, DHA는 뇌조직과 망막에 다량 함유되어 있어서 두뇌발달, 즉 인지능력, 학습능력 및 시각기능과 관련이 있는 지방산이다.

트랜스지방산

지방산의 화학적인 구조 중 수소가 이중결합을 이루는 탄소들의 반대방향에 있는 지방산을 말한다. 불포화지방산인 트랜스지방산(trans fatty acid)은 포화지방산보다 암, 심장병, 뇌졸중, 당뇨병, 복부비만 등 건강에 더 악영향을 끼친다. 식품 가공과정 중에 트랜스지방산이 많이 형성되는 음식은 감자튀김, 도넛, 전자레인지용 팝콘, 닭튀김, 패스트리, 칩 등이 있다.

세계보건기구(WHO)에서는 하루에 트랜스지방을 2.2g(2,000kcal기준) 이상 섭취하지 않을 것을 권장한다.

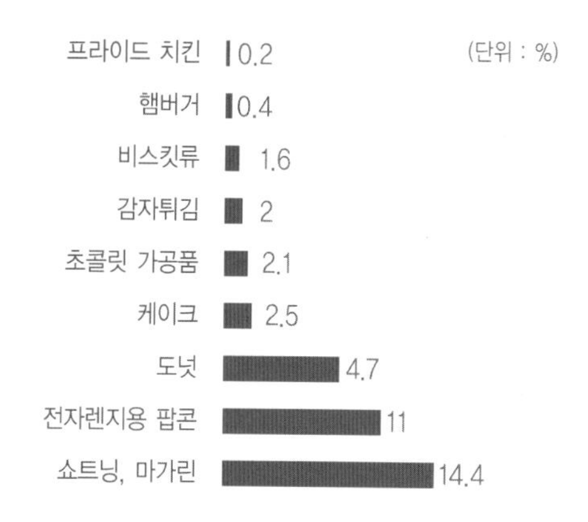

그림 3-2 국내 유통 가공식품 트랜스지방산의 평균 함량(식품의약품안전청, 2007)

급원식품

콩기름, 참기름, 옥수수기름 등 식물성 기름과 어유, 버터 등 동물성 지방 및 견과류 등이 있다.

4) 단백질

단백질(protein)은 탄소, 산소, 수소 및 질소(16%)로 구성되어 있으며, 생물의 생명유지에 가장 중요한 영양소로 그리이스어로 '첫 번째의' 의미를 지닌다. 단백질은 약 20여 종의 α-아미노산이 펩타이드 결합을 통해서 결합된 고분자 중합체이다.

단백질의 분류

필수아미노산의 조성에 따라 영양학적으로 완전단백질, 부분적 불완전단백질, 불완전단백질로 분류한다.

(1) 완전단백질

정상적인 성장과 체중 증가 등 생리적 기능 유지에 필요한 필수아미노산이 모두 충분히 함유되어 있는 생물가가 높은 양질의 단백질로 우유(카세인), 달걀(알부민), 육류, 생선, 가금류 등의 동물성 단백질이 이에 속한다.

(2) 부분적 불완전단백질

동물의 성장을 돕지 못하지만 생명과 체중을 유지시키는 단백질로 몇 종류의 필수아미노산이 부족하여 아미노산의 보강이 필요하다. 쌀의 오리제닌, 밀의 글리아딘, 보리의 호르데인 등이 여기에 속한다.

(3) 불완전단백질

한 가지 이상의 필수아미노산이 결여되어 있거나 극히 부족한 단백질로서 장기간 섭취 시 동물의 성장 지연, 체중 감소 및 생명에 지장을 초래할 수 있다. 옥수수의 제인이나 젤라틴 등이 여기에 속한다.

단백질 상호보완효과

질이 낮은 단백질에 부족한 필수아미노산을 보충하거나 필수아미노산 조성이 다른 두 개의 단백질을 함께 섭취하면 필수아미노산의 효율적인 공급을 받을 수 있는데 이와 같이 식품단백질의 질을 향상시키는 것을 말한다. 질이 낮은 식물성 단백질은 필수아미노산 조성이 다른 여러 종류의 식물성 단백질과 혼합하여 사용하거나 양질의 동물성 단백질과 혼합하여 먹는 경우 부족한 아미노산을 보충할 수 있다.

예) 콩밥, 쌀밥과 두부, 쌀밥과 된장찌개 : 쌀(리신 부족, 메티오닌 풍부) + 콩(리신 풍부, 메티오닌 부족)
시리얼과 우유 : 시리얼(리신 부족) + 우유(리신 풍부)

아미노산

아미노산은 단백질을 구성하는 기본 단위로 체내 합성 여부에 따라 필수아미노산과 비필수아미노산으로 분류된다. 필수아미노산은 체내에서 합성되지 않거나 충분한 양이 합성되지 않으므로 반드시 외부로부터 섭취해야 하는 아미노산이다. 식사를 통하여 필수아미노산의 공급이 불충분하면 체내에서 단백질 합성이 원활하게 이루어지지 않는다.

표 3-7 필수아미노산과 비필수아미노산의 종류

필수아미노산	루신(Leucine), 이소루신(Isoleucine), 리신(Lysine), 메티오닌(Methionine), 발린(Valine), 트레오닌(Threonine), 트립토판(Tryptophan), 페닐알라닌(Phenylalanine), 히스티딘(Histidine)
비필수아미노산	글리신(Glycine), 아르기닌(Arginine)*, 알라닌(Alanine), 아스파라긴(Asparagine), 아스파르트산(Aspartic acid), 글루탐산(Glutamic acid), 글루타민(Glutamine), 시스테인(Cysteine), 세린(Serine), 프롤린(Proline), 티로신(Tyrosine)

*영유아에게 추가적으로 필요한 필수아미노산

기 능

(1) 체조직의 구성성분

단백질은 근육, 피부, 뼈, 결체조직, 세포막 등의 구성 성분으로 신체조직의 성장과 유지에 매우 중요하다. 영유아의 경우 성장기로서 새로운 조직이 합성되는 시기이므로 단백질을 충분히 섭취해야 한다.

(2) 효소, 호르몬 및 항체의 합성

단백질은 체내의 생화학적 반응을 촉매하는 효소와 기능을 조절하는 호르몬 및 외부로부터 침입하는 병원균과 독성물질에 대항하는 물질인 항체의 주요 구성 성분이다.

(3) 에너지원

식사에서 탄수화물과 지질로부터 충분한 에너지를 공급받지 못하면 체내 단백질이 에너지원으로 사용되므로 신체조직의 소모가 야기되는 비효율적인 에너지원이다.

(4) 체액의 산 · 염기 평형유지

단백질은 산 · 염기 양쪽의 역할을 할 수 있는 양성물질로서 체액의 pH를 7.35~7.45, 즉 중성 또는 약알칼리성으로 항상성을 유지시키는 완충제로서 관여한다.

(5) 체액의 수분평형 유지

혈장단백질(알부민)은 혈관 내 삼투압을 유지하여 혈관 내 수분 평형을 유지하는 작용을 한다.

결핍증과 과잉증

(1) 결핍증

개발도상국가나 저개발국가의 성장기 아동에게서 에너지와 단백질 섭취 부족으로 성장 저해를 야기하고 질병에 걸리기 쉬운 상태인 단백질-에너지 영양불량(protein-energy malnutrition; PEM) 증상이 나타난다. 대표적인 결핍증으로는 콰시오카(kwashiorkor)와 마라스무스(marasmus)가 있다.

① 콰시오카

심한 단백질 결핍증으로 저개발국가의 1~4세에서 흔히 발생하며 성장 정지, 복수가 차는 영양실조성 부종, 팔, 다리 근육이 감소하는 근육소모, 빈혈, 설사, 머리카락의 변색,

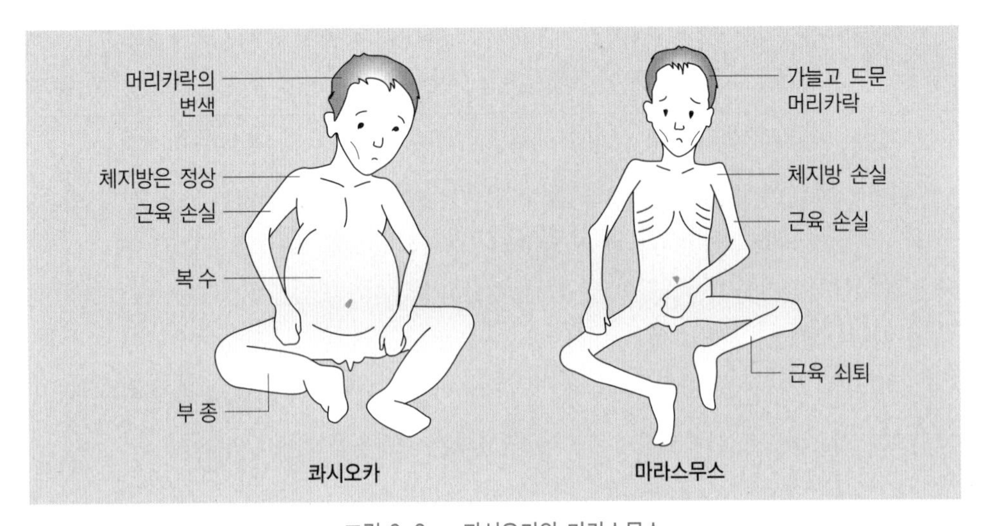

그림 3-3 콰시오카와 마라스무스

지방간, 면역기능 저하, 신경계 이상 등의 증상이 나타난다.

② 마라스무스

단백질과 에너지가 모두 부족한 극심한 기아상태에서 발생하며 체지방이 감소하여 심하게 마르는 것이 특징이다. 부종은 나타나지 않고 간기능도 정상으로 나타나며 적절한 영양공급이 되지 않으면 감염으로 사망한다.

(2) 과잉증

단백질 과잉 섭취 시 탄수화물과 지질의 연소를 감소시킴으로써 체지방이 축적될 수 있으며 단백질 분해산물인 요소의 배설로 신장에 부담을 준다. 또한 과잉의 동물성 단백질을 섭취하면 소변을 통한 칼슘 배설이 증가한다.

급원식품

어육류, 난류, 유제품, 두류(특히 대두) 등이 주요 단백질 급원이다. 동물성 단백질이 식물성 단백질에 비해 인체에 필요한 만큼 필수아미노산을 충분히 함유하므로 양질의 단백질이라 하며, 대두는 식물성 식품이지만 양질의 단백질을 35~40% 정도 함유하고 있어 중요한 급원이라 할 수 있다.

5) 비타민

비타민은 정상적인 생리 및 대사기능 수행 시 절대적으로 필요한 영양소로 미량을 필요로 하지만 외부로부터 반드시 섭취해야 한다.

비타민의 분류 및 특성

비타민은 지용성 비타민과 수용성 비타민으로 분류된다.

표 3-8 비타민의 분류와 특성

구 분	지용성 비타민	수용성 비타민
종 류	비타민 A, D, E, K	비타민 B군(B_1, B_2, B_6, B_{12}, 니아신, 엽산, 비오틴, 판토텐산), 비타민 C
성 질	기름과 유기용매에 녹음	물에 녹음
구성원소	수소, 산소, 탄소	수소, 산소, 탄소, 질소, 황, 코발트
전구체*	존재함	존재하지 않음
결핍증	서서히 나타남	빨리 나타남
과잉 섭취 시	체내(특히 간, 지방조직)에 저장되며 체외로 쉽게 배출되지 않음	필요 이상의 섭취량은 저장되지 않고 소변으로 쉽게 배출
독 성	과잉 섭취시 독성 유발	독성이 비교적 적음
공급방법	절대적으로 매일 공급할 필요는 없음	매일 공급해야 함

*체내에 흡수되어야 활성화되는 비타민과 유사한 구조를 갖는 물질

지용성 비타민

물에 녹지 않는 지용성 비타민에는 비타민 A, D, E, K가 있다.

(1) 비타민 A

비타민 A는 레티놀(retinol)과 비타민 A의 활성을 가진 카로티노이드(carotenoids)의 형태로 존재한다.

① 기 능

- 정상적인 성장과 발육 : 정상적인 골격의 성장에 관여하므로 결핍 시 골격 이상, 성장 지연을 야기한다.
- 상피세포 형성과 유지 : 세포분화에 관여하므로 결핍 시 점액분비 저하로 각막상피세포, 피부, 폐, 장점막 등의 각질화를 가져온다.
- 시각기능 : 어두운 곳에서 물체를 볼 수 있는 망막 간상세포의 로돕신(rhodopsin)을 합성하는 데 반드시 필요하다.
- 항산화 및 항암작용 : β-카로틴은 항산화제로서 작용하며 암 발생을 억제하는 효과가 있다.
- 면역기능 : 질병에 대한 면역력을 증진시켜 감염성 질환의 발생을 막아 준다.

② 결핍증과 과잉증

비타민 A는 결핍되기 쉬운 영양소 중 하나로 결핍 초기에는 식욕 부진, 성장 정지, 면역력 감소 및 야맹증이 나타나며, 장기간 결핍 시 건조성 안질, 비토반점, 안구건조증, 각막연화증으로 발전하며, 심하면 실명에 이를 수도 있다. 또한 피부의 각질화, 모낭각화증, 설사 등이 나타날 수도 있다. 모유에는 충분량이 함유되어 있으므로 모유영양아에서는 쉽게 결핍증상이 나타나지 않는다.

그림 3-4 야맹증

비타민 A의 과잉증으로는 식욕 부진, 체중 감소, 불안, 복통, 피로감, 신경과민, 탈모, 두통, 관절통, 피부질환, 간 비대 등의 증세가 나타난다. 특히 임산부의 경우 사산, 기형아 출산, 영구적 학습장애 등을 일으킬 수 있다. 한편 β-카로틴의 과잉 섭취 시 손 · 발바닥의 피부가 노랗게 침착될 수 있다.

③ 급원식품

비타민 A(레티놀)는 간, 생선 간유, 달걀, 버터, 우유 및 유제품 등 동물성 식품에 풍부하게 들어 있으며, 카로티노이드(특히 β-카로틴)는 시금치, 당근, 토마토, 호박, 귤, 감, 살구 등 녹황색이 진한 식물성 식품과 김 등에 풍부하다.

비타민 A 함유식품

- 100~200R.E* : 달걀 1개, 치즈 2조각, 완두콩 1/2컵, 우유 1컵, 찐 옥수수 1/2개, 피망 1/2컵, 양배추 1컵
- 200~400R.E : 복숭아 1개, 적채 1컵, 토마토 1컵, 토마토주스 1/2컵
- 500~700R.E : 구운 고구마 1개, 간 30g, 당근 큰 것 1개, 조리된 호박 1/2컵

**R.E : Retinol Equivalent

(2) 비타민 D

그림 3–5 비타민 D_2와 비타민 D_3의 합성

① 기 능

비타민 D는 항구루병 인자로 작용기전이 스테로이드 호르몬과 유사하여 프로호르몬이라고 부르기도 한다.

- 혈중 칼슘농도 조절 및 골격 형성 : 비타민 D는 소장에서 칼슘의 흡수와 신장에서 칼슘의 재흡수를 촉진, 증가시켜 체내 칼슘이 골격 형성에 이용되도록 중요한 역할을 한다.
- 세포 증식과 분화 조절 : 상피세포 등 여러 세포의 증식과 분화를 조절한다.
- 항암작용 : 유방암, 전립선암, 결장암의 발생을 억제한다.

② 결핍증과 과잉증

비타민 D 결핍 시 성장기 아동의 경우 뼈가 굽고 약해지는 구루병이 나타나며, 성인에게는 골연화증, 중년기 이후 여성의 경우는 골다공증이 흔히 발생된다.

비타민 D 과잉 섭취 시 고칼슘혈증, 고칼슘요증으로 체중 감소, 구토, 설사, 탈모, 구토감, 식욕 부진 등의 증상과 신장 결석 등이 발생할 수 있으며, 아동에게는 성장 지연도 나타난다.

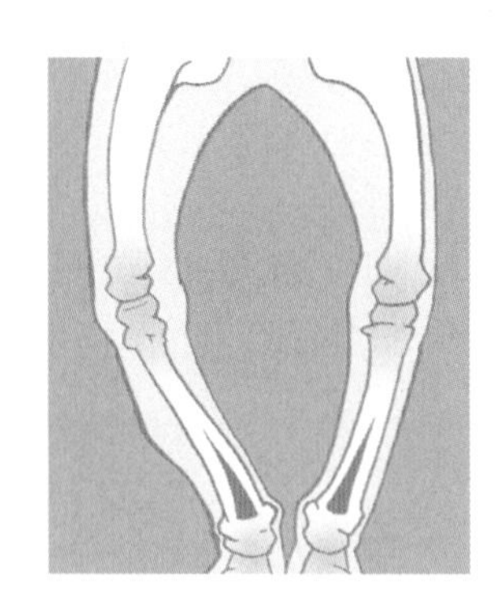

그림 3–6 구루병

③ 급원식품

생선(청어, 정어리, 참치, 연어 등), 간유, 달걀, 효모, 버섯 등이 좋은 급원식품이다. 한편 우유에 비타민 D를 강화시키면 우유의 칼슘 흡수율을 증가시켜 주는 효과도 있다.

(3) 비타민 E

① 기 능

- 항산화 작용 : 식물성 기름에 있는 다중불포화지방산의 산화를 방지하는 항산화제 역할을 한다.
- 노화방지 및 항암작용 : 세포막의 지질 과산화를 방지, 세포막을 안정화하여 노화 방지 및 암을 예방한다.
- 생식기능 : 동물의 생식기능에 관여한다.

② 결핍증과 과잉증

비타민 E의 결핍증은 흔치 않으나 미숙아에서 결핍 시 적혈구막의 손상으로 인한 용혈성 빈혈이 일어나므로 비타민 E의 보충이 요구된다. 또한 신경계, 근육계의 기능 감소 및 시력과 언어구사력의 손상을 가져올 수 있다.

과잉 섭취 시 지혈 지연, 설사, 구토, 피로, 발한, 맥박 증가, 혈중 중성지방의 증가 및 갑상선호르몬의 저하를 초래할 수 있다.

③ 급원식품

두류, 종실류, 견과류, 곡류의 배아(밀배아), 식물성 기름(콩기름, 옥수수유, 해바라기씨유, 목화씨유), 마가린 등에 다량 함유되어 있으며, 육류, 가금류, 생선, 달걀, 동물성 기름과 채소, 과일류에는 소량 함유되어 있다. 우유에는 모유의 1/4 정도의 비타민 E가 함유되어 있으므로 보충을 해야 한다.

(4) 비타민 K

① 기 능

- 프로트롬빈 합성 및 혈액 응고 : 비타민 K는 간에서 혈액 응고에 관여하는 단백질인 프로트롬빈의 합성과정에 조효소로서 중요한 역할을 한다.
- 골격 형성 기능 : 혈중 칼슘을 조절하는 단백질의 합성에 비타민 K는 조효소로서 작용한다.

② 결핍증과 과잉증

건강한 사람은 장내 세균에 의해 합성이 가능하므로 결핍증은 흔치 않으나 비타민 K 결핍 시 혈액 응고 시간이 지연되는 현상이 나타나며, 신생아의 경우 장내 무균상태로 인한 비타민 K 합성 부족과 모유의 낮은 비타민 K 함량으로 신생아 출혈이 일어날 수 있다. 또

표 3-9 지용성 비타민의 기능 및 급원식품

종 류	기 능	결핍증	과잉증	급원식품
비타민 A	정상적인 성장과 발육, 상피세포 형성과 유지, 세포 분화에 필수, 시각기능, 항산화 및 항암작용, 면역력 증진	성장 지연, 야맹증, 안구건조증, 각막연화증, 피부각질화, 면역력 감소	두통, 구토, 탈모, 식욕부진, 체중 감소, 간 비대, 피부질환, 관절통, 임산부(사산, 기형아 출산)	당근, 호박, 귤, 감, 해조류(김), 간, 달걀, 생선 간유
비타민 D	혈중 칼슘농도 조절, 골격 형성, 세포 증식과 분화 조절, 항암작용	구루병(어린이), 골연화증, 골다공증	체중 감소, 구토, 설사, 탈모, 성장 지연, 신장결석	생선, 생선 간유, 달걀, 효모, 버섯, 강화우유
비타민 E	항산화제(노화 방지), 동물의 생식기능에 관여	적혈구의 용혈성 빈혈, 신경계와 근육계의 기능 감소	구토, 피로감, 설사, 맥박 증가, 혈중 중성지방의 증가, 갑상선호르몬 저하	식물성 기름, 마가린, 곡류의 배아, 견과류, 종실유, 두류
비타민 K	프로트롬빈 합성 및 혈액 응고, 골격 형성 기능	혈액응고 지연, 신생아 출혈	황달, 용혈, 뇌손상	녹색채소(시금치), 간, 두유

한 지질 흡수 불량증과 장기간 항생제 복용 시에 결핍증이 나타날 수 있다.

식품을 통한 비타민 K의 과잉증은 거의 독성이 보이지 않으나 합성 비타민 K인 메나디온의 과잉 섭취는 황달, 용혈, 뇌 손상 등이 나타날 수 있다.

③ 급원식품

거의 모든 식품에 함유되어 있으며 주로 시금치, 양배추, 브로콜리 등의 녹색채소류와 간, 두류에 많이 함유되어 있다.

수용성 비타민

수용성 비타민의 종류로는 비타민 B군과 비타민 C가 있다.

특히 비타민 B군에 속하는 비타민 B_1, 비타민 B_2, 비타민 B_{12}, 니아신, 비오틴, 판토텐산, 엽산은 에너지 생성, 적혈구 형성 및 단백질 아미노산대사에 관여하는 조효소의 구성성분으로서 여러 대사과정에 작용한다.

(1) 비타민 B_1

비타민 B_1(티아민)은 수용성이고 열에 약하기 때문에 조리 시 주의해야 한다.

① 기 능

- 에너지 대사 : 탄수화물, 지질, 단백질의 에너지 대사과정에서 조효소로서 작용하며, 특히 탄수화물 대사에서 매우 중요한 역할을 한다. 그러므로 에너지 섭취량이 많을수록 많은 양의 비타민 B_1이 필요하다.
- 정상적인 신경 전달 : 신경전달물질(아세틸콜린)의 합성과 분비에 조효소로서 작용하며 정상적인 신경자극 전달에도 관여한다.

② 결핍증

결핍증은 대표적으로 각기병(beriberi)과 신경계, 소화계, 심혈관계에 증상이 나타난다. 즉 두통, 피로, 우울, 허약 등 신경계 장애와 식욕 부진, 소화 불량, 위산 분비 저하 등의 소화계 장애 및 심근 약화와 심부전증 등 심혈관계에 이상 증상이 발생한다. 특히 비타민 B_1은 산모가 만성 알코올 중독자나 백미 등 탄수화물 위주의 식사를 한 경우 모유영양아에서 결핍증이 발생하기 쉽다.

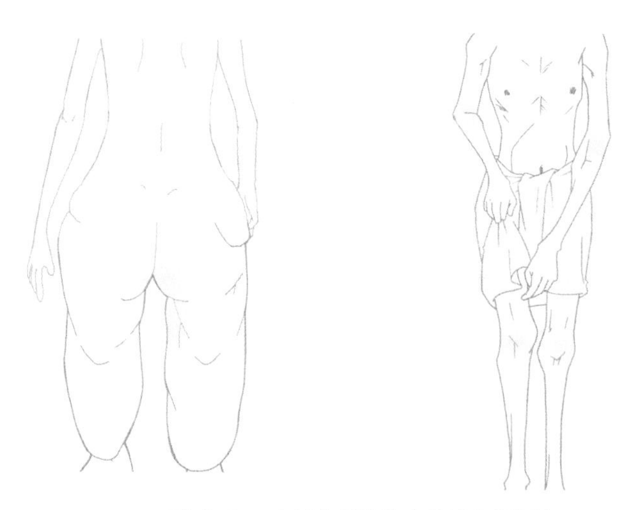

그림 3-7 습성각기병(좌)과 건성각기병(우)

③ 급원식품

돼지고기, 두류, 전곡(밀배아), 내장, 해바라기씨, 맥주효모 등에 풍부하게 함유되어 있으며, 도정된 곡류, 우유 및 유제품, 어패류, 채소 등에는 함량이 적다.

돼지고기와 마늘

비타민 B_1은 마늘의 매운맛 성분인 알리신(allicin)과 결합하여 알리티아민(allithiamine)으로 되면 비타민 B_1의 흡수가 잘 되므로 비타민 B_1이 풍부한 돼지고기는 마늘과 같이 섭취하면 좋다.

(2) 비타민 B_2

비타민 B_2(리보플라빈)는 수용성 비타민 중 열에 대해 비교적 안정적이나 자외선에 의해 쉽게 파괴되는 성장촉진 비타민이다.

① 기 능

- 에너지 대사 : 탄수화물, 지질, 단백질의 에너지 대사과정에서 중요한 역할을 한다.
- 니아신의 합성 관여 : 비타민 B_2는 트립토판으로부터 니아신이 합성되는 과정에 관여한다.

② 결핍증

결핍 시 설염, 구순구각염, 안구 충혈, 백내장, 지루성 피부염, 광선에 대한 과민증(눈부심) 및 신경계 질환 등이 발생되며 또한 성장기의 경우 성장 지연을 초래한다.

③ 급원식품

동·식물계에 널리 분포되어 있으며, 특히 우유 및 유제품, 달걀, 간, 생선, 가금류, 육류 등 동물성 식품에 매우 풍부하게 함유되어 있다. 또한 시금치, 브로콜리, 아스파라거스 등의 녹색채소와 버섯에도 많이 들어 있다. 한편 비타민 B_2는 자외선에 의해 쉽게 파괴되기 때문에 우유 및 유제품의 포장을 종이나 불투명 재질로 선택하는 것이 영양가 보존 측면에서 바람직하다.

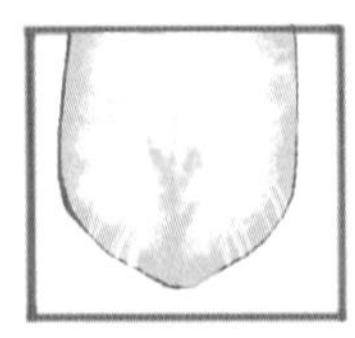

그림 3-8 구순구각염(좌)과 설염(우)

(3) 니아신

니아신(niacin, 비타민 B_3)은 항펠라그라 인자로서 산, 알칼리, 열 및 광선에서 비교적 안정적인 비타민으로 체내에서 필수아미노산인 트립토판(60mg)이 니아신(1mg)으로 전환된다.

① 기 능

니아신은 비타민 B_2와 함께 탄수화물 · 지질 · 단백질의 에너지 대사과정, 피부건강, 스테로이드 합성과정에서 중요한 역할을 한다.

② 결핍증과 과잉증

옥수수를 주식으로 하는 등 니아신과 트립토판이 지속적으로 심하게 결핍 시에는 펠라그라(pellagra) 증세가 발생한다. 펠라그라의 4D 현상은 피부염(dermatitis), 설사(diarrhea), 치매(dementia), 사망(death)으로 알려져 있다. 트립토판이 풍부한 양질의 단백질만 충분히 섭취하면 니아신의 결핍증은 발생하지 않는다.

③ 급원식품

트립토판이 풍부한 양질의 단백질 식품은 니아신의 좋은 급원이 된다. 니아신은 육류, 생선, 가금류, 버섯, 땅콩 등에 풍부하고, 육류, 생선 등과 같은 동물성 단백질식품은 니아신과 함께 트립토판의 함유량도 풍부한 식품이며, 우유, 달걀, 두류 등의 식품은 니아신의 함량은 낮으나 트립토판의 함유량이 높기 때문에 니아신을 공급하는 효과를 가진다.

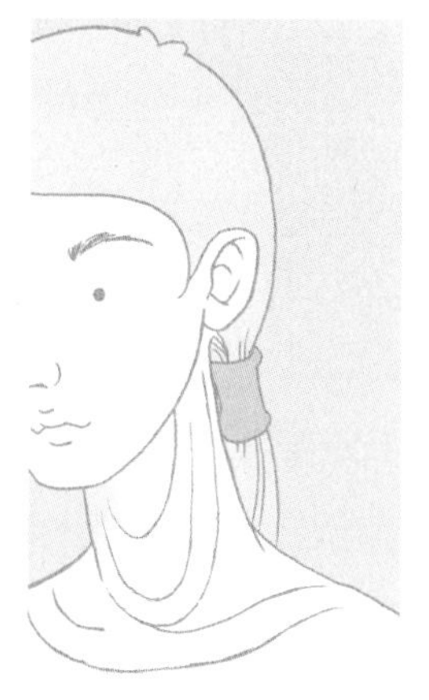

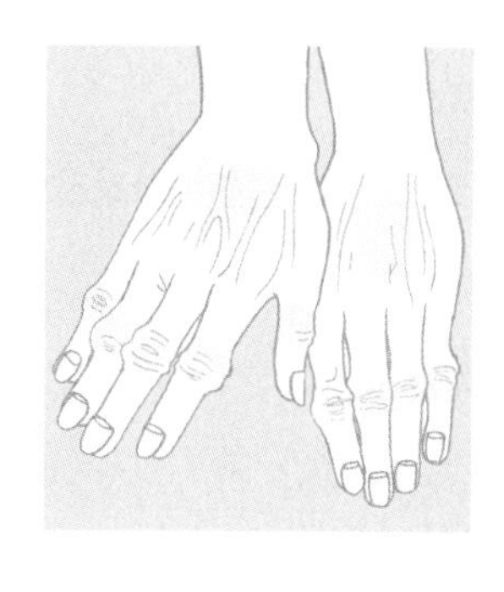

그림 3-9 펠라그라

(4) 비타민 B_6

비타민 B_6는 열과 산성에서는 안정적이나 알칼리와 자외선에서는 쉽게 파괴된다.

① 기 능

- 단백질과 아미노산 대사에 관여 : 단백질 및 아미노산 대사과정의 조효소로서 필수적이다.
- 신경전달물질의 합성 : 신경전달물질의 합성에 관여한다.
- 혈구세포와 핵산 합성 : 비타민 B_6는 헤모글로빈을 구성하는 헴과 핵산을 합성하는 데 필요하다.
- 니아신 합성 : 트립토판이 니아신으로 전환 시 조효소로 작용한다.
- 탄수화물 대사 : 글리코겐 분해효소의 활성화와 아미노산의 포도당신생합성에도 관여한다.

② 급원식품

주로 동물의 근육조직에 저장되어 있으므로 육류, 가금류, 내장(간), 생선류에 풍부하게 함유되어 있으며, 곡류(현미, 대두, 귀리, 밀배아, 전곡), 두류(대두), 종실유(해바라기씨), 견과류, 바나나, 시금치, 브로콜리 등도 좋은 급원식품이다.

(5) 엽 산

엽산(folic acid, 비타민 B_9)은 산성, 열 및 광선에 의해 쉽게 파괴되며, 적혈구의 형성에 관여하는 조혈인자 비타민이다.

① 기 능

- DNA 합성과 세포 분열에 관여 : 엽산은 비타민 B_{12}와 함께 세포내 DNA 합성에 조효소로서 필요하며, 결과적으로 정상적인 세포 분열로 적혈구 형성에도 관여한다.
- 메티오닌 합성 : 엽산은 비타민 B_{12}와 함께 호모시스테인으로부터 메티오닌을 합성하는 데 필요하다.
- 신경전달물질 합성 : 엽산은 신경전달물질을 합성하는 과정에 조효소로 작용한다.

② 급원식품

녹색채소(시금치, 근대, 브로콜리), 간, 오렌지주스, 두류 등에 다량 함유되어 있으며, 특히 오렌지주스나 채소류에 많이 함유되어 있는 비타민 C는 엽산의 산화를 방지하므로 엽산의 더 좋은 급원이라 할 수 있다.

(6) 비타민 B_{12}

비타민 B_{12}는 분자 내에 코발트를 함유하고 있어 코발아민(cobalamin)이라고도 한다.

① 기 능

- 메티오닌 합성 : 비타민 B_{12}는 엽산과 함께 호모시스테인으로부터 메티오닌을 합성하는 데 관여한다.
- 신경섬유의 수초 유지 : 비타민 B_{12}는 신경섬유의 수초를 유지시키는 데 필요하다.
- DNA 합성과 세포 분열에 관여 : 비타민 B_{12}는 엽산과 함께 세포내 DNA 합성에 조효소로서 필요하며, 결과적으로 정상적인 세포 분열로 적혈구 형성에도 관여한다.

② 결핍증

비타민 B_{12} 결핍은 유전적인 결함이나 채식주의자에게서 발생될 수 있으며, 그 결과 악성빈혈이 야기된다.

③ 급원식품

동물성 식품에만 존재하며, 특히 간, 내장육, 육류, 어패류, 가금류, 달걀, 우유 및 유제품 등에 풍부하게 함유되어 있다.

(7) 비타민 C

비타민 C는 항괴혈성 인자로 아스코르브산(ascorbic acid)이라고도 하며 건조상태나 산성용액에서는 비교적 안정적이나 열, 알칼리 환경에서는 쉽게 파괴되는 비타민이다.

① 기 능

- 항산화작용 : 비타민 C는 세포내에서 생성된 유리라디칼을 제거하여 지질 과산화를 방지하는 항산화기능을 가진다.
- 콜라겐 형성 : 비타민 C는 수산화효소를 활성화하여 콜라겐 합성하는 데 관여한다. 콜라겐은 골격과 혈관벽 유지 및 상처 회복에 중요한 역할을 하는 단백질로서 뼈, 연골, 치아, 결체조직, 피부 등에 많이 함유되어 있다.
- 철 흡수 촉진 : 비타민 C는 철을 환원($Fe^{3+} \rightarrow Fe^{2+}$)시키므로 철의 흡수를 촉진하는 효과를 가진다.
- 카르니틴 합성 : 지방대사에서 중요한 카르니틴은 리신과 메티오닌으로부터 합성되는데, 이 과정에서 비타민 C가 필요하다.
- 신경전달물질 합성 : 부신수질 호르몬인 노르에피네프린, 에피네프린의 합성과 트립

토판으로부터 세로토닌의 합성 시 비타민 C가 필요하다.

• 면역기능 증진과 해독작용 : 면역력을 강화시켜 감염질환을 예방하고 화학적인 해독 작용에도 관여한다.

② 결핍증과 과잉증

비타민 C 결핍이 장기간 지속되면 콜라겐 합성 방해로 괴혈병이 발생하며 잇몸 부종 및 출혈, 관절 통증, 피부점상 출혈, 상처치유 지연, 골절, 빈혈, 우울증 등의 증세가 나타난다.

비타민 C 과잉 섭취 시 오심, 구토, 복통, 설사, 신장결석, 과도한 철 흡수 증가 등의 증세를 유발한다.

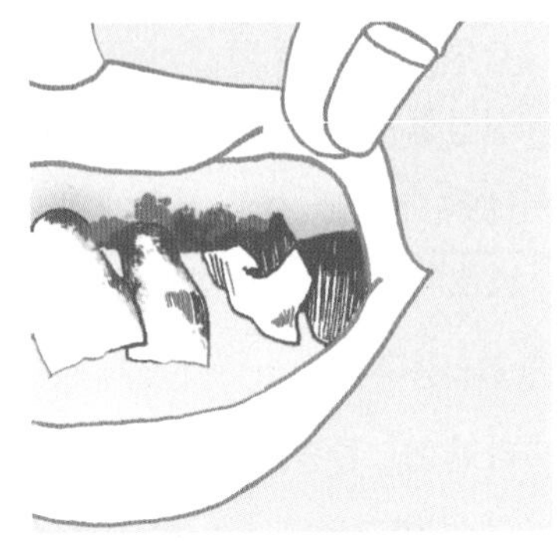

그림 3-10 괴혈병

③ 영양섭취기준

영아의 비타민 C 충분섭취량은 전기 영아 35mg/일, 후기 영아45mg/일이며, 유아의 경우 40mg/일, 6~8세의 경우 60mg/일을 권장섭취량으로 한다. 한편 모유에는 비타민 C의 함량이 매우 높기 때문에 모유 섭취만으로도 괴혈병을 예방할 수 있다. 새로운 조직 형성이 왕성한 영유아는 더욱 많은 양이 공급되어야 한다.

④ 급원식품

풋고추, 브로콜리, 피망, 케일, 양배추, 시금치 등의 신선한 채소류와 오렌지, 레몬, 밀감, 딸기, 키위 등의 과일류에 매우 많이 함유되어 있으며, 이들 식품을 조리 및 가공과정 중에 손실될 수 있으므로 장시간 가열이나 노출 및 알칼리(중조) 첨가 등을 피해야 한다.

콩나물과 비타민 C

대두에는 비타민 C가 거의 함유되어 있지 않으나 콩나물로 발아할 때는 비타민 C가 합성되므로 좋은 비타민 C의 급원이 된다.

비타민 C의 손실

당근, 호박, 오이에는 비타민 C 분해효소인 아스코르비나아제 성분이 함유되어 있기 때문에 무생채를 만들 때 당근을 첨가하여 오래두거나, 당근을 다른 채소와 섞어 주스를 만들면 다른 채소 안에 있는 비타민 C가 파괴되어 비타민 C의 손실이 많아진다.

표 3-10 수용성 비타민의 기능 및 급원식품

종 류	기 능	결핍증	급원식품
비타민 B_1 (티아민)	에너지 대사 및 탄수화물대사의 조효소, 정상적인 신경전달	각기병(허약, 피로, 두통, 식욕 부진, 심부전증, 부종)	돼지고기, 두류, 전곡류
비타민 B_2 (리보플라빈)	탄수화물, 지방, 단백질의 에너지 대사의 조효소, 니아신의 합성 관여	설염, 구순구각염, 광선에 대한 눈부심, 지루성 피부염	우유 및 유제품, 달걀, 육류, 가금류, 생선, 간, 버섯, 녹색채소(시금치)
니아신 (비타민 B_3)	탄수화물, 지방, 단백질의 에너지 대사의 조효소, 니아신의 합성 관여(산화환원반응), 스테로이드 합성과정에 관여	식욕 부진, 피로, 구토, 피부 발진, 펠라그라	육류, 생선, 가금류, 땅콩
비타민 B_6	단백질과 아미노산 대사의 조효소, 신경전달물질 합성, 혈구세포와 핵산합성, 니아신 합성	피부염, 구내염, 빈혈, 신장결석, 신경과민, 불면증, 신경장애	육류, 가금류, 생선류, 내장(간), 대두, 바나나, 해바라기씨, 밀배아
엽 산 (비타민 B_9)	DNA 합성과 세포 분열에 관여, 메티오닌의 합성, 신경전달물질 합성	거대적아구성 빈혈, 설염, 설사, 성장장애, 정신적 혼란, 신경관 손상	녹색채소(시금치), 간, 오렌지주스, 두류
비타민 B_{12} (코발아민)	DNA 합성과 세포분열에 관여, 메티오닌의 합성, 신경섬유의 수초 유지	악성빈혈, 신경손상	동물성 식품(간, 육류, 가금류, 어패류, 달걀, 우유)
판토텐산	에너지 생성, 지방산 · 콜레스테롤 · 호르몬 합성, 신경전달물질 합성, 헴 합성	피로, 두통, 복통, 구토, 불면증, 손발 통증	간, 달걀, 닭고기, 버섯
비오틴	지방산 합성, 탄수화물 대사 과정에 관여	피부 발진, 탈모, 경련, 뇌 손상, 식욕 부진, 구토	난황, 간, 효모, 두류, 치즈
비타민 C	항산화 작용, 콜라겐 형성, 철 흡수 촉진, 카르니틴 합성, 신경전달물질 합성, 면역기능 증진, 해독작용	괴혈병, 잇몸 부종 및 출혈, 상처치유 지연	과일류(오렌지, 레몬, 밀감, 딸기, 키위), 채소류(풋고추, 브로콜리, 양배추)

6) 무기질

분 류

무기질(mineral)은 인체의 구성성분으로 탄소, 수소, 산소, 질소 등을 제외한 생물체의 무기적 구성요소이며 광물질(鑛物質), 회분(ash)이라고도 한다. 무기질은 인체의 구성성분과 체내 여러 생리기능의 조절 및 유지에 필수적으로 체중의 약 4%를 차지한다.

표 3-11 무기질의 분류

구 분		종 류
다량 무기질	1일 필요량이 100mg 이상	칼슘(Ca), 인(P), 나트륨(Na), 칼륨(K), 마그네슘(Mg), 황(S), 염소(Cl)
미량 무기질	1일 필요량이 100mg 미만	철(Fe), 아연(Zn), 요오드(I), 불소(F), 망간(Mn), 셀레늄(Se), 구리(Cu), 몰리브덴(Mo), 크롬(Cr), 코발트(Co)

다량 무기질

(1) 칼 슘

① 기 능

칼슘(calcium, Ca)은 체내에서 가장 많이 존재하는 무기질로 99% 이상이 골격과 치아의 구성 성분으로 존재하며, 나머지 1% 미만은 혈액과 체액에 존재한다. 또한 칼슘은 혈액 응고, 신경전달물질의 방출, 신경흥분 억제, 근육 수축 및 이완작용, 심장박동 등에 관여한다.

② 칼슘의 흡수에 영향을 미치는 요인

칼슘의 흡수는 여러 식이요인과 조절호르몬의 영향을 받는다. 즉 식사 내 Ca : P 비율이 1:1일 때 흡수율이 최대이며, 인의 비율이 높아질수록 칼슘의 배설 증가로 흡수율이 낮아진다. 모유 내 칼슘의 이용률(70%)이 우유 내 칼슘 이용률(25~30%)보다 높다.

표 3-12 칼슘 흡수에 영향을 미치는 요인

칼슘 흡수	요 인
촉 진	위산, 비타민 D, 비타민 C, 유당, Ca와 P의 비율(1 : 1), 부갑상선호르몬, 에스트로겐
억 제	식이섬유, 피틴산, 수산, 탄닌, 고지방식

멸치볶음과 시금치나물

멸치는 대표적인 칼슘 급원이지만 시금치와 함께 먹으면 시금치의 수산성분이 멸치의 칼슘 흡수를 방해하여 칼슘 흡수율을 떨어뜨리므로 같은 식단에 멸치볶음과 시금치나물을 함께 넣지 않도록 한다.

③ 결핍증과 과잉증

칼슘 결핍 시 성장기 아동의 경우는 성장장애 및 구루병, 성인에서는 골다공증이 발생하며, 특히 골다공증은 노인과 폐경기 이후의 여성에서 나타나는데 등이 굽고 쉽게 골절되는 현상을 보인다. 또한 장기간 칼슘이 결핍되면 골감소증과 골연화증이 야기되며 이는 비타민 D의 결핍에 의해서도 발생한다.

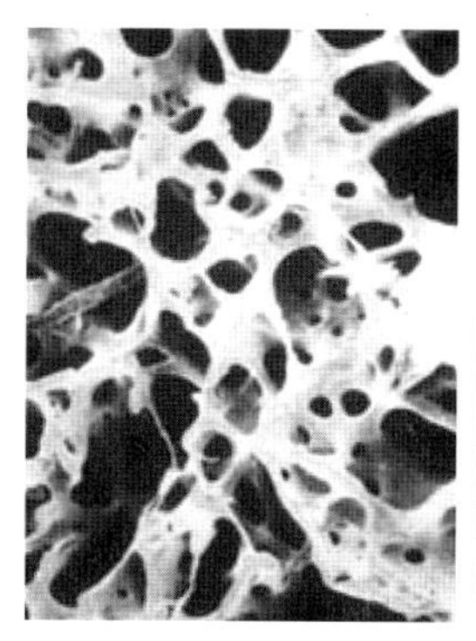
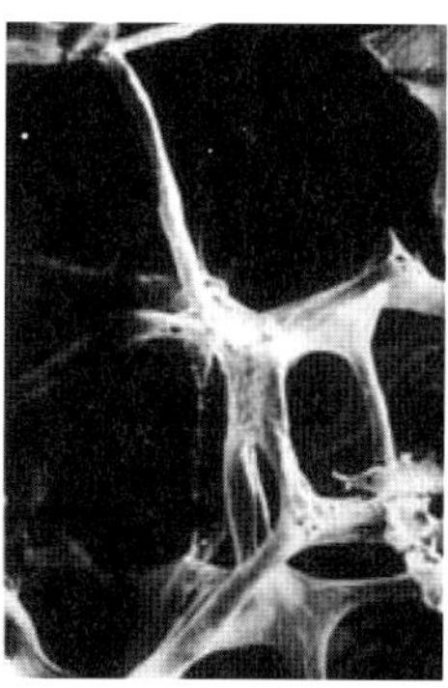

그림 3-11 골다공증

칼슘 과잉 섭취 시 변비, 신장 결석, 고칼슘혈증, 다른 무기질(Fe, Zn)의 흡수 방해 등이 나타난다.

④ 영양섭취기준

영유아의 골격은 급격히 성장하므로 칼슘 필요량과 흡수율이 상당히 높다. 영아의 칼슘 충분섭취량은 전기 영아 200mg/일, 후기 영아 300mg/일이며, 유아의 경우 1~2세 평균필요량은 300mg/일, 권장섭취량은 500mg/일이고, 3~5세의 경우는 각각 400mg/일,

칼슘의 중요성

칼슘은 연령에 상관없이 모든 사람에게 중요한 영양소이다 매일매일 골격으로부터 칼슘이 빠져나가므로 신체의 최적 건강상태를 유지하기 위하여 손실된 양만큼의 칼슘이 보충되어야 한다. 낙농제품은 최고의 칼슘 급원이므로 식사에 반드시 포함되어야 한다.

- 100mg : 강낭콩 1/2컵, 통밀빵 2조각
- 100~200mg : 치즈 2조각, 푸딩 1/2컵, 아이스크림 2/3컵
- 200mg 이상 : 우유 1컵, 요구르트 1컵, 멸치 1큰술

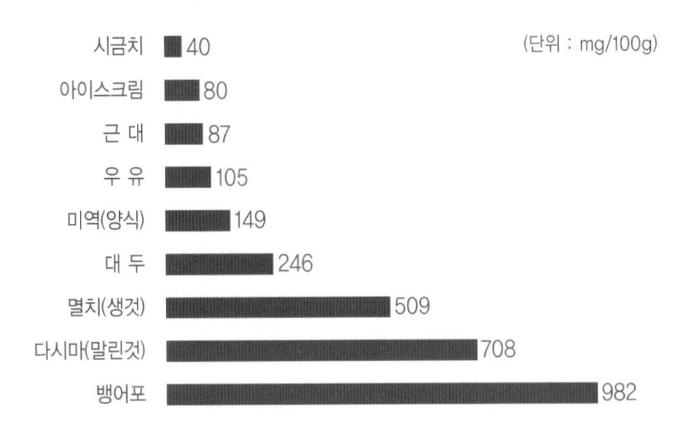

그림 3-12 칼슘 급원식품과 함량

자료 : 한국영양학회(2005), 한국인 영양섭취기준

600mg/일이며, 6~8세의 경우 700mg/일을 권장섭취량으로 한다(부록 참조). 출생 후 1년까지는 식사 내 Ca : P 비율이 1 : 1 ~ 2 : 1을 유지하는 것이 바람직하다.

⑤ 급원식품

주요 급원식품은 우유 및 유제품, 뼈째 먹는 생선(멸치, 뱅어포), 해조류, 녹색채소 등으로, 이 중에서 우유 및 유제품이 칼슘의 체내 이용률이 가장 높아 체내 흡수율이 낮은 채소류에 비해 좋은 칼슘 급원이라 할 수 있다.

(2) 인

① 기 능

인(phosphorus, P)은 칼슘 다음으로 체내에서 가장 많이 존재하는 무기질로 인의 85%가 칼슘과 결합하여 작용한다.

- 치아와 골격 구성
- 핵산(DNA, RNA)과 세포막(인지질)의 구성 성분
- 에너지(ATP)의 생성, 저장 및 이용에 관여
- 비타민(니아신, 비타민 B_1과 B_6) 및 효소 활성화에 관여
- 세포내 산과 염기의 평형 조절

② 급원식품

거의 모든 식품에 함유되어 있으며 주로 육류, 난류, 우유 및 유제품, 곡류에 많이 함유되어 있다. 특히 가공식품 및 탄산음료에 인산염의 첨가로 인의 함량이 높다.

(3) 나트륨/칼륨

① 기 능

나트륨(sodium, Na)은 세포외액, 칼륨(potassium, K)은 세포내액의 주된 양이온이다.

- 삼투압의 정상 유지
- 산 · 염기의 평형 유지
- 신경자극 전달 및 정상적인 근육의 흥분성과 과민성 유지
- 영양소(포도당, 아미노산)의 능동수송을 통한 흡수과정에서 중요한 역할 담당

② 급원식품

나트륨의 주요 급원은 소금이며, 식물성 식품보다 육류, 달걀, 유제품 등의 동물성 식품에 더 많이 함유되어 있다. 또한 가공식품에서 베이킹파우더, 중조, 발색제 등 식품첨가물의 형태로 많이 함유되어 있다.

칼륨은 거의 모든 식품에 함유되어 있으며, 특히 녹색채소(시금치), 감자, 바나나, 오렌지, 토마토, 호박 등의 식물성 식품에 풍부하게 함유되어 있다.

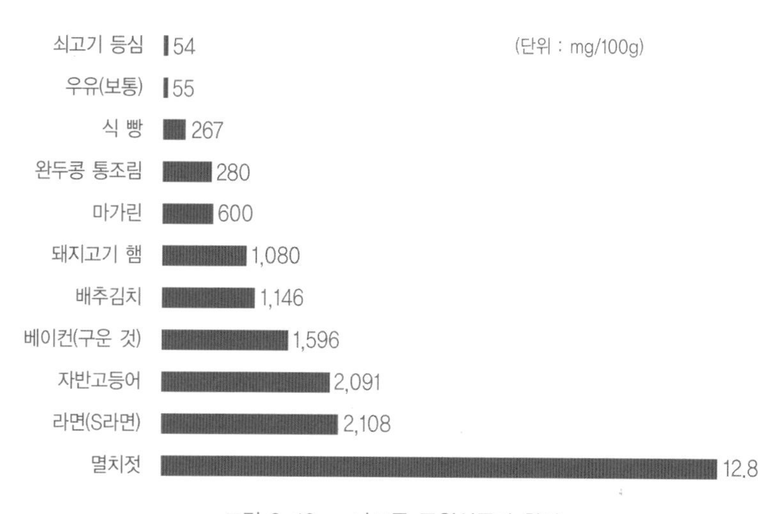

그림 3-13　나트륨 급원식품과 함량

자료 : 한국영양학회(2005), 한국인 영양섭취기준

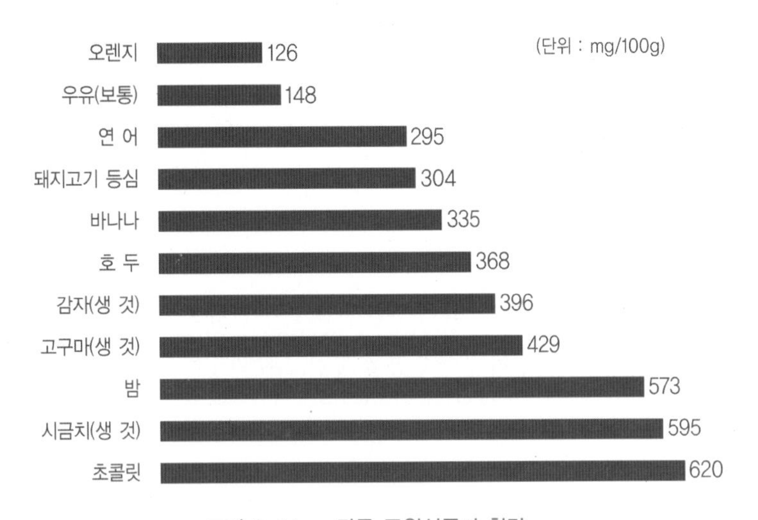

그림 3-14 칼륨 급원식품과 함량

자료 : 한국영양학회(2005), 한국인 영양섭취기준

소금 섭취를 줄이려면…

- 피클은 셀러리 같은 신선한 채소로 바꾼다.
- 간장으로 조리된 음식의 횟수를 줄인다.
- 케첩이나 겨자같은 소스의 시용을 적당히 조절한다.
- 통조림된 조리식품의 횟수를 줄인다.

표 3-13 다량 무기질의 기능 및 급원식품

종 류	기 능	결핍증	과잉증	급원식품
칼슘 (Ca)	골격과 치아 구성, 혈액 응고, 신경전달물질 방출, 신경흥분 억제, 근육 수축 및 이완작용	성장장애 및 구루병(어린이), 골다공증, 골감소증, 골연화증	변비, 신장 결석 발생	우유 및 유제품, 뼈째 먹는 생선, 해조류, 녹색채소
인 (P)	골격과 치아 구성, 핵막과 세포막의 구성 성분, 에너지 생성, 저장 및 이용에 관여, 산·염기 평형 조절	식욕 부진, 성장 부진, 구루병, 골다공증	골격의 손실(골다공증)	육류, 난류, 우유 및 유제품, 곡류, 가공식품, 탄산음료
나트륨 (Na)	세포외액의 양이온, 삼투압 정상 유지, 산·염기 평형 유지, 신경자극 전달, 정상적인 근육의 흥분성과 과민성 유지, 포도당, 아미노산의 흡수(능동수송)	구토, 식욕 부진, 설사, 성장 저해, 근육 경련	고혈압, 부종, 위암, 위궤양	육류, 달걀, 유제품, 식탁염, 가공식품, 베이킹파우더, 중조
칼륨 (K)	세포내액의 양이온, 삼투압과 수분 평형 유지, 산·염기 평형 조절, 신경전도, 근육수축과 이완, 글리코겐과 단백질 합성에 관여	식욕 부진, 근육 경련, 변비, 심장기능 이상	신장 기능 이상시 심장박동이 느려짐, 근육 과민, 호흡 곤란	녹색채소(시금치), 감자, 바나나, 오렌지, 호박
마그네슘 (Mg)	골격과 치아 구성, 에너지 대사, 신경자극 전달, 근육의 긴장 및 이완작용, 여러 효소들의 활성화	신경 장애, 근육 경련, 심부전, 심장마비, 골다공증	허약, 구역질, 호흡 곤란, 혼수상태, 신장 기능 장애	식물성 식품, 전곡, 견과류, 대두, 초콜릿, 녹색채소
황 (S)	세포단백질(함황 아미노산), 비타민 B_1 및 담즙산의 구성 성분, 해독작용, 혈액 응고, 산·염기 평형	결핍증이 흔치 않으나 손, 발톱, 모발의 발육 부진	흔치 않음	단백질 식품(육류, 어류, 우유, 달걀, 대두)
염소 (Cl)	세포외액의 음이온, 삼투압 및 pH 조절, 위액의 산성 유지, 신경자극 전달	위액의 산도 저하, 식욕 부진, 소화 불량, 혼수상태(유아)	고혈압	식탁염, 가공식품

미량 무기질

(1) 철

① 기 능

체내에 저장된 철(iron, Fe)의 약 70%는 적혈구의 헤모글로빈 헴 중에 존재한다.

- 헤모글로빈 합성에 필수
- 체내에서 산소의 운반과 저장
- 에너지대사
- 신경전달물질과 콜라겐 합성에 관여
- 정상적인 면역기능 유지

② 철의 흡수에 영향을 미치는 요인

철의 흡수율은 일반적으로 10~15%로 매우 낮은 편이며 여러 식이요인에 따라 영향을 받는다. 비타민 C 등과 함께 섭취하면 철 흡수율을 높일 수 있다.

③ 결핍증과 과잉증

철 결핍성 빈혈은 급격한 성장이 이루어지는 영유아기와 사춘기, 임산부 등에서 흔히 나타나는 결핍증으로 철 부족, 내출혈, 월경 과다출혈, 철 흡수 저하 시에 발생할 수 있다. 증상으로는 피로, 두통, 창백한 안색, 허약, 식욕 부진, 체온조절 이상, 작업능률 저하, 심부전 등이 나타나며, 특히 성장기에서는 체중과 신장 발달에 지장을 초래하고 행동과 학습능력의 발달 저하 및 면역기능 저하도 초래한다. 철 과잉 섭취 시 간 손상, 심장질환, 당뇨병 등을 나타나며 주로 영양보충제나 철분제를 과잉 복용 시에 야기된다.

④ 영양섭취기준

전기 영아의 철 충분섭취량은 0.26mg/일이고, 후기 영아와 유아의 경우는 평균필요량은 5mg/일, 권장섭취량은 7mg/일이며, 6~8세는 9mg일을 권장섭취량으로 설정하였다(부록 참조).

표 3-14 철 흡수에 영향을 주는 요인

철 흡수	요 인
촉 진	헴철 형태(육류, 생선류, 가금류), 비타민 C, 유기산(구연산), 위산
억 제	비헴철 형태, 수산, 피틴산, 식이섬유, 탄닌(차, 커피), 과량의 무기질, 위액 분비 감소, 감염 및 위장질환

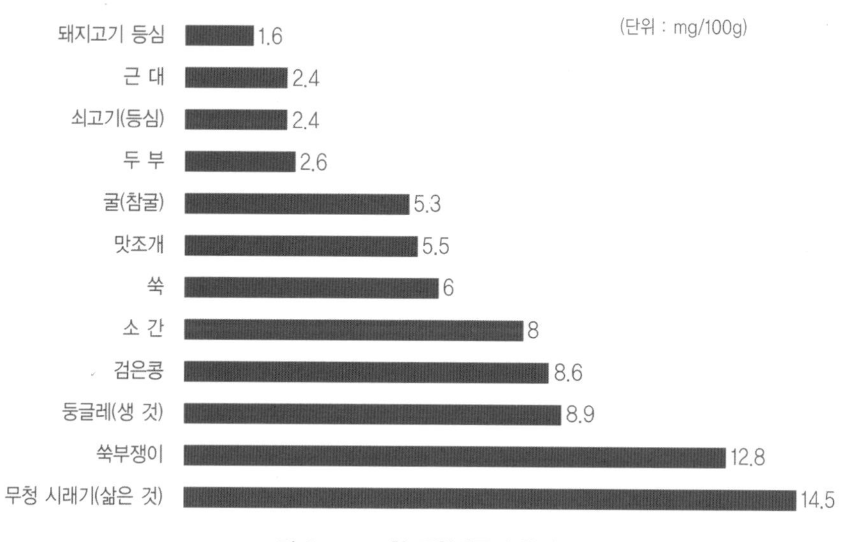

그림 3-15 철 급원식품과 함량

자료 : 한국영양학회(2005), 한국인 영양섭취기준

⑤ 급원식품

식품 중의 철은 헴철과 비헴철의 두 가지 형태로 존재하며 형태에 따라 철 흡수율이 다르다.

- 헴철 : 헤모글로빈과 미오글로빈의 구성 성분으로 존재하는 철의 형태로 육류, 가금류, 생선류 등 동물성 식품에 많고 20~25%의 흡수율을 나타낸다.
- 비헴철 : 식품 내 유리된 상태로 존재하는 철로 채소, 곡류, 두류 등의 식물성 식품과 달걀, 우유 등에 많고 5~10%의 낮은 흡수율을 나타낸다.

(2) 요오드

① 기 능

요오드(iodine, I)는 갑상선호르몬인 티록신의 구성 성분으로 체온조절, 기초대사율 조절, 단백질 합성 촉진 및 뇌의 정상적인 발달에도 필수적이다.

② 결핍증과 과잉증

요오드 결핍 시 초기에는 갑상선 기능이 저하되어 만성적으로 결핍되면 티록신의 합성이 정상적으로 이루어지지 않아 갑상선이 비대해지는 단순갑상선종이 발생하며 호흡곤란 등의 증상을 보인다. 임신기간 중 결핍 시 태아 뇌가 발달하지 못하고 출생 후 정신박약,

요오드 결핍증 | 요오드 과잉증

그림 3-16 요오드 결핍증과 과잉증

성장 지연, 왜소증, 갑상선기능 부전 등의 크레틴증이 나타날 수 있다.

요오드 과잉 섭취 시 갑상선기능항진증이나 바세도우씨병이라고 하는 질병이 발생할 수 있으며 기초대사율의 증가로 자율신경계 장해를 유발하여 안구돌출 증세를 보인다.

③ 급원식품

어패류와 김, 미역, 다시마 등의 해조류에 풍부하다.

(3) 아 연

① 기 능

아연(zinc, Zn)은 모든 세포에 존재한다.

- 체내 여러 대사과정을 조절하는 효소들의 구성 성분
- 효소의 작용과 구조 형성에 관여
- 단백질 대사와 합성
- 핵산 합성
- 정상적인 생체막 구조와 기능 유지
- 면역기능 유지
- 미각에 관여
- 상처 치유에 도움

② 결핍증과 과잉증

아연 결핍 시 성장 지연, 식욕 부진, 면역기능 저하, 상처회복 지연, 미각 및 후각 감퇴, 눈의 암적응능력 저하 등이 나타나며 성장기 아동의 경우에서는 설사를 유발하여 영양소의 흡수가 저하되므로 영양결핍될 우려가 있다.

아연 과잉 섭취 시 구토, 설사, 식욕 저하, 면역기능 저하 및 철과 구리의 흡수를 저해하는 증상이 나타난다.

③ 급원식품

육류, 어패류(특히 굴, 게, 새우), 간 등의 동물성 식품에 풍부하게 함유되어 있으며, 식물성 식품 중 곡류의 배아와 외피에 많이 함유되어 있어 전곡 형태로 섭취하는 것이 바람직하다. 아연 체내이용률은 모유(59%)가 조제유(26~46%)보다 매우 높다.

(4) 불 소

① 기 능

불소(fluorine, F)는 체내에서 95%가 골격과 치아에 존재하고, 충치 예방과 골다공증 지연 효과가 있다.

② 결핍증과 과잉증

불소 결핍 시 충치를 유발하고, 불소를 6mg/일 이상 장기간 과잉 섭취 시 뼈나 치아에 반점이 생기는 불소증이 나타나며 변색되거나 부서지는 증상이 나타날 수 있다.

③ 급원식품

어류(고등어, 정어리, 연어 등), 해조류, 차, 불소가 첨가된 식수나 음료수, 치약 등으로부터 공급된다. 모유에는 불소함량이 낮으므로(0.05μg/L) 생후 4~6개월에 불소를 보충해 주는 것이 바람직하며, 식수의 불소 함량이 0.3ppm 이하이면 2세까지 영아에게 0.25mg의 불소를 보충해 주는 것이 좋다.

표 3-15 미량 무기질의 기능 및 급원식품

종 류	기 능	결핍증	과잉증	급원식품
철 (Fe)	헤모글로빈 및 미오글로빈 성분, 에너지 대사, 신경전달물질, 콜라겐 합성, 효소의 구성 성분, 면역기능 유지	철 결핍성 빈혈(피부 창백, 피로, 허약, 식욕부진, 체온조절 이상), 성장장애(성장기), 면역기능 저하	간손상, 심장질환, 당뇨병 등 유발	육류(소간), 가금류, 어패류, 녹색채소, 두류
요오드 (I)	갑상선 호르몬의 성분, 체온 조절, 기초대사율 조절, 단백질 합성 촉진, 정상적인 뇌 발달	갑상선종, 크레틴증(정신박약, 성장 지연, 왜소증), 갑상선기능항진증, 바세도우씨병, 안구돌출	골격의 손실(골다공증)	어패류, 해조류(미역, 김 다시마)
아 연 (Zn)	여러 효소들의 구성 성분, 단백질 대사와 합성, 핵산 합성, 생체막 구조와 기능의 정상 유지, 면역기능 유지, 상처 치유	성장 지연, 식욕 부진, 면역기능 저하, 상처 회복 지연, 미각·후각 감퇴, 영양결핍(아동)	구토, 설사, 면역기능 저하, 철과 구리 흡수 저하	육류, 어패류(굴, 게, 새우), 간, 곡류의 배아와 외피
불 소 (F)	충치예방 효과, 골다공증 지연 효과	충치 유발, 골다공증	불소증	어류, 해조류
구 리 (Cu)	헤모글로빈의 합성 촉진, 철의 흡수와 이동에 관여, 결합조직의 건강과 혈액 응고와 콜레스테롤 대사에 관여	빈혈, 백혈구 감소, 성장장애, 심장질환, 뼈의 손실	복통, 오심, 구토, 설사, 간 손상, 혈관질환, 혼수	간, 어패류(굴, 가재), 견과류, 초콜릿, 바나나
망 간 (Mn)	당질, 지질, 단백질 대사에 관여, 요소의 형성	생식장애, 체중 감소, 성장장애, 지질 및 당질 대사 이상	신경근육계 증세(파킨슨병과 유사, 정신장애)	견과류, 귀리, 전곡류, 코코아
셀레늄 (Se)	항산화 작용, 지방대사에 관여, 글루타치온 과산화효소의 성분	근육 약화, 성장장애, 심근장애, 심장기능 저하	구토, 설사, 피부 손상, 신경계 손상	어패류(새우), 육류 견과류, 곡류
코발트 (Co)	비타민 B_{12}의 구성 성분, 적혈구 생성에 관여	악성빈혈, 비타민 B_{12} 결핍	천식, 구토, 복통, 안면홍조, 피부염, 갑상선기능저하증, 갑상선비대증, 위장장애, 심부전	간, 채소류
크 롬 (Cr)	인슐린 작용 및 당질 대사에 관여	당뇨 유발, 성장 지연, 콜레스테롤, 지질대사에 이상	피부염, 기관지암	달걀, 간, 전곡, 견과류
몰리브덴 (Mo)	효소의 구성 성분(잔틴 탈수소효소, 잔틴 산화효소)	흔치 않음. 호흡과 심장박동 빨라짐, 부종, 혼수 동반	요산 증가, 통풍	밀배아, 전곡류, 간, 우유, 유제품

7) 수 분

체내 분포

수분은 사람의 생명을 유지하기 위한 가장 중요한 물질로 인체의 2/3 정도를 차지한다. 신체 내에 함유되어 있는 물의 양은 연령, 성별, 지방조직(체지방)의 함량에 따라 차이가 있으며 연령과 지방조직의 함량이 증가할수록 수분함량이 감소한다. 즉 신생아의 경우 체중의 75%가 수분이며, 성인은 60~50%, 노인은 50~45% 정도를 차지한다. 근육조직의 70%, 지방조직의 20~25%, 적혈구의 60%, 혈장의 92%, 골격과 연골조직의 10% 정도가 수분함량이다.

기 능

(1) 영양소, 대사물질, 노폐물 운반

소화흡수된 각종 영양소를 신체조직 곳곳으로 운반해 주는 작용을 하며, 체내 대사에서 생긴 노폐물을 운반하여 체외로 배설하는 기능이 있다.

(2) 체온 조절

체내에서 발생하는 열을 체표면을 통해 흡수 또는 방출하여 체온을 조절해 준다.

(3) 화학반응의 조절작용

체내의 모든 대사과정에서 일어나는 화학반응은 물을 필요로 하는 것이 많으므로 대사조절에 관여한다.

(4) 체액의 구성 및 pH와 삼투압 유지

수분은 혈액 및 세포외액과 내액을 구성하며, 용매작용으로 영양소나 가용성 물질을 용해하여 체액의 pH와 삼투압을 유지한다.

(5) 윤활 기능

관절에 존재하는 수분이 마찰을 방어하여 원활하게 움직일 수 있도록 하며, 또한 소화기관과 호흡기관의 점액도 윤활작용을 한다.

(6) 외부충격으로부터 보호

외부에서 오는 충격으로부터 조직을 안전하게 보호한다. 예를 들어 양수는 태아를 보호하고 뇌척수액도 장기를 보호하는 역할을 한다.

수분 섭취와 균형

수분은 소변, 땀, 호흡, 대변 등으로 손실되기 때문에 건강 유지를 위해서는 계속 보충해 주어야 한다. 고열, 설사, 과도한 발한이 장기간 계속될 때 수분 섭취가 모자라면 탈수가 초래되는데 체내 수분의 2%가 손실되면 갈증을 느끼고, 4%가 손실되면 근육 피로가 야기되며, 12%가 손실되면 무기력상태, 20%가 손실되면 생명을 잃게 되며, 심한 탈수를 겪으면 회복 후에도 신장기능의 영구적 손상을 초래한다. 수분의 과잉 섭취 시 세포외액의 감소로 혈압이 낮아져 쇠약증상과 근육경련의 증상이 나타난다.

수분의 섭취와 배설의 균형이 파괴되면 갈증을 느끼거나 혈액 중의 수분이 빠져나가 부종을 야기하고 심하면 사망에 이르게 된다.

영유아가 수분 섭취에 유의해야 하는 이유

영유아는 성인에 비해 대사가 활발하고, 체표면적이 넓어 수분 증발이 빠르며 신장기능의 미숙으로 소변농축 능력이 미약하여 갈증을 스스로 해결할 능력이 없으므로 충분한 수분 공급이 필요하다.

수분의 영양섭취기준

영아는 호흡수 증가와 신체 크기에 비해 체표면적이 크기 때문에 증발되는 수분의 양이 많고 새로운 조직 합성과 체액의 부피 증가로 더 많은 양의 수분이 필요하다. 영아의 수분 충분섭취량은 전기 영아 700mL/일, 후기 영아 800mL/일, 유아의 경우 1~2세는 1,000mL/일, 3~5세는 1,400mL/일, 6~8세의 경우 남아는 1,700mL/일, 여아는 1,600mL/일로 설정하였다(부록 참조). 영아는 주로 모유나 조제유를 통해 공급이 이루어지며 구토, 잦은 설사, 고열 등으로 수분이 많이 손실되면 별도로 수분을 보충해 주어야 한다.

MEMO

Chapter 4

영양과 식생활관리

1. 영아의 영양관리

영아기는 출생 후 1세까지로 이 시기는 성장이 가장 왕성한 시기이며, 5~6개월까지는 모유나 조제유로 필요한 에너지와 영양소를 얻을 수 있지만 그 후에는 유동식, 즉 이유식으로 영양공급의 변화가 필요한 시기이다.

1) 모유영양

모유는 신생아와 영아의 정상적인 성장 발달을 위해 가장 필요한 모든 영양소를 알맞게 함유하고 있으며, 초유, 이행유, 성숙유로 수유가 진행됨에 따라 영양소 및 생리적인 성분 등의 조성이 변한다. 또한 출생 후 6개월까지는 모유를 수유하는 것이 가장 바람직하다.

모유의 성분

(1) 초 유

출산 후 2~3일부터 1주일간 분비되는 묽고 노란색을 띠는 모유를 초유(colostrum)라 한다. 초유는 다른 시기의 모유에 비해 단백질 함량은 높고 지방과 유당의 함량이 낮으며, 에너지 함량은 낮고 비타민 A(β-카로틴), E 등의 지용성 비타민과 나트륨, 칼륨, 염소 등의 무기질이 다량 함유되어 있다. 또한 질병 감염과 알레르기 발생을 예방하는 면역글로불

표 4-1 모유와 우유의 조성 비교

영양소 (Nutrient)	모유(Human milk) 초 유 (colostrum)	이행유 (transitional milk)	성숙유 (mature milk)	우 유 (Cow's milk unmodified)
물(g)	88.2	87.4	87.1	87.8
단백질(g)	2.0	1.5	1.3	3.2
지질(g)	2.6	3.7	4.1	3.9
탄수화물(g)	6.6	6.9	7.2	4.8
에너지(kcal)	56	67	69	66
총질소량(g)	0.31	0.23	0.20	0.50
포화지방산(g)	1.1	1.5	1.8	2.4
단일불포화지방산(g)	1.1	1.5	1.6	1.1
다가불포화지방산(g)	0.3	0.5	0.5	0.1
콜레스테롤(mg)	31	24	16	14
나트륨(mg)	47	30	15	55
칼륨(mg)	70	57	58	140
칼슘(mg)	28	25	34	115
마그네슘(mg)	3	3	3	11
인(mg)	14	16	15	92
철(mg)	0.07	0.07	0.07	0.05
구리(mg)	0.05	0.04	0.04	Tr.
아연(mg)	0.6	(0.3)	0.3	0.4
염소(mg)	N	86	42	100
망간(mg)	Tr.*	Tr.	Tr.	Tr.
셀레늄(mg)	†N	(2)	1	1
요오드(mg)	N	N	7	15
β-카로틴(μg)	(135)	(37)	(24)	21
티아민(mg)	Tr.	0.01	0.02	0.04
리보플라빈(mg)	0.03	0.03	0.03	0.17
니아신(mg)	0.1	0.1	0.2	0.1
엽산(μg)	2	3	5	6
판토텐산(mg)	0.112	2.0	0.25	0.35
비타민 B_6(mg)	Tr.	Tr.	0.01	0.06
비타민 B_{12}(μg)	0.1	Tr.	Tr.	0.4
비타민 C(mg)	7	6	4	1
비타민 D(μg)	N	N	0.04	0.03
비타민 E(mg)	1.30	0.48	0.34	0.09

*Tr. : 미량

†N : 분석되지 않음

자료 : Emmett, P. M. & Rogers, I. S.(1997). Early Hum, *Dev*, 49 Suppl: S7~S28

린과 식균작용하는 대식세포, 장을 튼튼하게 하는 비피더스 증식인자 및 황달의 원인인 태변 속 빌리루빈(bilirubin)의 배설을 도와주는 성분들이 함유되어 있다.

(2) 이행유

출산 후 1~2주 사이에 분비되는 모유로 초유에 비해 단백질, 지용성 비타민, 면역글로불린의 함량이 낮아지고 지방, 유당 및 수용성 비타민의 함량이 높아진다.

(3) 성숙유

이행유 분비 이후의 모유로 성분 변화가 거의 일정해지는 시기이나 4~6개월 정도가 지나면 일부 영양소의 감소가 나타나므로 이유식을 통한 보충이 필요하다.

① 단백질

모유단백질은 카세인과 유청단백질인 락토알부민, 락토글로불린, 락토페린, 혈청알부민, 면역글로불린 등으로 모유의 아미노산 조성은 영아의 성장 발달에 가장 이상적으로 구성되어 있다.

② 지 질

모유에서 지질이 차지하는 비율은 성숙유로 진행될수록 증가하고, 모유내 지질은 주로 중성지질이며, 그 외에 인지질, 콜레스테롤, 모노글리세리드, 디글리세리드, 당지질, 유리지방산 등 소화되기 쉬운 형태로 되어 있다. 한편 모유에는 다른 동물유즙에 비해 리놀레산, 리놀렌산, 아라키돈산, EPA, DHA 등의 불포화지방산이 많이 함유되어 있어서 체내 흡수율이 높다.

③ 탄수화물

탄수화물은 유당이 대부분이며 유당은 장내 비피더스균의 번식 촉진과 무기질의 흡수 증가 및 뇌신경에 중요한 갈락토오스를 얻을 수 있으므로 영유아기에서 매우 중요하다. 또한 올리고당은 영아의 장을 보호하는 작용을 한다.

④ 무기질

모유는 철과 구리를 제외한 무기질 함량이 우유에 비해 적지만 체내 흡수율이 높아 결핍 증세가 잘 나타나지 않는다.

⑤ 비타민

모유에는 비타민 K를 제외하고 모두 적절하게 포함되어 있으며, 특히 비타민 A(β-카로틴), C, E와 니아신이 풍부하게 함유되어 있고 비타민 D는 함량이 적어 일광노출이나 보충이 요구된다.

모유의 장점

모유의 장점은 다음과 같다.

표 4-2 모유의 장점

모유 영양	장 점
영양 · 생리적 측면	• 우수한 아미노산이 많은 양질의 단백질이 풍부하며 지질은 쉽게 소화, 흡수되는 형태이고 무기질 또한 이용률 높음 • 영아의 콜레스테롤 대사능력을 증대시켜 성인기의 성인병 발생률을 낮춤 • 초유는 태변을 잘 배출하게 하여 태변 속의 빌리루빈의 배출을 도와 신생아 황달 방지 • DHA, 콜레스테롤, 갈락토오스가 많아 영아의 인지발달 촉진
면역학적 측면	초유에 특히 많은 면역물질이 모유영양아의 호흡기와 위장관 감염 등의 질병을 방지하고 알레르기 질환을 예방함
심리적 측면	모자 간의 친밀한 피부 접촉과 환경 조성으로 정서적 안정감과 만족감 부여
모체 측면	• 자궁수축 호르몬인 옥시토신의 분비 증가로 빠른 산후 회복 도움 • 프로락틴 호르몬 분비가 증가하여 자연피임 효과 • 유방암과 골다공증 발생 위험 감소 • 출산 후 체중감소에 유리
사회 · 경제적 측면	조제유 수유로 인한 경비(조제유값, 기구, 소독 등)와 시간적인 낭비 방지
행동발달적 측면	• 모유수유 시 젖병수유보다 입 주위 근육발달과 턱과 치아의 발육을 촉진 발달시킴 • 젖병수유 시 부족된 양으로 인해 손가락을 빨게 되나 모유수유 시 가능성 희박

수유의 횟수와 수유량

영아의 수유 횟수는 월령 증가에 따라 수유간격을 점차 늘려 가는데, 일반적으로 신생아는 2~3시간 간격으로 수유하여 1개월까지는 8~10회/일, 2~3개월에는 6~7회/일, 4~6개월에는 5회/일 정도의 수유가 적당하고, 6개월 이후부터는 이유식과 더불어 4회/일 정도의 수유횟수가 바람직하다. 보통 1회의 수유시간은 약 10분이나 최초의 5분간에 필요량의 2/3를 섭취하는 것으로 알려져 있다. 1회 수유량은 60~120g로, 수유 기간의 경과에 따라 수유 횟수는 감소하고 수유량은 증가한다.

2) 인공영양

조제유

조제유는 원유 또는 유가공품을 주원료로 하고 이에 영유아 성장 발육에 필요한 무기질, 비타민, 유당, 지질 등 영양소를 첨가하여 모유의 성분과 유사하게 조제한 것으로 분유와 액상유의 형태로 공급되고 있다. 그러므로 조제유는 모유의 성분과 유사하도록 우유의 탄수화물 중 모유에 비해 함량이 낮은 유당, 올리고당, 설탕 등을 첨가하고, 단백질 중 카세인 함량은 낮추고 유청단백질(알부민, 글로불린, 면역글로불린, 락토페린 등)과 시스틴 및 타우린을 첨가하며, 포화지방산의 일부 제거 및 불포화지방산(리놀레산, DHA 등)의 함량을 증가시킨다. 또한 부족된 철, 아연, 구리 등의 무기질과 비타민 A, B군, C, D 등을 첨가하여 제조한다. 한편 우유를 주원료한 조제유가 대부분이지만, 우유 알레르기를 나타내는 영아의 경우는 두유를 원료로 한 것이나 단백질을 아미노산으로 가수분해시켜서 제조한 조제유를 이용해야 한다.

3) 이유식

이유의 정의

생후 4~6개월 후부터는 영아의 성장 및 발달에 필요한 에너지와 영양소를 모유만으로는 충족시키기 어려우므로 영아의 식생활을 점차 성인의 식사형태로 대체하는 것을 이유(離乳, weanling)라 한다.

이유 시기

이유는 생후 4~6개월 또는 체중이 출생 시 체중의 2배(6~7kg)가 되는 시기에 하는 것을 권장하며, 이유 시작이 너무 빠른 경우(생후 4개월 이전)에는 모유분비량 감소, 알레르기 질환, 설사, 비만 등이 야기될 수 있으며, 반면에 이유 시작이 너무 늦은 경우에는 성장지연, 영양결핍, 면역기능 저하 등을 일으킬 수 있다.

표 4-3 **국내 시판 조제유***

영양소 \ 제품	I사	M사	N사	P사
열량(kcal)	500	495	501	501
단백질(g)	17	16.5	16.5	16
탄수화물(g)	52	54	53	53
지방(g)	25	24	24.7	25
리놀레산(g)	4.4	4.5	4	3.8
알파-리놀레산(mg)	420	480		50
감마-리놀레산(mg)	10	14		380
DHA(mg)	60	60	60	70
아라키돈산(mg)	20	18	18	22
회분(g)	3	3.6	3.2	3.5
칼슘(mg)	600	570	530	580
인(mg)	400	300	320	340
나트륨(mg)	180	180	180	180
칼륨(mg)	550	580	580	590
염소(mg)	380	320	300	320
마그네슘(mg)	60	40	40	40
요오드(μg)	70	60	60	50
망간(μg)	30	30	30	30
구리(μg)	340	320	320	340
아연(mg)	3.8	2.8	2.8	3
철(mg)	8	7	8	7
비타민 A(μg RE)	510	510	510	510
베타-카로틴(μg)	60	60	60	60
비타민 B_1(mg)	0.5	0.3	0.4	0.4
비타민 B_2(mg)	0.9	0.6	0.7	0.6
비타민 B_6(mg)	0.5	0.3	0.5	0.4
비타민 B_{12}(μg)	2	2	2	2
비타민 C(mg)	50	50	50	50
비타민 D(μg)	9.3	9.5	8.8	9.5
비타민 E(mg α-TE)	6.5	4.7	4.4	6
니아신(mg NE)	5.3	5	5	5
엽산(μg)	100	100	50	100
비오틴(μg)	22	20	10	
판토텐산(mg)	3	3	3	3
콜린(mg)	50	50	50	70
타우린(mg)	35	35	35	35
이노시톨(mg)	35	35	35	35
비타민 K(μg)	30	30	25	30

* 6개월 이후용

자료 : 이연숙 외(2007). 생애주기영양학 개정판. 교문사, p175

이유의 필요성 및 고려사항

(1) 영양요구량

영아는 신체조직의 급격한 성장과 운동량 증가에 따른 영양공급을 고려해야 하며, 일반적으로 신생아는 섭취한 에너지의 대부분을 성장에 이용하여 월령이 증가할수록 성장속도 감소와 활동량 증가로 체중당 에너지요구량이 다소 감소한다. 보통 4~5개월이 지나면 모유만으로는 영아의 성장에 필요한 에너지, 단백질, 무기질, 비타민 등의 영양소가 부족하므로 이유식의 보충이 요구된다.

(2) 섭식운동의 발달

월령에 따른 혀운동, 삼킴운동, 손놀림과 치아 발달에 따라 이유식의 형태와 제공방법이 달라진다. 혀내밀기반사가 없어져 숟가락 사용이 가능한 생후 4개월에 이유를 시작하며, 8~10개월에는 컵으로 먹일 수 있게 되고, 1~2세에는 스스로 컵과 숟가락을 사용하는 이유식을 제공해야 한다. 이와 같이 섭식운동 발달에 따라 적절한 이유식 형태를 제공하는 것이 올바른 식습관 형성의 기초가 된다.

(3) 소화 및 대사능력 발달

성장에 따라 위 용적과 체류시간, 소화효소 기능 및 장점막 발달 등이 변화하므로 그에 따라 이유식을 적절히 선택해야 한다. 즉 생후 4~5개월에 췌장의 전분 분해효소가 분비되므로 곡물이유식이 가능하며, 지질소화력이 성인의 40% 정도이므로 지질의 과잉섭취에 유의해야 한다. 또한 일반적으로 신생아나 영아의 미숙한 장점막으로 단백질에 대한 알레르기 반응이 야기될 수 있으므로 12개월 이후에 공급하는 것이 바람직하다.

(4) 해독 및 배설기능 발달

이유식품 선택 시 신생아나 영아의 간기능 미숙으로 간에 부담 주는 약물이나 호르몬이 포함된 식품을 주의해야 한다.

(5) 심리적 발달

일반적으로 생후 4개월 이전에는 좋고 싫음에 대한 표현 부족으로 이유를 시작하기에는 적당하지 않으며, 생후 6개월이 지나면 새로운 음식에 대한 강한 거부반응이 나타나므로 보통 이유를 4개월 이후, 늦어도 6개월 이전에 시작하는 것이 바람직하다. 또한 적응력에 까다로운 성격을 가진 영아는 새로운 음식에 대한 거부반응이 강하므로 지나친 강요는 이유를 더 힘들게 한다.

이유식의 종류

(1) 가정 이유식

영아 개개인의 발달 정도와 적응 정도 및 기호도에 따라 개별적으로 준비가 가능하며 경제적이고 올바른 식습관 형성에 기초가 된다는 장점이 있다. 이유식 조리 시 다양하고 신선한 재료로 위생적이면서 단순한 맛으로 조리해야 하며, 지나친 염분의 사용은 삼가해야 한다. 또한 조리된 이유식을 한 번에 먹을 양만큼씩 포장하여 냉동보관하였다가 꺼내어 완전히 가열한 뒤 적절한 온도로 제공해야 한다.

(2) 시판 이유식

영양소를 균형 있게 공급할 수 있는 장점이 있고 대부분 분말 형태이며, 호상이나 액상 형태의 시판 이유식도 제조 판매되지만 반고형식 또는 고형식의 형태로 제공되는 것은 별로 없는 실정이다.

이유식의 단계

이유기를 영양공급의 변화와 대사 및 섭식운동 발달 등을 근거로 초기, 중기, 후기, 완료기로 구분한다.

(1) 이유 초기(생후 4~6개월)

이유를 시작하는 시기로 영양보충보다는 모유나 조제유 이외의 새로운 음식에 적응하는 시기이다. 이 시기는 영아가 맛을 알아가는 시기이므로 여러 가지 재료를 혼합하지 말고 한 가지씩 재료의 맛을 알 수 있도록 이유식을 준비한다.

곡물을 주로 하는 이유식이 적당하며, 하루 한 번 입자가 고운 죽(암죽), 곱게 간 과일, 삶아서 으깬 감자나 흰살 생선, 곱게 다진 고기, 달걀 노른자 등 씹지 않고 삼킬 수 있는 미음과 같은 유동식과 반유동식을 숟가락을 이용해서 제공해야 한다.

과일 이유식 효능

- 사과 : 흔히 사용되며 펙틴으로 장의 운동을 도와 변비 예방
- 감 : 설사를 멈추게 하는 데 효과적
- 배 : 소화효소를 함유하여 소화작용을 돕고 이뇨작용 및 감기에 효과적

(2) 이유 중기(생후 7~8개월)

턱과 혀운동 발달 및 치아 생성으로 조금 덩어리가 있는 형태도 넘길 수 있어 묽은 죽, 으깬 죽, 으깬 생선, 달걀 등의 반고형식(연식)을 하루 두 번 제공한다. 거의 대부분 식품을 먹을 수 있으며 점차로 수유 횟수를 줄이고 이유식 후 모유나 조제유를 수유해야 한다. 이 시기의 음식으로 알찜, 연두부, 플레인요구르트, 잣죽 등이 있다.

표 4-4 이유식의 단계

구 분	시 기	특 징	이유식 형태와 횟수	권장식품	음 식
이유 초기	생후 4~6개월	• 이유 시작 • 이유식 먹인 후 꼭 모유나 조제유 수유	• 유동식, 반유동식 • 1회 이유식 + 4회 수유	바나나, 딸기, 사과, 귤, 토마토, 당근, 양파, 파프리카, 단호박, 브로콜리, 가지, 두부, 두유, 우유(조리용), 흰살생선(가자미), 난황, 감자, 고구마	• 암죽, 곱게 간 과일 • 삶아서 으깬 감자나 흰살생선 • 곱게 다진 고기류 • 달걀 노른자
이유 중기	생후 7~8개월	• 치아 생성 시기 • 거의 대부분의 식품 이용	• 반고형식(연식)의 형태 • 2회 이유식 + 3회 수유	오이, 피망, 콘플레이크, 연어, 전란(생후 8개월부터), 참치, 삼치, 닭가슴살, 간, 콩나물, 숙주나물	• 알찜 • 연두부 • 잣죽 • 플레인요구르트
이유 후기	생후 9~11개월	• 숟가락과 컵 스스로 사용하도록 함 • 다양한 식품의 종류 이용	• 고형식 • 3회 이유식 + 2회 수유	마카로니, 스파게티, 버섯류, 연근, 미역, 구운김, 굴, 대구, 등푸른생선(꽁치 · 정어리), 소고기	• 된죽과 진밥 정도 • 생선전 • 두부오믈렛
이유 완료기	생후 12개월 이후 (1~2세)	• 성인식과 같은 식사 가능해짐	• 성인식(정상식) • 3회 식사 + 2회 간식	돼지고기, 고등어, 새우, 문어, 오징어, 낙지, 우유(음료용), 채소, 과일, 해조류	• 진밥, 국수 • 찐 감자와 고구마 • 소고기감자조림 • 완자전

표 4-5 이유기에 필요한 기초영양성분과 급원식품

영양성분		급원식품	기 능
단백질		소고기, 돼지고기, 닭고기, 생선, 조개류, 달걀, 대두와 그 제품	근육, 효소, 항체, 수분·산·염기 평형, 혈액 응고
탄수화물		쌀, 밀, 옥수수, 고구마, 감자	에너지원
지 방		버터, 각종기름, 생크림	에너지원, 필수아미노산 공급, 지용성비타민 공급
무기질	칼 슘	우유, 치즈, 요구르트, 뼈째 먹는 생선류, 멸치, 해조류, 두부, 콩	골격과 치아구성, 조직과 혈액 내에서 조절 작용
	철	육류, 어패류, 가금류, 콩류, 간, 난황, 진한 녹색채소	적혈구의 헤모글로빈 구성
	아 연	육류, 굴, 새우, 게, 두류, 해산물, 달걀	혈액·효소 구성성분, 면역기능 유지, 골수에서 조혈작용
비타민	A	간, 생선간유, 전지분유, 시금치, 당근 등의 푸른잎 채소, 해조류	상피조직 건강, 시력 및 성장 유지
	B_1	돼지고기, 전곡, 강화곡류, 내장육, 땅콩, 두류	에너지 대사에 관여하는 조효소의 전구체
	B_2	우유, 요구르트 등 유제품, 육류, 생선류, 가금류, 난류, 푸른잎 채소, 강화곡류	에너지 대사에 관여하는 조효소의 전구체
	C	감귤류, 오렌지, 자몽, 토마토, 딸기, 레몬 등의 과일류, 양배추, 고추 등의 채소류	콜라겐 형성, 철 흡수 증진, 항산화제 역할, 감염 예방
	D	생선의 간유, 난황, 비타민 D 강화우유	칼슘과 인의 대사조절, 뼈의 성장과 석회화 도움

자료 : 식품의약품안전청 영양평가팀 홈페이지, 영유아 단체급식의 표준식단, http://nutrition.kfda.go.kr/kidgroup

(3) 이유 후기(생후 9~11개월)

구강과 소화기관의 기능 성숙으로 된죽, 진밥, 잘게 썬 채소, 다진 고기 등 다양한 식품의 고형식을 하루 세 번 제공하며, 이 시기의 이유식은 영양의 주공급원이 되고 모유나 조제유의 수유는 줄여서 이유식이 차지하는 비중이 높아지는 시기이다. 또한 혼자 숟가락과 컵을 사용하도록 해주는 것이 바람직하다.

(4) 이유 완료기(생후 12개월 이후, 1~2세)

소화효소의 활성 증가와 유치의 대부분이 생성되어 어른과 같이 하루 세 끼 고형식을 먹고 오전과 오후에 간식을 제공하는 일반 성인식으로 전환되는 시기이다. 모유는 취침 시에 주고, 생우유는 하루 2컵을 권장한다. 또한 자극성이 강하고 너무 단 식품은 피하며, 땅콩, 엿, 컵 젤리 등과 같이 기도가 막힐 수 있는 식품은 그대로 주어서는 안 되고 잘게 갈아서 제공해야 된다.

표 4-6 이유식 주간식단표

		월	화	수	목	금	토
1주	초 기	쌀미음	고구마미음	단호박미음	당근미음	브로콜리미음	사과미음
	중 기	고구마찹쌀죽	으깬단호박사과	달걀노른자채소찜	닭살감자죽	두부당근죽	소고기브로콜리죽
	후 기	애호박완두콩진밥	버섯채소진밥	소고기덮밥	진밥,연두부달걀찜	단호박수프	참치살채소진밥
		월	화	수	목	금	토
2주	초 기	감자미음	애호박미음	옥수수미음	완두콩미음	찹쌀미음	흑미미음
	중 기	소고기우유죽	시금치바나나죽	채소죽	소고기시금치	미역현미죽	부추콩나물죽
	후 기	흰살생선진밥	소고기·무진밥	감자·우엉·잣진밥	김가루·흰살생선주먹밥	닭고기·대추진밥	과일·치즈진밥

자료 : 식품의약품안전청 영양평가팀 홈페이지, 영유아 단체급식의 표준식단, http://nutrition.kfda.go.kr/kidgroup

영아의 식생활 시 주의점

1. 수유 시 아기를 바르게 안고 먹여야 하며, 치아우식증의 예방을 위해 잠잘 때는 젖병을 물리지 말아야 한다.
2. 조제유는 정해진 양을 물에 타서 먹여야 안전하며, 분유를 탄 후 실온에서 1~2시간 이상 방치하지 말아야 하고 먹다 남은 우유는 버린다.
3. 이유식은 젖병으로 먹이지 말고 숟가락으로 떠먹여야 하며, 아기 스스로 먹을 수 있도록 유도해야 한다.
4. 이유식은 간을 하지 않고 싱겁고 남백하게 조리한다.
5. 이유식의 식품 크기와 형태는 영아의 씹고 삼키는 능력에 맞게 조리한다.
6. 초기 이유식 때 포도 같은 것은 아기가 한꺼번에 삼켜 질식할 수 있는 위험이 있기 때문에 씨를 빼고 잘라서 주어야 한다.
7. 일반 우유는 소화력이나 영양을 고려할 때 생후 1년이 지난 후 먹이는 것이 안전하며, 이유 완료기 후에도 우유와 유제품을 충분히 섭취하게 한다.
8. 피해야 할 음식과 주지 말아야 할 식품은 다음과 같다.
   - 피해야 할 음식 : 섬유소가 많은 식품(우엉, 죽순), 염분이 많은 식품(젓갈, 장아찌), 고지방식품(장어), 자극성 강한 향신료와 조미료(마늘, 후추)
   - 생후 1세 전에 주지 말아야 할 식품 : 생우유, 꿀, 콘시럽
   - 생후 2세 전에 주지 말아야 할 식품 : 초콜릿, 포도
   - 생후 3세 전에 주지 말아야 할 식품 : 땅콩류, 건포도
   - 시판용 과즙 100% 중 당분이 첨가되지 않은 제품을 이용할 것

2. 유아의 영양 및 식사관리

유아기는 1~5세로 성장 발달과 함께 기본적인 생활행동양식 등의 기초가 형성되는 시기이다. 특히 식행동에 있어서 음식에 대한 기호, 식사예절 등이 이루어지므로 좋은 식습관을 습득하도록 지도해야 한다. 또한 유아들의 식습관은 부모들의 좋은 식생활의 시범이 효과적이며, 강요하지 않고 칭찬하는 것이 좋다. 유아들은 음식을 먹는 데 감정적인 요인이 크게 작용하므로 유아의 심리적인 면을 관찰하고 다양한 조리법 등 적극적이고 구체적인 식사방법으로 지도하여야 한다.

1) 유아기 영양의 특징

발육이 왕성한 시기이다

성장과 발달이 왕성하여 영양필요량을 체중 kg당으로 환산하면 모든 영양소가 성인의 2~3배가 된다. 이를 충족시키기 위해 양적으로 많은 영양소와 질적으로도 우수한 영양소가 뒷받침되어야 한다.

저항력, 적응력이 약하다

저항력과 환경 변화에 대한 적응력 등이 매우 낮으므로 영양불균형 또는 영양섭취방법이 적절하지 않으면 정상적인 성장과 발달을 기대할 수 없다. 또한 면역력이 약하기 때문에 성인보다 더 세심한 음식의 위생관리가 요구된다.

소화 · 흡수 기능이 미숙하다

장기의 발달이 아직 완성되지 않아 소화 · 흡수 능력이 떨어지므로 음식을 조리할 때 소화되기 쉬운 식품과 조리법을 선택하고, 식품을 잘게 썰어 씹기 쉽고 소화가 잘 되도록 조리한다. 음식은 너무 맵거나 짜지 않게 조리하고, 자극성이 강한 조미료나 향신료의 사용을 피한다. 또한 소화기관이 미숙하나 영양요구량이 큰 시기이므로 한꺼번에 많이 주지 말고 여러 차례 나누어서 음식을 제공한다.

영양의 개인 차이가 크다

유아의 발육은 체내 대사와 환경조건에 따라 개인 차가 크므로 일률적으로 음식의 섭취량을 결정하지 말고 아이의 성장 속도나 정서적인 상태를 배려하여 음식을 제공해야 한다.

유아기 특유의 문제가 발생한다

지능, 정서, 사회성 등 정신적인 면의 발달이 현저하여 매사에 싫고 좋은 선택 능력이 뚜렷해진다. 즉, 미각이 발달하여 기호가 형성되고 음식에 대한 선호가 분명해져 편식이나 식욕 부진, 음식을 취하는 태도에 대한 일관성이 결여되어 새로운 음식을 잘 수용하지 못한다.

2) 유아 영양에 영향을 미치는 인자

부 모

부모의 식습관과 식품 구매의 잘못으로 다양한 식품을 접하지 못하는 경우에 유아의 영양 균형을 기대하기 힘들다.

텔레비전

텔레비전 시청시간의 증가로 비만율이 증가하며, 어린이 프로에서의 음식광고가 지나치게 인스턴트 식품, 고지질, 고설탕 음식에 치우쳐 있음을 볼 수 있다.

아동과 식품광고

아동을 대상으로 하는 광고는 빈 열량(empty calorie) 식품류에 속하는 사탕, 과자류와 음료 등 주로 설탕이 많이 들어있는 식품으로 영양가 있는 광고는 매우 적다. 특히 설탕과 함께 높은 지방과 소금이 함유된 것이 많으며, 채소, 과일, 시리얼 및 우유제품에 관한 광고의 비율이 적고 시리얼에도 대부분 설탕이 코팅되어 있는 것이 문제이다.

가족구조의 변화

맞벌이 가족의 유아는 외식, 인스턴트 식품 및 패스트푸드에 대한 의존도 높아 지질, 소금, 설탕 등의 섭취량이 높다.

식품 수용도

식품에 대한 수용과 거부가 신속히 변화되므로 부모 · 형제, 교사, 식사준비자가 바람직한 식습관 형성에 주도적인 역할을 한다.

패스트푸드의 문제점

- 고열량, 고지방, 고염분 현상
- 아토피 등 알레르기성 질환 심화
- 과잉행동증
- 면역력 감소로 질병유병률 상승
- 비만의 원인
- 생활습관병 증가

3) 유아의 식사지도

유아는 연령이 증가함에 따라 식행동과 식사태도가 변하므로 바람직한 식생활지도 방안이 필요하다.

식사현황

유아의 식사지도를 위한 기본 방침으로 가능한 한 빠른 시기에 식습관을 확립시키도록 하며, 유아의 발달에 맞는 내용으로 식습관의 자립을 진행시키고 바람직한 식습관을 갖기 위해서는 매일 되풀이 하여 지도한다. 또한 일관성 있는 지도를 위해 칭찬과 꾸중에 대한 구분은 분명히 하도록 한다.

표 4-7 연령별 식행동의 특징 및 식사태도의 발달

연 령	식행동	식사태도	식생활 지도방안
1~2세	• 음식을 손으로 집어 먹음 • 자립성을 보임	• 식사법 익숙치 않음 • 숟가락과 그릇을 들고 먹지만 음식을 흘리거나 떨어뜨림	• 혼자 먹게 하고, 안정된 식사 분위기 조성 • 식사 전 · 후 감사인사
2~3세	• 두 손을 동시에 사용	• 좋고 싫은 음식이 확실해짐	• 강제로 먹이지 말고 자연스럽게 유도
3~4세	• 컵과 숟가락 사용 가능	• 먹는 속도 및 식사량 증가 • 식욕도 비교적 안정	• 일정한 시간 내에 깨끗이 먹도록 지도
4~5세	• 식사속도 증가 • 사회성 발달로 주위 산만	• 식사태도 이해 시작	• 바른 식사태도(예절) 지도
5~6세	• 식욕 증가 • 간식 및 음식에 대한 흥미 증가	• 식사태도 정돈	• 영양, 건강, 위생에 관한 영양교육 실시
6~7세	• 사물에 대한 분별 • 자기 의사 표현	• 식사 시 타인 의식 • 식욕과 섭취량 안정	• 폭 넓은 식생활 훈련

식사 환경과 식습관 지도

안정감 있는 식사 분위기를 유지하기 위해서는 식사시간 전후에 조용하고 차분한 활동을 연결하는 것이 좋다. 3세가 되면 식사와 간식시간을 일정하게 규정하여 전체 아동이 함께 먹는 것이 좋다. 그러므로 3~5세반에서는 식당을 마련하여 이용하는 것이 더 편리하다.

식당은 밝고 환기가 잘 되어야 하며, 식탁과 의자는 아동의 몸 크기에 적합해야 한다. 아동이 사용하는 식판이나 컵, 그릇, 수저 등도 알맞은 크기여야 하고, 깨어지지 않는 재질이 좋다. 또한 식기와 행주 등은 1회 사용 후 반드시 소독하는 등 위생에 주의하여야 한다.

우리나라 유아의 식사 현황

- 아침식사를 거르는 아이가 많다.
- 간식, 야식이 많다.
- 당분, 지질섭취가 많다.
- 인스턴트식품, 스낵식품의 섭취가 많다.
- 식이섬유 섭취가 부족하다.
- 칼슘 섭취가 부족하다.
- 육류 섭취가 많고, 생선 섭취가 적다.
- 식염 섭취가 너무 많다.
- 편식이 많다.

자료 : 한국소아과학회, 2002

식습관 지도내용

- 식사 전 손 씻기
- 간단한 식사준비 돕기
- 식사 전과 후에 감사하는 마음 갖기
- 바른 자세로 먹기
- 먹다가 돌아다니지 않기
- 꼭꼭 씹어 먹기
- 그릇과 수저 바로 사용하기
- 흘리지 않게 조심하기
- 한 상에 앉은 아동들이 준비될 때까지 기다렸다가 함께 먹기
- 적당한 시간 안에 먹기
- 밥과 반찬 골고루 먹기
- 우유 매일 마시기
- 싱겁게 먹기
- 먹는 양 조절하기
- 자신이 먹은 식기 치우기
- 식사 후에 뒷정리하기
- 식사 후에 양치질하기
- 식사 후에 적당한 휴식 취하기

또한 바람직한 식생활을 위해, 첫째, 즐거운 환경에서 식사하게 하며, 둘째, 서두르지 말고 아동이 먹고 있는 동안 관심을 기울이고, 셋째, 배가 몹시 고픈 식사시간에 새로운 음식을 주도록 한다. 넷째, 많은 양을 주지 말고 일상적으로 먹는 것보다 적은 양을 주는 것이 좋다. 마지막으로 어린이가 음식을 만드는 데 직접 참여하는 기회를 주는 것이 좋다.

4) 식단 관리

유아의 식단 관리는 크게 다음과 같은 세 가지 단계를 통해 다루어져야 한다.

첫째, 영양사는 유아의 발달 연령에 따라 적절한 연 · 월 · 주 단위 식단을 작성한다. 이때에는 각 연령단계의 유아에게 일반적으로 필요한 영양권장량이나 급식 시의 계절, 경제적인 효율성 등을 충분히 고려해야 한다. 식단 작성 시에는 이와 같은 일반적인 고려사항 외에도 개별 유아의 특별한 상황(예를 들면, 질병으로 인해 음식조절이 필요한 유아에게 따로 조절된 음식을 제공한다든지 하는 경우)이나 공통적인 음식에 대한 기호 등을 수렴할 수 있도록 사전에 담당교사와 충분히 의견을 교환하도록 한다.

둘째, 교사는 매일의 급식상황에서 각 유아의 하루 식사량이나 식사내용 등을 점검하여 열량과 영양소가 과 · 부족되거나 편중되지 않도록 관리한다.

셋째, 월 단위 식단과 교사의 하루 점검사항 등은 서신 또는 구두로 부모에게 전달되어

가정과 보육시설에서의 식단이나 영양섭취가 균형을 이루도록 한다. 이때, 가정에서의 영양관리 사항이나 유아의 식습관 등도 교사에게 충분히 전달되어야 한다.

따라서 식단은 유아의 영양요구량을 충족시킬 수 있도록 구성해야 한다. 특히 급속한 신체적 · 정신적 발달이 중요한 시기에 있는 유아에게 적정한 영양을 공급함으로써 건강을 유지할 수 있도록 식단을 작성해야 한다.

식단 작성을 위한 기초지식

식단 작성 시에는 많은 기초지식이 필요하다. 그 중 기본적으로 습득해야 할 기초지식으로 목측량과 1인 분량, 건물량, 가식부율, 계절식품 등이 있다.

(1) 식단 작성을 위한 용어

① 목측량과 1인 분량

목측량은 눈으로 보았을 때의 양을 확인할 수 있는 것을 말하며, 식단 작성에 필요한 1인 분량과 각 음식에 들어가는 식품량 확인에 필요한 자료이다.

표 4-8 식품의 목측량과 1인 분량

식품명	조리명	식품의 양(g)
소고기	국	5~10
	찌 개	10~20
	볶 음	30~50
	구 이	0~100
돼지고기	찌 개	20~30
	튀 김	50~60
	구 이	80~100
닭고기	전 체	1,000~1,100
	날개 1쪽	50~60
	다리 1쪽	130~140
	가슴 1쪽	100~110
생 선	조기(중)	330~350
	갈치(중)	400~410
	꽁치(중)	75~85
	병 어	270~280
채소류	찌 개	30~50
	나 물	60~100
김 치	김 치	40~60

표 4-9 건물을 불렸을 때의 비율

식품군별	식품명	불렸을 때의 비율(배)
버섯류	느타리버섯	3.0
	표고버섯	9.0
	목이버섯	8.0
해조류	미 역	9.0
	다시마	3.0
곡 류	쌀	2.5~2.7
	국 수	3.0
	당 면	6.5

표 4-10 식품군별 평균 가식부율

식품군명	가식부율(%)
채소류	85
감자류	90
과일류	76
어류(통째)	62
어류(토막)	83
어패류(생선)	82
게류(껍질 있는)	25
난 류	87

② 건물량(乾物量)

건조식품은 불린 후 그 양이 상당히 증가한다. 미리 건조식품과 불린 후의 양을 확인한 후 사용하여야 한다.

③ 가식부율

가공되지 않은 식품은 다듬는 과정에서 상당량 버려지게 된다. 순수하게 사용되는(가식부) 분량을 식단에서 기준으로 하기 때문에 버려지는 양을 감안하여 식품 구입이 이루어져야 한다. 따라서 폐기율과 가식부율에 대한 기초지식을 갖고 있어야 한다.

④ 계절식품

계절에 따른 알맞는 부식 식단을 참고로 하면 효율적인 식단을 구성할 수 있다.

표 4-11 계절별 부식의 종류

부 식	계 절	종 류
국	봄	미역국, 조깃국, 양배춧국, 냉이토장국, 쑥국, 실파국, 두부국
	여 름	콩나물국, 근대토장국, 아욱토장국, 미역냉국, 오이냉국, 감잣국, 삼계탕
	가 을	무맑은장국, 토란국, 미역국, 양배춧국, 콩나물국
	겨 울	시금칫국, 감자양파국, 우거짓국
찌 개	봄	순두부찌개, 동태찌개, 김치찌개, 냉이된장찌개, 달래찌개
	여 름	호박찌개, 조개찌개, 두부된장찌개, 감자찌개, 생선찌개
	가 을	동태찌개, 오징어찌개, 콩나물두부찌개
	겨 울	김치, 순두부찌개, 우거지찌개, 감자찌개
찜 · 조림 볶음 · 튀김	봄	멸치조림, 콩조림, 두부조림, 당근우엉조림, 감자볶음, 생선튀김, 닭튀김, 튀각
	여 름	닭조림, 풋고추조림, 콩조림, 감자조림, 생선조림, 알찜, 깻잎찜, 오징어볶음, 채소튀김
	가 을	북어조림, 두부조림, 고구마조림, 가지볶음
	겨 울	콩나물조림, 연근조림, 감자조림, 닭조림, 잔멸치볶음
생채 · 숙채	봄	오이생채, 도라지생채, 달래무침, 미나리나물, 숙주나물, 파래무침, 시금치나물, 콩나물, 두릅초회, 원추리나물, 봄동겉절이
	여 름	깻잎나물, 고비나물, 호박나물, 오이생채, 무생채, 고사리나물, 무말랭이무침, 가지나물, 취나물
	가 을	고구마순무침, 시금치나물, 도라지생채, 숙주나물, 고춧잎나물, 탕평채
	겨 울	파래무침, 시금치나물, 잡채, 우거지나물, 고사리나물, 도라지나물

(2) 기초식품군

균형 잡힌 식생활을 위해 식생활에서 매일 섭취해야 하는 식품들로서 영양소의 구성이 비슷한 것들끼리 묶어서 곡류 및 전분류, 고기 · 생선 · 달걀 · 콩류, 채소류, 과일류, 우유 및 유제품, 유지 · 견과 및 당류의 6가지 기초식품군으로 분류한다. 좋은 영양상태를 유지하기 위해서는 6가지 기초식품군들을 균형 있게 골고루 섭취하는 것이 바람직하다.

표 4-12 3대 영양소 에너지 적정 비율

연 령	열량(kcal)	당질(%)	단백질(%)	지질(%)
1~2세	1,000	50~70	7~20	20~35
3~5세	1,400	55~70	7~20	15~30
6~8세	1,500~1,600	55~70	7~20	15~30

자료 : 한국영양학회(2005), 한국인 영양섭취기준

(3) 식사구성안과 식품구성탑

식사구성안과 식품구성탑의 제정은 일반 대중에게 균형 잡힌 식사를 권장함으로써 영양섭취기준을 충족함과 동시에 만성질환을 예방하고 최적의 건강상태를 유지하도록 교육하는 데 그 목적이 있다.

식사구성안은 식품을 여섯 군으로 분류하고, 각 식품군의 식품들 중 한국인이 많이 섭취하는 대표적 식품을 중심으로 1인 1회 분량(부록 참조)을 설정하였으며, 에너지 섭취기준에 따라서 하루에 섭취해야 할 횟수를 제시하였다. 그러므로 자신이 해당하는 에너지 섭취기준의 정해진 횟수만큼 식품을 각 군에서 섭취할 경우 필요한 영양소도 거의 충족시킬 수 있다. 식사구성안에 제시된 식품의 분류와 각 식품군이 식사에서 차지하는 비율을 일반인들이 쉽게 이해할 수 있도록 그림으로 단순화시킨 것이 식품구성탑이다.

1인 1회 분량

1인 1회 분량은 우리나라 사람들이 통상적으로 섭취하는 식품의 양을 중심으로 하여 영양소 함량, 가공식품의 경우 포장단위 등이 고려되어 설정된 것이다. 이러한 1인 1회 분량을 이용하면 좀 더 실제 생활에 가깝고 편리한 식사 구성이 가능할 것이다.

식품구성탑은 우리나라 식생활에서 주식인 곡류 및 전분류는 가장 바탕이 되는 맨 아래층에, 양적으로 많이 섭취되는 식물성 식품인 채소류와 과일류는 두 번째 층에, 부식으로 섭취되는 동물성 식품인 고기 · 생선 · 달걀 · 콩류는 세 번째 층에, 섭취량은 적으나 칼슘 섭취를 위해 중요한 우유 및 유제품은 네 번째 층에, 유지 · 견과 및 당류는 적게 섭취하는 것이 바람직하므로 맨 위층에 배치하였다.

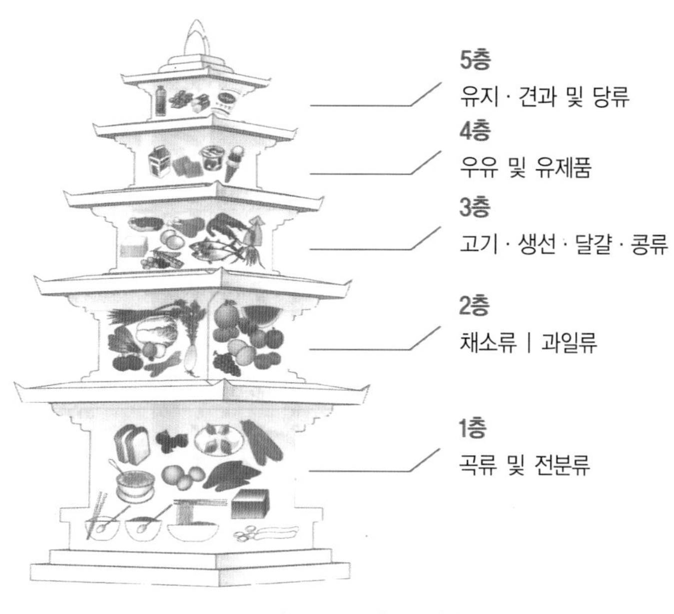

그림 4-1 식품구성탑

자료 : 한국영양학회(2005), 한국인 영양섭취기준

(4) 음식교환 자료

유사한 영양소 함량을 가진 음식교환 자료를 활용하면 식단 작성에 많은 도움이 된다. 밥, 일품음식, 반찬류, 국 및 찌개류 등 음식의 종류와 조리방법에 따라 열량 및 단백질 함량이 유사한 식품의 목록을 제시하여 이들 간에는 서로 교환이 가능하다. 이러한 식품의 목록을 활용하면 유아교육기관의 설정에 맞게 영양소 함량은 유지하되 기존 식단의 일부분을 변화시킬 수 있는 식단 변화가 용이한 실용적인 자료로 활용할 수 있다.

그러나 여기서 유의할 점은 각 음식 내에 함유된 영양소 함량은 재료의 종류 및 양에 따라 다소 달라질 수 있으며, 때로는 유지나 설탕 등과 같이 조리 시 첨가하는 재료에 따라서도 달라질 수 있다.

표 4-13 유사한 양의 영양소를 함유한 밥 및 일품음식

분 류	종 류	공급 영양소량	
		열량(kcal)	단백질(g)
밥	밤밥, 완두콩밥	220~230	4~5
	오곡밥, 팥밥, 콩밥	230~240	4~7
	흰밥, 보리밥	240~250	6~8
일품밥류	꼬마김밥, 유부초밥, 김밥, 주먹밥	185~200	5~8
	비빔밥, 김치소고기볶음밥, 해시라이스, 콩나물밥	250~270	8~9
	잡탕밥, 닭고기덮밥, 고기달걀덮밥	270~290	7~12
	잡채밥, 자장밥, 주먹밥	280~330	7~13
	카레라이스, 오므라이스	330	10~13
일품면류	수제비, 닭칼국수	160~180	7~9
	어묵국수, 만두국, 국수장국	220~230	10~12
	비빔국수, 콩국수, 떡국, 자장면, 스파게티	270~300	9~16

자료 : 교육인적자원부(2007), 유치원 급식운영관리 지침서

표 4-14 유사한 양의 영양소를 함유한 반찬류

분 류	종 류	공급 영양소량	
		열량(kcal)	단백질(g)
동물성 단백질 공급찬류	멸치볶음, 뱅어포구이, 마른오징어볶음 건새우볶음, 어묵감자조림, 새우캐첩조림	35~40	3~4
	고등어조림, 메추리알조림, 물오징어볶음 소고기(돼지고기)장조림, 달걀찜	40~60	3~4
	소고기케첩조림, 참치완자전, 미트볼	50~60	3~4
	소고기완자전, 깻잎고기전, 달걀채소말이, 간전	50~65	2~5
	불고기, 소시지케첩조림	60~80	4~6
	소고기피망볶음, 두부소고기조림, 북어찜 가자미구이, 조기튀김, 미니소고기튀김	75~90	7~13
	갈비찜, 햄버그스테이크, 비프스테이크	90	3~7
	닭튀김, 돼지고기커틀렛, 생선크로켓, 탕수육	80~100	2~6
비타민 및 무기질 공급찬류	배추김치, 깍두기, 물김치, 오이김치, 백김치	4~6	0.1~0.5
	단무지무침, 오이지무침, 오이미역무침, 김구이, 오이초절임	4~6	0.1~1
	시금치나물, 콩나물무침, 무초절임, 호박나물	10~15	0.1~1
	김무침, 청포묵무침	10	0.5~1
	미역줄기볶음, 여러 가지 채소볶음, 감자채소볶음, 감자볶음	25~60	0.5~3
	고구마튀김, 채소튀김, 감자크로켓	40~60	0.1~2
	채소전, 빈대떡, 김치전, 감자전, 두부구이	45~60	1~2.5

자료 : 교육인적자원부(2007), 유치원 급식운영관리 지침서

표 4-15 유사한 양의 영양소를 함유한 국 및 찌개류와 반찬류

음식의 분류	종 류	공급 영양소량	
		열량(kcal)	단백질(g)
국 및 찌개류	달걀(조개)장국, 유부국, 오징어무국	10~20	1~6
	콩나물국, 오이미역냉국, 김칫국	15~25	2~3
	배추된장국, 소고기미역국, 감잣국	25~40	3~4
	두부된장찌개, 소고기감자찌개, 순두부찌개	30~40	2~5
	북엇국, 동태맑은국, 어묵국, 소고기당면국, 소고기무국	40~65	4~6
	갈비탕, 곰국, 닭백숙, 두부전골, 고기스튜, 완자탕	100~135	5~15
반찬류	채소샐러드, 감자샐러드, 오이게맛살무침, 햄(참치)오이샐러드, 과일샐러드	30~50	0.3~2
	소고기볶음, 김치돼지고기볶음, 소시지채소볶음, 닭고기채소볶음	50~80	2~3
	수프류(크림수프, 채소수프)	80~85	2

자료 : 교육인적자원부(2007), 유치원 급식운영관리 지침서

(5) 식품교환

식품교환은 식품을 곡류군 · 어육류군 · 채소군 · 지방군 · 우유군 · 과일군의 여섯 가지로 나누어 동일한 군에서는 자유롭게 바꾸어 먹을 수 있도록 한 것이다.

① 곡류군(100kcal) : 밥, 밀가루 제품, 떡류, 국수루, 묵, 감자, 옥수수 등

밥 1/3공기

국수 1/2공기

식빵 1쪽

쌀 3큰술

밤(대) 4개

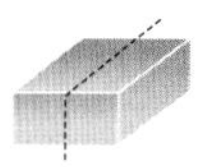
도토리묵 1/2모

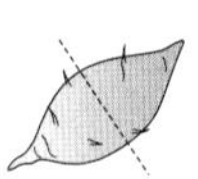
고구마(중) 1/2개

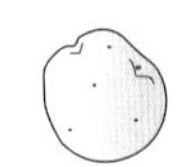
감자(중) 1개

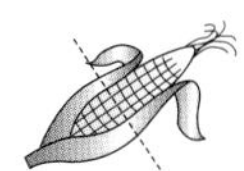
옥수수 1/2개

인절미 3개

크래커 5개

② 어육류군

• 저지방(50kcal)

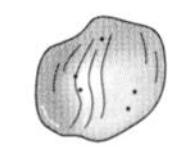
소 · 돼지 · 닭고기 탁구공 크기

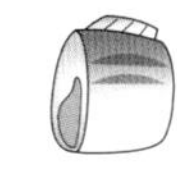
생선류(소) 1토막

새우(중) 4마리

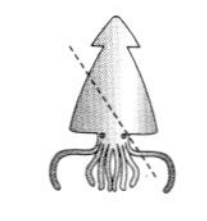
물오징어(중) 1토막

조갯살 · 굴 1/3컵

• 중지방(75kcal)

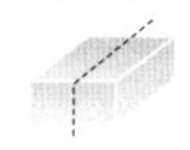
두부 1/2모

햄 1쪽

검은콩 2큰술

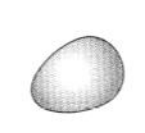
달걀 1개

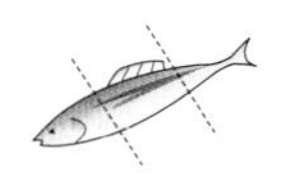
꽁치 · 갈치 등(소) 1토막

• 고지방(100kcal)

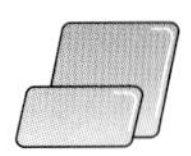

치즈 1 1/2장

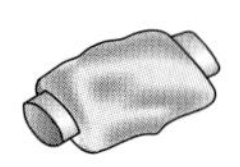
갈비(소) 1토막

생선통조림 1/3컵

유부 6장

③ 채소군(20kcal)

당근 70g

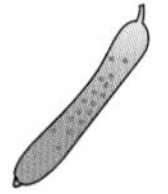
오이 70g

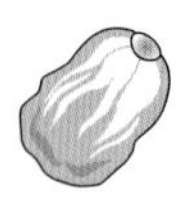
배추 70g

무 70g

버섯 50g

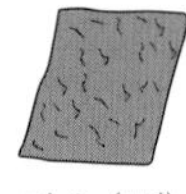
김 2g(1장)

④ 지방군(45kcal) : 참기름, 식용유, 버터, 마요네즈, 마가린 등

식용유 등 1작은술

버터 1 1/3작은술

마요네즈 1 1/3작은술

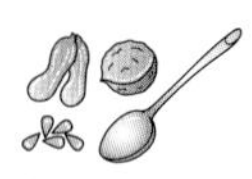
땅콩 · 잣 · 호두 1큰술

⑤ 우유군(125kcal)

• 일반우유(125kcal)

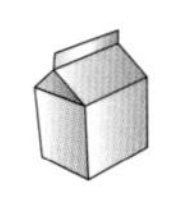
우유 200g

두유 200g

분유 5큰술

• 저지방우유(80kcal)

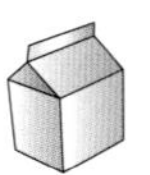
우유 200g

⑥ 과일군(50kcal)

사과(중) 1/3개

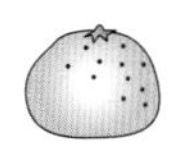
귤(중) 1개

토마토(대) 1개

감(중) 1/2개

바나나(중) 1/2개

수박(대) 1쪽

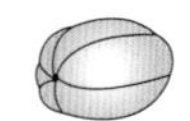
참외(소) 1/2개

(6) 배식 기준량

급식 음식별 유아의 영양섭취기준을 고려한 적정 급식량은 구성된 식단의 음식에 따라 양적인 가감이 가능하므로 전체 식단의 조화를 고려하여 급식량을 배분하는 것이 중요하다.

표 4-16 유아의 급식음식별 적정 급식량			
음 식	기준 식단표의 제시량	아동의 실제 섭취량	바람직한 적정 급식량
밥 류	140~150g	60~120g	120~140g
김치 및 장아찌류	30~50g	3~20g	15~20g
볶음 및 조림류	30g	3~8g	10~15g
나물류 및 채소반찬	50~60g	3~14g	20~40g
전 및 튀김류	50~60g	10~21g	30~50g

식단 작성의 기본 원칙

(1) 유아 영양섭취기준량 산출

유아의 일일 영양섭취기준량에 기초하여 작성하되, 구성식품의 다양화와 연령별 활동량과 소화성을 고려하여 식단을 작성한다.

표 4-17 아동의 영양섭취기준

연 령	성 별	체중(kg)	키(cm)	열량(kcal)	단백질(g)	칼슘(mg)	철(mg)
1~2세		12.2	85.9	1,000	15	500	7
3~5세		16.3	102	1,400	20	600	7
6~8세	남 아	23.8	122	1,600	25	700	9
	여 아	22.9	120	1,500	25	700	9

자료 : 한국영양학회(2005), 한국인 영양섭취기준

(2) 식품군 배분

- 성장기에 있는 유아의 신체발육에 필요한 칼슘과 양질의 단백질이 충분히 함유되도록 식단을 구성한다.
- 우유는 매일 섭취하도록 한다.
- 다양한 식품으로 식단을 구성하여 영양소를 골고루 섭취하도록 하고, 일일 영양필요량의 1/3은 점심으로, 10~20%는 간식을 통해 공급되도록 한다.
- 매끼 적어도 한 가지 음식은 만족감을 주는 음식과 적어도 한 가지 씹는 음식, 셀룰로오스가 많은 음식, 더운 음식으로 계획한다.

- 부드러운 음식과 질감이 아삭아삭한 음식을 같이 사용하거나 번갈아 사용한다.
- 간단하고 영양가가 덜한 음식과 단백질과 지방함량이 높은 음식을 번갈아 사용하여 소화와 위가 비는 것을 느리게 한다.
- 간식은 세 끼의 식사에서 부족될 수 있는 영양소를 보충할 수 있게 구성한다.
- 조리는 소화되기 쉬운 것으로 하며, 자극성 향신료나 조미료는 삼가고, 맛은 되도록 싱겁게 한다.
- 색, 형태, 음식의 배열 등 음식을 적절히 변화시킴으로써 항상 새로운 느낌을 주는 식단을 구성한다.
- 같은 식품을 한 끼 식사에 형태가 다르더라도 두 번 사용하지 않는다.
- 같은 식품을 너무 자주 사용하지 않는다.
- 부식에 있어서는 국이나 찌개 중에서 한 가지, 구이나 조림 · 볶음 · 튀김 중에서 한 가지, 나물 중에서 한 가지, 그리고 김치에서 한 가지를 정하면 기본 표준식단을 작성할 수 있다.
- 계절식품(계절에 따라 풍부하고 비교적 싸게 구입할 수 있는 식품) 등의 대치식품을 미리 알아두어 식단으로 식사계획을 하는 것도 도움이 된다.
- 식품위생상 안전을 기하고, 가공식품보다는 자연식품을 이용하며, 계절식품을 이용한다.
- 유아들이 식품과 맛에 대한 선호도를 고려해야 한다.

표 4-18 급식 식단의 영양공급량 구성안

오전 간식 (1일 총열량의 10%) 100±10kcal	점심식사 (1일 총열량에서 간식을 제외한 1/3 수준) 400±40kcal	오후 간식 (1일 총열량의 10%) 100±10kcal
• 점심식사에 영향이 없는 가벼운 간식으로 준비한다. • 아침식사를 하지 못한 유아들을 위해 배려한다. • 준비가 용이하도록 식품을 구성한다.	• 1~2세 (1,000−100×2)/3=약 280kcal • 3~5세 (1,400−100×2)/3=약 400kcal • 6~7세 (1,600−100×2)/3=약 430kcal	• 오후 낮잠 이후에 활동량이 증가함을 고려하여 수분 및 필요영양소 보충을 위한 간식으로 준비한다. • 오전 간식보다 많은 영양소의 공급이 가능하도록 구성한다.

자료 : 교육인적자원부(2007), 유치원 급식운영관리 지침서

(3) 끼니별 배분

표 4-19 끼니별로 배분한 제공횟수의 예

	1~2세(1,000kcal)						3~5세(1,400kcal)					
	권장섭취횟수	권장섭취횟수					권장섭취횟수	권장섭취횟수				
		아 침	오전간식	점 심	오후간식	저 녁		아 침	오전간식	점 심	오후간식	저 녁
곡류 및 전분류 I	1	0.3		0.35		0.35	2	0.6		0.7		0.7
곡류 및 전분류 II	1				1							
고기, 생선, 달걀, 콩류	2	0.6		0.7		0.7	3	1		1		1
채소류	2	0.6		0.7		0.7	4	1		1.5		1.5
과일류	1		1				1				1	
우유 및 유제품	2		1		1		2		1		1	
유지, 견과류 및 당류	2						3					

표 4-20 1일 식품군 제공횟수의 예

식품군	식품군별 대표식품의 1회 분량	열량(kcal) 1,000	1,400	1,600
곡류 및 전분류 I (300kcal)	밥 1공기(210g), 쌀 90g, 흰떡(떡국용, 130g), 식빵 2쪽(100g), 국수 1대접(건면 100g, 삶은면 300g)	1	2	2.5
곡류 및 전분류 II (100kcal)	감자 1개(중, 130g), 고구마 1/2개(중, 90g), 절편 2쪽(50g), 시리얼(30g), 견과류(밤, 60g), 당면(30g), 메밀묵(150g)	1		
고기, 생선, 달걀, 콩류(80kcal)	육류(60g), 생선 1토막(50g), 조개류(80g), 건어물(잔멸치, 15g), 달걀 1개(중, 50g), 말린콩(20g), 두부(80g), 두유(200g)	2	3	3
채소류 (15kcal)	생채소(70g), 버섯류(30g), 우엉(25g), 나박김치(50g), 오이소박이(60g), 마늘(10g), 김치(40g), 미역(생것, 30g), 김(2g)	2	4	4
과일류 (50kcal)	딸기/수박/참외(200g), 감/귤/바나나/복숭아/오렌지/포도(100g), 배 1/4개(중, 100g), 사과 1/2개(중, 100g), 오렌지주스 1컵(200g)	1	1	2
우유 및 유제품 (125kcal)	우유 1컵(200g), 요구르트(호상, 110g), 요구르트(액상, 150g), 치즈 1장(20g), 아이스크림 1/2컵(100g)	2	2	2
유지, 견과 및 당류 (45kcal)	식물성기름 1작은술(5g), 버터/마요네즈 1작은술(5g), 설탕 1큰술(10g), 견과류(땅콩, 10g), 깨소금(8g)	2	3	3

위 식사 패턴은 소아 · 청소년의 권장식사 패턴으로 우유 2컵을 기준으로 식품군 횟수를 배분하였으며, 일상적인 소아 및 청소년의 식사량을 반영함. 식사구성은 적용연령의 영양섭취기준(1~2세 1,000kcal, 3~5세 1,400kcal, 6~8세 남아 1,600kcal)을 만족하도록 구성함. 개인의 기호도를 고려하여 식품군의 배분 횟수 조정 가능
자료 : 한국영양학회(2005), 한국인 영양섭취기준

(4) 식사구성안을 이용한 식단 작성

표 4-21 1일 3~5세 유아 식단구성의 예(에너지 : 1,400kcal)

	음식명	곡류 및 전분류 I	고기, 생선, 달걀, 콩류	채소류
		2	3	4
아 침	흰 밥 미역국 고등어구이 시금치나물 배추김치	흰밥 126g(0.6)	고등어구이 : 고등어(1토막) 50g(1)	미역국 : 생미역 15g(0.5) 시금치나물 : 시금치 18g(0.25) 배추김치 : 10g(0.25)
점 심	보리밥 무 국 두부구이 도라지무침 오이소박이	보리밥 147g(0.7)	두부구이 : 두부(2쪽) 80g(1)	무국 : 무 35g(0.5) 도라지무침 : 도라지 35g(0.5) 오이소박이 : 30g(0.5)
저 녁	발아현미밥 콩나물국 닭볶음 버섯볶음 깍두기	발아현미밥 147g(0.7)	닭볶음 : 60g(1)	콩나물국 : 콩나물 35g(0.5) 버섯볶음 : 버섯 15g(0.5) 깍두기 : 무 20g(0.5)
간 시	우유류 과 일	곡류 및 전분류 II	우유 및 유제품	과일류
		-	2	1
		-	우유 1컵 200g(1) 호상요구르트 110g(1)	수박 200g(1)

자료 : 한국영양학회(2005). 한국인 영양섭취기준

식단의 예

표 4-22 주간 식단구성의 예 1

분 류	월	화	수	목	금	토
오전 간식	마들렌, 우유	닭 죽	쿠 키	새알심호박죽	사 과	찹쌀누룽지죽
점 심	차조밥 소고기미역국 달걀말이 숙주나물 배추김치	발아현미밥 된장찌개 불고기 생채무침 깍두기	영양밥 두부김칫국 가지버섯볶음 깍두기	흰 밥 생태찌개 콩자반 시금치나물 배추김치	흑미밥 아욱된장국 제육볶음 어묵무침 백김치	게살채소볶음밥 어묵국 깍두기
오후 간식	조랭이떡국	감자전	팥시루떡 보리차	참치파스타 샐러드	소보로스틱 우 유	-

표 4-23 주간 식단구성의 예 2

분류		월	화	수	목	금
1주	오전 간식	요구르트(호상)	우유, 시리얼	소고기죽	팬케이크	삶은감자
	점 심	기장밥 미역국 소고기메추리알조림 청경채무침 배추김치	수수밥 두부된장찌개 닭 찜 청포묵무침 오이소박이	비빔밥 달걀국 고추장볶음 오징어튀김 배추김치	차조밥 소고깃국 고등어구이 콩나물무침 열무김치	검은콩밥 북엇국 두부구이 잡 채 깍두기
	오후 간식	바나나	수정과, 절편	사 과	떡볶이	매실차, 인절미
2주	오전 간식	검은콩우유	머 핀	크림수프	우유, 모닝빵	검은콩우유
	점 심	고구마밥 갈비탕 감자채볶음 열무된장무침 깻잎김치	보리밥 어묵국 돼지고기편육 부추전 깍두기	콩나물밥 대구탕 뱅어포구이 쫄면채소무침 배추김치	흑미밥 육개장 코다리조림 시금치나물 깍두기	현미밥 꽃게탕 떡볶이 마늘종조림 배추김치
	오후 간식	오렌지	삶은달걀	인절미	꿀호떡	수 박

보육시설에서 바람직한 급식을 위한 식단구성 시 고려할 사항

- 영유아의 발달단계와 영양적 요구를 고려한 식단표(급식)가 체계적으로 수립되어야 한다.
- 사전에 수립된 식단에 따라 영양적 균형을 고려한 식품이 제공되어야 하며, 제공된 식단에 대한 기록을 유지하는 것이 바람직하다.
- 보육시설에서 급식은 쌀과 감자, 식빵, 국수 등의 탄수화물 식품, 육류, 생선, 달걀, 콩류의 단백질식품, 우유, 치즈, 요구르트 등의 유제품, 신선한 과일과 채소류의 무기질과 비타민 함유식품들이 골고루 제공되어야 한다.
- 양질의 식자재를 사용하여 다양한 조리형태로 식사를 준비하여 영유아의 편식을 방지하도록 도와주어야 한다.
- 식사의 조리형태는 영유아에게 적절하도록 하고, 음식 조각이 크지 않아 쉽게 먹을 수 있도록 해야 한다.
- 1회 조리되어 배식된 음식이 남을 경우, 당일 소모를 원칙으로 하며 재배식하지 않도록 한다.
- 영아(만 0~1세) : 영아를 위해 이유식을 조리할 경우에는 다양한 종류의 식자재를 사용하여 영양적 균형을 고려한 식단을 별도로 계획하고 사용해야 하며, 이유식은 영아에게 적절한 형태와 크기로 조리되는 것이 바람직하다.
- 농산물의 원산지 표시에 따른 법률 시행령, 시행규칙에 의하여 집단급식소에서는 쌀 및 배추김치, 소고기, 돼지고기, 닭고기, 오리고기와 그 가공품을 식재료로 사용하는 경우 반드시 식단표에 원산지를 표시하여야 한다.

자료: 보건복지가족부(2010). 2010 보육시설 평가인증 지침서(40인 이상 보육시설), pp213-214

표 4-24 계절별 식단구성의 예 1 (봄)

분류		월	화	수	목	금	토
1주	오전 간식	꿀호떡 요구르트	시리얼 저지방우유	팬케이크 요구르트	삶은달걀	모닝빵, 주스	삶은달걀 쌀음료
	점심 식단	현미밥 무 국 고등어구이 달래오이무침 배추김치	기장밥 오징어국 돼지고기장조림 시금치나물 깍두기	백미밥 미소된장국 생선가스 과일샐러드 배추김치	차조밥 냉이된장국 어묵볶음 채소샐러드 열무김치	검은콩밥 소고깃국 주꾸미볶음 감자조림 오이소박이	우 동 닭강정 깍두기 인절미
	오후 간식	바나나	떡볶이	방울토마토	우 유	백설기	
2주	오전 간식	비스킷, 코코아	롤 빵 오렌지주스	인절미 요구르트	삶은감자 호두우유	미숫가루	요구르트(호상)
	점심 식단	보리밥 쑥 국 돼지불고기 양배추쌈 배추김치	수수밥 미역국 닭볶음 김가루무침 깍두기	비빔밥 달걀국 땅콩조림 배추김치	율무밥 김칫국 갈치구이 콩자반 무생채	잡곡밥 근대국 소갈비찜 마늘종볶음 배추김치	자장밥 콩나물국 달걀프라이 단무지
	오후 간식	팬케이크	주먹밥	찐옥수수	귤	카스텔라, 코코아	
3주	오전 간식	핫도그	모닝빵, 우유	꿀호떡 요구르트	토스트, 주스	삶은달걀 요구르트	저지방우유
	점심 식단	팥 밥 어묵국 메추리알장조림 가지나물 배추김치	현미밥 시금칫국 탕수육 오이무침 깍두기	볶음밥 배춧국 채소튀김 배추김치	완두콩밥 버섯된장국 미트볼조림 깻잎찜 열무김치	찹쌀밥 순두부찌개 감자채볶음 꽁치조림 배추김치	스파게티 크림수프 마늘빵 오이피클 채소샐러드
	오후 간식	롤 빵	팬케이크	귤, 비스킷	우 유	바나나	
4주	오전 간식	사 과	두 유	비스킷 미숫가루	시리얼, 우유	약과, 주스	두 유
	점심 식단	검은콩밥 만둣국 다시마튀김 잡채 배추김치	기장밥 육개장 뱅어포구이 감자채볶음 깍두기	자장밥 배춧국 달걀프라이 배추김치	흑미밥 북엇국 오징어볶음 땅콩조림 오이소박이	수수밥 감잣국 돼지불고기 연근조림 깍두기	김치볶음밥 콩나물국 과일샐러드 물만두 요구르트
	오후 간식	카스텔라, 식혜	샌드위치	키 위	요구르트(호상)	삶은고구마	

자료 : 식품의약품안전청 영양평가팀 홈페이지, 영유아 단체급식의 표준식단, http://nutrition.kfda.go.kr/kidgroup

표 4-25 계절별 식단구성의 예 2 (여름)

분류		월	화	수	목	금	토
1주	오전간식	크림수프	쿠키, 요구르트	백설기	시리얼 저지방우유	미숫가루	닭 죽
	점심식단	보리밥 두부된장찌개 돼지불고기 무생채 배추김치	차조밥 오징어국 닭채소조림 김구이 상추겉절이	볶음밥 배춧국 콩자반 오이소박이	수수밥 어묵국 닭볶음 파래무침 깍두기	기장밥 된장국 소갈비찜 콩나물무침 배추김치	수제비 소고기메추리알 장조림 오징어채무침 배추김치
	오후간식	모닝빵, 쌀음료	떡볶이	삶은달걀	수 박	절편, 호두우유	
2주	오전간식	샌드위치 쌀음료	꿀호떡 요구르트	시리얼, 우유	토스트 저지방우유	두 유	토스트 호두우유
	점심식단	잡곡밥 된장국 코다리조림 쫄면채소무침 배추김치	흑미밥 미역국 잡 채 주꾸미숙회 깍두기	비빔밥 미소국 오징어볶음 달걀프라이	검은콩밥 근대국 떡볶이 삼치튀김 열무김치	율무밥 육개장 닭 찜 가지나물 배추김치	오므라이스 미소된장국 마늘빵 오이피클 과일샐러드
	오후간식	비스킷, 키위	절 편	오렌지	비스킷, 매실차	인절미	
3주	오전간식	채소죽	머 핀	바나나	모닝빵 저지방우유	검은콩우유	약 과
	점심식단	현미밥 북엇국 돼지갈비찜 양배추쌈 배추김치	팥 밥 감잣국 참치채소전 진미채조림 무생채	자장밥 달걀국 두부조림 단무지	잡곡밥 버섯된장국 닭강정 우엉조림 깍두기	완두콩밥 미역국 소시지채소볶음 콩자반 배추김치	카레라이스 채소샐러드 콩자반 배추김치
	오후간식	핫도그	수 박	삶은달걀	꿀호떡	백설기, 매실차	
4주	오전간식	우 유	카스텔라 오렌지주스	바나나	물만두	모닝빵, 우유	저지방우유
	점심식단	찹쌀밥 김칫국 소고기장조림 애호박볶음 열무김치	검은콩밥 무 국 돼지고기강정 감자채볶음 배추김치	백미밥 시금칫국 돈가스 숙주나물 배추김치	기장밥 미역국 탕수육 어묵볶음 깍두기	보리밥 아욱된장국 돈사태찜 청포묵무침 배추김치	김치볶음밥 두부탕수 과일샐러드 요구르트
	오후간식	비스킷, 토마토	키 위	삶은감자	바나나	꿀호떡	

자료 : 식품의약품안전청 영양평가팀 홈페이지, 영유아 단체급식의 표준식단, http://nutrition.kfda.go.kr/kidgroup

표 4-26 계절별 식단구성의 예 3 (가을)

분 류		월	화	수	목	금	토
1주	오전 간식	시리얼, 우유	소고기죽	두 유	샌드위치	바나나	요구르트(호상)
	점심 식단	기장밥 시금칫국 돼지사태찜 취나물무침 배추김치	현미밥 미역국 닭채소조림 오징어채무침 오이소박이	카레라이스 미소된장국 어묵조림 배추김치	고구마밥 순두부찌개 떡볶이 멸치볶음 열무김치	수수밥 갈비탕 오이무침 부추전 깍두기	볶음밥 배춧국 콩자반 채소샐러드 깍두기
	오후 간식	포도, 쿠키	토스트, 주스	미숫가루	찐옥수수 방울토마토	삶은달걀	
2주	오전 간식	두 유	닭 죽	시리얼 저지방우유	삶은감자	꿀호떡 방울토마토	약과, 주스
	점심 식단	검은콩밥 대구탕 북어찜 고구마튀김 깻잎찜	차조밥 소고깃국 갈치구이 잡 채 배추김치	비빔밥 콩나물국 소시지채소볶음 배추김치	보리밥 오징어국 돼지불고기 도라지오이생채 깍두기	팥밥 두부된장찌개 진미채조림 돼지고기편육 배추김치	백미밥 감잣국 치킨가스 시금치나물 배추김치
	오후 간식	사 과	팬케이크, 코코아	떡볶이	주먹밥	두 유	
3주	오전 간식	롤 빵	브로콜리수프 도마도	요구르트(호상)	팬케이크	쿠키, 사과	송편, 식혜
	점심 식단	완두콩밥 된장국 닭 찜 도라지오이생채 열무김치	율무밥 꽃게탕 연두부찜 돼지불고기 배추김치	김치볶음밥 북엇국 오징어튀김 오이소박이 채소샐러드	기장밥 어묵국 꽁치조림 콩나물무침 깍두기	잡곡밥 육개장 달걀말이 열무된장무침 배추김치	국 수 닭강정 배추김치 부추전 요구르트
	오후 간식	머 핀	바나나	약 식	저지방우유	시리얼 저지방우유	
4주	오전 간식	삶은달걀, 귤	샌드위치	우 유	약 식	오렌지	두 유
	점심 식단	잡곡밥 콩나물국 탕수육 도라지나물 배추김치	밤콩밥 시금칫국 닭 찜 참치채소전 백김치	백미밥 달걀국 생선가스 마파두부 배추김치	흑미밥 북엇국 소불고기 오징어채무침 깍두기	찹쌀밥 김칫국 메추리알장조림 건새우볶음 오이소박이	자장밥 달걀국 잡 채 단무지
	오후 간식	꿀호떡	찐옥수수	미숫가루	인절미, 매실차	쿠키, 요구르트	

자료 : 식품의약품안전청 영양평가팀 홈페이지, 영유아 단체급식의 표준식단, http://nutrition.kfda.go.kr/kidgroup

표 4-27 계절별 식단구성의 예 4 (겨울)

분 류		월	화	수	목	금	토
1 주	오전 간식	삶은달걀 요구르트	두 유	완두콩수프	요구르트(호상)	우 유	삶은고구마
	점심 식단	기장밥 콩나물국 돼지갈비찜 도라지나물 배추김치	흑미밥 아욱된장국 닭튀김 과일샐러드 열무김치	비빔밥 무 국 진미채조림 달걀프라이 깍두기	현미밥 감잣국 달걀장조림 잡 채 배추김치	백미밥 육개장 연두부찜 채소튀김 깍두기	오므라이스 콩나물국 돼지불고기 단무지
	오후 간식	바나나	귤	키 위	인절미, 수정과	샌드위치	
2 주	오전 간식	머 핀	백설기	팬케이크 매실차	우 유	토스트	스크램블드에그
	점심 식단	완두콩밥 어묵국 닭볶음 취나물무침 배추김치	보리밥 소고깃국 삼치구이 청경채버섯무침 오이소박이	백미밥 배춧국 치킨가스 열무된장무침 배추김치	수수밥 된장국 소고기장조림 청포묵무침 오이소박이	찹쌀밥 대구탕 돼지사태찜 청경채버섯무침 깍두기	비빔밥 열무된장무침 연근튀김 깍두기 요구르트(호상)
	오후 간식	사 과	두 유	삶은감자	꿀호떡	인절미	
3 주	오전 간식	시리얼 우유	카스텔라	생선죽, 토마토	팬케이크	삶은달걀 코코아	고구마맛탕
	점심 식단	팥 밥 김칫국 돼지불고기 연근조림 상추겉절이	율무밥 육개장 잡 채 감자조림 배추김치	김치볶음밥 미소된장국 탕수육 열무김치	잡곡밥 오징어국 고등어찜 달걀말이 깍두기	현미밥 콩나물국 오징어볶음 쫄면채소무침 오이소박이	칼국수 돼지고기강정 배추김치 핫도그
	오후 간식	사 과	두 유	쿠키, 쌀음료	절 편	주먹밥	
4 주	오전 간식	요구르트(호상)	키위, 절편	소고기죽	모닝빵, 주스	저지방우유	찐옥수수
	점심 식단	백미밥 어묵국 땅콩조림 연두부찜 배추김치	검은콩밥 근대국 꽁치조림 명란달걀찜 깍두기	카레라이스 된장국 만두튀김 배추김치	차조밥 소고깃국 꽁치조림 청경채버섯무침 열무김치	기장밥 된장국 달걀말이 버섯볶음 김가루무침	볶음밥 미소국 달걀찜 깍두기 요구르트(호상)
	오후 간식	약과, 귤	두 유	쿠키, 쌀음료	닭 죽	삶은감자	

자료 : 식품의약품안전청 영양평가팀 홈페이지, 영유아 단체급식의 표준식단, http://nutrition.kfda.go.kr/kidgroup

표 4-28 다양한 식단 작성 예(9월)

영양상식

성장이 왕성한 어린이의 빈혈 예방을 위하여 추천할 식품은?

- 혈색소 생성 식품
  달걀, 육류, 생선, 우유, 콩, 깨, 간, 다시마, 녹황색 채소, 미역
- 조혈 촉진 식품
  간, 굴, 정어리, 분유, 난황, 소맥배아, 시금치, 땅콩, 연어, 채소, 과일

9월 1일(수)	9월 2일(목)	9월 3일(금)	9월 4일(토)
바나나 50g 요플레 110g	사과 80g 요구르트 80g	콘플레이크 20g 우유 100g	삶은고구마 80g 우유 100g
쌀밥 160g 감잣국 150g 두부조림 60g 콩나물무침 50g 김치 30g	보리밥 160g 어묵국 150g 소고기장조림 90g 오이숙장아찌 60g 김치 30g	김치볶음밥 200g 달걀국 150g 단무지 20g	

9월 6일(월)	9월 7일(화)	9월 8일(수)	9월 9일(목)	9월 10일(금)	9월 11일(토)
과일샐러드 70g 우유 100g	달걀찜 65g 주스 100g	찹쌀떡 50g 우유 100g	토마토 50g 프렌치토스트 95g	떡볶이 70g 우유 100g	비빔국수 125g 두유 100g
보리밥 160g 미역국 150g 어묵조림 90g 시금치나물 70g 김치 30g	쌀밥 160g 두부된장국 150g 채소달걀말이 70g 양배추샐러드 60g 김치 30g	검은콩밥 160g 설렁탕 150g 감자부침 100g 호박볶음 50g 김치 30g	잡채밥 160g 북엇국 150g 과일샐러드 60g 단무지 20gg	오므라이스 250g 미소된장국 150g 깍두기 20g	

9월 13일(월)	9월 14일(화)	9월 15일(수)	9월 16일(목)	9월 17일(금)	9월 18일(토)
증편 60g 우유 100g	사과 80g 요플레 110g	옥수수 60g 우유 100g	김치전 50g 주스 100g	감자수프 100g 요구르트 75g	알감자구이 80g 우유 100g
현미밥 160g 콩나물국 150g 달걀장조림 90g 버섯볶음 50g 김치 30g	조밥 160g 배추된장국 150g 감자소고기볶음 90g 시금치나물 70g 김치 30g	카레라이스 245g 오이생채 35g 깍두기 20g	쌀밥 160g 달걀국 150g 돼지고기케첩볶음 80g 옥수수감자샐러드 50g 김치 30g	쌀밥 160g 북엇국 150g 꼬마돈가스 40g 김치볶음 50g 깻잎김치 30g	

9월 20일(월)	9월 21일(화)	9월 22일(수)	9월 23일(목)	9월 24일(금)	9월 25일(토)
찹쌀떡 50g 우유 100g	과일샐러드 70g 주스 100g	콘플레이크 20g 우유 100g	메추리알채소꼬치 100g 두유 100g	절편 60g 우유 100g	채소죽 100g 요구르트 75g
율무밥 160g 오징어무국 150g 숙주나물 50g 두부조림 80g 김치 30g	검은콩밥 160g 미역국 150g 돼지고기장조림 80g 무생채 50g 김치 30g	쌀밥 160g 버섯된장국 150g 메추리알채소꼬치 100g 멸치볶음 30g 김치 30g	고기덮밥 250g 콩나물국 150g 호박볶음 50g 단무지 20gg	흑미밥 160g 김칫국 150g 꽁치무조림 50g 감자채볶음 50g 깍두기 20g	

9월 27일(월)	9월 28일(화)	9월 29일(수)	9월 30일(목)
한가위(추석) 전통음식으로는 송편과 율란, 조란을 먹어요.			떡볶이 70g 우유 100g
			쌀밥 160g 소고기무국 150g 잡채 60g 깍두기 20g

표 4-29 다양한 식단 작성 예(10월)

영양상식
소아비만을 예방하기 위하여

이런 식품은 조금만 먹자!
- 설탕 많은 식품(케이크, 캔디, 설탕)
- 기름 많은 식품(삼겹살, 튀긴 음식)
- 소금이 많은 식품(라면, 가공식품)
- 섬유소 적은 식품(흰빵, 흰국수, 흰쌀밥)

이런 식품을 많이 먹자!
- 설탕 적은 식품(싱싱한 과일, 채소)
- 기름 적은 식품
- 짜지 않은 식품
- 식이섬유가 많은 식품(채소, 과일, 콩류, 현미, 보리쌀, 감자, 고구마)

10월 1일(금)	10월 2일(토)
콘플레이크 20g 우유 100g	삶은고구마 80g 우유 100g
김치볶음밥 200g 달걀국 150g 단무지 20g	

10월 4일(월)	10월 5일(화)	10월 6일(수)	10월 7일(목)	10월 8일(금)	10월 9일(토)
과일샐러드 70g 우유 100g	삶은고구마 80g 우유 100g	소고기수프 100g 우유 100g	토스트 35g 우유 100g	콘플레이크 20g 우유 100g	무지개떡 100g 요구르트 75g
쌀밥 160g 달걀국 150g 삼치구이 50g 호박전 35g 깍두기 20g	소고기덮밥 250g 얼갈이배춧국 50g 도토리묵무침 60g 깍두기 20g	보리밥 160g 아욱된장국 150g 탕수육 110g 단무지 20g	옥수수밥 160g 감잣국 150g 소고기완자전 50g 연근조림 25g 깍두기 20g	보리밥 160g 양송이무국 150g 불고기 75g 숙주나물무침 20g 깍두기 20g	

10월 11일(월)	10월 12일(화)	10월 13일(수)	10월 14일(목)	10월 15일(금)	10월 16일(토)
바나나 50g 우유 100g	인절미 60g 요구르트 75g	찐감자 70g 우유 100g	채소수프 100g 요구르트 75g	과일샐러드 95g 우유 100g	경단 60g 우유 100g
쌀밥 160g 소고깃국 150g 두부전 45g 멸치볶음 15g 깍두기 20g	흑미밥 160g 감자애호박국 150g 꽁치무조림 55g 느타리버섯볶음 20g 깍두기 20g	비빔밥 250g 양념고추장 5g 북엇국 150g 쥐치포볶음 20g 김치 20g	완두콩밥 160g 된장찌개 150g 어묵조림 40g 양배추샐러드 55g 깍두기 20g	밤밥 160g 다시마국 150g 돼지고기감자튀김 100g 호박나물 40g 깍두기 20g	

10월 18일(월)	10월 19일(화)	10월 20일(수)	10월 21일(목)	10월 22일(금)	10월 23일(토)
사과 80g 우유 100g	약식 50g 우유 100g	찐만두 80g 두유 100g	콘플레이크 20g 우유 100g	송편 50g 요구르트 75g	참치샌드위치 65g 우유 100g
흑미밥 160g 두부된장국 150g 전유어 55g 감자조림 40g 깍두기 20g	쌀밥 160g 닭육개장 150g 오이생채 35g 깍두기 20g	자장밥 250g 소고기무국 150g 김치 20g	강낭콩밥 160g 순두부찌개 150g 채소김계란말이 60g 잔멸치볶음 15g 깍두기 20g	차조밥 160g 콩나물국 150g 고등어조림 50g 소고기버섯볶음 40g 깍두기 20g	

10월 25일(월)	10월 26일(화)	10월 27일(수)	10월 28일(목)	10월 29일(금)	10월 30일(토)
바나나 50g 요구르트 75g	탕수만두 60g 우유 100g	호박전 30g 주스 100g	찐감자 80g 주스 100g	경단 70g 우유 100g	비빔국수 125g 우유 100g
강낭콩밥 160g 생선가스 50g 감자샐러드 95g 김치 20g	팥밥 160g 토란국 150g 잡채 60g 우엉조림 25g 김치 20g	쌀밥 160g 조개탕 150g 소시지채소구이 110g 시금치나물 20g 깍두기 20g	채소죽 250g 꼬마햄버거 100g 나박김치 40g	보리밥 160g 양송이된장국 150g 장똑똑이 50g 오이맛살무침 25g 김치 20g	

표 4-30 다양한 식단 작성 예(12월)

음식물 쓰레기를 줄이는 방법

1. 식단을 세워 필요한 물품만 구입합니다.
2. 창고와 냉장고는 매일 점검합니다.
3. 잔반이 남지 않도록 짜고 맵지 않게 조리합니다.
4. 감사하는 마음으로 먹을 만큼 덜어 먹도록 합니다.
5. 음식물 쓰레기는 따로 분리수거합니다.

12월 1일(수)	12월 2일(목)	12월 3일(금)	12월 4일(토)
닭죽 150g 요구르트 75g	토스트 35g 우유 100g	약식 50g 우유 100g	과일샌드위치 80g 우유 100g
쌀밥 160g 콩나물국 150g 낙지볶음 60g 고구마깻잎튀김 40g 배추김치 20g	오징어볶음밥 200g 홍합미역국 150g 오이무침 50g 총각김치 20g	보리밥 160g 김치만둣국 150g 병어조림 50g 취나물 40g 깍두기 20g	

12월 6일(월)	12월 7일(화)	12월 8일(수)	12월 9일(목)	12월 10일(금)	12월 11일(토)
떡볶음 70g 밀감주스 100g	유부초밥 50g 우유 100g	포도잼샌드위치 70g 두유 100g	찐고구마 80g 우유 100g	인절미 60g 우유 100g	호박죽 100g 우유 100g
수수밥 160g 단배추된장국 100g 달걀찜 50g 도토리묵김치잡채 50g 배추김치 20g	완두콩밥 160g 소고기무국 150g 전유어(동태전)60g 콩나물미나리무침 40g 배추김치 20g	보리밥 160g 황태맑은국 150g 돼지고기완자전 50g 시금치나물 40g 동치미 50g	차조밥 160g 김칫국 150g 닭찜 80g 당근파래튀김 40g 열무김치 20g	쌀밥 160g 시금치된장국 150g 연두부(간장양념) 70g 연근튀김 50g 배추김치 20g	

12월 13일(월)	12월 14일(화)	12월 15일(수)	12월 16일(목)	12월 17일(금)	12월 18일(토)
바나나 50g 두유 100g	증편 50g 우유 100g	밀감 50g 우유(미숫가루17g) 100g	찹쌀떡 50g 우유 100g	찐옥수수 50g 우유 100g	주먹밥 70g 우유 100g
검은콩밥 160g 소고기미역국 150g 삼치튀김 60g 콩나물무침 40g 배추김치 20g	오므라이스 250g 두부젓국 150g 과일샐러드 60g 깍두기 20g	보리밥 160g 오징어국 150g 불고기 70g 도라지생채 50g 김치볶음 20g	차조밥 160g 감자당면국 150g 임연수구이 40g 깻잎튀김 15g 배추김치 20g	현미밥 160g 설렁탕 150g 두부부침 50g 마늘종건새우볶음 40g 총각김치 20g	

12월 20일(월)	12월 21일(화)	12월 22일(수)	12월 23일(목)	12월 24일(금)	12월 25일(토)
사과 100g 우유 100g	단팥죽 100g 우유 75g	찐감자 100g 우유 100g	배 50g 요플레 110g	경단 50g 우유 100g	
닭다리찜 65g 호박오가리무침 20g 배추김치 20g	검은콩밥 160g 순두부찌개 100g 돼지고기김치볶음 50g 콩나물무침 30g 노각무침 20g	쌀밥 160g 곰탕 150g 멸치볶음 30g 가지나물 40g 열무김치 20g	완두콩밥 160g 콩비지찌개 100g 돈가스 50g 미역줄기볶음 30g 굴무생채 30g	보리밥 160g 육개장 150g 뱅어포구이 20g 시래기나물 40g 깍두기 20g	성탄절

12월 27일(월)	12월 28일(화)	12월 29일(수)	12월 30일(목)	12월 31일(금)
단호박찜 30g 우유 100g	옥수수수프 150g 우유 100g	삶은달걀 50g 두유 100g	물만두 80g 우유 100g	달걀우유죽 150g 사과 50g
차조밥 160g 조개살배춧국 150g 굴비구이 40g 고추튀김 20g 참치김치볶음 30g	수수밥 160g 어묵국 150g 돼지갈비찜 80g 콩나물무침 35g 오이소박이 30g	비빔밥 200g 달걀실파국 150g 취나물볶음 40g 깍두기 20g	보리밥 160g 미역국 150g 고등어찜 60g 청경채볶음 30g 배추김치 20g	쌀밥 160g 근대된장국 150g 닭강정 40g 고구마순나물 40g 배추김치 20g

5) 급식관리

영양학적으로 균형 잡힌 식사는 영유아의 건강과 신체 발달에 중요한 역할을 한다. 보육시설에서는 성장기 영유아의 발달 단계와 영양적 요구를 고려하여 체계적으로 수립된 급식 · 간식 계획에 따라 양질의 식사를 제공해야 한다. 급식은 영유아의 편식을 방지하고, 다양한 식단으로 식욕을 돋우며, 균형 잡힌 식사를 할 수 있도록 도와줌으로써 영유아의 정상적인 신체 발달을 돕는다. 급식은 정상적인 발달에 필요한 영양을 섭취할 수 있도록 영양사가 작성한 식단에 의하여 공급하되, 영유아 100인 미만을 보육하는 시설의 경우에는 인근 보육정보센터, 보건소 등의 영양사 지도를 받아 식단을 작성하는 것을 권장한다.

우리나라 급식관련 행정 체계

(1) 영유아 보육시설 급식 행정체계

- 보육시설 : 보건복지부 인구아동정책관의 아동복지과에서 아동급식을 담당하고 있다.
- 유치원 : 교육과학기술부의 교육복지국 유아교육지원과에서 유치원 급식, 안전관련 제도 개선에 대해 담당하고 있다. 또한 시 · 도 교육청 초등교육정책과와 지역 교육청 초등교육과에서 유아교육을 지원하고 있다.

(2) 영유아 급식의 법적 근거

- 보육시설 : 보육 시설의 장은 영유아에게 균형 있고 위생적이며 안전한 급식을 제공하여야 하는데, 이는 영유아 보육시설의 경우 〈영유아보육법〉 33조와 〈영유아보육법〉 시행규칙 34조에 급식관리가 명시되어 있다. 즉 영유아에 대한 급식은 보육시설에서 직접 조리하여 공급하는 것을 원칙으로 하며, 유아 100인 이상을 보육하는 시설은 영양사 1인을 두어야 하고, 영양사는 영유아의 건강 · 영양 및 위생을 고려하여 보육시설의 급식 · 간식을 관리하여야 한다.

  영양사(5개 이내의 보육시설이 공동으로 두는 영양사를 포함한다)를 두고 있지 않은 100명 미만의 영유아 보육시설은 인근 보육정보센터 및 보건소 등에서 근무하는 영양사의 지도를 받아 식단을 작성하여야 한다. 또한 시간 연장형 보육시설(야간보육)은 저녁식사 및 저녁간식 메뉴도 작성하여야 한다.

영양사의 직무(식품위생법 시행규칙 제44조)

1. 식단작성, 검식 및 배식관리
2. 구매식품의 검수 및 관리
3. 급식시설의 위생적 관리
4. 집단급식소의 운영일지 작성
5. 종업원에 대한 영양지도 및 위생교육

표 4-31 보육시설과 유치원 급식의 법적 근거

영유아 보육시설		유치원	
법적 근거	내 용	법적 근거	내 용
영유아보육법 [법률 제10339호, 보건복지부(보육정책과), 2010. 7. 5 개정]	제33조(급식 관리)에 의하면 보육시설의 장은 영유아에게 보건복지부령으로 정하는 바에 따라 균형 있고 위생적이며 안전한 급식을 하여야 한다.	유아교육법 [일부 개정 2010. 3. 24 법률 제10176호]	제17조(건강검진 및 급식)에 의하면 ① 원장은 교육하고 있는 유아에 대하여 건강검진을 실시하고, 그 결과 치료가 필요한 유아에게는 보호자와 협의하여 필요한 조치를 하여야 한다. ② 원장은 교육하고 있는 해당 유치원의 유아에게 적합한 급식을 할 수 있다. ③ 제1항에 따른 건강검진의 실시 시기 및 그 결과처리에 관한 사항과 제2항에 따른 급식 시설·설비 기준 등에 관하여 필요한 사항은 교육과학기술부령으로 정한다.
영유아보육법 시행규칙 [(타)타법개정 2010. 3. 19 보건복지부령 제1호]	제34조(급식 관리) ① 법 제33조에 따른 급식은 영유아가 필요한 영양을 섭취할 수 있도록 영양사가 작성한 식단에 따라 공급하여야 한다. 이 경우 영양사(5개 이내의 보육시설이 공동으로 두는 영양사를 포함한다)를 두고 있지 아니한 100명 미만의 영유아를 보육하고 있는 보육시설은 보육정보센터 및 보건소 등에서 근무하는 영양사의 지도를 받아 식단을 작성하여야 한다. ② 영유아에 대한 급식은 보육시설에서 직접 조리하여 공급하는 것을 원칙으로 한다.	유아교육법 시행규칙[일부개정 2010. 6. 8 교육과학기술부령 제63호]	제3조(급식 시설·설비기준 등)에 의하면 ① 법 제17조 제3항에 따라 급식을 하는 유치원에서 갖추어야 할 시설·설비기준은 [별표 1]과 같다. ② 한 번에 100명 이상의 유아에게 급식을 제공하는 유치원에는 〈식품위생법〉 제53조에 따라 면허를 받은 영양사 1명을 두어야 한다. 다만, 급식시설과 설비를 갖추고 급식을 하는 2개 이상의 유치원이 인접하여 있는 경우에는 〈지방교육자치에 관한 법률 시행령〉 제5조에 따른 같은 교육청의 관할구역에 있는 5개 이내의 유치원은 공동으로 영양사를 둘 수 있다.

• 유치원 : 유치원의 경우 〈유아교육법〉 17조와 〈유아교육법〉 시행규칙 3조에 의하여 한 번에 100명 이상의 유아에게 급식을 제공하는 유치원에는 영양사 1명을 두어야 한다. 그러나 같은 교육청 관내에 급식시설과 설비를 갖추고 급식을 하는 2개 이상의 유치원이 인접하여 있는 경우에는 같은 교육청의 관할구역에 있는 5개 이내의 유치원이 공동으로 영양사를 둘 수 있다.

(3) 급식관련 정보지원 체계

아동의 급식을 지원하는 체계는 다음과 같다.

① 중앙보육정보센터 :

보육정보센터는 〈영유아보육법〉 제7조 및 동법 시행령 제12조 내지 제17조와 지방자치단체 조례에 의해 1993년 처음 설치된 기관으로 영유아 보육에 대한 제반 정보제공 및 상담을 통하여 일반 주민에게 보육에 대한 편의를 도모하고 보육시설과의 연계체제를 구축하여 보육시설 운영의 효율성 제고하는 기관이다. 중앙보육정보센터와 전국에 지역 보육정보센터가 있다(부록 참조).

② 학교보건진흥원

서울특별시 학교보건진흥원(http://www.bogun.seoul.kr/)은 학교 보건환경, 급식에 관한 지도, 점검, 교육, 연구를 통한 학교 보건과 급식의 질 향상을 위한 사업을 수행하는 기관이다.

그 중 급식지원과에서 학교급식의 위생 · 안전관리, 식재료관리, 시설관리 및 기술 지원, 교육 · 연수 등 학교 급식의 품질 향상을 위해 지원하고 있다.

③ 유아교육진흥원

서울특별시 유아교육연구원(http://www.seoul-i.go.kr)은 유아교육지원체제 구축을 위해 서울특별시교육청에서 설립한 유아교육전담기관으로 연구 및 연수 지원, 프로그램 개발, 체험프로그램, 정보제공 등을 하고 있으며, 급식 정보도 일부 제공하고 있다.

급식시설 · 설비기준

급식시설 · 설비기준은 〈영유아보육법〉과 〈유아교육법〉 시행규칙 제3조 제1항에 따른다.

(1) 조리실

- 조리실은 교실과 떨어지거나 차단되어 유아의 학습에 지장을 주지않도록 하되, 식품의 운반과 배식이 편리한 곳에 두어야 한다.
- 조리실은 작업과정에서 교차오염(交叉汚染)이 발생하지 않도록 벽과 문을 설치하여 전처리실(前處理室), 조리실 및 식기구세척실로 구획한다. 다만, 100명 이상에게 급식을 제공하는 경우로서 이러한 구획이 불가능한 경우와 100명 이하에게 급식을 제공하는 경우에는 교차오염을 방지할 수 있는 다른 조치를 하여야 한다.
- 조리실의 내부벽, 바닥 및 천장은 내화성(耐火性), 내수성(耐水性) 및 내구성(耐久性)이 있는 재질로 하여 청소와 소독이 쉽고 화재를 예방할 수 있도록 하여야 한다.
- 출입구와 창문에는 해충 및 쥐의 침입을 막을 수 있는 방충망 등 적절한 설비를 갖추어야 한다.
- 조리실 내의 증기와 불쾌한 냄새 등을 빨리 배출할 수 있도록 환기시설을 설치하여야 한다.
- 조리실의 조명은 220럭스(lux) 이상이 되도록 하여야 한다.
- 조리실에는 필요한 곳에 손 세척시설이나 손 소독시설을 설치하여 손에 의한 오염을 막아야 한다. 다만, 100명 이상에게 급식을 제공하는 경우에는 손 세척시설과 손 소독시설을 모두 설치하어야 한다.
- 조리실에는 온도 및 습도관리를 위하여 적정 용량의 급배기(給排氣)시설 또는 냉·난방시설 등 적절한 시설을 갖추거나 적절한 조치를 하여야 한다.

(2) 설비·기구

- 냉장실 또는 냉장고와 냉동고는 식재료의 보관, 냉동 식재료의 해동(解凍), 가열 조리된 식품의 냉각 등에 충분한 용량과 온도(냉장고 5℃ 이하, 냉동고 -18℃ 이하)를 유지하여야 한다.
- 조리, 배식 등의 작업을 위생적으로 하기 위하여 식품 세척시설, 조리시설, 식기구 세척시설, 식기구 보관장, 덮개가 있는 폐기물 용기 등을 갖추어야 하며, 식품과 접촉하는 부분은 내수성 및 내부식성(耐腐蝕性) 재질로 하여 씻기 쉽고 소독·살균이 가능하도록 하여야 한다.
- 식기구를 소독하기 위하여 전기살균소독기 또는 열탕소독시설을 갖추거나 충분히 세척·소독할 수 있는 세정대(洗淨臺)를 설치하여야 한다.

• 냉장식품을 검수(檢收)하거나 가열조리 식품의 중심온도를 잴 때 사용할 수 있는 전자식 탐침(探針) 온도계를 갖추어야 한다.
• 조리작업을 하는 곳에 두는 쓰레기통은 뚜껑이 있는 페달식으로 하여 파리와 같은 해충의 접근을 막아야 한다.

(3) 식품 보관실

• 식품 보관실은 환기와 방습(防濕)이 잘 되어 식품과 식재료를 위생적으로 보관하기에 적합한 곳에 두되, 해충 및 쥐의 침입을 막을 수 있는 방충망 등 적절한 설비를 갖추어

보육시설 조리실 비품의 위생적인 관리를 위한 지침

• 식기류(예: 접시, 식판, 수저 등)는 청결하게 보관하고 관리한다.
• 영유아용 물컵은 먼지와 습기가 없는 건조한 곳에 청결하게 보관하고 관리한다.
• 영유아용 개별 컵을 준비하거나 청결한 컵을 여러 개 비치하고, 사용 전과 후로 구분하여 영유아들이 물을 마실 때 같은 컵을 쓰지 않도록 한다.
• 영아(만 0~1세) : 수유가 필요한 영아의 경우 항상 소독이 된 청결한 상태의 우유병과 젖꼭지를 사용한다.

참고

• 세균 번식이 쉬운 도마는 생식품용과 조리된 식품용, 채소용과 고기용 도마를 서로 분리하여 교차오염을 방지해야 한다.
• 하나의 식칼로 생선, 육류, 채소 등 여러 가지 재료를 함께 다루게 되면 교차오염 발생 가능성이 높으므로 식재료를 육류, 어패류, 채소, 조리완제품으로 구분하여 각각 다른 칼을 사용하고, 사용 후 위생적으로 소독하여 항상 청결하게 관리한다.
• 행주는 용도에 따라 조리용, 기구용, 청소용으로 구분하여 사용한 후 매일 살균처리하여 건조하게 보관해야 한다.
• 일반적으로 많이 사용하는 스펀지, 양면 수세미도 물을 잘 흡수하여 세균을 증식시키는 원인이 될 수 있으므로 사용 후 반드시 건조시킨다.
• 도마의 소독은 소독세제에 30분 이상 담가둔 후 끓는 물로 헹구어 햇빛에 건조시켜 말려야 한다.

자료: 식품의약품안전청(2009); 보건복지가족부(2010).
2010 보육시설 평가인증 지침서(40인 이상 보육시설), pp196-197

야 한다.

- 식품과 소모품은 별도로 구분된 장소에서 보관하도록 하되, 부득이하게 함께 보관할 경우 서로 섞이지 않도록 분리하여 보관하여야 한다.
- 환기시설이나 환기창 등 통풍을 위한 적절한 시설을 갖추거나 적절한 조치를 하여야 한다.

조리 및 배식

(1) 식자재 관리

보육시설에서 제공되는 급식 · 간식은 시설 내에서 직접 조리하여 공급하는 것을 원칙으로한다. 특히 영유아가 섭취하는 식품의 식자재를 위생적으로 관리하는 것은 이들의 건강 유지를 위해 반드시 필요하다. 모든 식자재는 반드시 신선한 것을 구입하여 유통기한 내 사용하며, 식자재 보관요령을 준수하여 그에 맞는 적절한 장소에 보관하여야 한다. 조리과정과 배식과정 모두 위생적으로 이루어져야 단체급식에서 발생할 수 있는 문제(식중독 등)를 사전에 예방할 수 있으며, 영유아의 신체적 성장과 건강 유지가 가능하다. 보육시설에서는 영유아들이 원할 때 언제나 물을 마실 수 있도록 이용하기 쉬운 곳에 마실 물을 준비해 두어야 한다. 모유나 우유를 관리하는 과정도 위생적으로 이루어져야 한다.

또한 〈농수산물의 원산지 표시에 따른 법률〉의 시행령, 시행규칙이 제정 · 공포(2010. 8. 5 시행)됨에 따라 집단급식소에서 쌀 및 배추김치, 소고기, 돼지고기, 닭고기, 오리고기나 그 가공품을 조리하여 제공하는 경우 반드시 원산지를 표시하여야 한다.

(2) 조 리

보육시설 및 유치원에서는 음식물 조리가 위생적으로 이루어져야 하며, 음식물을 위생적으로 조리하기 위해 다음의 지침을 참고하는 것이 바람직하다.

- 조리 전 비누를 사용하여 손을 깨끗하게 씻는다.
- 음식을 조리할 때는 앞치마, 위생모, 위생복, 위생화 등을 착용한다.
- 식재료 준비작업은 바닥에서 하지 않으며, 작업 시 맨손으로 처리하지 않고 위생장갑을 사용한다(맨손 조리 허용작업 : 채썰기, 찢기, 껍질 벗기기, 과일 전처리).
- 음식을 조리하는 사람은 귀고리, 반지, 매니큐어 등을 착용하고 조리할 수 없으며, 조리 전 건강 상태를 확인한다(감기, 설사, 손의 상처 등).

보육시설의 바람직한 식자재 관리법

- 모든 식자재는 신선한 것을 구입하여 소비기한, 식품구입날짜 등을 표기한다.
- 각 식재료별 보관방법을 확인한 후 그에 맞게 냉장, 냉동, 실온 보관하며, 선입선출을 지킨다.
- 남은 음식이나 유통기한이 지난 식자재는 반드시 폐기하고, 쉽게 변할 수 있는 식품이 장시간 상온에서 노출되는 일이 없도록 한다.
- 끓여서 식힌 물이나 생수를 영유아들에게 제공한다.
- 영유아들이 마실 물은 항상 청결하게 관리되어야 하며, 정수기를 사용할 경우 정수기 꼭지와 필터는 정기적인 위생관리가 이루어져야 한다.
- 영아(만 0~1세) : 영아를 위한 모유나 우유를 꼭 냉장고에 보관하고, 분유는 습기가 없는 곳에 보관하여야 한다. 먹다 남은 우유나 모유는 바로 버리도록 한다.

자료: 보건복지가족부(2010). 2010 보육시설 평가인증 지침서(40인 이상 보육시설)

- 식재료 준비작업 후 싱크대를 세척, 소독한 후 조리작업을 실시한다.
- 문제를 발생시킬 수 있는 식중독균을 완전 사멸시키거나 안전한 수준 이하로 관리하기 위해서는 적절한 가열온도로 조리해야 한다.
- 육류, 가금류, 어패류 등을 가열처리할 때 중심부가 완전히 가열되었는지 확인하고 음식을 수시로 저어 음식의 온도가 균일하게 유지하도록 한다.

(3) 배 식

보육시설 및 유치원에서는 급식 · 간식 전후로 사용하는 식탁을 항상 청결하게 관리하고, 각각의 음식마다 집게 또는 일회용 장갑을 사용하여 위생적으로 배식을 관리해야 한다.

(4) 보존식

보육시설이나 유치원 급식소에서는 식중독의 사고가 발생했을 때 그 원인을 명확하게 하고 적절한 대응책을 강구하기 위해 급식시설에서는 급식을 한 후 그날 조리된 식단의 1인분량(메뉴당 50~150g)을 살균 처리된 보존식 전용용기에 담아 −18℃ 이하에서 144시간(6일) 이상 보존식을 보관하여야 한다.

보존식의 법적근거

〈식품위생법〉 제88조(집단급식소) [개정 2009. 2. 6/시행일자 2009. 8. 7]

② 집단급식소를 설치 · 운영하는 자는 집단급식소 시설의 유지 · 관리 등 급식을 위생적으로 관리하기 위하여 다음 각호의 사항을 지켜야 한다.

2. 조리 · 제공한 식품의 매회 1인분 분량을 보건복지가족부령으로 정하는 바에 따라 144시간 이상 보관할 것

보관방법

144시간(6일) 이상 보관한다. 6일 이상 보관해도 된다.

또한 보존식 기간 중 휴무일 제외 규정은 없다. 따라서 6일 이상 보관하고 폐기하면 된다.

보관기간 예

월요일 보존식 → 일요일 이후 폐기 (월요일날 폐기해도 된다. 144시간(6일) 이상 보관한다)

화요일 보존식 → 월요일 이후 폐기

수요일 보존식 → 화요일 이후 폐기

목요일 보존식 → 수요일 이후 폐기

금요일 보존식 → 목요일 이후 폐기

토요일 보존식 → 금요일 이후 폐기

일요일 보존식 → 토요일 이후 폐기

* 토, 일, 국경일 등 상관없이 무조건 144시간(6일) 이후에 폐기한다.

급식 종사자의 건강 진단

보육시설 급식 종사자는 1년에 1번 장티푸스, 폐결핵, 전염성 피부질환(한센병 등 세균성 피부 질환)에 대한 건강진단을 받아야 한다. 급식 종사자의 건강검진을 받은 후 건강진단 결과서(구, 보건증)를 받아 보육시설의 장에게 제출하여야 한다.

유치원 급식 종사자는 식품취급 및 조리작업자는 6개월에 1회 건강진단을 실시하며, 다만 폐결핵검사는 연 1회 실시할 수 있다.

급식시설 위생 및 안전관리

급식시설 안전관리를 철저히 하기 위하여 위생안전관리 점검표를 만들어 관리한다.

보육시설 종사자의 건강진단

- 영양사, 조리사, 취사부 : 〈식품위생법〉 제26조 제1항 및 동법 시행규칙 제34조의 규정에 의한 건강진단(장티푸스, 폐결핵, 전염성 피부질환)으로 갈음한다.
- 보육교사는 비사무직 근로자에 해당되어 연 1회 건강검진실시 대상이다(〈국민건강보험법〉 시행령 제26조 제3항).

유치원 종사자의 건강진단

식품취급 및 조리작업자는 6개월에 1회 건강진단을 실시하고, 그 기록을 2년간 보관하여야 한다. 다만, 폐결핵검사는 연 1회 실시할 수 있다(국무총리 지시 제2004-7(2004. 3. 9)호 및 학교급식의 위생 · 안전관리기준(제6조 제1항 관련)).

표 4-32 보육시설 위생안전점검표

년 월 일

구 분	점검내용	월( )	화( )	수( )	목( )	금( )	토( )	비 고
종사자위생	위생복의 착용상태 · 청결상태							
	배식시 위생장갑 착용상태							
	손에 난 상처여부							
	장식 착용여부(매니큐어, 반지 등)							
주방위생	바닥 및 하수도 청결상태							
	배식대의 청결상태							
	배수구 처리 및 악취상태							
	음식준비 지역에서의 금연상태							
	주방의 온도 및 통풍상태							
	주방의 조명상태							
	쥐, 곤충의 유무상태							
기기류 · 설비	행주 · 도마의 세척 및 청결상태							
	식기보관실의 청결상태							
	식품창고 정리정돈, 청결상태							
	냉장 · 냉동고 가동상태 및 정리정돈							
	창틀 및 방충망 청결상태							
	잔반처리장 주변 청결상태							
안전점검	가스자동차단밸브는 이상이 없는가?							
	밥솥 고장 및 가스누설 여부							
	소화기 위치 확인 및 상태							
	전열기구의 플러그 및 콘센트 상태							
	가스배관 부식 및 손상부는 없는가?							
	화기주변에 가연성 물건은 없는가?							

※ 양호 ○, 보통 △, 불량 × (불량일 경우는 비고란에 기록)

표 4-33 보육시설 급식관리 체크리스트

위생관리

연 번	점검사항	점 검
1	작업 전 건강상태를 확인한다.(감기, 설사, 손 상처자 등 조리금지)	
2	위생복, 위생화, 앞치마, 위생모를 착용한다.	
3	배식 시 배식 전용기구, 마스크, 위생장갑을 사용하고 있다.	
4	유통기간 확인 및 선입선출을 준수하고 있다.	
5	식재료 보관실은 항상 청결을 유지하고 있다.	
6	가열 식품의 중심온도를 측정 · 확인하고 있다.	
7	조리 후 관리 및 오염방지를 위한 조치를 취하고 있다.	
8	보존식 보존 및 관리기준을 준수하고 있다(배식 직전 소독된 전용용기에 1인 분량을 채취하여 −18℃ 이하에서 144시간 이상 보관)	
9	식기류 및 조리기구의 세척, 소독을 철저히 하고 있다.	
10	쓰레기 및 잔반은 즉시 처리하고 있다.	
11	세제, 소독제, 살충제에 라벨을 부착하고 분리보관하여 오염 또는 혼입을 방지하고 있다.	
12	방충, 구서 등을 위한 정기적인 방역 소독필증을 보관하고 있다.	

식재료관리

연 번	점검사항	점 검
1	식재료의 입고날짜를 기록한 라벨을 부착하고 있다.	
2	식재료 검수일지를 작성하고 보관하고 있다.	
3	식재료의 재고관리(기록유지)를 실시하고 있다.	

작업관리

연 번	점검사항	점 검
1	조리 후 2시간 이내 배식하고 있다.	
2	영양사가 작성한 식단을 사용하고 있다.	
3	표준 레시피를 작성하고 있다.	
4	영양사나 교사는 검식 후 검식일지 작성 및 배식 점검을 하고 있다.	

시설 · 설비관리

연 번	점검사항	점 검
1	조리장을 오염작업 구역과 비오염작업 구역으로 구분하고 있다.	
2	조리장 바닥과 배수로에는 물고임 및 냄새역류방지 시설이 설치되어 있다.	
3	후드, 환풍기, 생수기, 자외선소독기가 설치되어 있고 청결하다.	
4	칼, 도마 등을 소독하는 소독시설과 위생적인 보관설비를 구비하고 있다.	
5	방충, 방서를 위한 적정 설비가 구비되어 있고 정기적으로 관리하고 있다.	

표 4-33 (계속)

급식경영관리		
연 번	점검사항	점 검
1	조리실 내에 단체급식 신고필증, 영양사면허증, 조리사자격증이 게시되어 있다.	
2	보육시설에서 직접 조리하고 있다.	
3	급식운영계획서가 비치되어 있다.	
4	급식일지를 작성하고 보관하고 있다.	
5	위생점검일지를 작성하고 보관하고 있다.	
6	운영위원회를 통해 자체점검을 실시하고 있다.	
7	급식내용을 공개(실물 전시, 홈페이지 게시 등)하고 있다.	

자료 : 보건복지부(2009). 2009 보육사업안내, 〈식품위생법〉 개정에 따라 보존식 내용 일부 변경

표 4-34 유치원 급식위생지도 점검표

항 목	그렇다	아니다	비 고
개인위생			
1. 주방전용 위생복장(위생복, 모자, 신발)을 청결하게 착용하였는가?			
2. 조리종사자의 건강상태 확인 후 적절한 조치가 되었는가?			
3. 6개월에 1회 건강진단을 실시하고 그 기록을 2년간 보관하였는가?			
4. 악세사리 착용이나 매니큐어를 사용하지 않았는가?			
5. 올바른 손씻기, 소독으로 손에 의한 오염이 일어나지 않도록 관리하는가?			
식재료 공급			
6. 유치원 급식 식재료의 품질관리 기준에 적합한 식품을 구입 또는 납품받는가?			
7. 식재료 검수시 품질과 온도, 제조일 또는 유통기한 등을 확인 및 기록하는가?			
식품 저장(냉장 · 냉동고, 식품보관실)			
8. 냉장 · 냉동고 내부의 청소 및 관리가 제대로 되어 있는가? (생식품과 조리식품의 분리 냉장 등)			
9. 냉장 · 냉동고의 적정 온도를 확인하는가?(냉장: 5℃ 이하, 냉동: -18℃ 이하)			
10. 조리, 가공된 식품의 제조일자 표시와 유통기한 관리(조리된 식품의 냉장 보관시 조리일자 표시 포함)를 제대로 하고 있는가?			
11. 유통기한이 경과된 원료 또는 완제품을 조리할 목적으로 보관하거나 이를 음식물의 조리에 사용하지는 않았는가?			
12. 식품보관실 내 물품을 바닥에서 30cm 이상 띄워서 보관하는가?			
13. 식품과 소모품은 별도로 구분된 장소에서 보관하거나 서로 혼입되지 않도록 분리하여 보관하는가?			

표 4-34 (계속)

항 목	그렇다	아니다	비 고
식품 취급			
14. 조리된 식품을 맨손으로 취급하지 않는가?			
15. 식품취급 등의 작업은 바닥으로부터 60cm 이상의 높이에서 실시하여 오염을 방지하는가?			
16. 식품을 충분히 가열조리(74℃ 이상) 하는가?			
17. 채소와 과일을 깨끗이 세척하고 소독하는가?			
18. 원료나 조리과정에서 교차오염을 방지하기 위하여 칼과 도마, 고무장갑 등 조리기구 및 용기를 구분하여 사용하는가?			
배식			
19. 배식시 음식의 적온(찬 음식 5℃ 이하, 더운 음식 57℃ 이상)이 유지되도록 관리되는가?			
20. 배식시 위생장갑을 사용하며, 위생적인 배식도구를 이용하는가?			
21. 조리한 식품은 매회 1인분 분량을 −18℃ 이하에서 144시간 이상 보관하는가?			
22. 세정대 · 조리대 · 작업대 · 배수구 등을 청결하게 관리하는가?			
23. 칼, 도마, 행주를 위생적으로 관리 · 소독하는가?			
쓰레기 처리			
24. 쓰레기통은 뚜껑이 있는 페달식이며 청결하게 관리하는가?			
방충 구서 대책			
25. 벌레나 쥐 등의 침입을 방지하도록 적절한 조치 및 관리가 이루어지는가?			
26. 〈전염병예방법〉 시행령 제 11조의 2에 따라 급식시설에 대하여 소독을 실시하고 소독필증을 비치하는가?			
시설 · 설비 · 기구 관리			
27. 사용이 끝난 후에 기구를 세척 · 소독하는가?			
28. 손 세척시설이나 손 소독시설이 구비되어 있는가?(100인 이상인 경우에는 손 세척시설과 손 소독시설이 모두 구비되어야 함)			
29. 조리실의 조명은 220럭스(lux) 이상인가?			
30. 조리실은 벽과 문을 이용하여 전처리실 및 세척실과 구분되어 있는가?? 그렇지 않을 경우 교차오염을 방지할 수 있는 적절한 조치를 하였는가?			
31. 조리실 내의 증기, 이취 등을 신속히 배출할 수 있도록 환기시설을 설치하였는가?			
32. 시설 · 설비 · 바닥, 벽, 천정 등 파손된 곳은 없는가?			
33. 조리실은 온도 및 습도관리를 위하여 급배기 또는 냉 · 난방시설 등 적절한 시설을 설치하였는가?			
34. 조리작업을 하는 주위의 벽과 바닥, 천장은 내수 · 내구성 있는 재질로 설비되었으며 청소와 소독이 용이한가?			
35. 식품과 직접 접촉하는 부분은 위생적인 내수성 재질(스테인레스 · 알루미늄 · 에프알피(FRP) · 테프론 등)로서 씻기 쉽고, 열탕 · 증기 · 살균제 등으로 소독 · 살균이 가능한가?			

표 4-34 (계속)

항 목	그렇다	아니다	비 고
기타 준수 사항			
36. 조리하는 사람이 아닌 외부인의 출입이 통제되는가?			
37. 급식용수로 수돗물이 아닌 지하수를 사용하는 경우 소독 또는 살균하여 사용하는가?			
38. 출입 · 검사 등 기록부를 최종 기재일로부터 2년간 보관하고 있는가?			
39. 집단급식소의 설치 · 운영자 또는 그 집단급식소의 식품위생 관리책임자는 위생교육을 받았는가?			
40. 영양사, 조리사를 두었는가?			

자료 : 교육인적자원부(2007). 유치원급식 운영관리 지침서, 〈식품위생법〉 개정에 따라 적온, 보존식 및 조리실 조명 내용 일부 변경

6) 식단 및 식사예절 평가

(1) 식단 평가

식단계획 작성 후 식단표에 대해 고려해야 할 평가항목은 다음과 같다.

- 영양섭취의 균형을 위하여 여섯 가지 기초식품군을 골고루 사용하였는가?
- 식품의 구입 가능성과 가격을 고려한 계절식품을 이용하였는가?
- 각 식단에서 색, 맛, 질감, 형태, 조리방법, 온도 등의 대비가 이루어졌는가?
- 식단이 완성되기까지 인력, 기구 등의 이용가능성을 고려하였는가?
- 특정한 식품이나 완성되기까지 인력, 기구 등의 이용가능성을 고려하였는가?
- 식단의 전체적인 조화가 이루어졌는가?
- 아동이 기쁘게 식사할 수 있겠는가?
- 음식을 만들고 배식하는 것에 있어서 무리가 없는가?

(2) 식사예절 평가

식사예절에 대해 다음 항목을 평가해 본다.

- 식사 전에는 반드시 손을 깨끗이 씻고 복장을 단정히 하나요?
- 식사 전후, 감사하는 마음을 갖고 이를 말로 표현하나요?
- 어른들과 함께 식사를 할 때에는 어른이 먼저 수저를 든 다음에 식사를 하나요?
- 돌아다니지 않고 제자리에 앉아서 식사하나요?

- 식사를 할 때 숟가락과 젓가락을 함께 들지는 않나요?
- 숟가락과 젓가락을 그릇에 걸쳐 놓지는 않나요?
- 밥그릇과 국그릇을 들고 먹지는 않나요?
- 젓가락질 바르게 하나요?
- 좋아하는 음식만을 골라 먹지는 않나요?
- 음식을 씹을 때 입을 다물고 씹나요?
- 음식을 먹을 때에는 소리내어 먹지 않나요?
- 음식을 입 안에 넣은채 말하지는 않나요?
- 음식을 손으로 집어 먹지는 않나요?
- 반찬을 집을 때에는 젓가락으로 뒤적거리지 않나요?
- 식사 중에 기침이나 재채기가 나면 얼굴을 옆으로 돌리고 입을 가리나요?
- 식사 중에 팔꿈치나 손을 식탁 위에 올리거나 턱을 괴지는 않나요?
- 식사 중에 책이나 TV 등을 보지는 않나요?
- 식사 중에 큰소리로 떠들거나 기분 나쁜 말이나 불결한 이야기를 하지는 않나요?
- 같이 식사하는 사람과 식사 속도를 맞추나요?
- 지나치게 욕심을 부려 음식을 남기지는 않나요?
- 식사를 마친 후 자기 주변을 깨끗하게 정리하나요?

7) 편 식

아동이 어느 정도 자라면 조금이라도 싫어하는 음식은 거의 먹지 않으려고 한다. 또한 같은 음식이라도 조리법에 따라 맛있게 먹는가 하면 때로는 전혀 먹지 않을 때도 있다. 이런 경우 아이들이 잘 먹지 않는다고 아이들에게 실망하는 표정을 보이거나 먹도록 강요하는 것은 바람직하지 않다. 누구에게나 싫어하는 식품이 한두 가지 있을 수 있으나 아동의 경우 성장기에 있기 때문에 이 시기의 균형 잡힌 영양공급은 올바른 정서 발달과 성격 형성에 중요한 영향을 미치므로 특별히 관심을 가져야 한다. 대부분 아이들의 편식은 가정환경에 의한 것이 일반적이다. 예를 들어, 가족의 편식, 불규칙적인 간식, 아이들의 기호가 배려되지 않은 늘 같은 조리법, 아이들에 대한 과잉보호 등이 편식의 원인이 될 수 있다. 따라서 편식의 원인을 알고 그 원인을 개선하는 것이 무엇보다 중요하고 시급한 일이다. 일반적으로 아이들이 싫어하는 식품은 당근, 양파, 시금치, 파 등의 채소류와 콩류 그리고 생선 등이 있다.

(1) 편식의 원인

- 이유 시기에 한 가지 음식만을 공급하여 기호도 고정
- 식단의 결함
- 음식을 지나치게 강제로 먹이기
- 편중된 식품구매로 인한 사용식품의 제한
- 식사 중 꾸지람 등 좋지 않은 식사환경
- 과보호
- 당분의 과잉 섭취
- 먹은 음식에 의해 구토나 복통 등의 나쁜 경험

(2) 편식의 결과

- 허약해진다.
- 친구들과 함께 오래 놀지 못한다.
- 병균에 대한 저항력이 약해서 감기에 잘 걸린다.
- 무슨 일에든지 짜증을 자주 부리고 보챈다.
- 변비가 생긴다.
- 빈혈이 생긴다.
- 비만해진다.

(3) 편식의 교정지도

- 편식의 원인을 알아낸다.
- 음식을 강제로 먹이지 않는다.
- 식탁 주위를 화목하고 즐겁게 한다.
- 식사량은 적은 듯 하게 한다.
- 지나치게 단맛이나 자극적인 음식을 줄인다.
- 새로운 조리법을 통해 식품의 섭취 경험을 높인다.

편식 종류에 따른 지도방법의 예

① 시금치를 싫어하는 경우

만화영화 〈뽀빠이〉 이야기를 해주거나 실제로 TV나 만화영화를 보여 준다.

② 콩을 싫어하는 경우

깍지가 있는 콩을 엄마와 아이가 같이 까서 그릇에 담는다. 식사 때 아이가 까놓은 콩이 아이 밥에 있는 바로 그 콩임을 상기시키며, 또한 그 콩이 아이 입에 빨리 들어가서 크고 건강한 어린이로 자라길 원하고 있다는 등의 이야기를 해준다.

③ 당근을 싫어하는 경우

냉장고 문에 자석으로 된 예쁜 당근 모형을 붙여 놓고, 당근은 영양가가 많아 눈을 좋게 해주므로 잘 볼 수 있다는 것을 설명한다. 그러나 당근은 아이들이 싫어하는 대표적인 채소 중의 하나이므로 당근을 조리할 때 잘게 썰어 다른 채소와 함께 오므라이스를 만들고 그 위에 케첩으로 예쁜 모양을 그려 주면 호기심을 유발하여 잘 먹게 된다.

④ 양파를 싫어하는 경우

양파는 그 씹히는 질감을 싫어하는 경우가 많으므로 조리 시 크기를 작게 해서 조리하고, 너무 많이 익혀서 물렁해지지 않게 하는 것이 좋으며, 좋아하는 식품이나 음식에 같이 섞어 조리할 수도 있다. 특히 양파의 매운맛을 싫어하는 경우 물에 약간 담아 두었다가 매운 맛을 우려낸 후 조리하면 된다.

⑤ 엄마, 아빠가 싫어하는 채소를 아이가 싫어하는 경우

엄마, 아빠가 싫어하는 채소를 아이가 싫어하는 경우가 많으므로 엄마, 아빠가 아이 앞에서 그 채소를 맛있게 먹는 것을 보여 주거나 엄마, 아빠가 함께 참여하여 채소를 이용한 조리를 하는 노력이 필요하다.

⑥ 생선류를 잘 안 먹는 경우

생선의 가시와 비린내를 싫어해서 잘 먹지 않는 경우가 많이 있으므로 생선을 살만 발라 내어 밀가루옷을 입혀 튀겨 낸 후 설탕, 간장, 케첩 등으로 조려 강정으로 만들어 준다.

⑦ 때와 장소에 따라서 음식기호도가 달라지는 경우

싫어하는 음식도 때때로 야외에서 또래친구들과 함께 놀거나 운동도 하면서 같이 먹게 하는 등 가끔 이벤트를 만들어 본다.

가정 연계를 통한 편식 교정의 예

① 식사 그림일기 그리기

집에서의 식사생활을 그림으로 그리도록 가정통신문을 통하여 전달하며 부모님이 지도하도록 협조문을 함께 보낸다.

② 주말 지낸 이야기(요리실습)

1~2달에 한 번 주말 지낸 이야기에 가족과 함께 요리 실습하기를 교육지도안에 도입하도록 한다.

③ 엄마와 함께 시장보기

엄마와 함께 시장보기를 통하여 식품을 선택하는 방법을 익히도록 지도한다

④ 식사일기 표시 스티커 놀이

★ 나는 이렇게 식사해요 - 식사일기

나와의 약속	월 일	월 일	월 일	월 일	월 일	월 일	월 일
1. 식사 전에 꼭 손을 씻습니다.							
2. 자세를 바르게 하고 식사를 합니다.							
3. 반찬 투정을 하지 않습니다.							
4. 천천히 잘 씹어 먹습니다.							
5. 우유를 마셨습니다.							
빨강 - 잘했어요 파랑 - 노력할게요							
나의 반성							
선생님은 이렇게 생각해요.							
부모님은 이렇게 생각해요.							

⑤ 놀이를 통한 방법

6칸의 기차를 만들어 각각의 칸에 각 식품군을 담아 잘 먹지 않아 비어 있는 칸이 있으면 기관사가 울고 있는 모습으로, 다 차있으면 웃는 모습으로 함께 참여하여 놀이한다.

8) 간 식

(1) 간식의 선택

간식은 유아 식생활의 일부분이므로 잘 선택해야 하는데, 유아에게 결핍되기 쉬운 영양소가 함유된 식품으로 선택한다. 간식을 선택할 때는 다음과 같은 요건을 생각하고 선택한다.

- 1일의 총열량과 단백질, 비타민 등을 고려하여 영양 섭취가 부족하다고 생각되는 것으로 선택한다.
- 수분과 무기질, 비타민 공급을 해줄 수 있는 과일이나 채소를 택한다.
- 지방과 단백질의 함량이 지나치게 높은 것은 위 내의 정체시간이 길어 정규식사에 영향을 주므로 소화가 잘 되며 가벼운 것으로 택한다.
- 시각적 · 미각적 만족을 줄 수 있는 것으로 택한다.
- 계절에 많이 나는 신선미가 있는 것으로 택한다.
- 편식의 습관은 갖지 않도록 주의한다.
- 식품첨가물(예; 유화제, 발색제, 보존제 등)이 함유된 인스턴트 식품, 탄산음료, 냉동식품과 과자류는 가능한 간식으로 제공되는 것을 피하는 것이 좋다.
- 간식으로 제공되는 식품은 가능한 식사와 중복되지 않는 것이 바람직하다.
- 오전 간식의 경우에는 죽이나 간단한 식사 등으로 세공할 수 있다.

(2) 간식의 분량 및 횟수

간식의 양이나 종류는 정규식사의 내용에 따라서 달라지는데, 대체로 한번에 많은 양이나 여러 종류의 음식을 주지 않도록 한다. 식사하기 전 1시간 이내에는 주지 않도록 하며, 오전(10시 30분 정도), 오후(3~4시경)에 한 번씩 하루에 두 번 주는데, 한 번에 1~2가지를 주는 것이 적당하다.

간식의 양이나 횟수가 많을 경우 정규식사에 영향을 주게 되며, 필요한 영양소의 섭취를 제대로 못하여 영양소 결핍의 원인이 될 수도 있고 치아가 상할 염려도 있다. 특히 자기 전에 간식을 먹을 경우 이를 반드시 닦도록 한다.

(3) 간식으로 적합한 음식

간식으로 열량, 단백질 및 칼슘, 비타민을 공급할 수 있다.

표 4-35 간식으로 적합한 음식의 종류

구 분	식품명
열량 급원식품	비스킷, 쿠키, 샌드위치, 밀전병, 감자, 고구마, 카스텔라, 밤, 옥수수, 주먹밥, 떡볶이, 핫케이크 등
단백질 및 칼슘 급원식품	우유, 요구르트, 치즈, 여러 종류의 달걀요리, 푸딩, 두유, 콩가루 섞인 미숫가루, 삶은콩, 땅콩, 소시지, 핫케이크, 두부구이, 햄카나페 등
비타민 급원식품	과일주스류, 과일쉐이크, 사과, 귤, 포도, 배, 복숭아, 감, 수박, 채소모듬전, 채소나 과일샐러드, 토마토, 참외, 오이와 당근 등의 생채소스틱 등

(4) 간식으로 부적당한 음식

경우에 따라서는 식품 그 자체 또는 조리방법에 따라 유아 간식으로 좋지 않은 경우도 있다.

표 4-36 간식으로 부적당한 음식

구 분	특 징
설익은 과일	설익은 사과, 바나나 등에 들어있는 탄닌이 소화장애를 일으킨다.
지방이 많은 음식	기름기가 많은 음식은 어린이의 소화기관을 자극하여 좋지 않다.
설탕 및 사탕	단것을 많이 섭취하면 식욕을 잃게 하여 필요한 성분의 섭취를 저해한다. 식사 후에 조금씩 주는 것은 무방하다.
탄산음료	식욕을 잃게 하며, 필요한 식품 섭취를 저해할 수 있다.
인공착색제나 향료가 강한 음식	소화기관을 자극하며, 인공착색제의 경우 인체에 해가 될 수 있다.
기 타	콩, 옥수수, 건포도, 땅콩, 실백 등은 유아가 씹기에 부적당하여 그대로 씹지 않고 넘길 우려가 있기 때문에 좋지 않다. 그러나 콩은 삶아서 걸러주거나 볶아서 가루로 하여 다른 식품과 같이 이용하면 좋다.

'만점간식'을 위해서

첫째, 과일, 빵, 고구마, 저지방우유, 달걀 등 몸에 좋은 기본 간식을 골고루 먹이면 좋다.
둘째, 피자는 샐러드와 탄산음료 대신 과일주스로 대치하도록 하는 지도가 필요하다.
셋째, 좋은 식습관을 갖도록 부모가 몸소 건강한 식습관을 실천하는 것이 중요하다.

간식의 실제

대추죽

대추의 속살과 밥, 좁쌀을 함께 끓여 달콤하면서도 부드러운 질감을 지닌 죽

- 재료 및 분량 : 좁쌀 15g, 건대추 10g, 깐밤 5g, 찹쌀가루 10g, 물 70g, 소금 적당량(재료 총중량 110g)
- 만드는 법
  1. 좁쌀을 씻어 불린다.
  2. 대추와 깐 밤을 냄비에 넣고 4컵의 물을 부어 대추가 무르도록 삶는다.
  3. 삶아진 대추를 손으로 주물러 대추 속살이 나오도록 한 다음 밤과 함께 체에 거른다.
  4. 좁쌀은 5배의 물을 부어 저어가면서 익힌다.
  5. 거른 대추 물을 4에 넣어 잘 섞은 다음 찹쌀물을 넣어 농도가 나도록 끓인다.
  6. 소금으로 간을 맞추고 준비한 그릇에 담아 낸다.

※ 좁쌀 대신 찹쌀가루를 사용해도 된다.
찹쌀풀은 찹쌀과 물을 1 : 1 로 섞어준다.

- 영양소

열 량	탄수화물	단백질	지 방	나트륨
132kcal	29.4g	3g	0.8g	2mg

자료: http://kidmenu.kfda.go.kr

간식의 실제

양송이버섯죽

양송이버섯의 향과 섬유소가 풍부한 미역이 조화를 이룬 부드러운 맛의 죽

- 재료 및 분량 : 쌀 30g, 양송이버섯 10g, 당근 10g, 양파 3g, 마른 미역 5g, 참기름 2g, 물 90g(재료 총중량 150g)
- 만드는 법

1. 불린 쌀을 믹서기로 살짝 간다.
2. 양송이버섯과 채소는 잘게 다지고, 마른 미역은 30분 정도 불렸다가 잘게 다진다.
3. 냄비에 참기름을 두르고 쌀을 볶다가 2의 재료를 넣어 한 번 더 볶아 준 후 물을 부어 쌀알이 퍼지도록 끓인다.

※ 죽은 항상 마지막에 소금간을 해야 묽어지지 않는다.

- 영양소

열 량	탄수화물	단백질	지 방	나트륨
136kcal	25.7g	4.3g	2.4g	309g

자료: http://kidmenu.kfda.go.kr

간식의 실제

완두콩수프

채소와 완두콩을 이용하여 신선한 푸른색이 유지되는 부드러운 질감의 수프

- 재료 및 분량 : 양파 다진 것 10g, 셀러리 다진 것 5g, 베이컨 13g, 완두콩 80g, 육수 120g, 생크림 2g, 소금 · 후추 각 적당량 (재료 총중량 230g)
- 만드는 법

1. 양파와 셀러리는 다지고, 베이컨은 적당한 크기로 잘라 준비한다.
2. 팬에 베이컨을 볶다가 양파, 셀러리를 넣고 색이 나지 않게 볶는다.
3. 채소가 볶아지면 완두콩을 넣고 충분히 볶아준다.
4. 완두콩이 반 정도 익으면 육수를 넣고 푹 끓여준다.
5. 완두콩이 다 익으면 믹서로 갈아 체에 걸러낸다.
6. 5를 냄비에 옮기고 기호에 맞게 소금, 후추, 생크림을 넣어 마무리한다.

※ 육수는 주로 닭뼈와 다양한 채소를 함께 넣고 끓인 닭육수를 이용한다.

- 영양소

열 량	탄수화물	단백질	지 방	나트륨
169kcal	20.8g	12.4g	4.7g	117mg

자료: http://kidmenu.kfda.go.kr

9) 비 만

아동 비만의 원인은 대부분 식품의 과다 섭취와 활동량 부족, 잘못된 식습관, 심리적인 요인 등이 복합적으로 작용하여 발생하는 단순성 비만으로 최근의 달라진 식습관으로 유전적 요인보다는 환경적 요인에 의한 비만이 증가되고 있다. 한 예로 너무 일찍 고형음식을 주거나 이유식으로 유아용 인공 조제품을 과다하게 사용하는 추세도 하나의 요인으로 작용하고 있다. 유아를 대상으로 한 식사요법 시 가장 우려되는 부분은 지나친 식이 제한으로 단백질, 무기질, 비타민 등 영양소가 부족해져 성장과 발육을 저해할 수 있으므로 유의해야 하며, 정상적 성장을 위해 단백질 등은 적정량 섭취하면서 운동과 과식을 조절하는 것이 바람직하다.

표 4-37 유아가 좋아하는 음식 및 간식류의 열량

식품명	어림치	중량(g)	열량(kcal)	식품명	어림치	중량(g)	열량(kcal)
라 면	1개	120	500	프렌치토스트	1쪽	30	100
컵라면	1개	65	300	애플파이	1쪽	90	295
김 밥	1개	30	40	피 자	1쪽	100	250
유부초밥	1개	30	50	핫도그	1개	100	280
찹쌀떡	1개	70	160	햄버거(A사)	1개	100	260
개핏떡	1개	30	80	햄버거(B사)	1개	130	310
송 편	1개	20	60	프라이드치킨(C사)	1쪽	70	210
소보로빵	1개	60	200	센베이과자(전병)	1개	7	25
링도넛	1개	30	125	아이스크림	1개	60	100
카스텔라	1개	100	317	밀크쉐이크	1컵	240	340
파운드케이크	1쪽	70	230	초콜릿	1개	30	150
핫케이크	1개	70	200	캐러멜	6개	30	120
코카콜라	1캔	250	100	홈런볼	1봉지	50	250
사이다	1캔	250	100	후레쉬베리	1개	40	180
우 유	1팩	200	120	초코빼빼로	1봉지	40	175
요구르트	1개	65	80	새우깡	1봉지	85	440
요플레	1개	110	120	포테이토칩	1봉지	55	310

자료 : 국민영양, 1997

2009 영유아를 위한 식생활 지침 및 실천지침

1. 생후 6개월까지는 반드시 모유를 먹이자.
   - 초유는 꼭 먹이도록 합니다.
   - 생후 2년까지 모유를 먹이면 더욱 좋습니다.
   - 모유를 먹일 수 없는 경우에만 조제유를 먹입니다.
   - 조제유에는 정해진 양대로 물에 타서 먹입니다.
   - 수유 시에는 아기를 안고 먹이며, 수유 후에는 꼭 트림을 시킵니다.
   - 자는 동안에는 젖병을 물리지 않습니다.

2. 이유식은 성장 단계에 맞추어 먹자.
   - 이유식은 생후 만 4개월 이후 6개월 사이에 시작합니다.
   - 이유식은 여러 식품을 섞지 말고 한 가지씩 시작합니다.
   - 이유식은 신선한 재료를 사용하여 간을 하지 않고 조리해서 먹입니다.
   - 이유식은 숟가락으로 떠먹입니다.
   - 과일주스를 먹일 때는 컵에 담아 먹입니다.

3. 유아의 성장과 식욕에 따라 알맞게 먹이자.
   - 일정한 장소에서 먹입니다.
   - 쫓아다니며 억지로 먹이지 않습니다.
   - 한꺼번에 많이 먹이지 않습니다.

4. 곡류, 과일, 채소, 생선, 고기 등 다양한 식품을 먹이자.
   - 과일, 채소, 우유 및 유제품 등의 간식을 매일 2~3회 규칙적으로 먹입니다.
   - 유아 음식은 싱겁고 담백하게 조리합니다.
   - 유아 음식은 씹을 수 있는 크기와 형태로 조리합니다.

자료 : 보건복지부 홈페이지, http://www.mw.go.kr

2009 어린이를 위한 식생활 지침 및 실천지침

1. 음식은 다양하게 골고루
   - 편식하지 않고 골고루 먹습니다.
   - 끼니마다 다양한 채소 반찬을 먹습니다.
   - 생선, 살코기, 콩 제품, 달걀 등 단백질 실품을 매일 한 번 이상 먹습니다.
   - 우유를 매일 두 컵 정도 마십니다.

2. 많이 움직이고, 먹는 양은 알맞게
   - 매일 한 시간 이상 적극적으로 신체활동을 합니다.
   - 나이에 맞는 키와 몸무게를 알아서, 표준체형을 유지합니다.
   - TV 시청과 컴퓨터 게임을 모두 합해서 하루에 두 시간 이내로 제한합니다.
   - 식사와 간식은 적당한 양을 규칙적으로 먹습니다.

3. 식사는 제때에, 싱겁게
   - 아침식사는 꼭 먹습니다.
   - 음식은 천천히 꼭꼭 씹어 먹습니다.
   - 짠 음식, 단 음식, 기름진 음식을 적게 먹습니다.

4. 간식은 안전하고, 슬기롭게
   - 간식으로는 신선한 과일과 우유 등을 먹습니다.
   - 과자나 탄산음료, 패스트푸드를 자주 먹지 않습니다.
   - 불량식품을 구별할 줄 알고 먹지 않으려고 노력합니다.
   - 식품의 영양표시와 유통기한을 확인하고 선택합니다.

5. 식사는 가족과 함께 예의바르게
   - 가족과 함께 식사하도록 노력합니다.
   - 음식을 먹기 전에 반드시 손을 씻습니다.
   - 음식은 바른 자세로 앉아서 감사한 마음으로 먹습니다.
   - 음식은 먹을 만큼 담아서 먹고 남기지 않습니다.

자료 : 보건복지가족부 홈페이지, http://www.mw.go.kr

사례 ②

영양 계획안

목표 및 기본방침

1. 목 표

어린이집에서 하루 종일 생활하는 원아들을 위해 올바른 위생관리 기준과 균형 잡힌 급식 제공을 위한 영양관리 기준을 제시하고 더욱 안전하고 체계적인 급식 환경을 조성하도록 한다.

2. 기본방침

○ 성장기 영유아들의 발육에 필요한 균형된 영양식 공급
○ 편식 교정, 올바른 식습관 지도 등을 통한 올바른 식생활 교육
○ 급식의 효율적이고 위생적인 관리를 통한 급식의 질 향상
○ 급식 식재료 구매와 영양관리 철저한 영양관리를 통한 급식의 내실화

3. 영양관리 기준 및 급식 기준

○ 발육과 건강에 필요한 영양을 충족할 수 있는 식품으로 구성하며 영양 기준에 맞는 주식과 간식을 2회 제공한다.
○ 어린이집 급식 영양섭취량을 최대로 활용한다.
○ 단백질 공급 시 1/3 이상은 양질의 단백질을 공급한다.
○ 연령과 성별 및 개인차에 따른 영양섭취 수준은 급・간식 음식 제공 양의 차이를 통하여 조절하도록 한다.

4. 식단 작성 기본방향

○ 영・유아의 일일 영양섭취기준량에 기초하여 작성하되, 구성식품의 다양화와 연령별 활동량과 소화성을 고려하여 식단을 작성한다.
○ 성장기에 있는 영유아의 신체발육에 필요한 칼슘과 양질의 단백질이 충분히 함유 되도록 식단을 구성한다.
○ 다양한 식품으로 식단을 구성하여 영양소를 골고루 섭취하도록 하고, 일일 영양필요량의 1/3은 점심으로, 10~15%는 간식을 통해 공급되도록 한다.
○ 간식은 세 끼의 식사에서 부족될 수 있는 영양소를 보충할 수 있게 구성한다.
○ 영유아는 소화기 발달이나 수저의 사용이 아직 미숙하므로 먹기 쉽고, 소화에 용이한 조리방법을 선택한다.
○ 영유아들이 다양한 식품을 경험할 수 있게 하되, 유아들의 식품과 맛에 대한 선호도를 고려한다.
○ 가공식품보다는 되도록 천연식품과 제철식품을 이용하여 우수한 영양소를 공급한다.

급식이 이루어지기까지…

1. 발 주

필요한 식재료는 직접 구매해요(공산품은 전화로 주문해요).

2. 검 수

납품된 식재료의 품질, 선도, 수량, 규격 및 급식품 사양이 발주서와 동일한지를 검수하여 수령여부를 확인(당일입고)해요. → 확인 후 공산품은 식자재창고에 보관해요(들어온 입고일 작성, 선입 선출의 원칙).

3. 조 리

○전처리과정 : 입고된 식재료를 다듬기, 세척, 소독해요.

○조리과정 : 정성과 맛을 담아 조리해요.

○보존식 : 배식직전 조리된 음식은 세척 · 소독된 보존식 용기에 각 음식별로 1인분량을 담아 -18℃ 144시간 보존식 전용 냉동고에 보관해요.

4. 운반 & 배식

맛있게 조리된 음식은 반찬별로 소독된 용기에 담아 반별로 배식대 위에 놓아요.

반별로 운반된 음식들을 영유아들에게 배식해요.

조리실 이야기 1

1. 잔반 이벤트

ㅇ시 기 : 월 1회

ㅇ기대효과 : 음식의 소중함, 편식 교정 등의 올바른 식습관 형성, 음식물 남기지 않기 → 가정에까지 파급

ㅇ내 용 : 잔반상과 함께 포상 간식 제공

잔반상을 받았어요

포상으로 맛있는 간식을 먹지요

2. 영양 교육

ㅇ영양교육의 필요성 : 유아기의 영양교육은 기호도, 편식습관, 식사태도, 위생습관 등 기본습관이 형성되는 시기이므로 원에서 PPT, 동영상 자료 등으로 영양교육이 이루어집니다.

3. 간장 & 된장, 김치 이야기

직접 담군 간장, 된장, 김치를 원아들에게 급식을 통해 제공하고 있습니다.

조리실 이야기 2

1. 영양듬뿍! 이유식

○ 영아들의 평균 개월수에 맞춰 이유식이 제공됩니다 : 오전간식은 죽류, 오후간식은 과일류로 제공
○ 이유식에는 간을 최소화하여 소화 발달이 미숙한 영아들에게 부담이 되지 않도록 조리합니다.
○ 자연식품을 사용하여 식품 그대로의 맛을 느낄 수 있도록 조리합니다.
○ 안전하고 신선한 식품을 이용하여 위생적으로 조리합니다.

2. 자연식을 제공해요

비타민, 무기질이 풍부한 제철과일이나 채소를 이용하여 주 3회 자연식품을 오전, 오후간식으로 제공합니다.

3. 스팀 & 컨벤션 대용량 오븐 사용

○ 다양한 메뉴제공 : 기존의 조리기구로 불가능한 각종 요리가 가능하여 단조로운 식단을 벗어나 다양한 메뉴의 개발과 급식이 가능해졌습니다.
○ 쾌적한 조리실 환경 : 뜨거운 열기와 연기, 높은 온도의 수증기 발생을 억제하여 쾌적하고 깨끗한 주방환경이 조성되었습니다.
○ 영양소 파괴 최소화 : 각 식품에 알맞은 온도와 시간으로 조리됨으로써 각 식품이 가지고 있는 고유 영양소의 파괴가 적습니다.
○ 저지방 & 저칼로리 건강한 식단 : 적은 기름사용으로 인한 최근 이슈로 떠오른 아동비만과 트랜스지방의 최소화에 기여함으로써 건강한 음식을 제공할 수 있습니다.

유아들에게 제공된 닭봉구이, 감자그라탕, 마파두부, 두부스테이크 사진입니다.
오븐 사용으로 기름기가 제거된 담백하고 영양가 넘치는 식단이 되었답니다.

조리실 환경

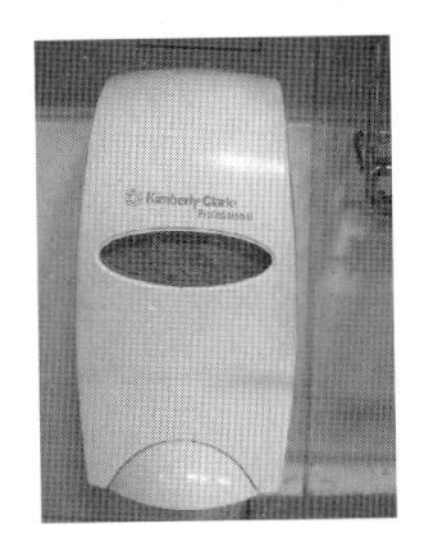

손세척액 & 핸드타월

조리, 배식 시에 수시로 손을 세척합니다.

칼 · 도마 자외선 소독기

칼, 도마는 용도별로 구분 사용을 하고, 세척 후 소독을 합니다.

가스취반기

맛있는 밥이 완성되는 단체용 가스취반기입니다.

유제품 전용 냉장고

우유, 주스, 두유 등을 전용 냉장고에 따로 보관을 합니다.

식기세척기

단체급식용 식기세척기가 있습니다.

스테인리스 식기류 & 식기소독기

모든 식기류는 스텐인리스로 되어 있고,
세척 후 식기 소독기로 소독을 합니다.

스팀컨벤션오븐

다양한 음식이 가능한 대용량 오븐이 있습니다.

식자재 창고

공산품 등은 식자재 창고에서 입고일을 작성한 후
선입선출의 원칙에 따라 정리를 하고 있습니다

조리실 관련 서류

위생 · 안전 점검 일지

결재	담당자	원장

20(0년 2 월 1 일 ~ 20(0년 1 월 6 일

점검 내용	월	화	수	목	금	토
· 작업대·세정대 등을 분리사용 등,교차오염 예방 관리하는가						
· 조리실의 바닥·벽·천정 등의 파손된 부분은 없는가						
· 조리작업장소(작업대·가스대·국솥 등)의 조도는 충분한가						
· 조리실의 후드는 열 및 증기 발생 시 잘 배출되고 청결한가						
· 칼·도마 등의 소독시설과 위생적인 보관설비를 갖추고 관리하고 있는가						
· 위해해충이 침입방지를 위한 방충·방서설비 적정설치 및 관리상태는 적정한가						
· 냉동·냉장시설의 적정용량 확보 및 온도유지, 급식품외 보관하는 것은 없는가						
· 고장난 설비·기구를 방치하고 있지는 않는가						
· 조리종사자에 대한 작업 전·후의 건강상태의 관리 상태는 양호한가						

위생 & 안전일지

조리실의 안전과 위생도 철저히 일지로 작성을 합니다.

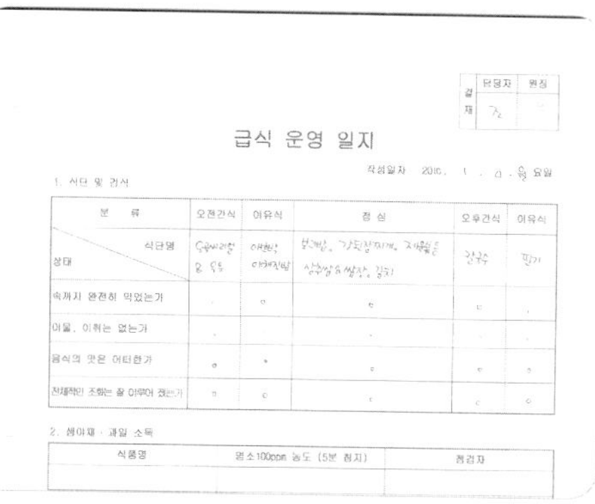

급식 운영 일지

결재	담당자	원장

작성일자 2010. 1 . 21 . 목 요일

1. 식단 및 검식

분류 / 상태 \ 식단명	오전간식	이유식	점심	오후간식	이유식
속까지 완전히 익었는가					
이물, 이취는 없는가					
음식의 맛은 어떠한가					
전체적인 조화는 잘 이루어 졌는가					

2. 생야채 · 과일 소독

식품명	염소100ppm 농도 (5분 침지)	점검자

급식운영일지

매일 먹은 급식의 운영일지를 작성합니다.

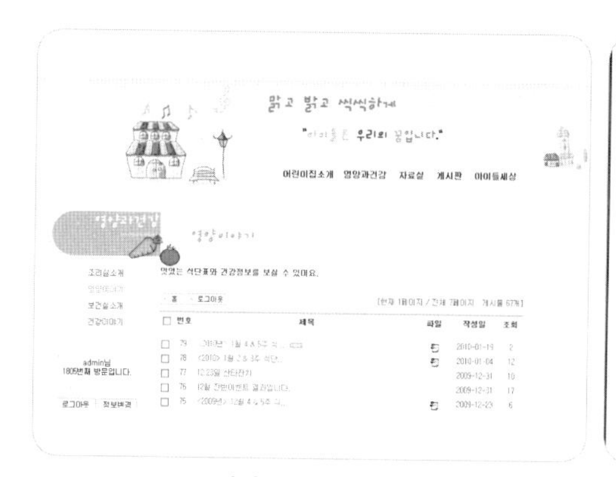

식단 & 영양정보

어린이집 홈페이지를 통해 식단과 영양 정보를 확인할 수 있습니다.

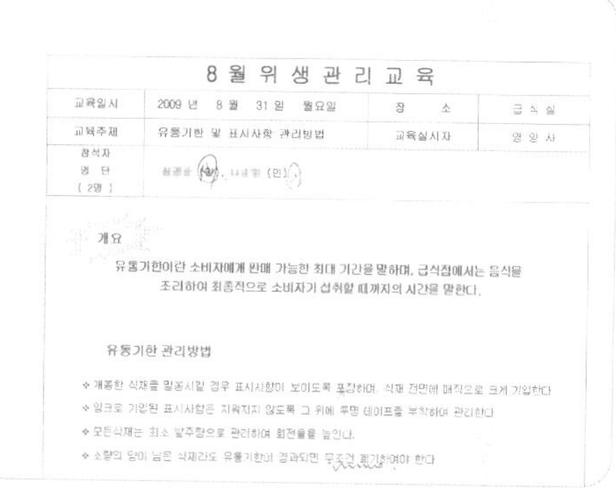

8 월 위 생 관 리 교 육

교육일시	2009 년 8 월 31 일 월요일	장 소	급 식 실
교육주제	유통기한 및 표시사항 관리방법	교육실시자	영 양 사
참석자 명 단 (2명)			

개요

유통기한이란 소비자에게 판매 가능한 최대 기간을 말하며, 급식점에서는 음식을 조리하여 최종적으로 소비자가 섭취할 때까지의 시간을 말한다.

유통기한 관리방법

- 개봉한 식재를 밀봉시킬 경우 표시사항이 보이도록 포장하며, 식재 전면에 매직으로 크게 기입한다
- 잉크로 기입된 표시사항은 지워지지 않도록 그 위에 투명 테이프를 부착하여 관리한다
- 모든식재는 최소 발주량으로 관리하여 회전율을 높인다.
- 소량의 양이 남은 식재라도 유통기한이 경과되면 무조건 폐기하여야 한다

조리사 위생교육

월 1회 조리사 위생교육을 실시하고 있습니다.

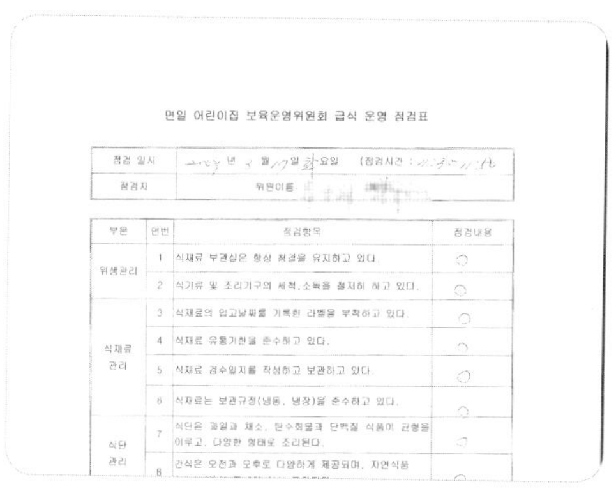

면일 어린이집 보육운영위원회 급식 운영 점검표

점검 일시	년 월 일 요일 (점검시간 :)
점검자	위원이름

부문	연번	점검항목	점검내용
위생관리	1	식재류 보관실은 항상 청결을 유지하고 있다.	○
	2	식기류 및 조리기구의 세척,소독을 철저히 하고 있다.	○
식재료 관리	3	식재료의 입고날짜를 기록한 라벨을 부착하고 있다.	○
	4	식재료 유통기한을 준수하고 있다.	○
	5	식재료 검수일지를 작성하고 보관하고 있다.	○
	6	식재료는 보관규정(냉동, 냉장)을 준수하고 있다.	○
식단 관리	7	식단은 과일과 채소, 탄수화물과 단백질 식품이 균형을 이루고, 다양한 형태로 조리된다.	○
	8	간식은 오전과 오후로 다양하게 제공되며, 자연식품	○

급식운영점검표

원내에서 자체적으로 점검을 실시하여 평상시에도 청결한 조리실이 될 수 있도록 점검합니다.

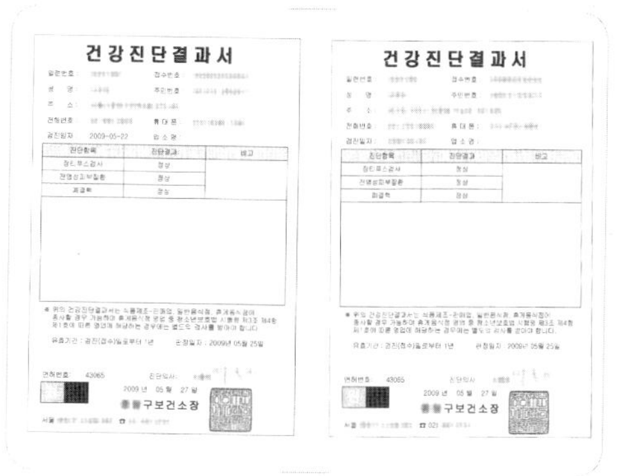

건 강 진 단 결 과 서

건 강 진 단 결 과 서

보건증

조리사, 영양사 연 1회 보건증을 발급받고 원내에 비치하고 있습니다.

자료 : 면일어린이집

Chapter 5

식품과 위생

식품은 영양소가 골고루 들어 있고, 부패 · 변질되었거나 유독 · 유해물질 등에 오염이 되지 않아 품질과 선도가 양호하고 안전성을 갖춘 것이어야 한다. 그러나 식품의 개념이 과거에는 영양소와 기호성에만 관심을 가졌던 것이 근래에 와서는 생체 방어와 리듬을 조절하여 질병 예방 및 노화 억제 등과 같은 특수한 생리적 기능에 주목을 하고 있다.

최근 신체활동이 줄어들고 풍요로운 식생활에 따른 고열량, 고단백질, 고지방 식이로 순환기질환, 암, 당뇨병, 비만 등의 질환이 성인뿐만 아니라 아동 건강에 영향을 미치고 있어 사회문제가 되고 있다.

특히 아동 비만율이 1997년 5.8%에서 2007년 10.9%로 10년 사이 2배로 증가하는 추세가 됨에 따라 어린이들이 올바른 식생활 습관을 갖도록 하기 위하여 안전하고 영양을 고루 갖춘 식품을 제공하는 데 필요한 사항을 규정하여 아동 건강 증진에 기여함을 목적으로 〈어린이식생활안전관리특별법(법률 제8943호, 2008. 3. 21)〉을 제정하였다.

1차적 기능 영양적 기능	2차적 기능 기호적 기능	3차적 기능 생체 조절 기능
탄수화물, 단백질, 지방, 비타민, 무기질 등 영양소 기능	맛, 향, 색, 조직감 등 인간의 감각에 작용하여 식욕 증진 및 소화 촉진 기능	면역, 생체리듬 조절, 진정작용, 신경의 흥분 등 신체 조절 기능

그림 5-1 식품의 기능

〈어린이식생활안전관리특별법〉 주요 내용

어린이 식품안전보호구역(Green Food Zone) 지정

○ 시장 · 군수 · 구청장은 학교 및 학교경계선으로부터 200m 범위 안의 구역을 어린이 식품안전보호구역으로 지정 · 관리하여 학교 및 학교 주변의 식품 판매 환경 개선

○ 학교 구내 매점 · 자판기, 어린이 식품안전보호구역 내 우수판매업소 등에서 열량이 높고 영양가(營養價)가 낮은 식품으로서 비만과 질병 발생 원인이 되는 고열량 · 저영양 식품 판매 금지

○ 학교 주변 200m 범위 안 학생들의 접근성이 높은 지역에서는 안전하고 위생적인 식품을 조리 · 판매할 수 있도록 관리 · 지원

정서저해 식품 등의 판매 금지

○ 사행심을 조장하거나 성적인 호기심을 유발하는 등 어린이의 건전한 정서를 해할 우려가 있는 식품 등의 제조 · 수입 · 판매 등을 금지하여 어린이의 신체뿐 아니라 정서적인 측면의 건강 증진에 기여

- 돈 · 화투 · 담배 또는 술병의 형태로 만든 식품
- 인체의 특정부위 모양으로 성적 호기심을 유발하는 식품
- 게임기 등을 이용하여 판매하는 식품 등

광고의 제한 및 금지

○ 어린이는 분별력이 미흡하므로 식품 광고에 쉽게 현혹되어 건강저해식품을 과잉 소비할 수 있으므로 광고 규제를 강화함으로써 패스트푸드, 인스턴트 식품 등 비만이나 질병을 초래할 위험성이 높은 식품 소비를 감소

○ 장난감 등을 무료 제공한다는 내용의 어린이 기호식품 광고 금지

○ 텔레비전 방송을 이용한 고열량 · 저영양 식품의 광고 제한 · 금지('10. 1~)

대형 외식업소 영양성분 표시 및 우수식품 녹색 표시

○ '10년 1월부터 어린이 기호식품 가맹사업 점포수가 100개 이상인 식품접객업소에서 조리 · 판매하는 식품에 영양표시 의무화

○ 영양성분 기준을 정하여 우수한 어린이 기호식품에 녹색 등 색상표시

어린이 식생활 안전관리를 위한 교육 · 홍보

○ 식약청장, 특별시장 · 광역시장 · 도지사 · 특별자치도지사, 시장 · 군수 · 구청장 또는 시 · 도 교육청장은 어린이 기호식품에 대한 안전과 영양공급에 대한 교육 및 홍보 실시

○ 어린이가 바른 식습관을 형성할 수 있도록 지도

계속

품질인증 및 어린이 건강친화기업 지정 제도 시행

○ 안전 · 영양 기준에 적합한 식품을 우수 어린이 기호식품으로 인증하는 제도를 도입하여 부모나 어린이들이 안전하고 영양을 고루 갖춘 식품을 선택할 수 있도록 하고, 식품산업체의 우수제품 생산 장려

○ 어린이 기호식품 및 단체급식의 안전과 영양수준의 향상을 위해 기여하였거나 모범적인 활동을 하는 식품영업자를 어린이 건강친화기업으로 지정함으로써 영업자의 어린이 식생활 환경 개선 노력 유도

어린이 급식관리지원센터 설치 · 운영

○ 어린이 단체급식을 실시하면서도 위생 및 영양분야 전문가를 자체적으로 두고 있지 않아 단체급식 관리가 취약한 시설에 대하여 전문기관을 설치하여 위생 및 영양관리에 대한 사항을 체계적으로 지원

어린이 식생활 안전관리체계 구축

○ 어린이 식생활 안전과 영양수준을 객관적으로 확인 · 평가하기 위하여 어린이 식생활 안전지수를 정기적으로 조사하고, 지방자치단체의 어린이 식생활 안전관리 노력을 독려하기 위하여 시 · 군 · 구별 식생활 안전 · 영양수준을 조사 · 평가하고 그 결과를 공표

○ 식약청은 어린이 기호식품과 단체급식 등의 안전 및 영양관리 등에 관한 어린이 식생활 안전관리 종합계획을 3년마다 수립하고 시 · 도는 시행계획을 매년 수립하여 시행

○ 어린이 식생활 안전관리에 필요한 사항 심의 · 의결하기 위하여 어린이 식생활 안전관리위원회 설치 · 운영

자료 : 식품의약품안전청(2009). 〈어린이식생활안전관리특별법〉 시행에 따른 어린이 식생활 안전관리 지침

식품을 선택할 때는 일반적으로 식품이 갖고 있는 영양성, 기호성, 경제성 및 안전성 등을 고려하여야 한다. 그러나 최근 식품은 재배 단계에서부터 농약을 살포하거나 토양이나 공기 등 환경오염 물질로 인한 오염이 발생하고, 가공과정 중에는 식품 자체 성분 변화로 인한 위해물질 생성, 위해첨가물 사용, 그리고 유통 · 보관 및 조리과정에서의 비위생적인 취급으로 인한 오염 등 위해요인에 노출되고 있다. 또한 농수산물의 수입 개방에 따른 안전성 논란이 끊임없이 제기되고 있는 실정이다.

최근 냉·난방의 보급 확대와 외식이나 집단 급식이 증가하면서 식중독 발생 추이가 계절에 관계없이 연중 발생하고 있다. 특히 섭취장소별 식중독의 발생 추이는 2003년 이후 집단급식소에서의 환자 발생이 대부분을 차지하고 있으며, 음식점에서의 발생비율도 점차 증가 추세에 있다.

정부는 안전한 먹거리를 위해 식품 등을 위생적으로 취급하고, 소비자에게 정확한 정보를 제공하며, 공정한 거래의 확보를 목적으로 식품 등의 표시기준을 제정하여 영양성분 표시대상 식품에 대한 영양 표시의 필요사항을 규정하였다. 또한 엄격한 기준을 통한 친환경 농산물인증이나 HACCP(위해요소중점관리기준) 등 인증마크의 기준을 설정하였다.

1. 식품 관리

1996년 식품 등을 위생적으로 취급하고 소비자에게 정확한 정보를 제공하며 공정한 거래 목적으로 '식품, 식품첨가물, 기구 또는 용기·포장의 표시기준에 관한 사항' 및 '영양성분 표시대상 식품에 대한 영양표시'에 관한 필요한 사항을 제정하였다(보건복지부고시 제95-67호, 1996. 1. 1).

식품 표시에는 제품의 유통기한, 원재료, 영양성분 등 식품의 합리적인 선택에 필요한 유용하고 다양한 식품정보가 담겨 있다.

1) 식품 표시

식품 표시 기준은 주표시면에는 제품명과 내용량을, 일괄 표시면에는 식품의 유형, 제조연월일, 유통기한·품질유지기한, 원재료명 및 함량, 성분명 및 함량을, 기타 표시면에는 업소명 및 소재지, 영양성분, 주의사항 표시 및 기타사항을 표시하여야 한다. 단, 식품의 유형, 제조연월일, 유통기한 및 품질유지기한은 주표시면에 표시할 수 있다.

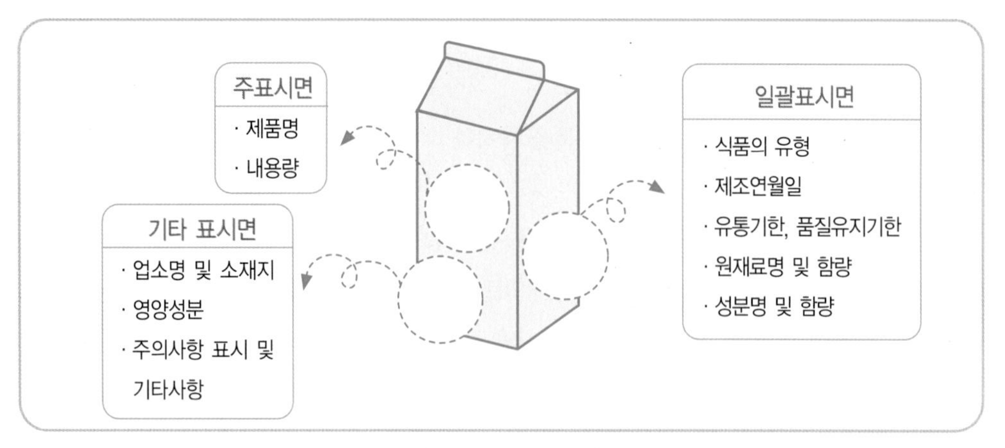

그림 5-2 식품 표시

자료 : 식품의약품안전청(2009. 8. 24), 고시 제2009-78호

2) 영양 표시

영양 표시란 식품에 어떤 영양소가 얼마나 들어 있는지 포장에 표시하는 것이다. 우리나라는 영양 표시에 관한 기준을 1994년에 처음 도입하여(보건복지부 고시 제1994-28호) 의무표시대상 식품, 의무대상 영양소 등을 규정하였고, 이후 의무표시 대상 식품을 확대하고 있다.

영양 표시 대상 식품은 장기보존식품(레토르트식품만 해당한다), 과자류 중 과자, 캔디류 및 빙과류, 빵류 및 만두류, 초콜릿류, 잼류, 식용 유지류, 면류, 음료류, 특수용도식품, 어육가공품 중 어육소시지, 즉석섭취식품 중 김밥, 햄버거, 샌드위치 등이다.

식품의 영양성분 표시의 숨은 뜻과 주의할 점

- '무설탕' 이라고 표시되어 있어도 설탕 이외의 감미료(과당, 올리고당 등)를 써서 열량이 높을 수 있다.
- '무염분' 이라고 표시되어 있어도 간장을 사용해 짜게 한 경우가 있다.
- 소금 함량 대신 나트륨 함량이 적혀 있을 경우 나트륨 함량에 2.54를 곱하면 소금 함량이 된다.
- 식품에 표기된 영양성분은 어떤 양(100g당, 100mL당, 1인 분량당, 1회 분량 등)을 기준으로 산출한 것인지 살핀다.
- 〈식품위생법〉에 고시되어 있지 않으나 업체 자체가 적어 놓은 안내 표시('이 제품을 전자레인지에 사용하지 마세요' 등)를 잘 따른다.
- 도시락, 김밥을 살 때는 제조시간도 확인한다.

자료 : 농림수산식품부, http://www.maf.go.kr

1회 제공량 1개(80g), 총 2회 제공량(160g)

이 제품의 총 중량은 160g이고 1회 제공량인 80g을 기준으로 영양성분의 함량을 표시하였습니다.

1회 제공량당 함량

1회 제공량당인지, 식품 100g(mL) 당인지에 따라 영양성분 함량이 크게 달라집니다.
영양성분의 함량 기준을 꼭 확인하세요!

열 량

체중에 관심이 많으세요?
열량을 확인하세요.
열량은 탄수화물(4kcal), 단백질(4kcal), 지방(9kcal)의 함량으로부터 결정됩니다.

그 밖에 강조표시를 하고자 하는 영양성분

철 풍부, 칼슘 강화와 같은 강조표시를 한 경우에는 함량을 함께 표시하고 있습니다.

영 양 성 분

1회 제공량 1개 (80g)
총 2회 제공량 (160g)

1회 제공량 당 함량		*% 영양소 기준치
열량	285kcal	-
탄수화물	46g	14%
당류	23g	-
단백질	5g	8%
지방	9g	18%
포화지방	2.5g	17%
트랜스지방	2g	-
콜레스테롤	80mg	27%
나트륨	150mg	8%
칼슘	140mg	20%
철	2mg	13%
비타민C	2mg	2%

*%영양소기준치 : 1일 영양소기준치에 대한 비율

영양성분

영양성분 표시에는 열량, 탄수화물, 당류, 단백질, 지방, 포화지방, 트랜스지방, 콜레스테롤, 나트륨을 의무적으로 표시하고 있습니다.

%영양소기준치

%영양소기준치는 하루에 섭취해야 할 영양성분인 영양소기준치를 100%라고 할 때 해당 식품의 섭취를 통해 얻는 영양성분의 비율입니다.

단백질

1회 제공량을 먹으면 단백질 5g을 섭취하게 되고, 1일 단백질기준치(60g)의 8%를 섭취하는 것입니다.

트랜스지방

가능한 적게 드세요!
WHO에서는 하루 섭취열량 2,000칼로리 기준으로 2.2g을 넘지 않도록 권고하고 있습니다.

그림 5-3 영양 표시

자료 : 식품의약품안전청 영양평가팀

어린이 기호식품의 영양성분 표시

제11조(영양성분 표시) ① 〈식품위생법〉 제36조 제1항 제3호에 따른 식품접객영업자 중 주로 어린이 기호식품을 조리 · 판매하는 업소로서 대통령령으로 정하는 영업자가 조리 · 판매하는 식품은 그 영양성분을 표시하여야 한다.

② 식품의약품안전청장은 제1항에 따른 영양성분 표시를 위한 표시기준 및 방법 등을 정하여 고시하여야 한다.

제12조(영양성분의 함량 색상 · 모양 표시) ① 식품의약품안전청장은 어린이 기호식품 중 보건복지부령으로 정하는 식품에 들어 있는 총지방, 포화지방, 당(糖), 나트륨 등 영양성분의 함량에 따라 높음, 보통, 낮음 등의 등급을 정하여 그 등급에 따라 어린이들이 알아보기 쉽게 녹색, 황색, 적색 등의 색상과 원형 등의 모양으로 표시(이하 "색상 · 모양 표시"라 한다)하도록 식품 제조 · 가공 · 수입업자에게 권고할 수 있다.

② 제1항에 따라 식품의약품안전청장이 색상 · 모양 표시를 하게 하는 경우 원형 등의 모양에 어린이 기호식품이 함유하고 있는 각각의 해당 영양성분이 하루 권장섭취량에서 차지하는 비율을 명기하도록 하여야 한다.

③ 식품의약품안전청장은 색상 · 모양 표시를 위하여 표시방법 등을 정하여 고시하여야 한다.

자료 : 어린이식생활안전관리특별법 법률 제8943호(2008. 3. 21 공포)

3) 농산물 인증제도

(1) 친환경농산물 인증

친환경농산물이란 환경을 보전하고 소비자에게 더욱 안전한 농산물을 공급하기 위해 농약과 화학비료 및 사료첨가제 등 화학자재를 전혀 사용하지 아니하거나 최소량만을 사용하여 생산한 농산물을 말한다. 이를 관리하기 위하여 토양과 물은 물론 생육과 수확 등 생산 및 출하단계에서 인증기준을 준수했는지의 엄격한 품질검사와 시중 유통품에 대해서도 허위표시를 하거나 규정을 지키지 않는 인증품이 없도록 철저한 사후관리를 하고 있다.

친환경농산물 마크는 자연과 인간의 조화를 상징한다. 즉 삶의 근간인 건강한 토지 위에서 환경친화적 농법을 통하여 생산된 농산물을 나타낸다.

표 5-1 부정·불량식품 식별 요령

제품별 분류	식별 요령
무허가 제품	• 제조업소명, 소재지 등 상품에 아무런 표시가 없음 • 등록 또는 특허 출원중이라는 등 애매한 표시 • 허가관청 이외의 기관으로부터 허가를 받았다는 내용의 표시 • 가격이 동종의 타 제품보다 현저히 저렴하거나 고가임
허가제품의 변조 및 위조품	• 겉모양은 거의 비슷하나 자세히 살펴보면 내용물이 다름 • 맛, 냄새, 색깔 등이 원품과 다름 • 주성분의 함량이 지나치게 적음 • 표시된 기호나 도안, 문자 등이 원품과 차이가 남 • 제품의 명칭 및 제조회사명이 비슷함 • 포장지의 원 제조일자 위에 스티커 등으로 제조일자 또는 유통기한을 다시 부착
유해물질 사용제품	• 색깔이 유난히 짙거나 고움 • 이상한 맛이나 냄새가 남 • 유난히 부풀어 있음
기 타	• 제조업소명, 소재지, 허가번호 및 유통기한이 표지되지 않았거나 허위표시된 제품 • 부패, 변질, 변색된 제품 • 포장이 파손, 훼손된 제품 • 불결하거나 광물성 등의 이물질이 혼입된 제품 • 다른 회사의 표시가 있는 용기 사용 제품 • 원료명 미표시 제품 • 식품허가기관 이외의 관청명, 단체명, 외국명 등을 강조하는 내용과 특정 질병의 효과 등 허위, 과대 광고 표시 • 유통기한 경과 제품

자료 : 식품의약품안전청 홈페이지(http://www.kfda.go.kr)

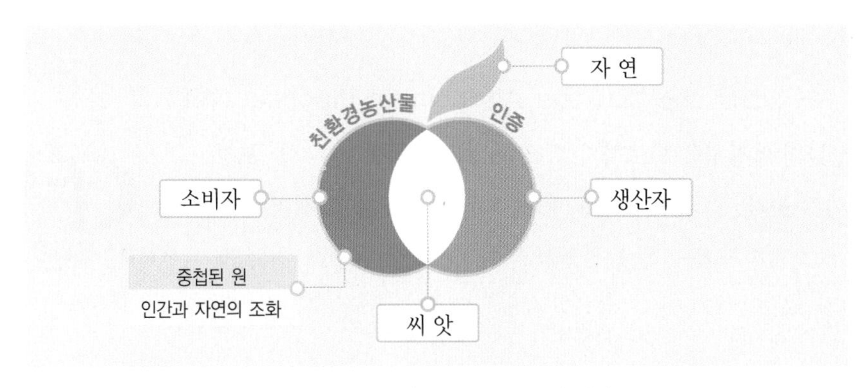

그림 5-4 친환경농산물 마크의 의미

자료 : 국립농산물품질관리원 홈페이지(http://www.naqs.go.kr)

표 5-2 친환경농산물 표시 및 주요 인증 기준

농산물	**유기 농산물**	**무농약 농산물**	**저농약 농산물**
	농약 · 화학비료 등 화학자재를 사용하지 않고 생산	농약은 사용하지 않고, 화학비료는 기준의 1/3 이하 사용하여 생산	농약 및 화학비료를 기준의 1/2 이하 사용 ※ 2010년부터 신규인증 중단, 기존 인증은 2015까지 기간 연장 가능
축산물	**유기 축산물**	**무항생제 축산물**	
	항생 · 항균제 등 동물용 의약품을 사용하지 않고 유기사료를 급여하여 생산	항생 · 항균제 등 동물용 의약품을 사용하지 않고 무항생제 사료 급여	
비 고	• 천연 · 자연 · 무공해 · 저공해 · 내추럴(natural) 등 소비자에게 혼동을 초래할 수 있는 강조표시를 하지 아니할 것 • 토양이 아닌 시설 또는 배지에서 작물을 재배하되, 생육에 필요한 양분을 외부에서 공급하거나 외부에서 공급하지 아니하고 자연용수에 용존한 물질에 의존하여 재배한 농산물은 양액재배농산물 또는 수경재배농산물로 별도 표시할 것 • 유기로 전환 중인 경우 표시문자의 뒤에 '(전환기)'를 표시할 것		

자료 : 농림수산식품부 홈페이지(http://www.mifaff.go.kr)

(2) 우수농산물 인증제도(Good Agricultural Practice; GAP)

농산물의 안전성을 확보하기 위하여 농산물의 생산, 수확, 포장 단계까지 농약, 중금속, 미생물 등 농식품 위해 요소를 철저히 관리하여 소비자가 안전한 농산물을 먹을 수 있게 인증해 주는 제도이다.

표 5-3 우수 식품 인증제도

유기가공식품 인증	전통식품 품질인증	가공식품 KS 인증	어린이기호식품 품질인증

유기농산물(3년 이상 농약과 화학비료 미사용 토양에서 재배된 농산물)을 원료 또는 재료로 하여 제조·가공·유통되는 유기가공식품에 대하여 그 식품의 품질 향상·생산 장려 및 소비자 보호를 위하여 공신력 있는 인증기관이 해당 사업자의 적합성을 평가하여 객관적인 보증을 하는 제도	국산 농산물을 주원료로 하여 제조·가공되는 우수 전통식품에 대하여 정부가 품질을 보증하는 제도로서 생산자에게는 고품질의 제품 생산을 유도하고, 소비자에게는 질 좋은 전통식품을 공급함	가공식품 분야에 적용되는 국가표준규격이며, 가공식품이 일정한 품질요건을 충족하는 식품임을 인증하는 제도로서, 식품에 대한 소비자의 안정성, 영양성, 건전성, 편리성 및 기호성에 이르기까지 다양하고 높은 수준의 요구를 충족함	안전하고 영양을 고루 갖춘 어린이 기호식품의 제조·가공·유통·판매를 권장하기 위하여 식품의약품안전청장이 고시한 품질인증기준에 적합한 어린이 기호식품에 대하여 품질인증

자료 : 농림수산식품부, 식품의약품안전청

(3) 방사선조사 식품

방사선조사 식품이란 발아억제, 숙도조절, 식중독균 및 병원균의 살균, 기생충·해충 사멸을 위해 이온화에너지로 처리한 식품을 말한다.

보관기간을 연장시키거나 발아억제 목적으로 방사선(감마선)을 조사처리한 식품에 소비자의 알 권리를 위하여 직경 5cm의 방사선조사 식품 마크를 표기하도록 의무화했다.

세계보건기구(WHO)는 10kGy(킬로그레이, 조사선량)까지는 영양·위생 면에서 안전하다고 간주해 허용하고 있다.

(4) 유전자재조합작물·식품

유전자가 재조합된 씨앗으로 재배한 작물(콩, 콩나물, 옥수수, 감자 등)이거나 이 작물을 사용하여 만든 식품(된장, 두부, 팝콘 등)에 붙이는 표시다. 소비자의 알 권리와 선택권 보장을 위해 국내에선 2001년 7월부터 이 표시제가 실시되고 있다.

안전성 평가 결과를 거쳐 식용으로 수입 또는 생산되는 이들 품목을 주요 원재료로 한 가지 이상 사용해 제조, 가공한 식품이나 식품첨가물 중에서 제조, 가공과정을 거치고도 유전자재조합 DNA나 외래 단백질이 남아 있을 경우에는 GMO(Genetically Modified Organism) 원료로 만든 제품이라고 겉포장에 반드시 표시해야 한다.

제품의 주 표시면에 [유전자재조합식품] 또는 [유전자재조합 ○○포함식품]이라고 표시

유전자재조합식품

콘○○○○

원재료명 옆에는
제품명 : ★★ / 식품유형 : ■■
중량 : 00g
원재료명 및 함량 : 옥수수(유전자재조합) 00%
★★, ★★
제조 / 판매업소명 : ▲▲▲▲(주)
로 표시

(5) 원산지 표시

원산지란 농산물이나 수산물이 생산 · 채취 · 포획된 국가 · 지역이나 해역을 말한다. 〈농수산물의 원산지 표시에 따른 법률〉의 시행령 및 시행규칙이 제정 · 공포(2010. 8. 11 시행)됨에 따라 보육시설이나 유치원 등 집단급식소에서 쌀 및 배추김치, 소고기, 돼지고기, 닭고기, 오리고기나 그 가공품을 조리하여 제공하는 경우 반드시 원산지를 표시하도록 규정하고 있다.

(6) 이력추적 관리

이력추적 관리는 식품, 농축산물, 수산물 등의 생산, 사육, 제조, 가공 단계부터 판매 단계까지 각 단계별 이력추적정보를 기록, 관리하여 소비자에게 제공함으로써 안전한 식품선택을 위한 소비자의 알 권리를 보장하고, 해당 식품의 안전성 등에 문제가 발생할 경우 신속한 원인 규명과 유통 차단, 회수를 조치할 수 있도록 관리하는 것이다.

이력추적은 이력관리 표시 아래 또는 옆에 위치한 이력추적관리번호를 이력정보추적 프로그램에 입력하여 조회할 수 있다.

(7) 위해요소중점관리기준(HACCP)

위해요소중점관리기준(Hazard Analysis Critical Control Points; HACCP)이란 식품의 원료, 제조, 가공 및 유통의 모든 과정에서 위해물질이 해당 식품에 혼입되거나 오염되는 것을 사전에 방지하기 위하여 각 과정을 중점적으로 관리하는 기준이다.

1960년대 미국에서 아폴로 우주선에 안전한 식품을 제공하기 위해 개발되었는데, 요즘은 세계 각국에서 가장 과학적인 식품안전성 관리 기법으로 평가받고 있다. 국내에선 농림수산식품부와 식품의약품안전청이 HACCP 마크를 부여한다.

위해요소중점관리기준 대상 식품으로는 어육가공품 중 어묵류, 냉동수산식품 중 어류 · 연체류 · 조미가공품, 냉동식품 중 피자류 · 만두류 · 면류, 빙과류, 비가열음료, 레토르트식품, 김치류 중 배추김치 등이다.

HACCP 시스템의 12절차와 7원칙

단계	절차	원칙
예비 단계	절차 1: HACCP팀 구성	
	절차 2: 제품에 대한 기술	
	절차 3: 제품의 용도 확인	
	절차 4: 제조(조리)공정 흐름도 작성	
	절차 5: 제조(조리)공정 흐름도 현장 확인	
7가지 원칙	절차 6: 위해요소 분석(HA)	[원칙 1]
	절차 7: 중요관리점(CCP) 결정	[원칙 2]
	절차 8: 관리기준(허용한계) 결정	[원칙 3]
	절차 9: CCP의 모니터링 방법 설정	[원칙 4]
	절차 10: 개선조치 설정	[원칙 5]
	절차 11: 검증방법 설정	[원칙 6]
	절차 12: 기록 보관 및 문서화 시스템 설정	[원칙 7]

푸드 마일리지(Food mileage)

1994년 영국 환경운동가 팀 랭이 처음 사용한 것으로 식품 수송에 따른 환경 부담의 정도를 나타내는 지표이다.

푸드 마일리지는 생산지에서 소비자까지 식품수송량(ton)에 수송거리(km)를 곱한 수치로, 식품이 생산된 곳에서 소비자의 식탁에 이르기까지의 이동거리를 의미한다. 따라서 식품수송량이 많을수록, 이동거리가 길수록 푸드 마일리지는 높아져 식품의 안전문제 및 이산화탄소(CO_2) 배출량이 증가하여 지구온난화와 같은 환경문제가 발생할 수 있다.

푸드 마일리지를 줄이기 위해서는 지역식품(local food)을 소비하여 수송거리를 단축하고, 제철음식을 먹어 비닐하우스에 투입되는 에너지를 절약하며, 올바른 식생활교육이 이루어져야 한다.

표 5-4 2007년 국가별 1인당 식품수입량과 푸드 마일리지, CO_2 배출량

순 위	1인당 수입량 (kg/인)	1인당 푸드 마일리지 (ton · km/인)	1인당 CO_2 배출량 (kg · CO_2/인)
1위	한 국	일 본	일 본
2위	영 국	한 국	한 국
3위	일 본	영 국	영 국
4위	프랑스	프랑스	프랑스

자료 : 국립환경과학원 기후변화연구과 보도자료(2009. 6)

2. 위생 관리

1) 식중독 정의

〈식품위생법〉에서의 식중독의 정의는 "식품의 섭취로 인하여 인체에 유해한 미생물 또는 유독물질에 의하여 발생하였거나 발생한 것으로 판단되는 감염성 또는 독소형 질환"을 말한다(제2조 제 10호).

세계보건기구(WHO)의 식중독에 대한 정의는 "식품 또는 물의 섭취에 의하여 발생되었거나 발생된 것으로 판단되는 감염성 또는 독소형 질환"을 말한다.

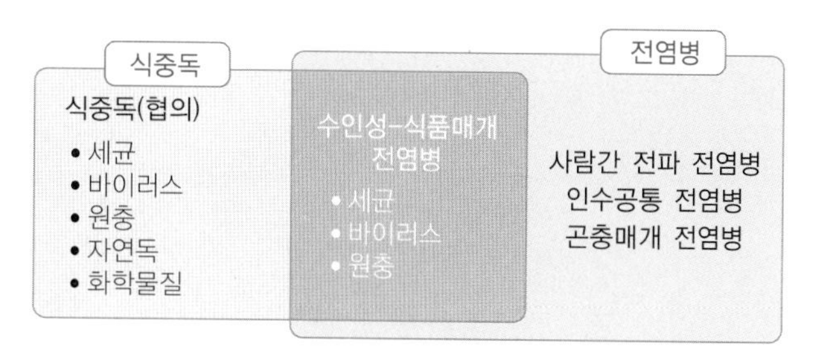

그림 5-5 전염병과 식중독 차이
자료 : 식중독예방 대국민 홍보사이트(http://fm.kfda.go.kr)

집단 식중독이란 역학적 조사결과 식품 또는 물이 질병의 원인으로 확인된 경우로서, 동일한 식품이나 동일한 공급원의 물을 섭취한 경우 2인 이상의 사람이 유사한 질병을 경험한 사건을 말한다.

2) 식중독 발생현황

식중독 발생 건수는 2002년에 비해 꾸준히 증가하다가 2007년을 기점으로 감소 추세를 보이고, 환자수는 2007년부터 감소 추세를 보인다. 월별 식중독 발생 추이를 보면 4월부터 꾸준히 증가하여 5~9월에 집중되나, 최근에는 겨울철에도 많이 발생하는 것으로 나타나고 있다.

특히 섭취장소별 식중독 발생 현황을 보면, 학교나 기업체 등 집단급식소에서의 발생건수는 음식점에 비해 적으나 환자수는 훨씬 많으므로 집단급식소에서의 식중독 예방을 위한 위생관리가 철저히 이루어져야 한다.

최근 집단식중독 발생의 주된 원인균은 병원성 대장균이나 노로바이러스, 황색포도상구균 등이나 원인이 알려지지 않은 경우도 상당하다.

따라서 효과적인 식중독 예방을 위해서는 불량 식재료나 오염된 지하수 사용 등 위생문제를 해결하고, 식재료의 생산에서부터 공급 단계까지 관리를 강화하며, 개인 위생에 대한 교육과 식중독 발생의 주된 원인 규명을 위한 검사관리체계를 구축하고, 새로운 검사법을 개발하여야 한다.

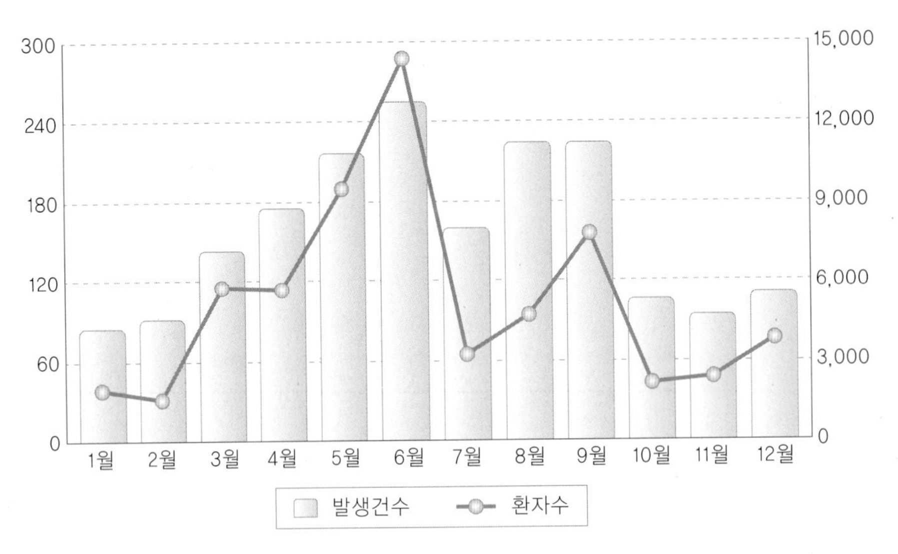

그림 5-6 월별 식중독 발생현황
자료 : http://e-stat.kfda.go.kr

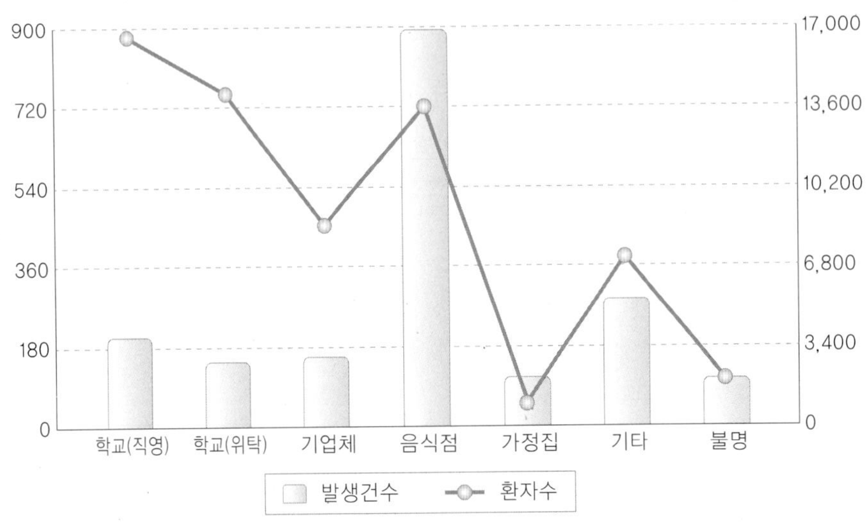

그림 5-7 원인시설별 식중독 발생현황
자료 : http://e-stat.kfda.go.kr

3) 식중독 종류

식중독은 세균이나 바이러스와 같은 미생물에 의한 경우와 식품에 함유되어 있는 독성 성분이나 식품첨가물 또는 농약성분 등 화학물질에 의해 발생한다.

표 5-5 식중독의 분류

대분류	중분류	소분류	원인균 및 물질
미생물	세균성	감염형	살모넬라, 장염비브리오균, 병원성대장균, 캠필로박터, 여시니아, 리스테리아 모노사이토제네스, 클로스트리디움 퍼프린젠스, 바실러스 세레우스
		독소형	황색포도상구균, 클로스트리디움 보툴리눔 등
	바이러스성	공기, 접촉, 물 등의 경로로 전염	노로바이러스, 로타바이러스, 아스트로바이러스, 장관아데노바이러스, 간염 A 바이러스, 간염 E 바이러스 등
화학물질	자연독	동물성 자연독에 의한 중독	복어독, 시가테라독
		식물성 자연독에 의한 중독	감자독, 버섯독
		곰팡이 독소에 의한 중독	황변미독, 맥각독, 아플라톡신 등
	화학적	고의 또는 오용으로 첨가되는 유해물질	식품첨가물
		본의 아니게 잔류, 혼입되는 유해물질	잔류농약, 유해성 금속화합물
		제조 · 가공 · 저장 중에 생성되는 유해물질	지질의 산화생성물, 니트로소아민
		기타 물질에 의한 중독	메탄올 등
		조리기구 · 포장에 의한 중독	녹청(구리), 납, 비소 등

자료 : 식품의약품안전청, 식중독예방 대국민 홍보사이트(http://fm.kfda.go.kr)

(1) 세균성 식중독

일정 수 이상 증식한 세균, 바이러스 또는 이들이 만들어 낸 독소 등을 함유한 식품을 섭취하였을 때 발병하는 경우이며, 이 중 세균에 의한 식중독 발생이 대부분을 차지하고 있다.

세균성 식중독은 체내로 들어온 세균이 장점막을 침범하여 일으키는 식중독을 감염형 식중독, 식품 중에 세균이 증식하면서 생산한 독소를 섭취함으로써 발생하는 독소형 식중독으로 구분한다.

식중독 발생 원인균은 살모넬라, 황색포도상구균, 장염 비브리오균와 병원성 대장균에 의한 것이 80% 이상이다.

최근 겨울철에도 식중독 발생빈도가 증가하고 있는데, 그 원인은 노로바이러스에 의한 식중독으로 아동부터 노인에 이르기까지 모든 연령층에서 발생하나 특히 아동이나 노약자 등 면역력이 약한 사람에게 위험하다.

이 외에도 원충이나 기생충의 감염으로 인한 식중독이 발생할 수 있다.

미생물에 의한 식중독 발생원인

- 식품을 완전히 가열하지 않았거나 조리하지 않았을 때
- 음식을 잘 식히지 않았을 때
- 개인위생을 제대로 지키지 않았을 때
- 조리 전의 식품과 교차오염이 되었을 때
- 위험온도 범위(5~57℃)에 음식을 두었을 때
- 상온에 너무 오랫동안 음식을 방치했을 때
- 음식의 재가열 시 세균이 완전히 죽을 정도로 가열하지 않았을 때
- 식품이 부적절하게 취급되어 조리용구나 기기류, 조리된 음식에 오염되었을 경우
- 기계, 기구, 집기류의 소독이 잘 되지 않았을 경우 등

(2) 화학물질에 의한 식중독

자연독 식중독은 복어나 조개, 독버섯이나 감자 싹 등 식품이 갖고 있는 독성성분이나 땅콩, 옥수수, 쌀 등 농산물에 곰팡이로 인해 생성된 독성 물질에 의해 발생되는 식중독으로 독성이 생성되는 시기와 독을 함유하고 있는 식품을 구별하여야 한다. 또한 곰팡이 독은 독성이 아주 강함으로 곰팡이가 생긴 식품이나 음식은 절대 섭취하지 않아야 한다.

화학적 식중독은 수은, 납 등 중금속류, 농약, 식품첨가물 등 화학물질에 의한 식중독으로 오염된 식품을 섭취 시 독성물질이 급성 또는 만성 중독을 일으켜 사망을 초래하게 한다.

표 5-6 기생충 종류 및 감염방법

구 분	기생충명	감염경로		감염방법	주요 증상
		제1중간숙주	제2중간숙주		
어패류 감염	간흡충(간디스토마)	왜우렁이	잉어, 참붕어 등 민물고기	경 구	설사, 간종창, 황달
	폐흡충(폐디스토마)	다슬기	민물 게, 가재	경 구	기침, 피가 섞인 가래
	요꼬가와흡충	다슬기	은어, 황어, 붕어	경 구	복통, 설사
	광절열두조충	물벼룩	송어, 연어, 농어	경 구	복통, 위통
	아니사키스	크릴	청어, 꽁치, 고등어	경 구	이동성 종양, 위통
육류 감염	무구조충 (민촌충, 소고기촌충)	소		경 구	심한 위장 증상
	선모충	돼 지		경 구	발열, 구토, 설사, 복통
	유구조충 (갈고리촌충, 돼지고기촌충)	돼 지		경 구	심한 위장증상
	톡소플라즈마(원충)	고양이		경구, 경피	뇌수종, 정신운동 기능저하
채소 감염	회 충	분변, 토양, 오염된 식품		경 구	식욕감퇴, 체중감소, 현기증, 두통, 피부가려움증
	십이지장충	분변, 토양, 오염된 식품		경구, 경피	피부염, 구토, 천식성 기침, 소화장애, 부종
	요 충	손, 식기, 오염된 음식물		경구, 경피	항문 발적, 소양, 습진, 농양, 피부염, 야뇨증
	편 충	분변, 토양 오염된 식품		경 구	복통, 구토, 변비, 빈혈
	동양모양선충	분변, 토양 오염된 식품		경 피	장염, 빈혈

표 5-7 식중독균의 종류와 예방법

종 류	특 징	오염원	발병시기 증 상	예방법
황색포도상구균	• 독소 생성으로 식중독 유발 • 독소는 가열(100℃)하여도 파괴되지 않음 • 건조한 상태에서도 생존	• 사람 또는 동물의 피부, 점막에 널리 분포 • 화농성 질환자가 취급, 준비한 음식물	1~5시간(평균 3시간) 구토, 복통, 설사, 오심	• 개인 위생관리 철저(손 씻기) • 화농성질환자의 음식물 조리나 취급 금지 • 음식물 취급 시 위생장갑 사용 • 위생복, 위생모자 착용 및 청결 유지
살모넬라	• 토양, 물에서 장기간 생존 가능 • 건조한 상태에서도 생존	• 사람 · 가축 분변, 곤충 등에 널리 분포 • 달걀, 식육류와 그 가공품 • 분변에 직 · 간접적으로 오염된 식품	8~48시간(균종에 따라 다양) 복통, 설사, 구토, 발열	• 달걀, 생육에는 5℃ 이하로 저온에서 보관 • 조리에 사용된 기구 등은 세척 · 소독하여 2차 오염 방지 • 육류의 생식을 자제하고, 74℃, 1분 이상 기열조리
병원성대장균O157	• 소량(10~100마리)으로 식중독 유발 • 베로독소를 생산하여 식중독 유발	• 환자나 동물의 분변에 직 · 간접적으로 오염된 식품 • 오염된 칼 · 도마 등에 의해 다져진 음식물	12~72시간(균종에 따라 다양) 설사, 복통, 발열, 구토	• 곡류, 채소류는 세척하여 사용 • 생육과 조리된 음식물 구분 보관 • 다진 고기류는 중심부까지 71℃, 1분 이상 가열
장염비브리오	• 해수온도 15℃ 이상에서 증식 • 2~5%의 염도에서 잘 자라고 열에 약함 • 주로 6~10월 사이에 급증	• 여름철 연안에서 채취한 어패류 및 생선회 등 • 오염된 어패류를 취급한 칼, 도마 등 기구류	평균 12시간 복통, 설사, 발열, 구토	• 어패류는 수돗물로 잘 씻기 • 횟감용 칼, 도마 구분 사용 • 오염된 조리기구는 10분간 세척 · 소독하여 2차 오염 방지
바실러스	• 포자 형성균으로 가열하여도 생존 가능 • 구토형과 설사형이 있음	• 자연계에 널리 분포하여 토양, 곡류, 채소류에 존재 • 구토형 : 볶음밥, 파스타류 • 설사형 : 식육, 수프 등	• 구토형:1~5시간 • 설사형:8~15시간 • 구토형은 황색포도상구균 식중독과 유사 • 설사형은 클로스트리디움 식중독과 유사	• 곡류, 채소류는 세척하여 사용 • 조리된 음식은 장기간 실온방치 금지 • 냉장보관 • 음식물이 남지 않도록 적당량만 조리 급식
캠필로박터	• 산소가 적은 환경(5%)에서 증식 • 30℃ 이상에서 증식 활발 • 소량으로 식중독 유발	• 가축, 애완동물 등 • 닭고기과 관련된 식품 • 도축 · 도계과정에서 오염된 생육 • 소독되지 않은 물	평균 2~3일 복통, 설사, 발열, 구토, 근육통	• 생육을 만진 경우 손을 깨끗하게 씻고 소독하여 2차 오염 방지(개인 위생관리 철저) • 생육과 조리된 식품은 구분하여 보관 • 74℃, 1분 이상 가열조리 • 가급적 수돗물 이용

표 5-7 (계속)

종 류	특 징	오염원	발병시기 증 상	예방법
리스테리아	• 저온(5℃)에서 생장 가능 • 임산부에게 조산 또는 사산 유발 가능	살균 안 된 연성치즈, 생육(닭고기, 소고기), 생선류(훈제연어 포함)	9~48시간(위장관정) 2~6주(침습성) 발열, 근육통, 오심, 설사	• 살균 안 된 우유 섭취 금지 • 냉장보관 온도(5℃ 이하) 관리 철저 • 식육, 생선류는 충분히 가열 조리 • 임산부는 연성치즈, 훈제 또는 익히지 않은 해산물 섭취 자제
클로스트리디움 퍼프린젠스	• 포자 형성 균으로 가열하여도 생존 가능 • 산소가 없는 환경에서도 생장 가능	• 동물 분변, 토양 등에 존재 • 대형 용기에서 조리된 수프, 국, 카레 등을 방치할 경우	8~12시간 설사, 복통, 통상적으로 가벼운 증상 후 회복됨	• 대형 용기에서 조리한 국 등은 신속히 제공 • 국 등이 식은 경우 잘 섞으면서 재가열하여 제공 • 보관 시 재가열한 후 냉장 보관
여시니아	• 저온(4℃)에서도 생장 가능 • 열에 약함	• 동물의 분변에 직·간접적으로 오염된 우물 • 약수나 돼지고기에 존재 • 살모넬라와 유사한 경로로 감염	평균 2~5일 복통, 설사, 발열, 기타 다양함	• 돼지고기 취급 시 조리기구와 손을 깨끗이 세척, 소독 • 칼, 도마 등은 채소류와 구분 사용하여 2차 오염 방지 • 가열조리 온도 준수 철저 • 가급적 수돗물 사용
보튤리늄	• 포자 형성균으로 가열하여도 생장 가능 • 산소가 없는 환경에서도 생장 • 운동신경을 마비시키는 치명적인 독소를 생성하여 사망 유발	• 병·통조림, 레토르트 제조 시 멸균 처리 철저(120℃, 4분 이상)	8~36시간 현기증, 두통, 신경장애, 호흡곤란	• 병·통조림, 레토르트 제조과정에서 멸균처리 철저(120℃, 4분) • 신뢰할 수 있는 회사제품 사용 • 의심되는 제품은 폐기
노로바이러스	• 사람의 장관에서만 증식 • 자연환경에서 장기간 생존 가능	• 사람의 분변에 오염된 물이나 식품 • 노르바이러스에 감염된 사람에 의한 2차 감염 • 겨울철에 많이 발생	24~48시간 오심, 구토, 설사, 복통, 두통	• 오염된 해역에서 생산된 굴 등 패류 생식 자제 • 어패류는 가급적 가열 후 섭취(85℃, 1분 이상) • 개인 위생관리 철저 • 채소류 전처리 시 수돗물 사용 • 지하수 사용시설은 주변 오염원(화장실 등) 관리 철저

자료 : 식품의약품안전청 홈페이지(http://www.kfda.go.kr)

4) 식중독 예방원칙

(1) 청 결

청결은 식품 재료의 취급, 보관, 저장과 조리실의 환경과 설비와 기구뿐만 아니라 식품 취급자의 개인위생 등 식품위생에서 제일 중요하다. 특히 불결한 손은 수두 · 습진 등 피부병, 트라코마나 아폴로눈병과 같은 안과질환, 회충 · 요충 등 기생충질환과 식중독을 비롯하여 세균성 이질, 콜레라, 장티푸스 등 소화기계 질환을 일으킬 수 있다. 따라서 음식물을 먹거나, 조리, 보관, 저장할 때 손 씻기는 식중독 예방의 첫 단계라 할 수 있다.

손 씻기는 다음과 같은 경우에 반드시 하여야 한다.

- 출, 퇴근 또는 외출 후
- 화장실 사용 직후
- 전화기나 휴대폰을 사용한 직후
- 코를 풀거나 기침, 재채기 후
- 귀, 입, 코, 머리와 같은 신체 일부를 만지거나 긁은 후
- 애완동물을 만지고 난 후
- 쓰레기 등 오물을 만지고 난 후
- 조리실에 들어가기 전
- 육류, 생선, 해산물, 채소 등을 다듬거나 세척작업을 한 후
- 세척제나 소독제를 만진 후
- 돈을 만진 후
- 상처를 만지고 난 후
- 기저귀를 갈고 난 후
- 책이나 컴퓨터를 만진 후
- 흡연 후
- 기타 손을 오염시킬 수 있는 것을 만지고 난 후

식품 구입 시 미생물 등에 의한 오염을 방지하기 위하여 적절한 방법으로 살균되었거나 청결한 제품을 선택하여야 한다.

조리 시에는 교차오염을 방지하기 위해서 익히지 않은 육류, 가금류나 해산물 등과 같은

식품과 가열 조리한 식품을 분리하고, 익히지 않은 음식과 익힌 음식 간의 접촉을 피하기 위해 별도의 용기에 담아 보관한다.

조리실 시설, 설비의 청결상태를 유지하여야 하고, 칼, 도마 등 조리기구는 가열한 식품과 가열하지 않은 식품을 구분하여 따로 사용하며 매일 살균, 소독, 건조시킨다. 또한 곤충, 쥐, 기타 동물의 접근을 막을 수 있도록 주의하여 보관한다. 모든 식품은 깨끗한 물로 세척하거나 조리를 하여야 하며 의심이 생길 경우, 물을 끓여 사용하여야 하고, 유아식을 만들 때에는 특히 주의하여야 한다.

1. 흐르는 물에 손을 적시고 비누를 바른다

2. 손바닥을 마주하고 깍지껴서 닦는다

3. 손바닥으로 다른 손의 손등을 닦는다

4. 손가락을 돌려 닦는다

5. 손톱을 세워 다른 손바닥에 마찰하듯이 닦는다

6. 흐르는 물에 비누 거품을 제거한다

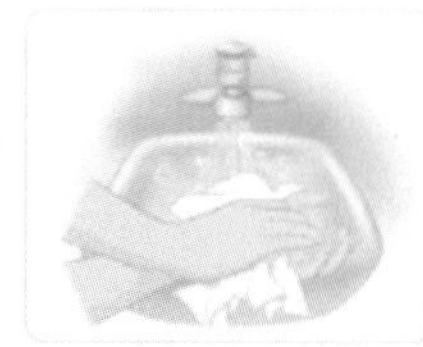
7. 종이타월로 물기를 닦는다

8. 종이타월로 수도꼭지를 잠근다

그림 5-8 손 씻기

자료 : 식품의약품안전청(2009). 집단급식소 위생관리 매뉴얼

표 5-8 손씻는 조건에 따른 세균의 제거율

씻는 조건	방 법	균수 (마리)		제거율(%)
		씻기 전	씻은 후	
수돗물	담아 놓은 물	4,400	1,600	63.6
	흐르는 물	40,000	4,800	88.0
뜨거운 물	담아 놓은 물	5,700	750	86.8
	흐르는 물	3,500	58	98.3
비누 사용/수돗물	흐르는 물(간단히)	849	54	93.6
	흐르는 물(철저히)	3,500	8	99.8

자료 : 식품의약품안전청(2006). 식중독 예방교육 표준교재

표 5-9 살균소독의 종류 및 방법

종 류	대 상	소독방법
열탕소독	행주, 식기	100℃에서 5분 이상 충분히 삶는다.
일광소독	칼, 도마, 행주	바람이 잘 통하고 햇볕이 잘 드는 곳에서 소독
건열소독	식기	100℃ 이상으로 2시간 이상 충분히 건조
자외선소독	칼, 도마, 기타 식기류	포개거나 뒤집어 놓지 말고 자외선이 바로 닿도록 30~60분간 소독
화학소독	작업대, 기기, 도마, 생채소, 과일, 손(장갑)	• 염소용액 소독: 채소 및 과일을 100ppm에서 5분간 담그고 세척 후 사용 • 70% 에틸알코올 소독: 손 및 용기에 분무한 후 건조될 때까지 문지른다.

자료 : 식품의약품안전청(2006). 식중독 예방교육 표준교재

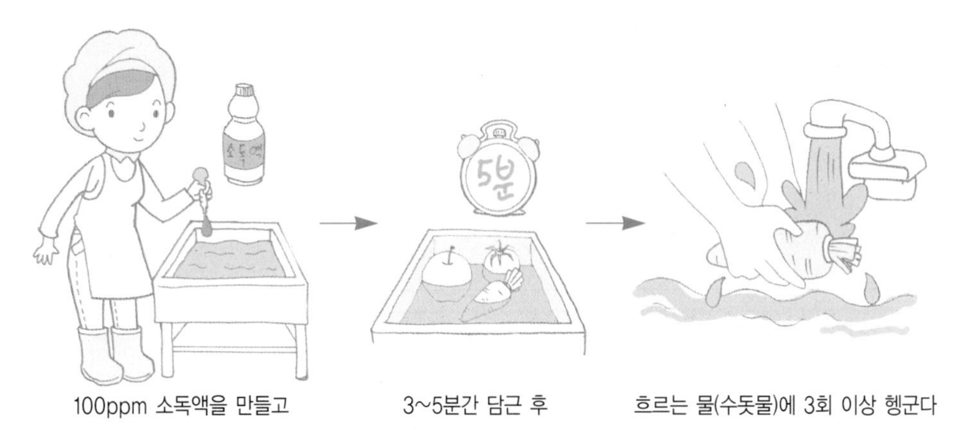

그림 5-9 과일, 채소 등 신선섭취 음식 소독법
자료 : 식품의약품안전청(2009). 집단급식소 위생관리 매뉴얼

(2) 온도와 시간관리

세균은 최적 생육조건에서 20~30분 정도면 한 마리 세균이 두 마리로 분열되며, 시간이 경과함에 따라 기하급수적으로 증가하게 된다. 따라서 구매한 재료는 신속히 조리하고 조리한 음식은 가능한 신속히 섭취한다.

세균은 일반적으로 실온(10~40℃)에서 급속히 증식하나 4℃ 이하나 60℃ 이상에서는 세균의 증식이 억제되거나 사멸된다. 그러나 냉장고에 식품을 보관할 때 냉장고의 온도, 보관량 및 보관기간을 적정수준으로 유지하여야 하며, 가열 시에도 가열이 불충분하거나 조리식품을 오래 방치하게 되면 공기 중에 존재하는 세균에 오염되어 조리한 식품에서 증

그림 5-10 식품에 대한 온도의 '위험구역'

식함으로써 식중독을 일으킬 수도 있다. 따라서 식중독 등을 유발하는 위해미생물을 사멸시키기 위해서는 가능한 한 음식의 내부 온도가 70℃ 이상으로 최소한 2분 이상 유지되도록 조리한다.

표 5-10 식품별 보관법

식 품	보관법
육 류	장기간 보관할 때는 냉동 보관한다.
두 부	찬물에 담가 냉장 보관한다.
생 선	내장을 제거하고 흐르는 수돗물로 깨끗이 씻어 물기를 없앤 후 다른 식품과 접촉하지 않도록 하여 5℃ 이하로 냉장 보관한다(비브리오 예방).
패 류	내용물을 모아 흐르는 수돗물로 깨끗이 씻은 후 냉장 또는 냉동 보관한다(비브리오 예방)
어 묵	냉장 상태로 보관한다.
달 걀	씻지 않은 상태로 냉장 보관한다(살모넬라 예방).
우 유	10℃ 이하로 냉장 보관하고 가능한 한 신속하게 섭취한다.
채 소	물기를 제거한 후 포장지로 싸서 냉장 보관하고 씻지 않은 채소와 씻은 채소를 섞이지 않도록 분리 보관한다.
젓 갈	서늘하고 그늘진 곳에 뚜껑을 잘 닫아 보관한다.
양념류	물, 이물질 등이 들어가지 않도록 주의하여 보관한다.
통조림	뚜껑을 열은 뒤 깡통 째로 보관하지 말고 별도의 깨끗한 용기에 보관한다. 개봉 날짜를 기록하고 가능한 한 빨리 먹는다.
김밥 또는 도시락류	가능한 2시간 이내에 먹어야 하며 부득한 경우 10℃ 이하의 온도에서 보관한다.

자료 : 식품의약품안전청 홈페이지(http://www.kfda.go.kr)

조리한 음식은 실온에서 2시간 이상 방치하지 말고, 4~5시간 이상 보관할 경우에는 반드시 60℃ 이상이나 4℃ 이하에서 저장하여야 하며, 특히 먹다 남은 유아식은 보관하지 말고 버린다.

조리식품의 내부온도는 냉각속도가 느려 위해미생물이 증식될 수 있으므로 신속하게 식혀야 하며, 많은 양의 음식을 한꺼번에 냉장고에 보관하지 않는다. 냉장 보관 중에도 위해미생물의 증식이 가능하므로 70℃ 이상의 온도에서 3분 이상 재가열하여 먹는다.

5) 식중독 발생 대처 요령

동일한 원인으로 추정되는 설사 등 동일 증세의 식중독 증상 환자가 두 명 이상 동시에 발생한 경우 집단 식중독 환자 발생 의심으로 판단하고 즉시 유선 또는 FAX로 보육시설인 경우는 관할 시 · 군 · 구청으로, 유치원의 경우는 관할 교육청 및 보건소에 신고하여야 한다.

그림 5-11 식중독 예방 3대 요령

자료 : 식품의약품안전청 홈페이지(http://www.kfda.go.kr)

집단급식소 설치 운영자는 급식 현장을 보존하고, 설사 환자 파악, 현장조사, 가검물, 보존식 수거 등 보건소의 역학조사에 적극 협조하고 역학조사를 마치면 시설과 기구 등에 대한 살균, 소독을 실시한다.

식중독 발생 사실을 은폐, 축소 또는 지연 시나 보존식과 현장을 임의로 폐기, 훼손 시 과태료 부과 및 엄중 문책을 받게 된다.

최근 식품의약품안전청과 기상청 공동으로 3월부터 11월 까지 실시간 식중독지수 서비스를 제공하고 있다.

식중독지수란 음식물 부패관련 미생물의 증식에 영향을 미치는 온도조건을 기준으로 습도를 고려하여 부패가능 성을 백분율로 표시한 것으로 지수의 범위에 따라 위험, 경고, 주의, 관심으로 주의보를 발령한다.

표 5-11 식중독 위기경보 수준별 조치사항

구 분	식중독지수	판단기준	조치사항
관심 (Blue)	10~35	• 기온이 상승하고 습도가 높은 기후의 변화 • 수학여행 및 체험학습이 잦은 봄 · 가을철	• 식중독 발생 우려로 음식물 취급 주의 • 학생 및 교직원에 대한 식품위생 홍보 • 학생 대상 식품안전 예방교육 실시 • 대응태세 점검
주의 (Yellow)	35~50	• 6~11시간 내 식중독 발생 우려 • 해안지방 어패류에서 비브리오균 검출 보도 • 집단급식소에서 식중독 사고 발생 • 일부 학교에서 복통 및 설사환자 발생	• 구토 및 복통 · 설사환자 발생 모니터링 강화 • 동일한 원인으로 추정되는 유사증세의 환자 2인 이상 동시 발생 시 교육청/보건소에 즉시 신고 • 방역기관 협조로 유증상자 치료 및 확산방지 • 급식현장 보존 및 가검물 채취 등 역학조사 협조 • 음용수 소독 등 위생관리 강화, 끓인 물 제공 • 학교급식 중단 및 임시 급식대책 마련 시행 - 일반학생 도시락 지참, 저소득층자녀 특별급식(인근음식점 이용, 도시락 배달 등) • 수학여행, 체험학습, 수련활동 등 단체활동 억제
경고 (Orange)	50~85	• 4~6시간 내 부패 발생 • 집단급식소에서 산발적 식중독 발생 • 일부지역에서 복통 · 설사환자 100명이상 발생 • 10개 학교 이상에서 동시에 식중독 발생	• 학교 식중독사고 대책반 운영 • 구토 및 복통 · 설사환자 발생 모니터링 철저 • 동일한 원인으로 추정되는 유사증세의 환자 2인 이상 동시 발생시 교육청/보건소에 즉시 신고 • 방역기관 협조로 유증상자 치료 및 확산방지 • 학교급식 중단 및 임시급식대책 마련 시행 - 일반학생 도시락 지참, 저소득층자녀 특별급식(인근음식점 이용, 도시락 배달 등) • 급식현장 보존 및 가검물 채취 등 역학조사 협조 • 조리시설 취급주의와 음용수 소독 등 위생관리 강화, 끓인 물 제공 • 수학여행, 체험학습, 수련활동 등 단체활동 억제
위험 (Red)	85 초과	• 3~4시간 내 부패 발생 • 집단급식소에서 100명이상 식중독 발생 • 단위학교 학생의 30% 이상 설사환자 발생 • 30개 학교 이상에서 동시에 식중독 발생	• 학교 식중독사고 대책반 운영 • 구토 및 복통 · 설사환자 발생 모니터링 철저 • 동일한 원인으로 추정되는 유사증세의 환자 2인 이상 동시 발생시 교육청/보건소에 즉시 신고 • 방역기관 협조로 유증상자 치료 및 확산방지 • 학교급식 중단 및 임시급식대책 마련 시행 - 일반학생 도시락 지참, 저소득층자녀 특별급식(인근음식점 이용, 도시락 배달 등) • 급식현장 보존 및 가검물 채취 등 역학조사 협조 • 음식물 취급을 급히 주의하고 음용수 소독 등 위생관리 강화, 끓인 물 제공 • 수학여행, 체험학습, 수련활동 등 단체활동 억제

자료: 교육인적자원부(2007). 학교 식중독위기 대응 실무매뉴얼. 일부 수정

Chapter 6

안전관리와 응급처치

1. 안전사고 현황

OECD 국가의 아동사고사의 3대 사인은 운수사고, 익사사고, 타살 순이며, 우리나라는 OECD국가 평균보다 추락사고와 익사사고의 비중이 높았다. 사고사망은 여름(8월 12.5%)과 봄, 오후 시간대(18시 7.9%)에 많이 발생한 것으로 나타났으며, 그 중 사고사망의 57.7%는 학교 및 기타 공공행정구역과 주거지에서 발생하였다. 이 중 특히 남아는 여아에 비해 사망사고가 도로에서 많이 발생한 것으로 나타났다.

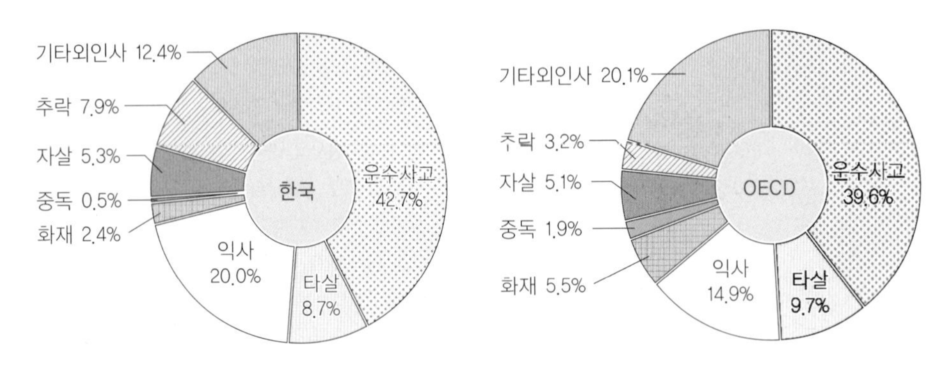

그림 6-1 OECD국가와 한국의 어린이 사고 사망원인 비교, 2005년
자료 : 통계청(2009. 5. 6). [사고에 의한 어린이 사망 OECD 국가 비교] 보도자료

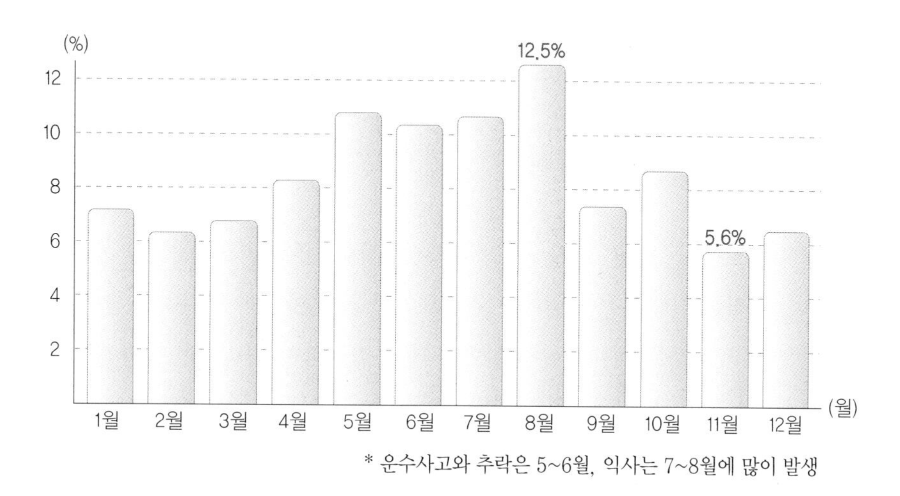

* 운수사고와 추락은 5~6월, 익사는 7~8월에 많이 발생

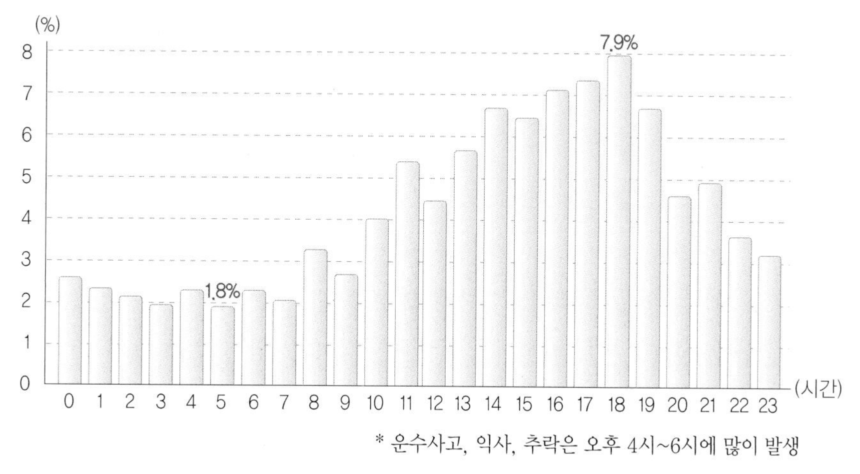

* 운수사고, 익사, 추락은 오후 4시~6시에 많이 발생

그림 6-2 사고에 의한 사망 월별 · 시간대별 구성비, 2005~2007년

자료 : 통계청(2009. 5. 6). [사고에 의한 어린이 사망 OECD 국가 비교] 보도자료

표 6-1 사고사 발생 장소, 발생 월 및 발생 시간, 2005~2007년 평균

성별 구성비(%)	발생 장소							
	주거지	집단 거주시설	학교 · 공공구역	운동 · 경기장	도 로	상업 서비스	산업 · 농장지역	기 타
전 체	24.7	2.5	33.0	0.8	3.6	6.1	3.3	26.1
남 아	22.6	2.3	31.5	0.9	4.8	5.5	3.1	29.4
여 아	28.1	2.9	35.4	0.7	1.5	7.0	3.7	20.7

자료 : 통계청(2009. 5. 6). [사고에 의한 어린이 사망 OECD국가비교] 보도자료

2. 시설 안전관리

1) 실내 환경에서의 안전관리

실내시설에는 보육실, 교실, 현관, 복도, 계단, 화장실, 유희실(실내놀이터 포함), 조리실 등이 있으며, 이러한 실내시설 설비에는 위험요인이 없어 아동이 안전하게 활동할 수 있도록 관리해야 한다. 교사는 실내시설과 설비를 매일 점검하여 위험요인이 발견되거나 파손된 곳이 있을 경우 즉시 수리·보완하도록 해야 한다. 안전점검을 철저히 시행하기 위해서는 문서화된 안전점검표를 작성하고 안전지침을 게시하며, 누적된 안전점검 결과를 관리하는 것이 바람직하다.

시설에서는 실내시설 및 설비를 아래와 같이 안전하게 유지하고 관리해야 한다.

(1) 보육실 및 교실

- 교실은 되도록 1층에 배치되도록 한다.
- 아동이 접근할 수 있는 2층 이상에 위치한 창문에는 추락사고를 예방하기 위한 창문 보호대나 난간 등 보호 안전망을 설치하여야 하며, 창문 주변에는 딛고 올라설 만한 물건이 없어야 한다.
- 교실 내에 세면대가 설치되어 있어 수시로 사용할 수 있도록 한다.
- 세면대에서는 적정온도의 온수가 나오도록 한다.
- 실내에 설치된 정수기의 온수는 만져도 안전하도록 안전조치를 하여야 한다.
- 교실에 환기를 위한 기계환기설비 시설을 설치한다.
- 교실에는 햇빛이 잘 들어와야 한다. 단, 교실 바깥의 반사물로부터 눈부심이 발생되지 않도록 한다.
- 창문에 커튼이나 블라인드를 설치한 경우 커튼이나 블라인드 줄을 짧게 정리하여 팔이나 목이 휘감기거나 발이 걸려 넘어질 위험이 없도록 한다.
- 전기콘센트에는 안전덮개를 덮고, 전선줄 등이 길게 늘어져 아동의 손에 닿거나 걸려 넘어지지 않도록 관리한다.
- 돌출형 라디에이터, 화기시설 등은 적절한 보호장치를 한다.
- 책상, 의자 등의 가구나 교구장은 파손되지 않았으며, 모서리가 둥글고 표면이 매끄럽게 처리된 것을 사용하거나 모서리 보호대를 설치한다.

- 교구장은 아동이 쉽게 움직일 수 없도록 안정적으로 놓여 있으며, 안전을 위해 아래쪽에 무거운 물건을 보관하고, 선반에는 물건이 떨어지지 않도록 지지대를 설치한다.
- 선풍기에는 안전덮개가 덮여져 있고, 가능한 아동의 손이 닿지 않는 곳에 안전하게 설치한다.
- 바닥은 장판이 들뜨거나 울퉁불퉁하여 걸려 넘어지는 일이 없도록 고르게 설치한다.
- 실내 내부의 마감재료는 불연재, 준불연재 또는 난연재가 바람직하며, 커튼 등의 실내 장식물은 방염성능을 갖추어야 한다.
- 유희실이나 실내놀이터의 볼풀장 등과 같은 고정식 놀이기구는 사용하기에 안전하게 설치해야 하며, 파손된 곳이 없어야 한다.
- 조리실이나 요리 및 식기 운반용 소형 승강기, 보일러실 등 위험요인이 있는 장소에는 아동이 접근할 수 없도록 관리한다.
- 교실은 교사의 시선이 미치지 않는 구석이 없어야 한다.

(2) 복도 및 문

- 보육시설의 현관문은 아동이 성인의 보호없이 나갈 수 없도록 개폐 관리를 하여야 하며, 유치원은 문이 자동으로 서서히 닫히게 하는 도어클로저(Door-Closer)를 설치하여야 한다. 또한 인터폰을 설치한다.
- 복도에 설치된 게시판은 쉽게 떨어지지 않도록 안전하게 고정한다.
- 복도 바닥에서 1.3m 높이까지는 벽체 파손 시에도 위험하지 않은 재료로 되어 있어야 한다.
- 복도에 노출되는 벽 모서리나 기둥 모서리는 코너가드 등을 사용하거나 모따기하여 둥글게 되어 있어야 한다.
- 복도에는 충분한 조명 또는 창문이 설치되어 어둡지 않아야 한다.
- 교실과 복도 사이에 설치된 문 등 유치원 내 설치되어 있는 모든 문에는 문턱이 없어야 한다.
- 교실의 문이 복도 방향으로 열리는 여닫이문인 경우 개방 시 복도 유효폭의 1/2 이상을 넘어서지 않도록 한다.

(3) 계 단

- 계단의 단 높이는 16cm 이하이며, 단 높이가 일정하게 구성되어 있어야 한다.

- 계단의 단 너비는 26cm 이상이며, 단 너비가 일정하게 구성되어 있어야 한다.
- 계단의 경사도는 너무 급하지 않고 완만하게 구성되어 있도록 한다.
- 계단에는 미끄럼 방지처리가 되어 있으며, 견고하게 부착되어 있어야 한다.
- 계단에는 충분한 조명 또는 창문이 설치되어 어둡지 않도록 한다.
- 바닥재는 충격을 흡수할 수 있는 재료를 사용하며, 계단의 끝선을 명확히 구분할 수 있도록 다른 색으로 채색한다.

(4) 화장실

- 화장실 바닥표면은 물에 젖어도 미끄러지지 않도록 안전조치가 되어 있어야 한다.
- 화장실은 냉온수가 공급되고 더운물의 온도는 40℃ 이하를 유지할 수 있도록 온도조절장치나 온수밸브잠금장치, 온도계를 비치하여야 한다.
- 화장실 문에는 잠금장치가 설치되어 있지 않아야 한다.

이상의 실내시설 및 설비를 고려하여 이에 적합한 안전점검표(부록 참조)를 만들어야 하고, 월 1회 이상 안전점검을 실시해야 한다. 특히 실내시설 및 설비에 고장 등 위험요소가 발견될 경우 '접근불가' 혹은 '수리 중' 등의 표시를 붙인 후, 아동의 접근을 막고 즉시 수리하여야 한다.

2) 실외 환경에서의 안전관리

실외시설 및 설비란 시설 건물 외부에 있는 모든 시설과 설비를 의미하는 것으로 대문, 울타리, 마당, 옥외놀이터, 옥상놀이터, 옥내 중간놀이터를 포함하여 놀이터에 설치된 그네, 미끄럼틀, 매달리기 기구 등 고정식 놀이기구와 기타 실외의 부대시설을 의미한다. 실외시설 및 설비는 아동의 안전과 밀접하게 관련되므로 관련 규정 등에 따라 안전하게 설치하여야 한다.

교사는 실외시설 · 설비가 안전한지 정기적으로 점검하고, 수리가 필요할 때는 사용불가 표시를 하여 아동의 접근을 차단한 후 즉시 수리하여 아동을 사고로부터 보호하여야 한다.

시설에서는 실외시설 및 설비를 아래와 같이 안전하게 유지하고 관리해야 한다.

- 실외시설은 대문, 출입구, 울타리, 담장 등을 통해 외부와 충분히 분리되어 있어 아동이 쉽게 나갈 수 없고, 동시에 외부인이 무분별하게 접근할 수 없도록 한다.

- 옥외놀이터 바닥에는 모래밭, 천연 및 인공 잔디, 고무매트, 폐타이어 블록 등을 안전하게 설치한다.
- 시설 건물의 외부에 놓여있는 에어컨 실외기, LPG 가스통 등은 아동의 접근이 가능하지 않은 곳에 설치하거나 아동의 접근이 가능한 곳에 위치해 있을 경우 안전덮개를 덮어야 한다.
- 시설의 축대는 안전하고 맨홀 뚜껑은 잘 덮여 있으며, 웅덩이, 돌, 유리조각, 요철, 녹슨 부분, 감전위험물 등이 없어야 한다.
- 마당이나 구석 등에는 사고 유발 위험이 있는 목재더미, 파손된 가구 등과 같이 쉽게 이동할 수 없는 정도의 크기나 무게를 가진 물건, 삽이나 시멘트 포대 등과 같이 쉽게 이동할 수 있는 위험한 물건 등의 적재물이 없도록 하거나, 있을 경우 아동과 분리하여 안전하게 보관하여야 한다.
- 아동의 실외놀이 시 놀이공간에 차량 접근을 차단해야 한다.
- 실외시설 및 설비에 고장 등 위험요소가 발견될 경우 '접근불가' 혹은 '수리 중' 등의 표시를 붙인 후, 아동의 접근을 막고 즉시 수리하여야 한다.

이상 시설의 실외시설 및 설비를 고려하여 이에 적합한 안전점검표(부록 참조)를 만들어야 하고, 월 1회 이상 안전점검을 실시해야 한다.

3) 교통 안전관리

시설에서는 가능한 한 등 · 하원용 목적으로 차량을 운행하지 않는 것이 바람직하다. 부득이하게 차량을 운행할 경우 안전설비를 갖추고 교사 등 성인이 동승하며, 안전점검을 실시하는 등 차량을 안전하게 운행할 수 있도록 하여야 한다.

시설에서 안전한 차량 운행을 하기 위하여 지켜야 할 기본적 요소는 다음과 같다.

(1) 통학버스 안전관리 시스템

- 차량을 운행하고자 할 경우에는 〈도로교통법〉에서 규정하고 있는 어린이 통학버스 신고요건을 구비하여 관할 경찰서장에게 신고하고 신고필증을 교부받아 운행을 하는 것이 바람직하다.
- 운전자는 적합한 자격을 가지고 있으며(15인승 이상 버스운전자는 대형운전면허를 소

지), 안전교육 및 훈련을 받은 사람이어야 한다.

- 차량 내부에 안전수칙과 차량용 소화기 및 구급상자를 비치, 관리하여야 한다.
- 차 맨 앞좌석에는 차량용 소화기가 고정되어 있어야 한다.
- 차량 운행 시 운전자 외에 시설장, 교사, 보조교사 등 책임있는 성인이 동승한다.
- 교사와 유아는 차량 운행 시작 전 모두 개별 안전띠를 착용한다.
- 영아(만 0~1세, 2세) : 36개월 미만 영아는 영아용 보호장구를 착용하는 것을 원칙으로 한다. 영아용 보호장구는 안전인증을 받은 제품을 사용하는 것이 바람직하다.
- 차내 모든 좌석에 3~5세를 위한 안전벨트와 안전시트가 설치되어 있으며 유아들 신체에 맞게 조절이 가능해야 한다.
- 운전자와 차량에 동승한 성인은 아동이 좌석에 앉아 개별 안전띠를 맨 것과 차량에서 안전하게 내린 것을 확인한 후 차량을 출발시킨다.
- 운전자는 아동이 안전하도록 서행하며, 차량에 동승한 성인은 운행 중 아동이 자리에서 일어나는 일이 없도록 지도한다.
- 차량에 동승한 성인은 아동이 차량에 타고 내릴 때 위험하지 않도록 손을 잡아주거나 옷자락이 끼거나 밟히지 않도록 도와주고, 비가 올 때는 아동이 우산을 접고 펼 수 있도록 지원해 준다.
- 긴급 시 연락할 수 있는 휴대용 전화기를 가지고 있어야 한다.
- 응급 시 예비차량을 즉시 대처할 수 있어야 한다.
- 차량 안전점검표에 의한 안전점검을 정기적으로 실시한다.

(2) 주변 교통안전

- 통학로의 횡단보도에는 보행자신호등이 설치되어 있어야 한다.
- 통학로에는 교통안전시설물이 적정하게 설치되어 있어야 한다.
- 교통안전표지판은 노후되거나 파손되어 있지 않아야 한다.
- 운전자들이 식별할 수 있도록 가로수 정비가 잘 되어 있어야 한다.
- 유치원 주변 300m 이내에 불법주정차 표시가 되어 있어야 한다.
- 어린이보호구역이 표시되어 있어야 한다.
- 어린이보호구역 표지판은 운전자들이 볼 수 있는 위치에 있어야 한다.
- 통학버스 이용 아동을 위한 지정된 승하차 장소가 있어야 한다.
- 지정된 승하차 장소는 아동의 활동장소와 충분히 떨어져 있어야 한다.

- 승하차 장소를 알아볼 수 있게 노면 표시와 안전표지 등을 설치하여야 한다.
- 원아들의 버스 승하차 장소 접근은 시설 도착 및 출발 시에만 제한한다.
- 시설의 버스 승하차 시에는 시설의 담당자가 지도감독을 하도록 한다.
- 방문자나 시설 관계자의 주차장소는 따로 설정되어 있어야 한다.
- 방문자나 시설 관계자의 주차장소는 통학로와 겹쳐져 있지 않아야 한다.
- 시설 주차장을 사무실에서 감시할 수 있는 시설이 설치되어 있어야 한다.

4) 비상 안전관리

(1) 소방 안전교육 및 훈련

안전사고의 대부분은 안전관리에 대한 무관심과 인식 부족에서 발생한다. 그러므로 시설의 모든 종사자가 다양한 안전교육을 받는 것이 매우 중요하며, 아동에게도 일상생활에서 안전하게 지낼 수 있는 지식과 행동요령에 대해 정기적으로 교육을 실시해야 한다.

시설에서는 아동의 연령을 고려하여 〈아동복지법〉 안전교육 기준에 따라 매년 안전교육 계획을 수립하여 교육을 실시하고, 계획 및 교육실시 결과를 관할 시장 · 군수 · 구청장에게 매년 1회 보고하는 것이 바람직하다. 또한 시설에서는 정기적으로 소방훈련을 실시함으로써 종사자와 아동의 대피능력을 키울 수 있도록 해야 한다.

안전교육과 정기 소방훈련의 방법은 다음과 같다.

- 시설에서는 매년 안전교육 계획을 수립하여 아동에게 안전교육을 실시한다.
- 시설 종사자는 안전교육을 통해 안전에 대한 지식이나 행동요령, 안전교육지침 등을 숙지하여야 하며, 시 · 도 및 시 · 군 · 구 등에서 안전 관련 교육을 시행할 때 적극 참여한다.
- 안전교육의 주요 내용으로는 교통안전교육, 약물오남용교육, 재난대비교육, 성폭력 예방교육, 실종 · 유괴의 예방방지 교육 등이 있으며, 이외 안전한 보행법, 놀이안전, 물놀이 안전교육 등 아동 안전과 관련된 다양한 내용이 포함될 수 있다.
- 영유아를 대상으로 안전교육을 할 때는 영유아의 연령별 특성을 고려하여 놀이, 동화, 이야기 나누기 등의 방법으로 보육과정 내에서 자연스럽게 다룸으로써 영유아가 더욱 쉽게 안전의식을 내면화하도록 지도하는 것이 바람직하다.
- 시설장은 아동의 안전교육에 대해 보호자와 충분히 협의하고 이를 안내하며, 희망하

는 보호자가 안전교육에 함께 참여할 수 있도록 한다.

- 시설에서는 소방계획을 작성하고 매월 소방대피훈련을 실시한다. 이외 비정기적으로 다양하게 훈련을 실시하여 종사자와 아동들이 신속하게 대피할 수 있는 능력을 갖출 수 있도록 하는 것이 바람직하다.
- 영아(만 0~1세, 2세) : 영아들도 소방훈련을 실시하여야 하며, 성인들이 손을 잡고 도와주거나 잘 걷지 못하는 영아의 경우 성인이 안고 정해진 대피로에 따라 신속하게 대피해 보는 등의 방법으로 실시할 수 있다.

(2) 소방시설 설치 및 대처방안

시설에 갖추어진 안전설비와 비상시 대처방안, 종사자의 대처 능력은 화재나 안전사고 등을 예방할 뿐 아니라 비상사태가 발생할 경우 위험을 최소화하고 아동 안전을 보호하는 데 중요한 역할을 한다. 이에 시설에서는 화재 등 비상사태에 대비하여 관계법령(〈소방시설설치유지 및 안전관리에 관한 법률〉 등)에 따라 비상재해 대비시설이 설치되어야 하며, 유사시 안전하게 사용할 수 있도록 관리되고 있어야 한다.

또한 시설에는 비상시 대처방안이 체계적으로 마련되어 있어 시설장과 교사 등 종사자들이 평소 이를 숙지하고 시행할 수 있어야 한다.

비상사태를 대비한 안전시설 및 설비와 대처방안과 관련하여 지켜야 할 요소는 다음과 같다.

- 각종 대비시설은 관련 법규와 규정에 따라 안전하게 설치되어야 한다. 〈소방시설 설치유지 및 안전관리에 관한 법률〉 등에 따라 시설에 해당하는 소방시설은 다음과 같으며, 각 시설별 설치 기준은 시설 규모에 따라 다르다.

※ 소화설비 : 소화기, 스프링쿨러, 간이 스프링쿨러 등

※ 경보설비 : 비상경보시설, 자동화재탐지설비, 자동화재속보설비, 가스누설경보기 등

※ 피난설비 : 비상구, 비상계단 또는 영유아용 미끄럼대, 피난구 유도등 및 유도표지 등

위의 내용 중 보육시설에서 최소한 갖추어야 하는 소방시설은 소화기, 가스누설경보기, 비상구, 비상계단 또는 영유아용 미끄럼대, 피난구 유도등 및 유도표지며, 비상시 양방향 대피가 가능하여야 한다.

- 비상사태에 대비한 안전시설 및 설비가 잘 관리되고 있어 비상시 효율적으로 사용할

수 있어야 한다. 가령 소화기 내용물이 굳어 있거나 유도등이 작동하지 않는 경우, 비상구를 교구장으로 막거나 통로에 짐을 쌓아두는 경우 등은 바람직하지 않다.

- 종사자는 대비시설과 설비를 바르게 작동하는 방법을 숙지하는 것이 바람직하며, 실습 등을 통해 소화기 등 소화설비를 작동시키는 방법을 알고 있어야 한다.
- 시설에는 비상시 대처방안, 즉 비상대피도, 대피요령, 종사자의 역할분담표 등이 마련되어 있으며, 종사자는 자신의 역할과 대처방안을 숙지하여야 한다.
- 비상시 긴급하게 연락할 수 있는 소방서, 구조대, 파출소, 병원이나 보건소 등의 전화번호, 응급전화를 걸 때 말해야 할 간략한 사고내용, 시설의 이름과 위치 등의 주요 내용, 이외 비상시 연락해야 할 시설 종사자의 비상연락망, 보호자의 연락처 등이 전화기 옆에 게시되어 있는 것이 바람직하다.

사례 ③

안전 계획안

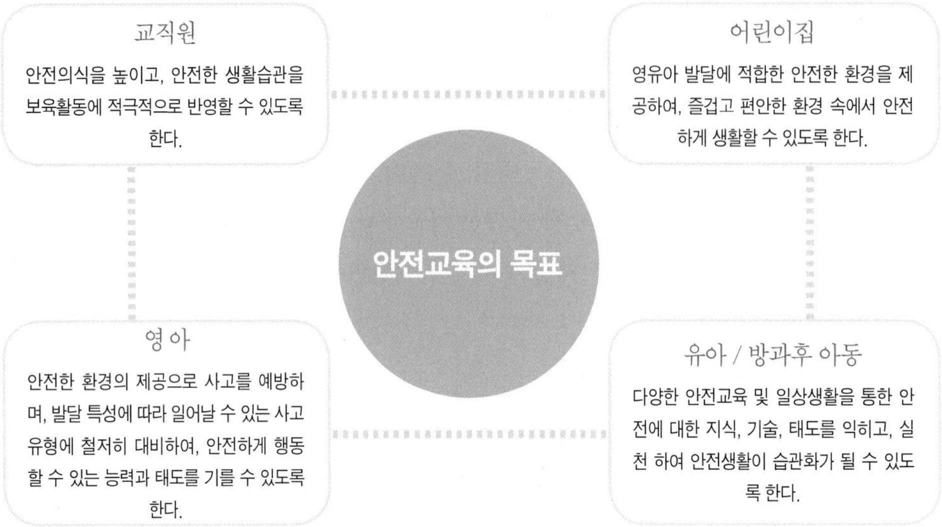

교직원

안전의식을 높이고, 안전한 생활습관을 보육활동에 적극적으로 반영할 수 있도록 한다.

어린이집

영유아 발달에 적합한 안전한 환경을 제공하여, 즐겁고 편안한 환경 속에서 안전하게 생활할 수 있도록 한다.

안전교육의 목표

영아

안전한 환경의 제공으로 사고를 예방하며, 발달 특성에 따라 일어날 수 있는 사고 유형에 철저히 대비하여, 안전하게 행동할 수 있는 능력과 태도를 기를 수 있도록 한다.

유아 / 방과후 아동

다양한 안전교육 및 일상생활을 통한 안전에 대한 지식, 기술, 태도를 익히고, 실천 하여 안전생활이 습관화가 될 수 있도록 한다.

1. 운영 방침

○안전한 보육 환경이 되도록 하기 위하여 시설 및 설비와 관련된 안전 점검을 생활화한다.

○교사 및 직원들의 안전 교육을 강화하여 안전에 관련된 지식, 태도 및 기술을 익히고 실천한다.

○안전에 관한 영유아의 교육을 강화하여 원내에서 정기적 · 지속적으로 하며, 다양한 안전프로그램에 참가하여 실생활에 적용할 수 있도록 한다.

○안전교육의 법적기준(기준 법령 : 〈아동복지법〉 시행령 제4조 1항)

교육내용	교육횟수
교통 안전교육	2개월에 1회 이상 (연간 12시간 이상)
약물 오 · 남용교육	3개월에 1회 이상 (연간 10시간 이상)
재난 대비 교육	6개월에 1회 이상 (연간 6시간 이상)
성폭력 예방 교육	6개월에 1회 이상 (연간 6시간 이상)
소방훈련	20인 이상 시설 매월

2. 안전을 위한 가정 연계

○어린이집 비상시 협력기관의 연락처를 가정과 공유한다.

○비상시의 연락처, 책임 한계 동의서, 귀가 동의서를 작성하여 비상시 신속한 대처를 준비한다.

○안전에 대한 상해 보험은 양육자의 동의하에 어린이집에 입소하는 아동 전원 가입을 의무화하여 사고에 대비한다.

3. 안전교육의 예: 체험으로 배우는 어린이 안전교육

소방대피훈련

재난대피교육

아동권리교육

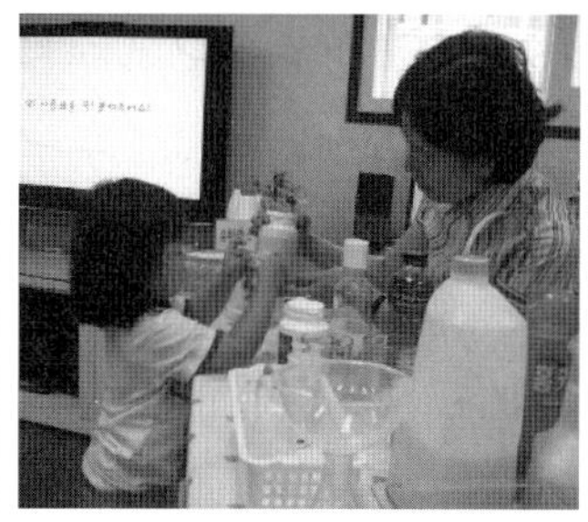
약물 오·남용교육

교통안전교육

4. 그 외 실시된 안전 교육

놀이 안전, 미아방지 교육, 물놀이 안전, 시설물 주의에 대한 안전, 실외놀이 안전, 보행시 안전 등 월별, 주별 생활 주제에 맞추어 실행

5. 교사 및 직원 안전 교육

○ 외부 교육 : 안전에 관한 교육에 참여, 전달 강습
○ 자체 교육 : 매월 주제를 정하여 집중 토의(성폭력/ 아동 인권/ 응급처치 등)
전문가의 조언을 받아 자체 교육 실시

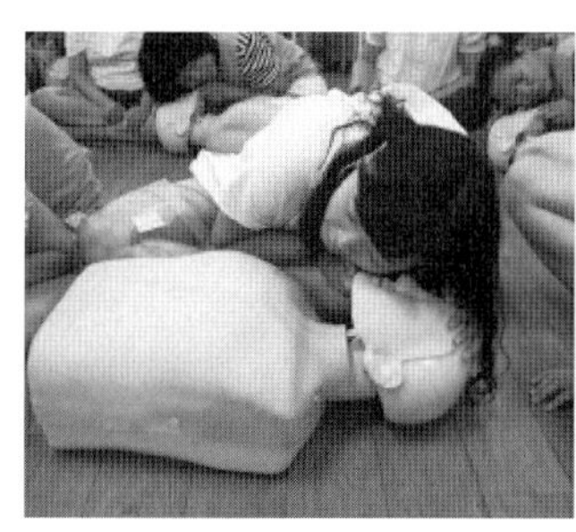
응급처치 교육 - 심폐소생술

아동인권 교육

어린이유괴 안전교육(사이버 강의)

자료 : 면일어린이집

3. 상황별 응급처치

1) 응급상황에 대한 인지

위급상황을 인지할 수 있는 요소는 소리에 의한 청각적인 것, 시각적인 것, 강한 냄새 또는 특이한 냄새 등의 후각적인 것이 있다. 이러한 세 가지 요소가 주의를 끌고 있다면 위급상황이 발생했다는 것이며, 자기 가슴을 쥐어 잡고, 땀을 흘리기 시작하고, 호흡곤란 역시 응급상황을 의미함을 알아야 한다.

특히 시설에서 장시간 생활하는 아동들은 아프거나 다치는 경우가 간혹 발생할 수 있다. 아픈 경우에는 일상적인 활동에 활발하게 참여하지 못하게 되는데, 이때 시설에서는 아동을 조용한 곳에 격리시켜 보호하면서 안정을 취할 수 있도록 돌보아 주어야 한다. 또한 응급처치가 필요한 위급한 사태가 발생한 경우 미리 준비된 절차에 따라 신속하게 이송 조치를 취하는 것이 매우 중요하다.

시설에서 아프거나 다친 아동을 위한 적절한 조치방법은 다음과 같다.

- 아픈 아동에 대해 개별적인 보호가 필요한 경우에 시설의 방침(예: 응급처치동의서, 투약의뢰서 등, 부록 참조)이 마련되어 있어야 한다.
- 아픈 아동의 부모가 투약을 의뢰할 경우에는 반드시 서면으로 요청하도록 하고, 시설에서는 투약한 내용에 대한 보고 관련 기록을 유지한다.
- 투약의뢰서는 알림장, 대화수첩 등으로도 사용 가능하다.
- 투약의뢰와 보고 내용에는 투약하는 약의 종류, 용량, 횟수, 시간, 의뢰자 등이 포함되도록 한다.
- 아동이 복용하는 약은 상온, 냉장보관 등 보관방법에 적절하게 보관한다.
- 다친 아동에 대해서는 적절한 절차(예: 응급처치동의서 등)가 문서로 마련되어 있어야 한다.
- 응급처치동의서 내용에는 보호자의 비상연락망, 의료기관 등이 기록되어야 한다.
- 약품 종류별 사용 유효기한을 표기한다.
- 응급사고 발생 시를 대비한 비상약품 혹은 구급상자를 구비하여야 한다.
- 구급상자에 갖추어야 할 내용물과 응급처치 기본 원칙은 다음과 같다.

구급상자에 갖추어야 할 내용물과 응급처치의 기본원칙

구급상자에 갖추어야 할 내용

- 의료용 재료 : 붕대, 거즈, 소독솜, 삼각붕대, 탄력붕대, 칼, 가위, 핀셋, 반창고, 일회용 장갑, 일회용 반창고, 부목류
- 외용제 : 과산화수소수, 베타딘, 항생제 외용연고, 근육용 마사지 연고, 화상용 바세린 거즈, 생리식염수, 벌레물린 데 바르는 연고
- 주의사항 : 보육시설에서의 의약품 사용은 반드시 전문의사의 진료와 처방에 의해 이루어지도록 해야 한다.

응급처치의 기본원칙

- 아무리 긴박한 상황일지라도 처치자 자신의 안전과 현장 상황의 안전을 확보할 것
- 전문가가 판단하기 전까지 환자나 부상자의 생사를 판단하지 말 것
- 전문가에 의해 정확한 진단이 내려지기 전까지는 의약품 사용은 금할 것
- 응급환자의 구강을 통한 음식물 섭취는 기도 폐쇄의 가능성이 있고 응급수술이나 중요한 검사의 지연을 초래할 수 있으므로 제공하지 말 것
- 긴급한 문제부터 해결할 것
- 119나 의료기관에 도움을 요청할 경우 정확한 환자상태 및 응급처치 내용을 알릴 것
- 현장에서 응급처치로 의식이 회복되었더라도 전문의료인에게 반드시 인계할 것

2) 화 상

부주의로 화상을 입었을 때는 깨끗한 수돗물이나 얼음물에 약 10분 정도 화상 부위를 식힌다. 옷을 입은 채로 뜨거운 물에 데었을 때에는 아동 주변에 뜨거운 물이 남아 있을 수 있으므로 다른 아동의 접근을 금지시킨 후, 옷을 벗기기 전에 화상이 더 이상 진행되는 것을 예방하기 위해 찬 물로 식힌 후 옷을 벗긴다. 이때 찬물에 너무 오랫동안 노출하면 저체온증에 빠질 수 있으므로 10분 이상은 하지 않는다. 만약 벗기가 어려운 경우는 그 부위를 가위로 잘라 준다.

그 다음에 바세린이나 붕산 연고를 소독거즈에 발라 화상 부위를 덮고 감아 준다. 붕대는 느슨하게 하고, 화상 부위에 압박을 가하지 않는다. 심하게 아플 때는 얼음주머니를 올려 준다.

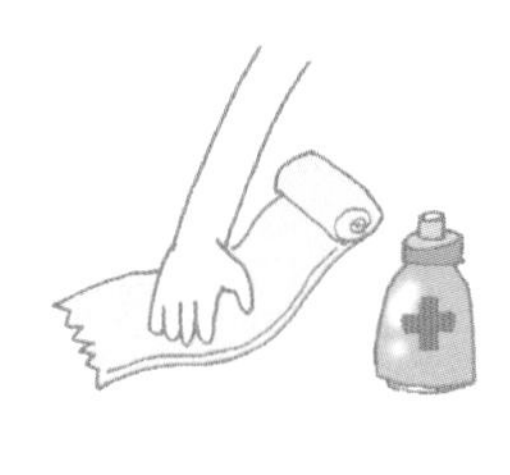

그림 6-3 화 상

2도 화상을 입어 물집이 생겼을 시에는 물집을 터뜨리지 말고 그대로 놔두면 저절로 낫게 된다. 화상 부위가 클 경우에는 큰 타월에 2% 중조수나 물을 적셔서 전체 화상 부위를 덮어준다. 작은 화상 부위를 경우에도 외과적 치료를 받아야 하며 병원에 갈 때에는 화상 부위를 차게 하면 좋다. 주류, 간장, 버터 등 민간요법을 사용하는 경우 2차 감염의 유발 가능성이 높기 때문에 절대 사용하지 않도록 한다.

3) 골 절

아동의 뼈는 성인과는 달리 잘 휘어지는 특성이 있기 때문에 골절이 되면 쉽게 부러지지 않고 휘게 된다. 손상 부위 통증과 부종, 손상 부위 주변이 퍼렇게 멍이 든다. 손상 부위의 모양이 변형되고 운동이 제한된다. 일단 골절이 되면 적절한 치료를 받아야 한다. 즉 골절 부위를 복원하고, 주변 조직이나 장기의 손상이 동반된 경우, 특히 뼈가 외상에 의해 피부 밖으로 돌출된 경우에는 감염의 위험이 높기 때문에 즉시 의료기관으로 이송하여 치료를 받아야 한다.

골절로 인해 뼈가 구부러지거나 휘어 있으면 억지로 펴려고 시도하지 않는다. 만약 외상이 있는 경우에는 소독된 거즈로 덮어준다. 이때 환부를 닦아주거나 만지지 않도록 유의한다. 골절 부위의 악화를 예방하기 위해 아동이 부동을 유지하도록 교육하고, 이동 시에는 환부 주위를 부목으로 고정시킨다.

일반적으로 골절과 같은 근골격계 손상 아동의 일반적인 처치 원칙은 RICE법으로 한다. 이는 네 가지를 일컫는 말로서 다음과 같다.

- Resting(휴식) : 통증이 유발되는 모든 움직임과 운동을 피하고 가장 편안한 자세를

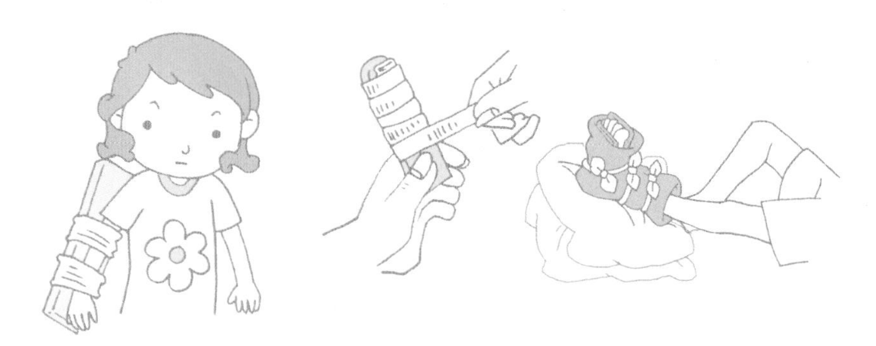

그림 6-4 골 절

취할 수 있도록 도와준다.

- Ice(얼음찜질) : 얼음을 이용하여 찜질 시 부종과 통증을 감소시켜 주어 불편함을 경감시킬 수 있다.
- Compression(압박-고정) : 골절 등의 심각한 근골격계 손상이 의심되면 움직임을 제한하기 위하여 부목 등을 이용하여 고정해야 한다.
- Elevation(거상) : 손상 부위를 높게 하면 혈류를 감소시켜서 부종이 감소되므로 가능하면 부상 부위를 심장보다 높여준다. 만약 골절이 의심된다면 부목을 대고 거상시켜 주어야 한다.

4) 동 상

신체의 일부분이 찬 공기에 노출되었으면 잘 문질러서 혈액순환을 촉진하고, 체온을 유지하거나 다른 옷으로 덮어서 보온한다. 그리고 동상을 입기 쉬운 부위, 즉 손가락, 발가락, 귀 등은 빈번히 움직이고 문질러 주는 것이 좋다.

(1) 부분 동상

- 동상을 치료하기 위해 그 부위를 부드럽게 다룬다.
- 동상에 걸린 부위를 문지르지 않는다. 문지르는 것은 피부를 더 손상시키는 원인이 된다.
- 동상을 입은 부위를 모직물이나 다른 천으로 싸고 전신도 천으로 싸주든가 옷을 입힌다.
- 체온보다 따뜻하지 않은 물에 동상에 걸린 부위를 푹 젖게 하여 그 부위를 따뜻하게 한다.

- 동상에 걸린 부위가 붉게 보이거나 따뜻함을 느낄 때까지 따뜻한 물에 담근다.
- 마른 무균 드레싱을 대고 붕대로 느슨하게 감는다.
- 손가락이나 발가락이 동상에 걸렸다면 그 사이에 탈지면이나 거즈를 댄다.
- 동상 입은 부위에 다시 온기가 돌면 아동으로 하여금 부상당한 손 또는 발가락을 움직이게 하고, 만일 물집이 생겼으면 터뜨리지 말고 그대로 둔다.

그림 6-5 동상 처치

(2) 전신 동상

오랜 시간 냉기에 접하면 전신 동상에 걸린다. 운동이 곤란해지고 감각이 없어지며 참을 수 없을 정도의 졸음이 온다. 걸음이 산만해지고 눈이 둔해지며 나중에는 실신하여 의식을 잃게 된다.

- 호흡이 없으면 구조호흡을 시작한다.
- 되도록 빨리 따뜻한 방으로 데려간다. 그리고 속히 따뜻한 물에 온몸을 담그거나 담요 같은 따뜻한 것으로 온몸을 싼다.
- 의식이 있으면 따뜻한 음료를 마시게 하고 안정시킨다.

5) 중 독

아동기는 호기심이 많고 화려한 색깔을 띠는 병이나 캔 제품을 선호한다. 화려한 색깔의 물질을 좋아하며, 입에 넣어보려는 경향이 있다. 아동은 성인과 달리 주변에 놓여 있는 물질을 집어 먹거나 독성물질에 접촉되어 중독되는 경우가 빈번하게 발생한다. 일부 가정용 제품 중에는 독성이 있는 것이 많으므로 부주의한 관리는 아동에서의 중독을 일으킬 수 있다.

독극물을 마셨을 때 독물전문치료센터에서 구토를 유발하라고 지시하면 정량의 구토시럽을 복용시킨 후 신속히 병원으로 이송한다.

만일 구토시럽이 없으면 즉시 한 컵 정도의 미지근한 물에 두 스푼 정도의 소금을 타서 먹인다. 20분 정도 기다려 구토하지 않으면 다시 정량의 구토시럽을 투여한다. 중독된 아동이 구토를 하면 고개를 옆으로 돌려 흡인을 예방하여야 한다.

그림 6-6 독극물 섭취 시 응급처치

만약 아동의 의식이 나빠지면 구토물이 폐로 흡인될 위험이 있으므로 더 이상 구토시럽을 투여하지 않아야 하며, 구토할 때를 기다리느라 병원으로의 후송을 지연시켜서는 안된다. 먹인 약병이나 구토물은 분석을 위해 반드시 의료기관으로 가져간다.

강산이나 강알칼리제제, 석유화학제품, 가구세제, 벤젠 등을 복용한 아동에게는 구토를 유발하지 않는다.

중독된 아동에게는 약물에 의한 호흡억제기능이나 의식장애로 인한 호흡부전이 발생하는 경우가 많으므로 모든 중독 아동은 철저히 호흡기능을 감시하고, 호흡장애 시 즉시 인공호흡을 실시하여야 한다.

6) 두부 손상

경미한 손상은 대부분 손상 후 10~15분이 경과되면 아동이 울음을 멈추고 정상적인 놀이를 하게 된다. 그러나 심각한 손상을 입은 경우는 두통과 국소 부종, 피부 손상, 출혈을 동반한다. 외적 손상이 없는 경우 대부분 경한 두통을 호소하지만, 만약 현기증, 졸도, 구토, 무의식 상태가 나타나면 이는 뇌진탕을 의미한다. 뇌진탕은 손상 직후 바로 나타나지 않는 경우도 있다.

두부 손상 후 코나 귀를 통해 혈액이나 담황색 분비물이 나오면 이는 두개골 골절을 의미하므로 즉시 응급처치를 받아야 한다. 특히 두개골절, 개방된 상처, 두개 내 출혈이 동반되는 경우 뇌 손상은 더욱 심각해진다.

두부 손상을 받은 경우 뇌진탕, 혹은 두개골절 유무를 점검한다. 경한 두통 이외에 다른 증상을 호소하면 즉시 응급처치를 받아야 한다. 경미한 두통을 호소하고, 의식이 정상인 경우에는 조용하고 밝지 않은 어두운 방에서 1시간 정도 침상 안정을 시키고, 의식의 변화

그림 6-7　두부 손상

양상을 주의 깊게 관찰한다. 손상 부위에 출혈이 있으면 깨끗한 거즈나 손수건으로 출혈이 멈출 때까지 약 10분간 환부를 압박해 준다. 이때 상처가 크고 환부의 손상이 심한 경우 코나 귀를 통해 분비물이나 혈액이 흘러나오면 가까운 병원 응급실로 데리고 간다.

7) 경 련

경련은 뇌신경 세포의 기능 장애에 의해 뇌신경 세포가 너무 흥분하여 일어나는 발작을 말한다. 전신이 뻣뻣해지고 눈동자가 치켜 올라가며 수족이 떨리기 시작해서 갑자기 의식을 잃고 쓰러지는 것이 경련 발작인데, 아동의 경련 발작은 10명 중 1명이 1회 이상 경험한다고 할 만큼 빈도가 높으며 그 대부분이 5세까지에서 일어난다.

아동도 성인처럼 간질 발작이 있지만 흔히는 고열이 동반되는 감염이나 귀, 목의 염증이 초기에 경련을 일으킬 수 있다. 경련 시 몸이 뜨겁고, 땀이 나며 피부의 발적이 생긴다. 주먹을 꽉 쥐고, 등이 아치 모양으로 되는 등 심하게 근육이 수축된다. 눈동자가 고정되거나 사팔눈 또는 위로 올라가면서 얼굴의 경련이 생긴다. 얼굴, 목에 충혈이 되면서 숨을 멈춘다. 그리고 입으로 부터 침을 질질 흘린다.

- 아동이 경련을 할 때는 다치지 않게 보호한다.
- 담요나 옷을 벗기고 신선하고 시원하게 환기를 해준다.
- 호흡을 확보하여 질식하지 않도록 입에서 나오는 점액 또는 구토물을 거즈나 수건으로 닦아낸다.
- 열이 있을 경우는 미지근한 물로 전신을 마사지해 주어서 해열시키는 것이 중요하다.

그림 6-8　경련

8) 코 피

코피는 흔하게 볼 수 있으며 특별한 원인 없이 나타나는 경우가 많다. 아동의 코피는 콧속의 앞쪽 모세혈관이 터져 생기는 경우가 대부분이다. 특히 실내가 아주 건조할 때, 코를 후비거나 세게 풀었을 때, 코를 부딪치거나 비염일 때, 비강에 이물질이 들어갔을 때, 감기 등으로 코 점막에 염증이 생겼을 때 많이 생기는데 이는 콧속에 있는 수백 개의 가느다란 혈관이 코의 앞쪽에 모여 있어 쉽게 손상을 입기 때문이다.

그림 6-9　코 피

피가 보이게 되면 아동이 흥분하게 되고 불안해하므로 안정을 취해 준다. 코피가 나면 앞으로 몸을 굽히듯이 앉혀서 목구멍으로 피가 넘어가지 않도록 하여 호흡에 지장이 없도록 하고 피는 삼키지 말고 뱉도록 한다.

코를 꼭 쥐고 압박하며 입으로는 숨을 쉬게 한다. 코피가 나오는 곳은 주로 코의 앞쪽에 있는 혈관이므로 콧망울 바로 위를 쥐고 연골 부위를 압박한다.

이마와 콧등 부위에 얼음이나 찬물로 냉찜질을 하면 지혈을 시키는 데 도움을 준다.

9) 눈의 상처

아동들이 놀다가 손으로 눈을 심하게 비비는 경우를 흔히 본다. 이때는 눈에 이물질이 들어간 것으로 자칫 심하게 비비면 각막이 상하므로 아동의 손을 꼭 붙잡아 비비지 못하게 한다. 특히 놀이터에서 놀던 아동이라면 손에 모래가 많이 묻어 있으므로 더 많이 위험하다.

증상으로는 눈이 화끈거리고 충혈되거나 눈에 상처가 난다.

그림 6-10 눈의 상처

(1) 눈에 먼지가 들어갔을 때

- 눈을 깜박이던가 눈을 감거나 또는 깨끗한 손으로 위 눈꺼풀을 쥐고 아래 눈꺼풀에 겹쳐 두면 눈물과 함께 밖으로 흘러나온다.
- 깨끗한 세숫대야에 물을 담고 얼굴을 담그고 눈을 깜박인다. 수돗물, 샤워기 등으로 씻어내는 것도 좋다.
- 눈꺼풀 속에 붙은 먼지는 눈꺼풀을 뒤집고 씻어내든가, 면봉이나 거즈 끝을 물에 적셔 살짝 제거한다.

(2) 눈에 약품과 세제가 들어간 경우

즉시 깨끗한 물로 씻어낸다. 한 쪽 눈에만 들어간 경우에는 씻어낸 약품이 다른 쪽 눈으로 흘러 들어가지 않도록 약품이 들어간 눈을 아래쪽으로 하고 적어도 5분 동안 계속 씻어야 한다.

(3) 눈동자나 눈동자 위를 다쳤을 때

- 눈을 비비지 못하게 한다.
- 아동이 통증을 느끼거나 빛을 보면 아픈 증상, 혹은 잘 보이지 않는 경우도 있으며, 이럴 때는 곧바로 병원으로 가야 한다.

10) 질 식

이물이 기도 내로 들어간 상태이다. 아동은 침을 뱉거나 기침을 한다. 숨을 헐떡인다. 입술주위에 청색증이 나타나거나 무의식에 빠진다. 이때 폐로 공기가 들어갈 수 있는 상태인 경우 아동은 기침을 유발하여 이물을 기도에서 입 밖으로 뱉어낼 수 있다. 그러나 아동이 기침을 매우 심하게 하거나 숨이 차서 헐떡거리거나 얼굴이 새파랗게 되면 매우 심각한 상태를 의미하므로 즉시 응급처치를 실시해야 한다. 만약 기도가 완전히 폐쇄된 경우에는 의식을 잃기도 한다.

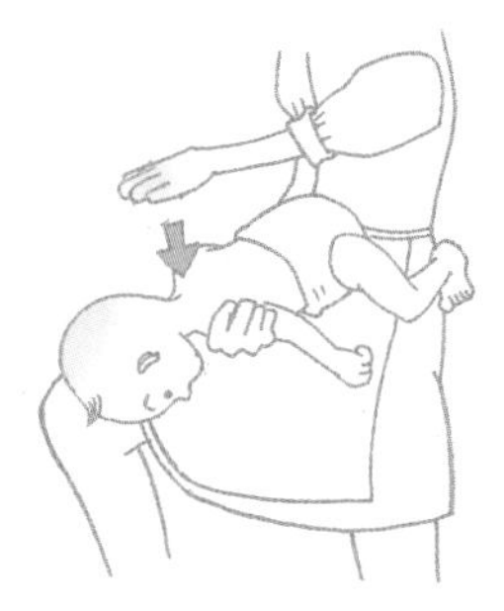

그림 6-11　질 식

엎드린 상태의 아동을 성인의 무릎 위 혹은 팔이나 의자 위에 올려놓고, 머리를 가슴보다 아래로 하여 등을 가볍게 4회 이상 두드려 준다.

기침으로 인해 이물이 목구멍 가까이 나와 육안으로 보이면 손가락을 입 속에 넣어 이물을 제거해 준다. 그러나 이물이 깊게 있어 보이지 않는 경우 손가락으로 빼내려하면 자칫 이물이 더 깊게 들어갈 우려가 있으므로 시도하지 말아야 한다.

질식으로 인한 사고를 예방하기 위해 질식의 위험이 있는 동전, 바둑알, 장난감 등은 갖고 놀지 못하도록 치운다. 3세 이전 아동은 땅콩, 포도, 팝콘 등을 주지 않는다. 또한 인절미 등의 떡은 되도록 주지 말고, 음식도 목에 걸리지 않도록 잘게 썰어서 먹인다. 특히 영아는 똑바로 눕힌 채로 우유를 먹여서는 안된다.

11) 타박상

타박상을 입었을 때는 환부를 넓게 하고 물이나 붕산수로 차갑게 해주어야 한다.

붓거나 통증이 심할 때에는 얼음찜질을 한다. 며칠이 지난 후 통증과 열이 없으면 뜨거운 찜질로 바꿔 응어리를 풀어준다. 상처가 심하면 외과적 치료를 받아야 한다.

그림 6-12　타박상

12) 절 단

사지나 사지 일부의 완전 또는 불완전 절단 발생 시 재접합이 불가능한 것은 아니지만, 아동을 가능한 빨리 병원으로 후송하는 것이 중요하다.

발견 즉시 깨끗한 거즈와 살균붕대로 상처 부위를 직접 압박하거나 높이 들어올려서 지혈시킨다. 119 등에 구조요청시 반드시 절단아동이라는 것을 알리고, 병원까지 아동과 동행하도록 한다. 지혈대의 사용은 절대적으로 금한다.

절단부위의 보존방법은 다음과 같다.

- 생리식염수가 있다면 거즈를 생리식염수에 묻혀 물기가 없도록 꽉 짜낸 후 절단부위를 감싼다.
- 생리식염수가 없을 때에는 깨끗한 물을 이용할 수 있으나, 지나치게 수분이 많을 경우 조직의 재생이 불가능하게 될 수 있으므로 주의하여야 한다.
- 비닐주머니 등을 이용하여 잘 감싼다.
- 감싸놓은 절단 부위를 다시 한번 비닐주머니에 넣어 얼음물이 들어 있는 용기에 담는다.
- 절단된 시간과 아동의 이름을 용기에 기입하며, 의료진에게 반드시 인계하여야 한다.
- 절단부위는 절대 씻지 않도록 한다.
- 아무리 작은 절단부위라도 버리지 않도록 한다.
- 절단 부위가 얼음이나 얼음물에 직접 닿지 않도록 한다.

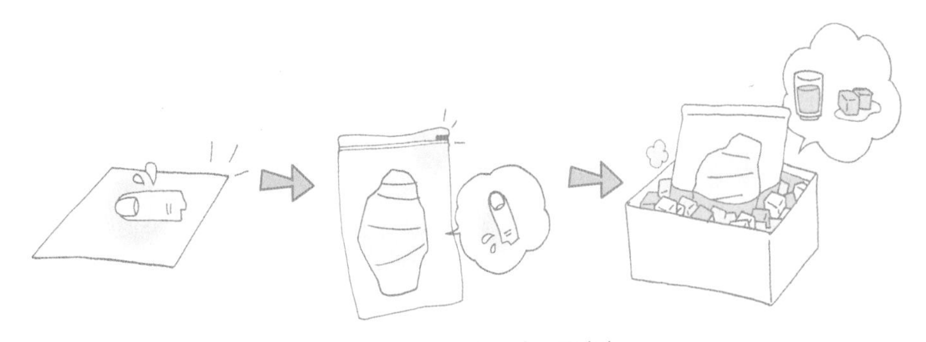

그림 6-13 절단 부위 보존방법

13) 기본소생술

심장마비의 치료에는 심장마비가 발생한 아동을 처음 발견한 목격자의 역할이 매우 중요하다. 심장마비가 발생한 아동을 소생시키려면 다음 4개의 과정이 연속적으로 진행되어야 하며, 이 과정을 일명 '소생의 사슬' 이라고 한다.

즉 심장마비가 발생한 아동이 살아나려면 119 연락 → 심폐소생술 → 전기 쇼크 → 전문소생술의 '소생의 사슬' 이 즉시, 그리고 쉼 없이 이어져야 하며, 소생의 사슬이 끊어지면 심장마비 아동을 살릴 수 없게 된다.

일반인에게 아동 기본소생술은 만 1세부터 만 8세까지를 의미한다. 대한심폐소생협회에서 우리나라 실정에 맞게 개발된 '한국 심폐소생술 가이드라인(2006년 8월)' 의 기본소생술 절차와 방법은 다음과 같다.

(1) 구조자와 아동의 안전

구조자와 아동이 있는 지역의 안전이 우선 확보되어야 한다. 아동의 안전을 위해서 장소를 옮길 수도 있다.

(2) 반응의 확인

- 아동을 가볍게 두드리고 "괜찮니", "얘야"와 같이 소리쳐 물어본다.
- 움직임을 살핀다. 아동이 어떤 손상을 받았는가, 의료인의 도움이 필요한가를 빨리 확인한다. 필요하면 빨리 119에 전화하고 다시 아동에게 돌아와서 상태를 살펴본다. 호흡곤란이 있으면 기도 유지와 인공호흡을 한다.
- 만약 반응이 없으면 주위에 소리를 쳐서 도움을 요청하고 심폐소생술을 시작한다. 혼

그림 6-14 소생의 사슬
자료: 대한심폐소생협회 홈페이지(http://www.kacpr.org)

자 있으면 흉부압박과 인공호흡을 30 : 2의 비율을 한 주기로 하여 다섯 번의 주기를 시행하는데 약 2분 정도 소요된다. 이후 응급의료체계에 신고를 하고 자동제세동기(만 1세 이상의 아동에게 필요)를 가져올 것을 요청한다.

그림 6-15 의식 확인

만약 1인 구조자가 있고 아동이 외상의 흔적이 없다면 아동을 안고 전화기 있는 곳으로 동시에 갈 수 있다. 응급의료체계의 담당자는 전화로 심폐소생술의 단계를 지시해 줄 수도 있다.

다른 구조자가 있을 경우는 한 명은 심폐소생술을 시작하고, 다른 한 명은 즉시 응급의료체계에 신고를 한다. 외상이 의심되는 경우 두 번째 구조자는 아동의 경추를 안정시키는 것을 도와야 한다. 아동을 안전한 곳으로 옮겨야 한다면 머리와 목 부분이 움직이게 되는 것을 최소화하도록 도와야 한다.

(3) 응급의료체계 신고 및 자동제세동기 준비

심정지를 목격하면 심폐소생술 시작 전에 응급의료체계에 신고를 하고(119 전화) 자동제세동기를 준비하도록 한다. 두 명의 구조자가 있다면 한 명은 심폐소생술을 시작하고 다른 한 명은 응급의료체계 신고와 자동제세동기를 준비하도록 한다.

(4) 아동의 위치

아동이 반응이 없으면 반드시 평평하고 딱딱한 바닥에 눕힌다. 만약 아동을 움직여야 한다면 머리와 목이 움직이는 것을 최소화한다.

(5) 기도 열기와 호흡의 평가

반응이 없는 아동은 혀가 기도를 막을 수 있으므로 구조자는 기도를 열어야 한다. 외상 유무와 관계없이 기도 유지를 위해 머리기울임-턱 들어올리기가 권장된다.

기도를 유지하고 10초에 걸쳐 아동이 호흡을 하는지 관찰한다. 가슴과 배의 규칙적인 움직임을 보고, 코와 입에서 내쉬는 호흡음을 듣고 내뱉는 호흡을 얼굴로 느

그림 6-16
머리 기울임-턱 들어올리기

낀다. 주기적으로 헐떡거리는 임종호흡은 정상호흡이 아니다. 아동이 숨을 쉬고 외상의 흔적이 없으면 아동을 옆으로 눕힐 수 있다. 이 자세는 기도 유지와 흡인의 위험을 감소시킨다.

(6) 인공호흡

아동이 숨을 쉬지 않거나 헐떡거림만 간혹 있을 경우에는 인공호흡을 실시한다.

인공호흡을 하려면 기도를 유지하고 두 번 인공호흡을 한다. 가슴이 올라오지 않으면 기도 를 다시 열고 다시 인공호흡을 시도한다. 영아는 구강 대 구강 인공호흡 또는 구강 대 비강 인공호흡법으로 하고 아동은 구강 대 구강 인공호흡으로 한다.

그림 6-17　구강 대 구강호흡법

(7) 맥박 확인(응급의료 종사자만 해당)

응급의료 종사자는 심정지를 확인하는 방법으로 맥박을 촉지해야 하며, 영아는 팔동맥, 유아는 목동맥 또는 대퇴부동맥에서 10초에 걸쳐서 확인한다. 일반인은 맥박을 확인하지 않고 두 번 인공호흡 후에 즉시 흉부압박을 시작한다.

그림 6-18　맥박 확인

만약 10초 이내에 확실히 맥박을 느낄 수 없다면 흉부압박을 먼저 시작해야 한다. 흉부압박을 시작해야 하는 절대적인 맥박수는 정해지지 않았으나 산소와 환기의 공급에도 불구하고 맥박이 분당 60회 이하이고 혈액순환이 불량해 창백하거나 청색증이 관찰되면 흉부압박을 시작한다. 서맥과 혈액순환장애는 심정지가 임박했다는 것을 나타내므로 흉부압박의 적응증이 된다. 아동의 심박출량은 심박동수에 크게 의존한다. 만약 아동의 맥박이 60회 이상이고 숨을 쉬지 않으면 흉부압박 없이 인공호흡만 한다.

(8) 흉부압박 없이 인공호흡만 하는 경우(응급의료종사자만 해당)

맥박은 60회 이상이지만 자발적 호흡이 없거나 불규칙할 때에는 인공호흡만 분당

12~20회로 한다(3~5초마다 1번 호흡). 각 호흡은 1초간 하고 가슴이 부풀어 오를 정도의 일회호흡량을 유지한다. 2분마다 맥박을 확인하도록 한다. 맥박의 확인은 10초를 넘기지 않는다.

(9) 흉부압박

흉부압박을 할 때 흉골의 아래 1/2을 압박하고 칼돌기(흉골돌기, xiphoid process)는 누르지 않는다. 압박 후에는 가슴이 완전히 올라오도록 하여 심장으로 피가 들어올 수 있도록 한다.

다음은 효율적인 흉부압박을 하는 방법에 대한 내용이다.

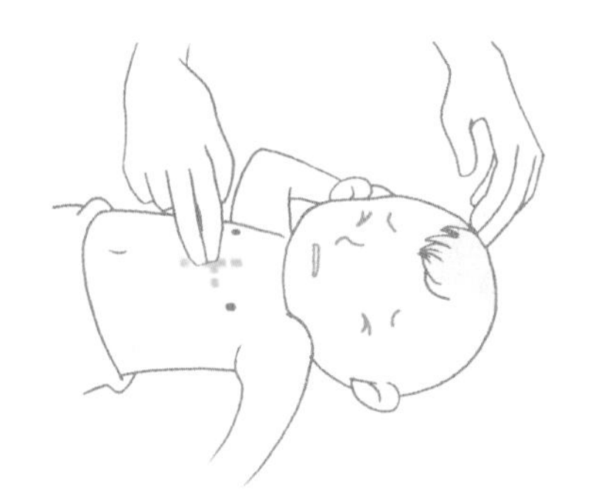
그림 6-19 흉부압박

- "강하게" 누른다 : 충분한 힘으로 흉부 전후 지름의 1/3 내지 1/2을 누른다.
- "빠르게" 누른다 : 분당 100회의 속도로 누른다.
- 압박 후에는 가슴이 완전히 펴지게 한다.
- 압박 사이의 중단하는 시간을 최소화한다.

영아에서 일반인 또는 한 명의 구조자가 심폐소생술을 하는 경우에는 젖꼭지 연결선 바로 아래의 흉골을 압박한다.

두 엄지 손가락 둘러싸기 기법은 두 명의 응급의료종사자에게 권장한다. 영아 가슴을 양손으로 감싸고 손가락으로 흉곽을 감싼다. 엄지손가락은 흉골의 아래 1/2에 위치한다. 힘

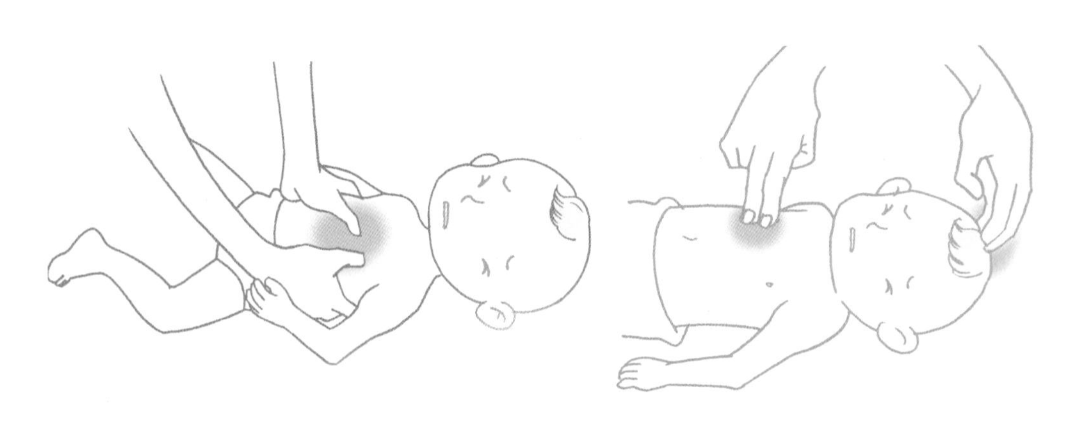
그림 6-20 1인 구조자 흉부 압박

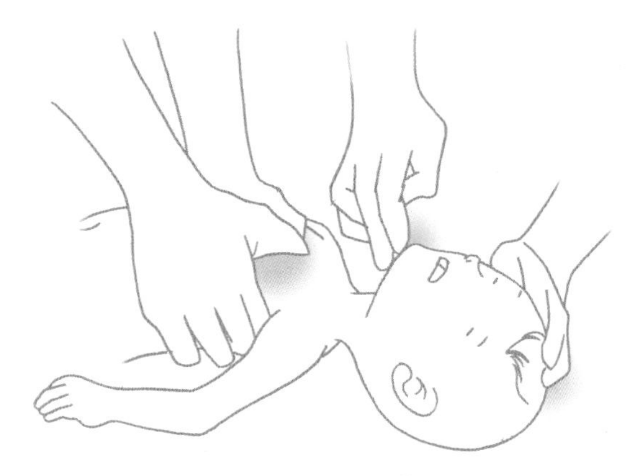

그림 6-21　2인 구조자 흉부 압박

있게 엄지손가락으로 흉골을 누르고 다른 손가락들로는 흉곽을 누른다.

한 명의 구조자 또는 가슴을 손가락으로 감쌀 수 없으면 두 개의 손가락으로 흉부 압박을 한다.

아동에게서 일반인과 응급의료종사자가 심폐소생술을 할 때에는 흉골의 아래 1/2 부분을 한 개 혹은 두 개의 손으로 압박하고 칼돌기와 갈빗대는 누르지 않는다. 한 손 혹은 두 손으로 압박하는 방법 중 어느 방법이 더 효율적인지에 대한 연구는 없다. 압박 깊이는 흉부 전후 지름의 1/3 내지 1/2이 압박되도록 한다.

흉부압박과 인공호흡의 비율은, 만약 구조자가 1인이라면 30회의 흉부압박을 하고 두 번의 효과적인 인공호흡을 하며 가능한 흉부압박을 중단하는 시간을 최소화하여야 한다. 두 명의 구조자가 있을 때(응급의료종사자, 안전요원, 심폐소생술 교육을 받은 사람)에는 한 명은 흉부압박을 하고 다른 한 명은 기도유지와 인공호흡을 15 : 2의 비율로 한다.

구강 대 구강 인공호흡 또는 백 마스크 환기를 할 때는 인공호흡과 흉부 압박을 동시에 하지 않는다. 한 명의 구조자가 30 : 2의 비율로 심폐소생술을 하다가 다른 구조자가 와서 2인 이상이 되면 압박 후 호흡을 두 번 하면서 두 번째 구조자부터 15 : 2로 변경한다.

표 6-2 성인, 소아 및 영아의 흉부 압박방법 비교

	성 인	소 아	영 아
흉부 압박점	흉골의 아래쪽 절반 (유두선과 흉골이 만나는 지점)		흉골의 아래쪽 절반 (유두선 직하방)
압박방법(세게, 빠르게 이완은 천천히)	한 손바닥의 두덩으로, 다른 손은 위에	성인의 경우처럼 또는 한 손바닥만으로	2~3손가락으로 응급의료종사자(2인): 두 엄지손가락 방법
압박 깊이	4~5cm	가슴 깊이의 절반 또는 1/3	
압박 속도	분당 100회		
흉부 압박 대 인공호흡 비율	30 : 2	30 : 2(2인의 응급의료종사자 구조시에는 15 : 2)	

자료 : 대한심폐소생협회(2006). 소아기본소생술 흐름도, p50

(10) 응급의료체계 신고와 자동제세동기 준비

아동의 심정지는 대부분 질식성이다. 구조자가 1인인 경우에는 응급의료체계에 신고하기 전에 다섯 주기의 심폐소생술을 하도록 권장하고 있다. 구조자가 다수인 경우에 한 명은 심폐소생술을 하고 다른 구조자는 응급의료체계에 신고하고 자동제세동기를 준비하도록 한다.

(11) 제세동

심실세동은 갑작스런 허탈이 원인이 될 수 있고 또한 심폐소생술 중에 발생할 수도 있다. 갑작스런 허탈의 발생이 목격된 아동들은 심실세동 또는 무맥성 심실빈맥의 가능성이 높으므로 즉시 소생술과 빠른 제세동을 하여야 한다. 심실세동과 무맥성심 실빈맥을 '쇼크 필요 리듬'이라고 부르는데 전기충격제세동으로 치료할 수 있기 때문이다. 대부분의 자동제세동기는 아동의 심전도를 분석하여 제세동이 필요한지를 결정하는 데 높은 특이성을 갖고 있으며, 만 1~8세까지 아동에게 적절히 낮은 에너지를 전달할 수 있도록 만들어졌다. 만 1세 미만에서 자동제세동기를 사용하는 것은 권장되지 않는다.

응급상황에서 아동에 맞게 조절할 수 있는 자동제세동기가 없다면 성인용 자동제세동기를 사용한다. 자동제세동기를 켜고 제세동을 1회 한 뒤에는 즉시 흉부 압박을 시작한다. 흉부 압박 사이의 중단은 최소화한다.

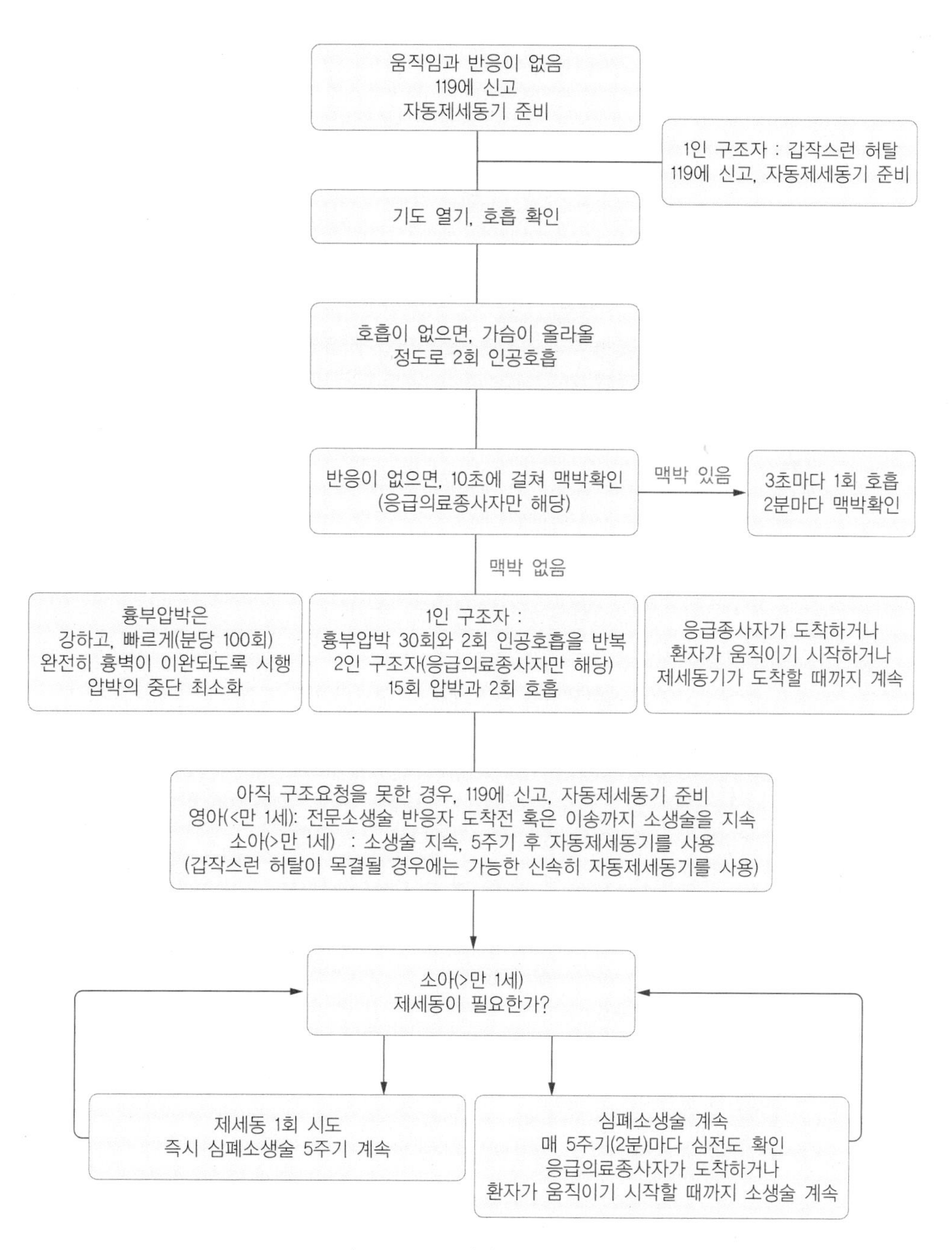

그림 6-22 소아기본소생술 흐름도

자료 : 대한심폐소생협회(2006). 소아기본소생술 흐름도, p38

영양교육

영유아의 영양상태나 식습관 형성은 일생의 건강을 지배하는 바탕이 될 뿐 아니라 신체적 · 지적 · 사회적 · 정서적 발달에 중요한 요인이 되고 있다. 따라서 유아교육기관에서의 신체적인 성장과 운동 능력의 향상과 함께 영양에 대한 지식을 실제의 행동으로 연결되어 바람직한 식생활 행동이 이루어지도록 지도함은 매우 의미 있는 일이다. 이에 체계적이고 강화된 영양교육을 통해 스스로 자신의 건강유지를 위해 적절한 식품의 종류와 양을 선택하는 데 적극적인 지식과 태도를 지도함이 꼭 필요하다.

1. 교육목표

① 유아가 식사시간이 즐겁다는 인식을 갖도록 한다.

② 다양한 종류의 식품을 먹도록 유도한다.

③ 건강에 이로운 식습관을 갖도록 강조한다.

2. 식사지도의 기본 방침

① 가능한한 빠른 시기에 식습관을 확립시킨다.

② 유아의 발달에 맞는 내용으로 식습관의 자립을 진행시킨다.

③ 바람직한 식습관을 갖기 위해서는 매일 되풀이하여 지도한다.

④ 칭찬과 꾸중에 대한 구분은 분명히 한다.

⑤ 일관성 있는 지도를 한다.

⑥ 사랑과 끈기로 지도한다.

⑦ 호기심을 만족시킨다.

⑧ 음식의 양은 자신에게 맞는 양으로 정하도록 한다.

P A R T 

영양 · 건강 및 안전활동의 실제

본 장에서는 영양, 건강 및 안전을 주제로 다양한 유형의 실제 활동을 제공하고자 한다.

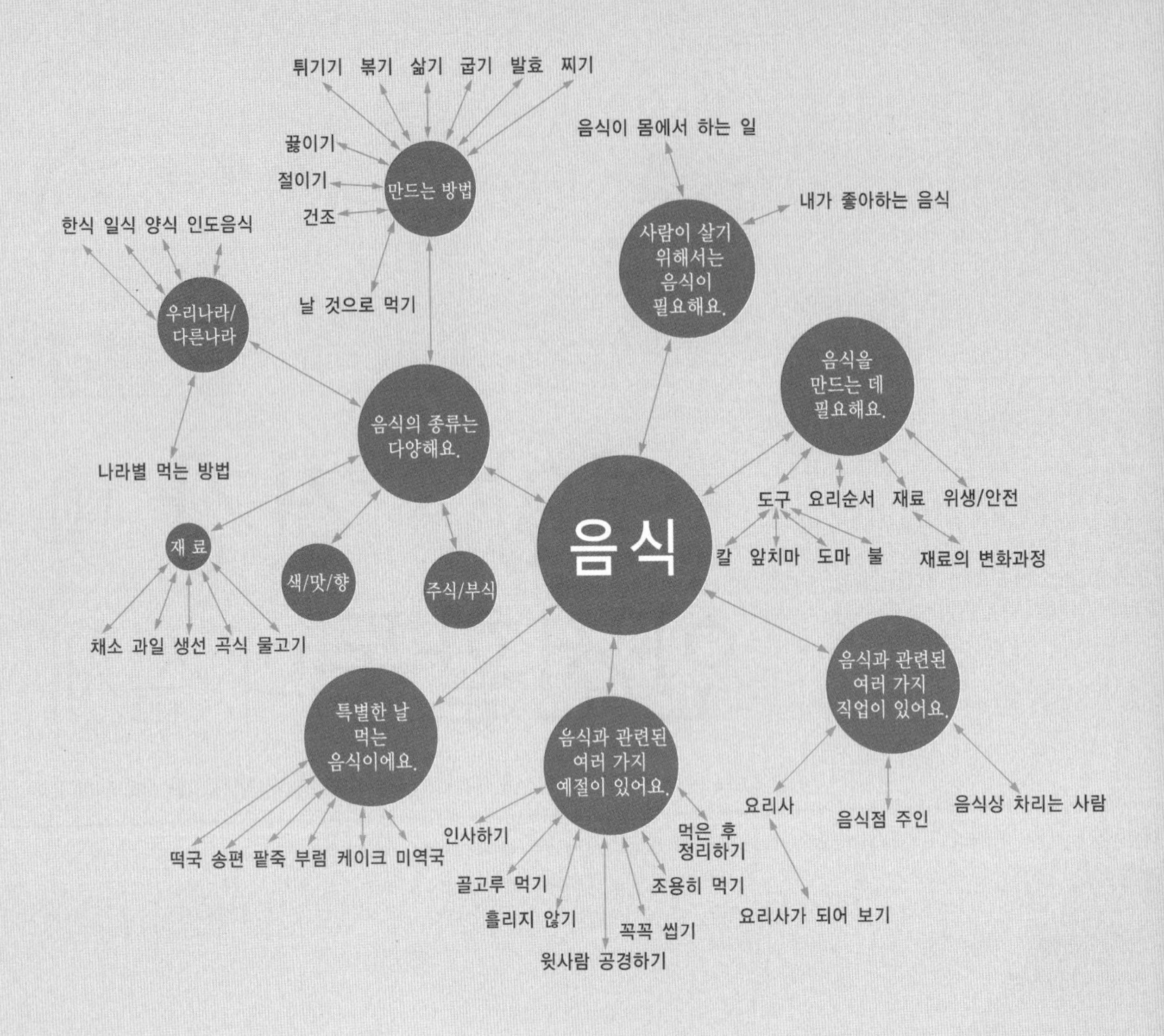

주요 내용

- 다양한 음식의 종류를 안다.
- 사람이 살아가기 위해서는 음식이 필요함을 안다.
- 우리 몸에 이로운 음식과 해로운 음식을 안다.
- 음식을 다양하게 요리하는 방법을 알아본다.
- 세계 여러 나라마다 독특한 음식이 있음을 안다.
- 음식을 만드는 데 필요한 재료와 도구를 알아본다.
- 음식과 관련된 직업을 알아본다.
- 우리나라의 특별한 날에 먹는 음식 종류를 알아본다.
- 음식을 먹을 때 예의를 알아본다.
- 감사한 마음을 갖고 음식을 먹을 수 있다.
- 음식을 골고루 먹을 수 있다.

이야기 나누기

- 음식을 먹지 않는다면?
- 왜 음식을 골고루 먹어야 할까?
- 음식을 너무 많이 먹으면 어떻게 될까?
- 몸이 너무 뚱뚱해지지 않으려면 어떻게 해야 할까?
- 건강에 도움을 주는 음식은?
- 우리가 좋아하는 음식은?
- 김치가 우리 몸에 어떤 도움을 줄까?
- 건강에 해로운 음식은?
- 단 음식만을 너무 많이 먹으면 내 몸이 어떻게 될까?
- 왜 밥을 하루에 세 끼를 먹어야 한다고 하는 걸까?
- 음식을 남기지 않고 먹으려면?
- 잘 먹지 않는 아이를 먹게 하는 방법은?
- 집에서(음식점에서) 음식을 먹을 때 올바른 태도는?
- 음식을 요리하는 방법엔 어떤 것들이 있을까?
- 요리할 때 필요한 도구는?

게임 · 신체

| 게 임 |
- 음식상 차리기
- 밤 옮기기
- 송편 만들기
- 전 부치기
- 벼가 되기까지

| 신체표현 |
- 국수가 되어 봐요
- 밀가루 반죽이 되어 봐요
- 스파게티가 되어 봐요
- 수제비가 되어 봐요
- 아이스크림이 되어 봐요

영양교육

음식

자유선택활동

| 쌓기놀이 |
- 식당 꾸미기

| 역할놀이 |
- 음식점 놀이
- 가게 놀이
- 생일파티
- 뷔페 놀이
- 소풍 놀이
- 설거지 놀이

| 언 어 |
- 좋아하는 음식 책으로 만들기
- 요리순서 만들기
- 음식 이름 짓기
- 맛, 조리 어휘책
- 동화 재구성하기
- 음식 광고

| 수 · 조작놀이 |
- 피자판 놀이
- 요리사 아저씨
- 좋아하는 음식 그래프
- 음식 무게 재어 보기
- 몸을 튼튼하게 해줘요
- 예쁜 이, 미운 이
- 구리구라의 빵 만들기

| 과학(요리) |
- 과일(채소) 단면 관찰 그림
- 탄산음료에 담근 이 관찰
- 치아모형 칫솔질
- 고구마 삶기와 찌기 실험
- 버터 넣은 팝콘과 넣지 않은 팝콘 실험
- 믹서기 활용하여 요리 만들기
- 카나페
- 내가 만든 모양 핫케이크
- 고구마경단 만들기

음 악

| 노 래 |
- 송편
- 아이스크림
- 수박파티
- 냠냠
- 떡볶이
- 김장을 담그려면

| 음악감상 |
- 사탕요정의 춤

동화 · 동극 · 동시

| 동 화 |
- 난 토마토 절대 먹지 않아
- 김치가 싫어요
- 깊은 밤 부엌에서
- 간식 먹으러 온 호랑이

| 동 극 |
- 해와 달이 된 오누이
- 손 큰 할머니의 송편 만들기

| 동 시 |
- 갈비(정두리)
- 송편(이송은)

바깥놀이

- 모래음식 만들기
- 떡케이크 만들기
- 틀을 이용한 음식 만들기

현장학습

- 김치박물관 견학
- 음식점 견학
- 농장 견학
- 빵집 견학
- 치과 견학

조 형

- 점토로 음식 만들기
- 음식 사진 오려 밥상 꾸미기
- 내가 만든 음식
- 과자(식빵) 얼굴
- 곡식 마라카스 만들기
- 초대장 만들기
- 곡식과 씨앗 콜라주
- 피스타치오 껍질로 구성하기
- 씨앗 액자 만들기
- 건빵 액자 만들기
- 팝콘 나무
- 색 마카로니 모빌 만들기

활동유형 | 이야기 나누기

01

우리가 좋아하는 음식, 좋아하는 색깔

활동대상 만 4~5세

활동목표 1. 유아들이 서로 좋아하는 색깔과 음식이 무엇인지 안다.
2. 그래프를 보고 이해할 줄 안다.

활동자료 엽서 크기의 흰 종이, 크레파스, 유아들이 그린 그림을 붙여 그래프를 만들 수 있는 판

활동방법

1. 음식의 여러 색에 대해 이야기한 것을 회상한다.
   - 너희들 어제 음식의 여러 가지 색깔에 대해서 알아본 것 기억나니?
   - 그래~ 오늘은 너희들이 좋아하는 색으로 좋아하는 음식을 그려 보기로 했었어.

2. 좋아하는 색이 들어간 음식에 대해 생각해 본다.
   - 자~ 여기 흰 종이와 크레파스가 있어. 자기가 좋아하는 색으로 먹고 싶은 음식을 그려 보자.
   - 그런데 친구들은 어떤 음식, 어떤 색을 가장 많이 좋아할까?
   - 어떻게 알 수 있을까? 많은 친구들의 생각을 한꺼번에 빨리 알아볼 수 있는 방법은 뭘까?

3. 반 아이들 중 어떤 색을 가장 많이 좋아하는지 알아보기 위해 그래프 판의 사용방법에 대해 이야기를 나눈다.
   - 이 판은 뭘까?
   - 이것을 어떻게 이용해야 어떤 색(음식)이 가장 많이 나오는지 알 수 있을까?
   - 각자 자기가 좋아하는 색으로 먹고 싶은 음식을 그린 그림을 어디에 붙일까?
   - 만약에 초록색 칸의 그림이 가장 높게 쌓인다면 그건 무얼 나타내는 걸까?

4. 한 가지 색을 이용해 자신이 좋아하는 색의 음식을 그림으로 그린다.

5. 각자 그린 그림을 그래프판에 붙여 그래프를 완성하고 평가한다.
   - ○○는 어떤 색으로 그렸는지 볼까?
   - 그럼 어느 부분에 붙여야 할 것 같니?
   - 자기가 그린 그림을 붙여 보자~
   - 어떤 색이 가장 인기가 많은 것 같아?

6. 활동해 본 느낌을 말해 본다.

- 오늘 이렇게 그림을 그려 보고 그래프도 만들어 보니까 어떤 느낌이 들었어?
- 서로 어떤 것을 좋아하는지 알게 되었니?
- 이 그래프판을 수영역에 둘 테니까 새로운 그래프를 만들어 보고 싶은 친구들은 또 해보렴.

참고사항

1. 유아들이 좋아하는 과자, 과일, 아이스크림, 반찬 등 그래프 활동을 활용하여 조사해 볼 수 있다.
2. 유아들이 좋아하는 음식을 조사하기 위해 몇 가지 음식 사진을 전시해 놓고 자신이 좋아하는 사진에 스티커를 붙여 보게 하는 방법도 있다.
3. 점토로 내가 좋아하는 음식을 만드는 활동으로 연계할 수 있다.

활동유형 | 이야기 나누기, 언어

음식 광고

02

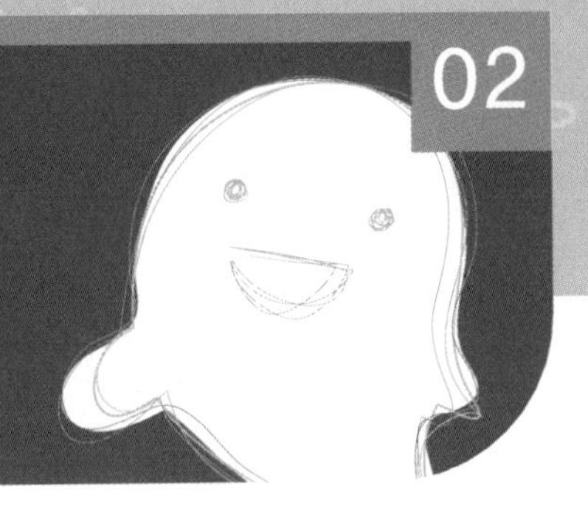

활동대상 만 5세

활동목표 1. 동화를 완전히 이해한 후 여러 가지 간식의 종류에 대해 안다.
2. 광고의 기능을 안다.

활동자료 「간식 먹으러 온 호랑이」 융판 동화, 신문 광고면, 모양종이, 크레파스, 색연필, 사인펜

활동방법

1. 동화를 회상해 보며 음식에 대해 이야기 나눈다.
   - 어제 우리 함께 읽었던 「간식 먹으러 온 호랑이」 동화를 기억하니?
   - 호랑이가 먹었던 간식에는 무엇이 있었지?
   - 너희가 좋아하는 간식은 무엇이니? 호랑이에게 주고 싶은 간식은 무엇이니?
   - 우리가 나누어 주고 싶은 간식을 호랑이에게 어떻게 알려 줄 수 있을까?

2. 음식 광고에 대해 이야기 나눈다.
   - (음식관련 신문 광고의 예를 보며) 이런 것을 본 적이 있니?
   - 여길 보니까 무엇이 적혀 있어?
   - 음식을 알리기 위해서 음식의 어떤 점을 쓸 수 있을까?

3. 각자 좋아하는 음식에 대한 광고 문구를 써 본다.
   - 여기 있는 것들을 이용해서 호랑이에게 나누어 주고 싶은 간식을 광고해 보자.
   - ~간식은 어떤 맛일까? 호랑이가 정말 먹어 보고 싶게 하려면 어떤 말로 광고해야 할까?
     예 : 이건 고기 향기가 오래 가는 간식이야, 조금만 먹어도 배부른 간식…

4. 광고글을 써 본 느낌을 이야기한다.
   - 우리가 직접 음식 광고를 만들어 보니 어땠니?

참고사항

1. 글씨를 잘 못 쓰는 유아는 그림을 그리게 하거나 받아 적어 주는 방식으로 활동을 격려해 준다.
2. 과학 연계활동으로, 동화에 나왔던 음식이 우리 몸에 어떤 도움을 주는지 하는 일을 알아본다.
3. 동화감상 후 카나페 요리활동으로 연계할 수 있다.

활동유형 | 언어

음식 이름 짓기

03

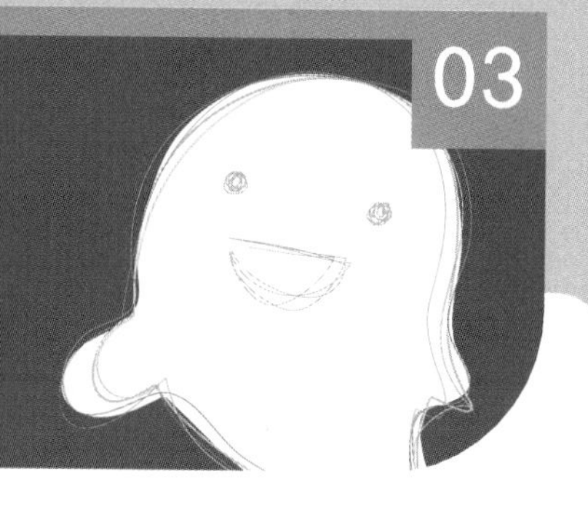

활동대상 만 5세

활동목표 음식의 특성을 탐색하고 새로운 이름을 짓는다.

활동자료 「난 토마토 절대 안 먹어」(로렌 차일드 글/그림, 조은수 옮김, 국민서관, 2001), 실제 음식, 다양한 음식 사진 코팅 자료, 네임펜, 도화지, 사인펜

활동방법

1. 「난 토마토 절대 안 먹어」 그림책을 감상한다.
2. 그림책에서 새롭게 지어진 음식 이름을 회상한다.
   - 찰리는 릴리에게 감자 샐러드를 무엇이라고 지어 줬니?
   - 왜 '구름보송이' 라고 지었을까?
   - 어떤 점이 비슷할까?
   - '초록방울' 은 완두콩의 무엇을 보고 지은 것 같니?
   - 이렇게 재미있는 말로 지어서 불러 주면 너희들도 먹을 수 있을 것 같니?
3. '김치' 를 보며 맛, 소리, 색, 모양을 탐색해 본 후 새로운 이름을 짓는다.
   - 김치의 맛은? 씹을 때 어떤 소리가 나니? 색은 어때? 모양은?
   - 김치를 어떤 새로운 이름으로 바꾸면 어울릴까?
   - 김치를 못 먹는 친구가 몇명 있어. 잘 먹게 하려면 어떤 이름을 붙여 줘야 좋을까?
4. 다양한 음식 사진 코팅 자료(예: 아이스크림, 케이크, 양파, 떡볶이…)를 보며 다양한 음식의 특성에 대해 이야기 나누고, 코팅지 위에 네임펜으로 새로운 이름을 받아 적어 준다.
   - 이 사진에 있는 음식은 뭘까? 맛은? 소리는? 냄새는? 어떻게 생겼어? 색은?
5. 활동을 마친 후 평가한다.
   - 여러 음식의 이름을 새로 지었는데, 그 중에서 어떤 이름이 가장 맘에 드니?
   - 싫어하는 음식이 나올 때 우리도 찰리처럼 이름을 지어 볼까?
   - 언어영역에 여러 음식 사진과 종이를 내어 줄테니 이름을 지어 보고 싶은 사람은 자유선택활동 시간에 해보렴.
   - 글자 쓸 때 힘든 사람은 선생님한테 '도와주세요' 라고 말해.

참고사항

1. 언어영역에서 NIE활동으로 연계할 수 있다.
2. 음식 사진과 새로 지은 이름을 카드로 만들어 게임활동으로 진행할 수도 있다.

활동유형 | 자유선택활동(수 · 조작놀이)

04 예쁜 이, 미운 이

활동대상 만 3~4세

활동목표 1. 이에 좋은 음식과 안 좋은 음식에는 무엇이 있는지 안다.
2. 음식을 먹고 나서는 이를 닦아야 한다는 것을 안다.
3. 썩은 이들의 개수를 세어 보면서 수 세기를 익힌다.

활동자료 이 틀, 음식사진, 화이트보드용 사인펜, 화이트보드용 지우개, 그림카드

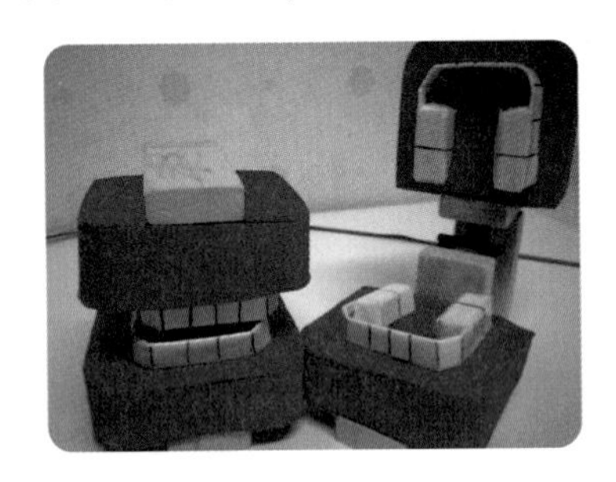

활동방법

1. 이에 좋은 음식과 안 좋은 음식에 대해 이야기 나눈다.
   - 예쁜 이를 만들어 주는 음식들에는 어떠한 것들이 있을까?
   - '예쁜 이를 만들어 주는 음식은 맛이 없어요.' 하고 먹기 싫어하면 어떻게 될까?
   - 그러면 미운 이를 만드는 음식은 뭘까?
   - 여기에 여러 가지 음식 사진이 있는데, 예쁜 이를 만들어 주는 음식과 미운 이를 만들어 주는 음식으로 나누어 볼까?

2. 음식을 먹고 나서 이를 닦아야 하는 이유에 대해 이야기 나누고, 이 닦는 방법에 대해 이야기 나눈다.
   - 미운 이를 만들어 주는 음식을 먹고만 이를 닦을까? 예쁜 이를 만들어 주는 음식을 먹으면 이를 닦지 않아도 되는걸까?
   - 아랫니는 어떻게 닦을까? 윗니는 어떻게 닦을까?

3. 교구를 보며 게임방법에 대해 이야기한다.
   - (이 틀을 보며) 이게 무엇 같아 보여?
   - (그림카드를 보며) 여기에는 방금 전에 선생님과 함께 이야기를 나눌 때 보았던 이에 좋지 않은 음식 그림과 이를 닦을 때 필요한 치약과 칫솔이 그려진 그림이 있어.
   - (그림카드를 뽑으며) 우선, 그림카드 상자에서 하나의 카드를 뽑은 후 그 카드에 이에 좋지 않은 음

식 그림이 있으면 어떻게 할까? 친구의 이에 숫자에 맞게 까맣게 칠해 줄까?
- 만약에 치약과 칫솔 그림을 뽑으면 어떻게 할까? 내 이에 까맣게 칠해진 부분을 숫자에 맞게 깨끗이 지워 주자.
- 더 이상 뽑을 그림카드가 없다면 어떻게 하기로 할까?

4. 두 명이 각자 이 틀을 가지고 게임을 한다.

5. 게임을 마친 후 평가하고, 교구를 제자리에 정돈한다.
- 이를 튼튼하게 하려면 어떻게 해야 할지 알게 되었니?
- 그래, 이를 튼튼하게 만들어 주는 음식들도 잘 먹고, 이도 깨끗하게 잘 닦자.

교구제작방법

교구제작재료
하드보드지, 빨간색 EVA, 오공본드, 나무 틀, 글루건, 시트지, 색지, 상자, 네임펜, 숫자스티커

잇몸 + 이 틀
1. 우선 입을 벌릴 수 있도록 나무 틀을 짠다.
2. 틀에 맞게 하드보드지로 잇몸을 만든다. 두 개의 틀에 필요하므로 똑같은 크기로 4개를 만든다. (가로 11cm × 세로 9cm × 높이 3cm)
3. 하드보드지 잇몸을 틀에 붙인다.
4. 틀에 붙인 하드보드지 위에 빨간색 EVA를 덮어 씌운다.
5. 하드보드지로 이를 만든다. (가로 21cm × 세로 1cm)
6. 만든 이를 잇몸에 붙인다. 잇몸에 붙인 이에 시트지를 붙여 코팅한다.
7. 코팅된 이 위에 네임펜으로 이를 그린다.

그림카드
1. 이를 썩게 만드는 그림 7가지를 2장씩 준비한다.
2. 치약과 칫솔이 그려진 그림을 7장 준비한다.
3. 각각의 그림 뒤에 같은 색의 색지를 배지로 댄다.
4. 각각의 그림 아래에 숫자가 쓰인 스티커를 붙인다.
5. 그림카드들을 코팅한다.

참고사항
1. 치과의사를 초빙하여 치아건강을 위한 교육을 받으면 효과적이다.
2. 탄산음료에 담근 이를 관찰하면 몸에 좋지 않은 음식을 직접 확인할 수 있다.
3. 「치카치카 하얀 이」(http://kr. infant. kids. yahoo.com/infantzone/) 동요를 함께 따라 부를 수 있다.

활동유형 | 자유선택활동(수 · 조작놀이)

05

구리구라의 빵 만들기

활동대상 만 4~5세

활동목표 1. 빵 만들 때 필요한 재료와 도구를 안다.
2. 게임의 규칙을 지키며 놀이한다.

활동자료 「구리구라의 빵 만들기」(나카가와 리에코 글, 야마와키 유리코 그림, 한림출판사) 그림책, 교구(게임판, 구리와 구라말, 재료말, 재료모으는 판, 화살판)

활동방법

1. 「구리구라의 빵 만들기」 동화 내용을 회상하며 빵 만들 때 어떤 재료와 도구가 필요한지 이야기한다.

2. 게임자료를 보며 게임방법을 정한다.
   - 두 명의 유아가 각각 구리, 구라를 맡는다.
   - 돌림판을 돌려 나온 숫자만큼 앞으로 말을 옮긴다.
   - 말을 옮겨 가운데 도착하면 자신의 말을 놓고 그 재료를 자신의 재료 모으는 판에 놓는다.

3. 두 명의 유아가 각자 말을 맡아 게임을 한다.

4. 다 놀이한 후 제자리에 정돈한다.

참고사항

1. '핫케이크 만들기' 요리활동으로 연계할 수 있다.

활동유형 | 자유선택활동(수 · 조작놀이)

06 요리사 아저씨

활동대상 만 3~5세

활동목표 1. 숫자카드에 맞게 채소와 과일모형을 셀 수 있다.
2. 게임의 규칙을 지키며 놀이한다.

활동자료 요리사 아저씨 교구(요리사 아저씨 배경판, 제작한 프라이팬, 접시, 숫자카드, 채소모형, 숟가락, 용기)

활동방법

1. 어떤 채소와 과일을 즐겨 먹는지 이야기한다.
   - 너희들은 어떤 채소와 과일을 좋아하니?

2. 알록달록 채소와 과일이 우리 몸에 주는 영향에 대해 이야기 한다.
   - 여러 가지 색깔을 가진 채소와 과일은 우리 몸에 어떤 도움을 줄까?

3. 요리사 아저씨 교구를 소개한다.
   - 요리사 아저씨가 요리를 하려고 해. 요리순서도를 보면서 아저씨에게 요리카드의 채소와 과일의 수만큼 프라이팬과 접시에 올려 드리자.

4. 몇 명의 유아가 앞에 나와서 직접 해본다.
   - (두 개의 카드를 집고) 카드에 나온 수만큼 숟가락으로 떠서 프라이팬과 접시에 올려 줄래? 앞에 나와서 보여 준 한 친구에게 박수쳐 주자.

5. 자유선택활동 시간에 수영역에서 놀이한다.
   - 지금 이 교구를 수영역에 둘 테니 자유선택활동 시간에 더 놀이해 보렴.

참고사항

1. 채소모형은 인터넷몰이나 큰 재래시장 모형상점에서 구입한다.
2. 식품의약품안전청 웹사이트(http://nutrition.kfda.go.kr/kidgroup/)의 [영유아 단체급식] 코너를 방문하면 식생활지도에 도움이 되는 지침을 얻을 수 있다.

활동유형 | 자유선택활동(수 · 조작놀이)

07

몸을 튼튼하게 해줘요

활동대상 만 4~5세

활동목표 1. 몸에 좋은 음식과 나쁜 음식을 구분할 수 있다.
2. 음식을 골고루 먹으려는 태도를 갖는다.

활동자료 어린이 몸판 4개, 돌림판, 그림카드, 식품구성탑 그림

5층 : 기름 · 설탕군 / 조금만 먹기

4층 : 우유군 / 뼈가 튼튼, 키가 쑥쑥

3층 : 고기군 / 몸이 튼튼

2층 : 채소군, 과일군 / 몸이 날씬 날씬

1층 : 밥군 / 힘이 불끈불끈

활동방법

1. 식품구성탑의 각 층에 속하는 식품군을 보며, 골고루 먹는 것의 중요함에 대해 이야기한다.
   - 이 그림에는 어떤 식품들이 있니?
   - 이 탑의 그림은 왜 위로 갈수록 좁아질까?
   - 음, 아래쪽 식품을 많이 먹고, 위쪽으로 갈수록 적게 먹자는 것을 말하는 거란다.
   - 어느 한 층의 음식만 많이 먹으면 어떻게 될까? 왜 음식을 골고루 먹어야 할까?

2. 교구를 보며 활동방법에 대해 이야기 나눈다.
   - 우는 모습, 웃는 모습을 한 여자 아이 2판과 남자아이 2판이 있어. 그리고 회전판 1개, 나쁜 음식카드들, 좋은 음식카드들이 있어. 이것들을 가지고 어떻게 게임을 하면 재미있을까?

3. 두 유아가 아이판 2개와 나쁘고 좋은 음식카드를 각각 6개씩 나누어 가진다.

4. 가위 · 바위 · 보를 하여 이긴 유아가 먼저 회전판을 돌린다.

5. 회전판을 돌려 나온 숫자와 색에 맞는 음식카드를 뒤집은 후 좋은 음식 그림이 나왔을 경우 웃는 아이 입에 카드를 넣고, 나쁜 음식 그림이 나왔을 경우 울상을 짓고 있는 아이 입에 카드를 넣는다.
   - 몸에 좋은 음식 그림이 나온 카드를 어떻게 하면 좋을까?

6. 회전판을 돌려 좋은 음식 카드 중에서 이미 나온 숫자가 나왔을 경우 울상을 짓고 있는 아이의 배 부분 아크릴 뚜껑을 열어 나쁜 음식카드를 하나 꺼내고, 나쁜 음식카드 중에서 이미 나온 숫자가 나왔을 경우 웃는 아이의 배를 열어 좋은 음식카드 하나를 꺼낸다.

7. 몸에 좋은 음식카드 6개를 다 먹은 아이가 나오면 게임은 끝이 난다.

교구제작방법

교구제작재료
하드보드지, 캔선지, 얇은 아크릴, 아크릴 본드, 폼보드, 투명 시트지, 화살고정핀, 장구압정핀, 두꺼운 도화지, 한지, 우드락

몸
1. 하드보드지를 어린이 모양으로 4장 자른다. 2장은 남자 아이로, 2장은 여자 아이 모양으로 자른다. 배 부분을 사각형으로 뚫는다.
2. 캔선지를 아이 모양으로 자르고 판에 붙인다.
3. 2명을 웃는 얼굴로, 2명은 우는 얼굴 표정으로 만든다.
4. 사각형으로 뚫어 놓은 배 부분에 얇은 아크릴을 잘라 붙이고, 이때 손잡이 부분에 장구압정핀을 꽂는다.
5. 폼보드를 뒤에 덧대고 한지를 붙인다.
6. 얇은 아크릴로 사각형의 상자를 만든 후 입과 배 뒤에 붙인다.
7. 하드보드지로 상자를 만들고 한지를 붙인 후 뒤에 붙인다.

그림카드
1. 폼보드를 각각 12개씩 총 24개를 원으로 자른 후 각각 다른 색의 한지를 전체에 붙인다.
2. 나쁜 음식 6장×2세트, 좋은 음식 6장×2세트씩 제작하여 각각 다른 색의 한지가 붙은 폼보드 위에 붙이고, 1~6까지의 숫자를 2묶음×2로 자른 후 그림 뒷면에 붙인다.

회전판
1. 우드락을 한지로 싼다.
2. 육각형의 두꺼운 도화지 위에 각각 다른 색의 캔선지를 엇갈리게 붙이고 1~6까지의 숫자 두 묶음을 잘라 각각 엇갈리게 붙인다.
3. 화살고정핀으로 고정하고 화살표 코팅한 후 고정시킨다.

*화살이 잘 돌아가게 하려면 밑판과 화살 사이에 0.5cm 높이의 빨대를 끼운다.

참고사항

1. 과학활동으로 식품구성탑에 각 층에 해당하는 음식 사진을 붙일 수 있다.

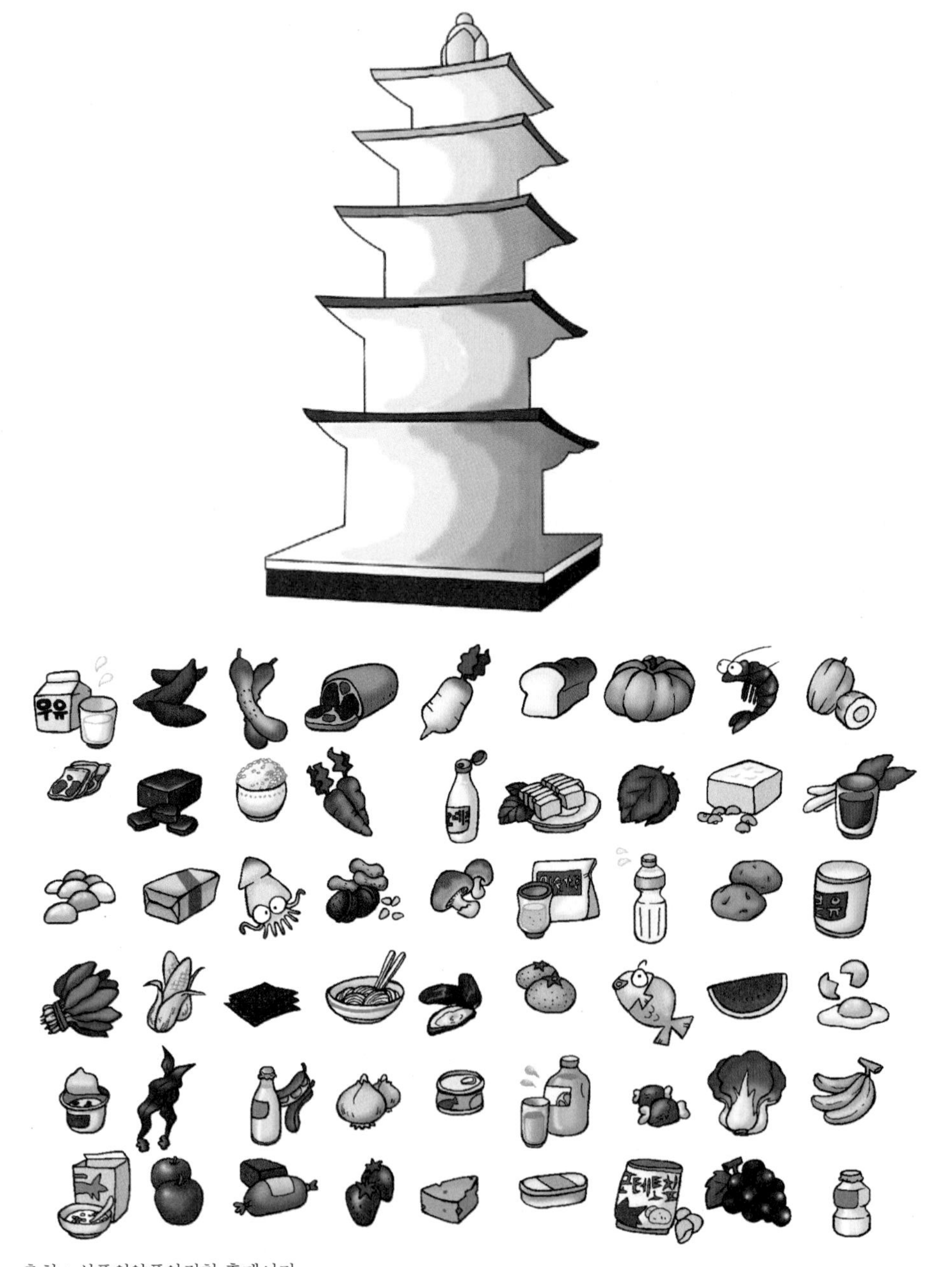

출처 : 식품의약품안전청 홈페이지

활동유형 | 자유선택활동(역할놀이)

음식점 놀이

08

활동대상 만 3~5세

활동목표 1. 메뉴판을 보며 음식을 주문할 수 있다.
2. 음식점에서의 예절을 익힌다.

활동자료 탁자와 의자, 테이블보, 조화, 메뉴판, 음식항목이 기록된 주문서, 필기류, 음식점 간판, 음식모형, 냅킨, 식기류(컵, 포크, 접시), 금전등록기, 모형 돈, 계산기, 신용카드, 영수증, 나비넥타이, 앞치마, 이름표, 요리사 모자, CD플레이어와 음악 CD

돈까스

샌드위치

피 자

활동방법

1. 음식점의 종류와 그에 따른 메뉴에 대하여 이야기한다.

2. 종업원의 역할과 손님의 역할, 서로 지켜야 할 예의에 대해 이야기 나눈다.
   - 종업원은 손님에게 어떻게 예의바르게 대해야 할까?
   - 손님은 음식을 주문할 때 어떻게 해야 할까? 종업원은 주문을 받을 때 어떻게 해야 할까?
   - 어린이 손님은 음식점에서 어떻게 행동해야 좋을까?

3. 음식점 놀이에 대한 계획을 세운다.
   예: 계산하는 곳, 음식 나오는 곳, 손 씻는 곳, 화장실, 메뉴판 음식의 종류, 가격, 음식점 이름, 종업원 이름 등

4. 음식점 놀이에 필요한 소품과 기구를 배치한다.

5. 음식점 간판, 메뉴판, 음식 모형, 영수증 등을 유아들과 함께 만든다.

6. 배경음악을 들으며 각자 맡은 역할을 수행하며 역할놀이를 한다.

참고사항

1. 유명 패밀리 레스토랑 중 유아들에게 체험학습장으로 허락하는 곳이 몇 군데 있다. 사전활동으로 음식점을 직접 방문하여 조리장과 종업원들의 역할을 관찰하고 직접 시식해 보는 체험활동을 계획해도 좋다.

활동유형 | 노래

09

김장을 담그려면

활동대상 만 3~5세

활동목표 1. 김장을 담글 때 필요한 재료와 과정을 알아본다.
2. 노래를 익히고 외워서 부를 수 있다.

활동자료 「김장을 담그려면」(김성균 저, 국민서관) 가사판, 실물 채소(고추, 마늘, 배추, 무 등) 또는 모형물, 카세트플레이어, 카세트테이프

노래자료

채소 모형물

활동방법

1. 김장철에 대해 이야기 나눈다.
   - 여러 집에서 가을에 김장을 담그던데, 너희들 중 김장을 담근 집 있니?
   - 엄마가 김장을 담그는 걸 본 적이 있니? 어떤 것들을 준비하셨니?
   - 김장은 왜 담그는 걸까?
   - 엄마 혼자 김장을 담글 수 있을까? 여럿이 김장을 담그면 어떤 점이 좋을까?

2. 김장 김치의 재료에 대해 이야기한다.
   - (실물 채소나 모형물을 보며) 김장을 하려면 어떤 것들이 있어야 할까?

3. 노래자료를 보며 가사를 알아본다.
   - 어떤 노래인지 선생님이랑 같이 읽어 보자.

4. 피아노로 음을 들으며 음을 익힌다.
   - 먼저 피아노로 음만 들어 보자.
   - 선생님이 피아노를 칠 동안 허밍으로 따라 불러도 좋아.

5. 교사의 선창을 듣는다.

- 선생님이 먼저 불러 볼게. 어떤 노래인지 잘 들어봐.

6. 한 가지 소리(아, 에, 이, 오, 우, 랄…)를 넣어 부른다.

- 한 가지 음을 넣어 불러 보자.
- '아, 에, 이, 오, 우' 중에서 어떤 소리로 불러 볼까?
- 우리가 '아'로 노래를 불러 봤는데, 이번엔 어떤 음을 넣어 불러 볼까?

7. 가사를 넣어 노래를 불러 본다.

- 얘들아 노랫말을 넣어 불러 보자.

8. 활동 후 평가한다.

- 이 노래를 부르고 난 뒤 느낌이 어땠니? 재미있었던 점이나 어려웠던 점이 있었니?
- 이 노래를 부르고 알게 된 것이 있니?
- 다음 시간에는 김장 노래를 부르며 악기연주를 해보자.

참고사항

1. "우리가 같이 불러 본 노래를 녹음해 보는 건 어떠니?"라며 녹음할 수도 있다. 녹음테이프는 음률영역 또는 언어영역에 두어 듣는다.
2. 「김치는 싫어요」(최신양 글, 나애경 그림, 보림출판사) 동화듣기와 연계하여 노래지도를 할 수 있다.
3. 김치에 대해 이야기 나누기를 하며 우리나라의 대표 음식에 대해 더 알아볼 수 있다.
4. 앞치마, 일회용 장갑을 착용한 후 소집단으로 직접 김치를 담가 본다.

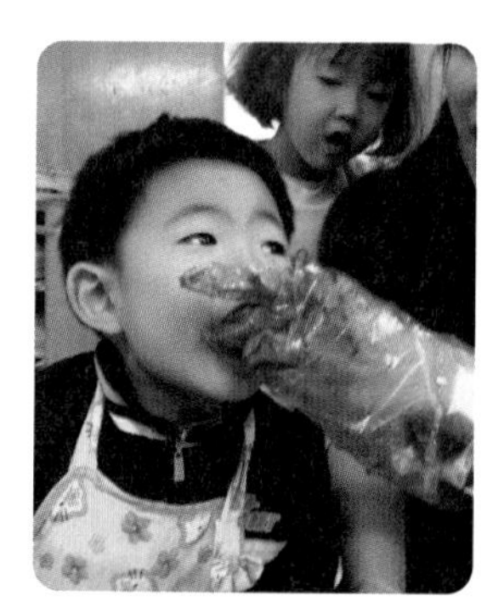

활동유형 | 노래

송편

활동대상 만 3~5세

활동목표 1. 추석의 대표 음식인 송편에 대해 알아본다.
2. 노래를 익히고 외워서 부를 수 있다.
3. 역할을 정해서 부를 수 있다.

활동자료 가사판, 반탁, 송편 실물, 역할 그림카드

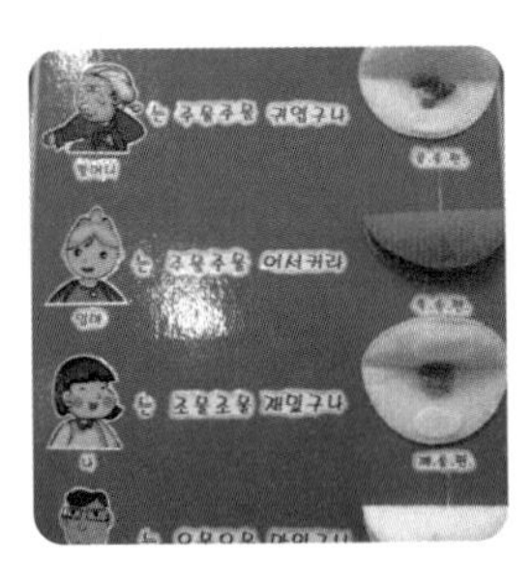

노래자료

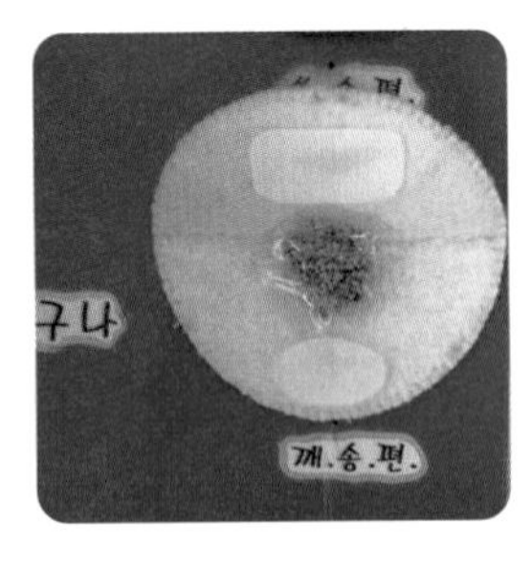

송편소

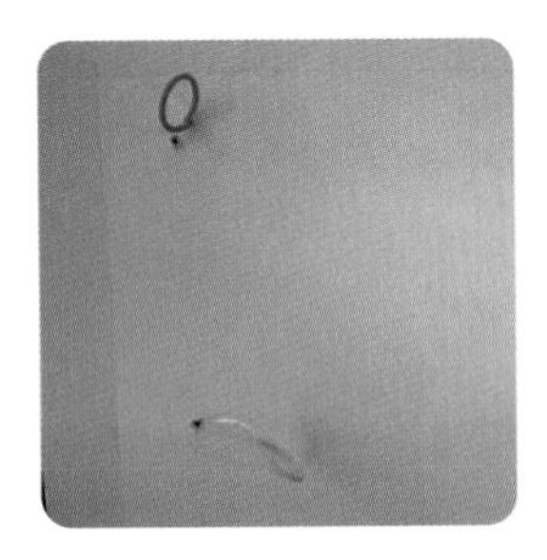

속자료 뒷면

활동방법

1. 우리나라의 명절 추석에 대해 이야기한다.
   - 추석은 무엇을 하는 날일까?
   - 추석에는 어떤 음식을 먹을까?
2. 송편을 직접 보며 송편소에 대해 이야기한다.
   - 추석날 송편을 먹었구나, 짜잔~ 이게 뭘까?
   - 송편 속에는 뭐가 들어 있을까?
3. 가사를 알아본다.
   - 어떤 노래인지 선생님이랑 같이 읽어 보자.
4. 교사의 선창을 듣는다.
   - 선생님이 먼저 불러 볼게, 어떤 노래인지 잘 들어봐.

5. 한 가지 소리로 음을 익히며 노래를 함께 부른다.

- 한 가지 소리로 불러 보자.
- 어떤 소리가 좋을까? '아' 로 불러 볼까? '이' 로 불러 볼까?

6. 악보의 스타카토 부분을 살려 한 가지 소리로 불러 본다.

- (스타카토를 보며) 얘들아, 콩송편, 쑥송편, 흰송편, 깨송편 글자 위에 있는 점은 뭘까?
- 점 부분에서는 어떻게 부르면 더 어울릴까?
- 짧은 느낌을 살려서 한 음으로 불러 보자.

7. 가사를 넣어 노래를 불러 본다.

- 이제 가사를 넣어 노래를 불러 보자. 선생님이 피아노를 칠 테니까 신나게 불러 보자.

8. 역할 그림카드를 보며 역할을 나누어 노래를 불러 본다.

- 이번에는 이 그림카드로 역할을 나누어 불러 보자.
- 할머니, 나, 엄마, 아빠 팀으로 나누었으니 자기가 맡은 부분만 부르자.

9. 노래를 부른 후 활동에 대해 평가한다.

- 송편에 대한 노래를 불러 보았는데 느낌이 어땠는지 말해 볼 사람??

참고사항

1. 「손 큰 할머니의 만두 만들기」(채인선 저, 재미마주)를 '송편' 으로 바꾸어 대본을 작성한 후 동극활동으로 연계할 수 있다.
2. 송편게임으로 연계할 수 있다.
3. 조형활동으로 검은콩을 불린 후 이쑤시개로 꽂아 구성할 수도 있다.
4. 추석 전에 송편 만들기와 함께 노래를 부를 수 있다.

활동유형 | 노래

냠냠

11

활동대상 만 3~5세

활동목표 1. 골고루 섭취하는 올바른 식생활에 대해 알 수 있다.
2. 박자와 리듬감을 익힌다.

활동자료 「냠냠」(김성균 저, 국민서관) 노래자료, 음식사진, 냉장고 모형, 융판

활동방법

1. 좋아하는 음식과 싫어하는 음식을 융판에 붙여 본다.
   - 여기 냉장고가 있는데, 안에 뭐가 들어 있는지 한번 볼까? 여기 ○○반찬도 있고 △△반찬도 있네. 이 중에서 너희들이 좋아하는 반찬과 싫어하는 반찬을 여기에 붙여 볼까? □□는 ~음식을 좋아하고, ~음식을 싫어하는구나?
   - 먼저 선생님이 머리 짚는 사람이 가서 붙이고, 그 사람이 다음 친구를 짚어 주자.
   - ☆☆가 나와서 붙여 볼까? 좋아하는 음식과 싫어하는 음식이 약간 다르구나!
   - 내가 좋아한다고 해서 그 음식만 먹는다면 어떻게 될까? 싫어하기 때문에 먹어 보지도 않으면 어떨까?

2. 가사판을 보며 노랫말을 알아본다.
   - 이런 반찬들이 주인공으로 나오는 노래를 선생님이 알고 있는데 같이 불러 보자 ~
   - 선생님하고 같이 가사를 읽어 볼까?
   - 너희들도 엄마가 해주신 이런 반찬들을 잘 먹니? 왜 내가 싫다고 하는데 엄마는 한번 먹어 보라고 권하실까? 왜 엄마가 해주시는 음식들을 골고루 먹어야 할까?

3. 피아노로 음을 들어본다.
   - 선생님이 먼저 피아노로 음을 쳐볼 테니 어떤 노래인지 잘 들어봐 ~

4. 한 가지 소리를 넣어 불러 음을 익힌다.
   - 사랑반! 이 노래에 한 가지 소리를 넣어 불러 보자.
   - 아, 에, 이, 오, 우 중에서 어떤 소리가 좋을까? 랄라~도 넣어서 불러 볼까?
   - 참, 음이 정확하구나!

5. 교사가 선창한다.
   - 선생님이 가사를 넣어서 불러 볼게. 가사판을 보면서 잘 들어봐 ~

6. 가사를 넣어서 여러 번 불러 본다.

- 이제 우리 다 같이 가사를 넣어서 불러 보자.
- 우와 ! 사랑반 정말 잘 부른다 ~ 노랫말도 빨리 익히네!
- 이번에는 원래 박자대로 조금 빠르게 불러 볼까?

7. 활동에 대한 평가를 한다.

- 노래를 불러 보니까 어땠니?
- 다음에는 다른 반찬 이름을 넣어서 불러 볼까?

참고사항

1. 정두리 시인의 「김치찌개」, 「낙지볶음」, 「장조림」, 「시금치나물」, 「새우튀김」, 「갈비」, 「잡채덮밥」, 「김밥」 등 음식 관련 동시를 감상하면 더욱 재미있다.
2. 올바른 식습관에 대해 자세히 이야기 나눈다.

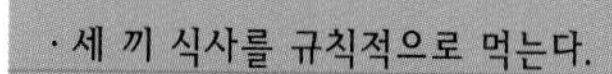
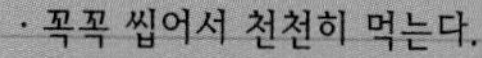
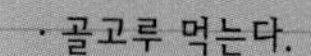

· 세 끼 식사를 규칙적으로 먹는다.
· 꼭꼭 씹어서 천천히 먹는다.
· 골고루 먹는다.
· 아침식사는 꼭 한다.
· 밤 늦게 음식을 먹지 않는다.
· 채소와 과일을 많이 먹는다.
· 우유를 매일 마신다.
· 단 것과 기름진 것은 조금만 먹는다.
· 패스트푸드는 조금만 먹는다.
· 탄산음료는 많이 마시지 않는다.

자료 : 식품의약품안전청 홈페이지

활동유형 | 노래

12

떡볶이

활동대상 만 3~5세

활동목표 1. 몸에 이로운 간식과 해로운 간식을 구분지을 수 있다.
2. 몸에 좋은 간식을 먹으려는 태도를 갖는다.

활동자료 「떡볶이」(박상문 곡, www.kidnmusic.com) 노래자료, 떡볶이 모형

활동방법

1. 유치원(어린이집)과 집에서 먹는 간식들에 대해 이야기한다.
   - 너희들이 좋아하는 간식은 뭐니?
   - 왜 간식을 먹어야 할까? 먹지 않는다면 어떻게 될까?
   - 간식을 너무 많이 먹는다면 어떤 점이 내게 좋지 않을까?
   - 내 몸에 이로운 간식은 뭘까? 해로운 간식은 뭘까?

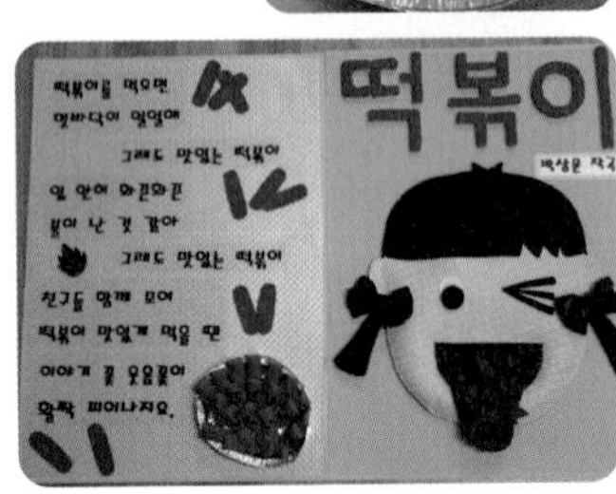

노래자료

2. 가사판을 보며 노랫말을 알아본다.
3. 피아노로 음을 들어 본다.
4. 한 가지 소리로 불러 음을 익힌다.
5. 교사가 선창한다.
6. 가사를 넣어서 여러 번 불러 본다.
   - 한 명이 앞에 나와서 친구들이 노래 부를 때 가사판의 주인공 입 속에 손을 넣어 움직여 주겠니?
7. 가사에 알맞은 율동을 만들어서 노래 부른다.
   - 혓바닥이 얼얼해~ 이 부분은 어떻게 몸으로 나타내면 좋을까?
   - 맛있는 떡볶이는? 웃음꽃이 활짝 피어나는 것은 어떻게 표현할까?
8. 활동에 대한 평가를 한다.
   - 이렇게 몸에 좋은 간식을 먹으려고 노력할 수 있겠니?
   - 이 노래자료를 어느 영역에 두면 너희들이 재미있게 놀 수 있을까?

참고사항

1. 정두리 시인의 「떡볶이」, 「핫도그」, 「맛탕」, 「도넛」, 「감자튀김」, 「오뎅」, 「피자」, 「라면」, 「팥빙수」와 같은 간식 관련의 동시를 연계하여 감상할 수 있다.

활동유형 | 조형

13

곡식 마라카스 만들기

활동대상 만 4~5세

활동목표 곡식과 재활용품을 활용하여 만든 마라카스로 연주한다.

활동자료 곡식(콩, 팥), 마라카스, 달걀판, 부직포, 눈알, 한지, 물풀, 플레인 요구르트 통, 막대, 캔 따개, 글루건

활동방법

1. 상품화된 마라카스를 보며 어떤 재활용품을 가지고 마라카스를 만들 것인지 생각한다.
   - 마라카스는 어떻게 소리 내는 악기일까? 흔들어서?
   - 여기 있는 재활용품으로 마라카스를 만들려면 안에 무엇을 넣어야 할까?
   - 너희들은 어떤 재활용품에 어떤 곡식을 넣어서 마라카스를 만들고 싶니?
2. 무엇을 만들지를 결정한 유아는 재활용품과 곡식을 선택하여 만든다.
   - 결정한 사람들은 여기 있는 재료들 중에서 골라서 만들어 보겠니?
3. 주의해야 할 사항에 대해 이야기한다.
   - 곡식들이 작으니 조심해야 할 약속은 무엇일까?
   - ㅇㅇ 말대로 귀나 코에 집어넣지 말자.
   - 곡식을 안에 넣고 새어나오지 않게 하려면 어떻게 해야 할까?
4. 즐겨 부르는 노래에 맞춰 곡식 마라카스를 연주한다.
   - 어떤 노래에 맞춰서 연주해 볼까?
   - 다 같이 똑같은 박자로 흔들까? ~부분에서는 어떻게 연주하는게 어울릴까?

참고사항

1. 유아들이 작은 곡식을 귀나 코에 넣지 않도록 안전감독을 철저히 한다.

활동유형 | 조형

내가 만든 음식

14

활동대상 만 4~5세

활동목표 1. 나만의 독특한 음식을 만들어 본다.
2. 사람마다 좋아하는 것과 생각이 다름을 이해한다.

활동자료 음식재료 사진, 사인펜 · 크레파스 · 색연필 · 도화지 등 그리기 재료, 풀, 가위, 음식 사진이 있는 잡지 등

활동방법

1. 세계 여러 나라마다 고유의 음식이 있는 것에 대하여 이야기 나눈다.
   - 너희들 아침에 밥 먹었니?
   - 다른 나라 사람들도 밥을 먹을까?
   - 너희들이 좋아하는 OO는 △△나라의 음식이야. 이 음식은 이런 특별한 날 먹는 음식이래.
   - 우리는 수저를 사용하지만 다른 나라들은 먹을 때 어떤 도구를 사용할까?

2. 나라마다 음식이 다른 것처럼 사람마다 다른 음식을 만들 수 있음을 이야기 나눈다.
   - 나라마다 먹는 음식이 다른 것처럼 사람마다 좋아하는 음식도, 만들 수 있는 음식도 다르겠네?
   - 그럼 우리도 우리만의 음식을 만들어 볼까? 내가 만든 음식에 이름도 붙여 보고 먹는 방법도 다른 사람들에게 설명도 해주자.

3. 콜라주로 나만의 음식을 만드는 방법을 알아본다.
   - 원래 음식은 진짜 채소나 과일, 고기를 사용해서 요리하지만 오늘 우리는 사진을 가지고 요리를 할 거야.
   - 이렇게 과일이나 채소, 고기 같은 사진들을 가지고 어떻게 나만의 음식을 만들지?
   - 여러 음식 사진을 조각조각 잘라 붙여서 너희들만의 음식을 만들어 보렴.
   - 그래, 도화지 위에 음식 사진을 붙이고 사인펜이나 색연필로 그림을 그려서 음식을 완성해봐.

4. 조형영역에서 소집단으로 콜라주 표현을 한다.

5. 회상하기 시간에 자신의 작품을 친구들에게 소개한다.
   - 친구들에게 자기가 만든 음식 이름을 소개해볼까? 다른 음식보다 뛰어난 점은? 과연 어떤 맛일까?

참고사항

1. 천사점토로 음식 모형을 만들어도 재미있다.

활동유형 | 조형

곡식과 씨앗 콜라주

15

활동대상 만 3~5세

활동목표 1. 다양한 곡식을 관찰하고 특성을 탐색한다.
1. 잡곡밥이 건강에 미치는 영향을 이해한다.
3. 곡식을 활용하여 콜라주를 구성한다.

활동자료 검은 도화지, 목공용 풀, 곡식과 씨앗(좁쌀, 수수, 콩, 해바라기 씨앗), 마카로니

활동방법

1. 준비된 곡식 콜라주 재료를 보며 특성을 탐색한다.
   - 이건 뭘까?
   - 만져 보고, 냄새도 맡아 보고, 색은 어떤지, 모양은 어떤지 자세히 살펴보자.
   - 해바라기 씨앗을 먹어봐. 어떤 맛이 나니?

2. 곡식이 우리 몸에 주는 이로운 점에 대해 이야기 나눈다.
   - 왜 여러 가지 곡식을 섞어서 밥을 지어 먹을까?
   - 잡곡밥을 먹을 때 어떻게 먹어야 소화가 잘 될까?

3. 종이 위에 곡식과 씨앗으로 어떻게 꾸밀지 생각한다.
   - 여러 가지 곡식과 씨앗으로 무엇을 꾸며 줄까? 생각해 보자.

4. 재료 사용 시 주의할 점에 대해 이야기한다.
   - 주위 어른들이 먹는 음식으로 장난하는게 아니라고 말씀하시는 걸 들어봤니? 지금은 조형활동이라서 조금만 사용하는 거란다.
   - 곡식과 씨앗을 사용할 때 어떤 약속을 지키면 좋을까?
   - 곡식과 씨앗은 무엇으로 붙일까? 목공용 풀은 어떻게 해야 더 잘 붙을까?

5. 곡식과 씨앗을 선택하여 구성한다.

6. 콜라주 구성을 마친 후 서로의 작품을 감상한다.

참고사항

1. 씨앗 껍질 중 피스타치오 껍질은 식용색소로 염색한 후 함께 제공해 주면 완성된 작품을 돋보이게 해준다.
2. 종이가 아닌 김발에 곡식을 붙여 활동할 수도 있다.
3. 곡식으로 발바닥 지압로를 만들어 신체활동을 할 수도 있다.

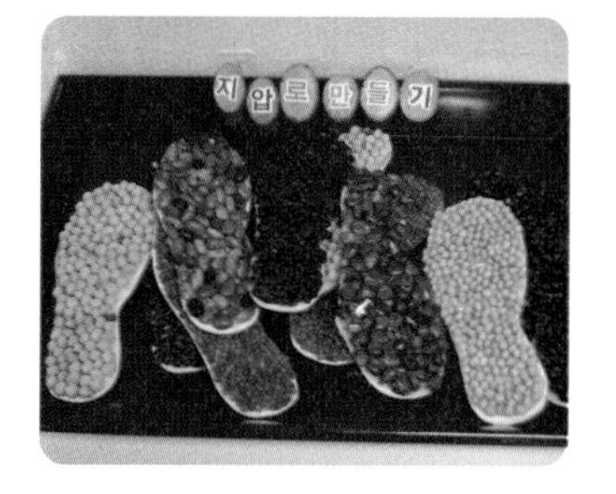

활동유형 | 조형

16 과자 얼굴

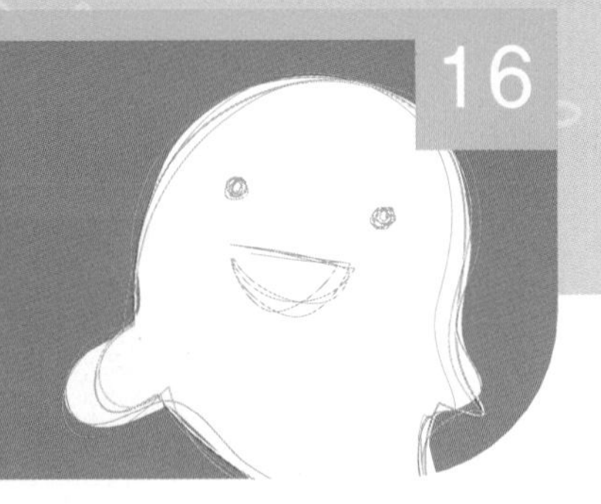

활동대상 만 3~5세

활동목표 1. 과자의 모양, 색, 맛을 탐색한다.
2. 과자의 특징을 이용하여 창의적으로 얼굴을 꾸민다.
3. 과자 섭취를 줄여 싱겁게 먹으려는 태도를 가진다.

활동자료 뻥튀기 과자(또는 식빵), 여러 모양의 과자, 초코볼, 김, 시럽

활동방법

1. 과자의 모양, 색, 맛을 탐색한다.
   - 이걸 먹어 본 적 있니? 맛은 어땠니?
   - 너희들이 가장 즐겨 먹는 과자는 무엇이니?

2. 과자의 섭취가 몸에 미치는 영향에 대해 이야기한다.
   - 짭짤한 과자를 많이 먹으면 어떨까?
   - 왜 짭짤할까? 소금을 많이 먹으면 우리 몸이 어떻게 될까? 심장이 약해지고, 어른이 되어서 아주 아픈 병에 걸리기 쉽대.
   - 과자를 많이 먹고 싶어도 어느 정도 까지만 먹어야 좋을까?

3. 과자를 이용하여 얼굴 만드는 방법에 대해 이야기 나눈다.
   - 얼굴을 종이가 아닌 뻥튀기 과자에 표현하면 어떨까?
   - 어떤 표정의 얼굴을 과자 위에 나타낼 거니?
   - 어떤 모양, 색, 크기의 과자로 내 얼굴을 꾸며 줄 건지 생각해 보자.

4. 뻥튀기과자 위에 눈, 코, 입에 어울리는 과자를 골라 시럽으로 붙인다.
   - 눈은 무엇으로 붙일 거니? 눈썹은?
   - 코는 어떤 모양으로 만들 거야? 어떤 모양의 과자가 어울릴까?

5. 서로의 작품을 감상한 후 간식으로 먹는다.
   - 오늘 조형활동은 과자를 이용해서 했기 때문에 간식으로 먹자. 그런데 집에 가서 과자를 또 많이 먹으면 어떻게 될까?

참고사항

1. 가능하면 성분요소를 확인한 후 건강에 해롭지 않은 과자를 제공한다.
2. 유아들이 좋아하는 과자를 가져오게 하여 포장지 뒷면의 성분요소를 보는 방법에 대해 이야기 나누면 유아들의 과자 구입에 도움이 된다.

활동유형 | 동극

손 큰 할머니의 송편 만들기

17

활동대상 만 4~5세

활동목표 1. 송편 만드는 방법을 안다.
2. 협동하는 방법을 익힌다.

활동자료 자석동화, 동극자료[손 큰 할머니(앞치마, 하얀 머리), 토끼(머리띠를 이용한 토끼귀), 돼지(돼지코 붙이기), 염소(머리띠에 뿔 달아 줌, 마스크처럼 수염을 귀에 걸게 함), 반달곰(고무줄에 반달 모양을 펠트지로 만들어 허리에 끼울 수 있게 함), 소(콩, 팥, 깨, 밤)], 그림자료 또는 실물

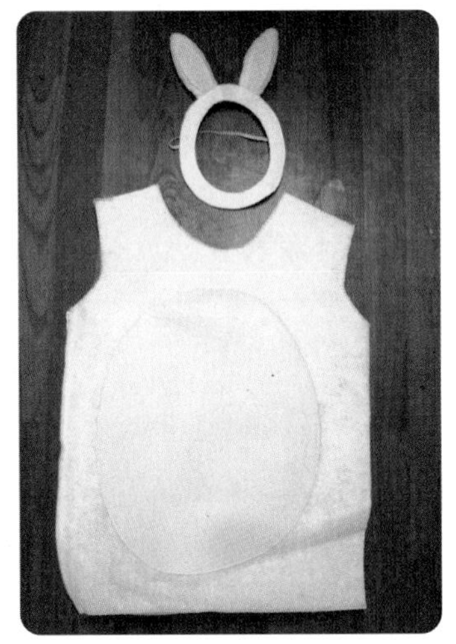

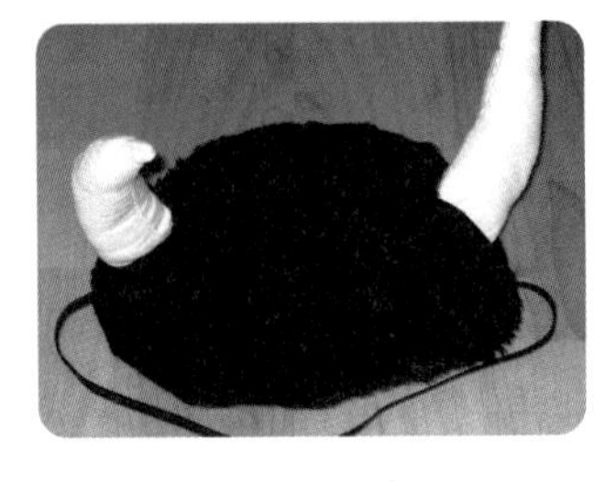

활동방법

1. 송편 만들어 본 경험에 대해 이야기를 나눈다.
   - 이번 주 수요일에 어떤 음식을 만들었지?
   - 송편 만드는 순서가 어땠는지 기억하니?
   - 송편 안에 무엇을 넣었니?

2. 「손 큰 할머니의 송편 만들기」 동화를 듣는다.
   - 아주 아주 손이 큰 할머니가 있었습니다……

「손 큰 할머니의 송편 만들기」 대본

(할머니 등장) 아주 아주 손이 큰 할머니가 있습니다. 무엇이든지 하기만 하면 엄청 많이, 엄청 크게 하는 할머니입니다. 해마다 추석이 다가오면 할머니는 송편을 만듭니다. 맛난 송편을 숲속 동물 모두 배불리 먹고도 남을 만큼 아주 큰 송편을 오늘 만들려고 합니다. 벌써부터 숲속 동물들이 할머니한테 달려와서 말을 합니다. (동물 등장)

동물들 : 할머니, 이번 추석에도 송편을 아주 많이 만드실 거죠?
할머니 : 물론이지, 그래야 다 같이 나눠 먹잖니~
동물들 : 할머니, 우리들이 도와 드릴게요~
할머니 : 그래, 내일 송편을 만들 테니 너희들이 도와주렴.
동물들 : 네~ 할머니. 우린 송편 속에 넣을 소를 준비해 오자. (동물 퇴장)

다음 날, 할머니는 앞치마를 두르고 송편 만들 준비를 하였습니다.
할머니는 제일 먼저 반죽을 하였습니다. 물에 불린 맵쌀가루를 곱게 체에 쳐서 끓는 물에 소금과 체에 거른 쌀가루를 넣어가며 반죽을 했습니다. 아주 아주 커다란 덩어리의 반죽을 만들고 있습니다.
이때, 제일 먼저 토끼가 왔습니다. (토끼가 콩을 들고 등장)

토끼 : 와~ 할머니, 반죽이 아주 아주 크네요, 정말 할머니는 손이 크시네요.
할머니 : 너희들 모두 먹으라고 크게 만들었지.
토끼 : 할머니, 전 송편 속에 넣을 콩을 가지고 왔어요.
할머니 : 콩이구나. 토끼야, 우리 같이 세상에서 제일 큰 송편을 만들어 보자.

할머니와 토끼가 송편을 빚기 시작했어요. (송편이 한 단계 커짐)

할머니 · 토끼 : (♬ 문지기 문지기 문 열어라 음으로) ♬ 송–편 송–편 큰– 송–편 세–상에–서 제일 큰 송편 아–주 아–주 큰– 송–편 송–편–을 만–들자.

이때 염소가 도착했어요. (염소가 밤을 들고 등장)

염소 : 와~ 할머니, 반죽이 아주 아주 크네요, 정말 할머니는 손이 크시네요.
할머니 : 너희들 모두 먹으라고 크게 만들었지.
염소 : 할머니, 전 송편 속에 넣을 밤을 가지고 왔어요.
할머니 : 밤이구나. 염소야, 우리 같이 세상에서 제일 큰 송편을 만들어 보자.

할머니와 토끼와 염소가 송편을 빚기 시작했어요. (염소, 토끼 뒤에 서 있음, 송편이 한 단계 커짐)

할머니 · 토끼 · 염소 : ♬송–편 송–편 큰– 송–편 세–상에–서 제일 큰 송편 아–주 아–주 큰– 송–편 송–편–을 만–들자.

이번엔 돼지가 도착했어요. (돼지가 깨를 들고 등장)

돼지 : 와~ 할머니, 반죽이 아주 아주 크네요, 정말 할머니는 손이 크시네요.
할머니 : 너희들 모두 먹으라고 크게 만들었지.
돼지 : 할머니, 전 송편 속에 넣을 깨를 가지고 왔어요.
할머니 : 깨로구나. 돼지야, 우리 같이 세상에서 제일 큰 송편을 만들어 보자.

할머니와 토끼와 염소, 돼지가 송편을 빚기 시작했어요.

할머니 · 토끼 · 염소 · 돼지 : ♬송–편 송–편 큰– 송–편 세–상에–서 제일 큰 송편 아–주 아–주 큰– 송–편 송–편–을 만–들자.

마지막으로 반달곰이 도착했어요. (반달곰 팥을 들고 등장)

반달곰 : 와~ 할머니, 반죽이 아주 아주 크네요, 정말 할머니는 손이 크시네요.
할머니 : 너희들 모두 먹으라고 크게 만들었지.
반달곰 : 할머니, 전 송편 속에 넣을 팥을 가지고 왔어요.
할머니 : 팥이로구나. 반달곰아, 우리 같이 세상에서 제일 큰 송편을 만들어 보자.

할머니와 토끼와 염소, 돼지, 반달곰이 송편을 빚기 시작했어요.

할머니 · 토끼 · 염소 · 돼지 · 반달곰 : ♬송–편 송–편 큰– 송–편 세–상에–서 제일 큰 송편 아–주 아–주 큰– 송–편 송–편–을 만–들자.

동물들과 함께 할머니는 송편을 아주 아주 크게 만들었습니다.
처음에는 사과만큼, 그러다 호박만큼, 그러다 항아리만큼, 그러다 자기 몸만큼 크게 되었습니다.

할머니 : 이젠 너희들이 가져온 소를 넣어 보자. (소를 넣는다)

손 큰 할머니와 동물들이 힘을 합쳐 세상에서 제일 큰 송편을 만들게 되었습니다.
(모두 큰 송편을 들어 찜기로 옮긴다)

3. 동화 내용을 회상한다.
   - (등장인물을 차례로 붙이는 걸 보며) 어떤 동물들이 손 큰 할머니의 송편 만드는 것을 도와주었지?
   - 토끼는 어떤 소를 가져왔었니? 다른 동물은?
   - 그때 할머니가 동물들에게 어떤 말을 했었니?

4. 배역을 정한다.
   - 이 내용을 동극으로 해보자.
   - 뭐든지 아주 크게 만드는 손 큰 할머니를 하고 싶은 친구 있니?
   - '저는 손 큰 할머니를 맡은 누구입니다' 라고 구경하는 친구들에게 이야기를 해주자.

5. 동극할 때 지켜야 할 사항에 대해 이야기 나눈다.

- 동극을 할 때 앞에 나온 배우들은 어떻게 해야 할까?
- 배우들이 나오는 곳을 어디로 정하면 좋을까?
- 지켜 보는 친구들은 어떻게 해야 할까?
- 우리가 이야기한 것을 잘 기억하면서 동극을 해보자.

6. 동극을 한다.

7. 동극활동에 대하여 평가한다.
   - 동극을 보고나서 가장 기억에 남는 부분은? 재미있었던 부분은?
   - 앞에 나온 친구들이 '이렇게 하면 더 좋았을 텐데' 하는 아쉬운 점이 있었니?
   - 지켜 보는 사람들은 약속을 잘 지키면서 보았었니?

8. 역할을 바꾸어 다시 한 번 동극을 한다.

9. 동극활동에 대하여 전체 평가를 한다.
   - 어떤 자료를 더 주면 재미있게 동극을 할 수 있을까?
   - 이 자료는 역할영역에 놓아 둘게. 다시 한 번 해보고 싶은 친구들은 해보자.

참고사항

1. 「손 큰 할머니의 만두 만들기(채인선 저, 재미마주)」에서 '만두'를 '송편'으로 수정하여 사용한다.
2. 동극으로 연계할 것이기 때문에 동화감상할 때부터 대본화하여 들려 준다.
3. 동화를 들려 주는 중간에 노래로 부를 곳은 함께 부른다. 음은 교사가 창작하여 붙인다.
4. 교사는 해설자를 맡고, 유아들이 대사를 잊을 경우 작은 소리로 가르쳐 준다. 역할을 맡은 유아들을 등장하는 곳에 순서대로 앉힌다.
5. 「송편」 동시감상과 연계할 수 있다.

송 편

작자미상

내가 만든 송편은
조개 같고

오빠가 만든 송편은
돛단배 같고

엄마가 만든 송편은
반달 같고

활동유형 | 동극

18 해와 달이 된 오누이

활동대상 만 3~5세

활동목표 1. 떡과 관련된 우리나라 전래동화를 감상한다.
2. 동화 속의 인물들이 되어서 몸으로 표현하는 즐거움을 갖는다.

활동자료 동화의 배경을 그린 전지 4장, 호랑이의 발톱, 엄마의 두건과 흰색 한복 치마, 딸의 댕기와 한복 치마, 아들의 한복 바지, 해님의 불꽃 모양 가면(부직포로 해 모양을 만든 후 가운데를 뚫어서 유아의 얼굴이 나오게 만듦), 달님의 머리띠와 별(별은 손바닥에 붙인다), 새 노끈(동아줄 대체), 헌 노끈, 로션(참기름 대체), 종이로 만든 도끼와 떡, 떡바구니

활동방법

1. 동화 속 등장인물들이 그려진 그림카드를 보며 동화내용을 회상한다.
   - 우리 어떤 순서로 등장인물들이 나오는지 얘기해 볼까?

「해님 달님」 대본

- **배경 : 산**

옛날 어느 깊은 산골에 어머니와 오누이가 살았는데, 하루는 어머니가 아랫마을에 일을 하러 가게 됐단다.

엄　마 : 얘들아, 집 잘 보고 있어.
오누이 : 네~!

어머니는 굽이굽이 고개를 넘어갔어. 어느 틈에 날이 저물었단다. 갑자기 커다란 호랑이가 나타났어.

엄　마 : 어머나. (깜짝 놀라면서)
호랑이 : 어흥, ♬떡 하나 주면 안 잡아 먹지.

두 번째 고개를 넘었어.

호랑이 : 어흥, ♬떡 하나 주면 안 잡아 먹지.

세 번째 고개를 넘었어.

호랑이 : 어흥, ♬떡 하나 주면 안 잡아 먹지.

네 번째 고개, 다섯 번째 고개 호랑이는 떡을 몽땅 빼앗아 먹었어.

호랑이 : 어흥, ♬떡 하나 주면 안 잡아 먹지.

엄 마 : 이젠 떡이 없단다. (무서워서 벌벌 떨면서)
호랑이 : 그럼 널 잡아 먹겠다. (엄마를 잡아 먹는 것처럼 손톱을 세우고 엄마한테 달려든다)

• 배경 : 집

호랑이는 엄마의 옷을 입고 오누이가 살고 있는 집으로 갔어.

호랑이 : 얘들아, 엄마다.
오누이 : 엄마 이상해요.
호랑이 : 추워서 그래.
오 빠 : 그럼 손!
오누이 : 으응? 이상하다
호랑이 : 추워서 그래.
누 이 : 그럼 발!
오누이 : 으응? 이상하다.
호랑이 : 추워서 그래.

오빠는 엄마인지 확인하려고 창호지를 뚫어서 밖을 보았어.

오 빠 : 어, 호랑이다. 도망가자~

• 배경 : 나무

오누이는 방에서 뛰어나와 집 뒤에 있는 나무 위로 올라갔어. 호랑이는 방에 들어가 보니까 아이들이 안 보이는 거야.

호랑이 : 아니, 어딜 갔지?

호랑이는 집안 구석구석을 뒤지다가 밖으로 나갔어. 그리고 나무 위에 있는 오누이를 발견했어.

호랑이 : (오누이를 쳐다보며) 어떻게 올라갔니?
오 빠 : 손이랑 발에 참기름을 바르고 올라왔지.
호랑이 : (엉덩방아를 찧으면서) 아이쿠 아파라.
누 이 : 바보야, 도끼로 찍어서 올라오면 되잖아.
호랑이 : 으흐흐. (웃는다.)

호랑이가 나무 위로 올라오자 오누이는 더 높은 곳으로 올라갔어. 그러곤 하느님께 기도를 했지.

오누이 : 하느님, 동아줄을 내려 주세요.

하느님은 오누이에게 동아줄을 내려 주었어. 호랑이도 오누이를 따라했지.

호랑이 : 하느님, 동아줄을 내려 주세요.

하느님은 호랑이에게 썩은 동아줄을 내려 주었어.

호랑이 : 으흐흐, 됐다.

하지만 썩은 동아줄은 중간에 끊겨 버렸지.

호랑이 : 으아악. 쿵~! (교사가 효과음을 넣어 준다)

바닥에 떨어진 호랑이는 죽고 말았대.

• 배경 : 해와 달

그 뒤 하늘로 올라간 오누이는 해와 달이 되었대. 오빠는 환한 해가 되고, 누이동생은 은은한 달이 되었단다. (해님은 방긋방긋 웃으면서 고개를 흔들고, 달님은 손에 있는 별을 움직인다.)

2. 등장인물들의 가면과 복장 등 동극에 필요한 소품들을 보며 동극을 할 때 지켜야 할 약속에 대해 이야기 한다.
   - 이것들이 뭔지 아니?
   - 동극을 시작하기 전에 우리 어제 정했던 약속들을 한번 말해 볼까?
   - 동극을 하는 친구들이 지켜야 할 약속들이 뭐였더라?
   - 동극을 구경하는 친구들이 지켜야 할 약속들은?
   - 등장하는 곳을 어디로 할까?
   - 등장하는 순서대로 앉아보자.
3. 동극을 시작한다.
   - 자, 그럼 이제부터 사랑반의 동극을 시작하겠습니다.
4. 동극이 끝난 후 등장인물들이 다 나와서 자기소개를 하고 인사를 한다.
   - "나는 ○○를 맡은 ○○○였습니다"라고 마지막에 인사할까?
5. 자리에 앉은 후 유아들과 함께 평가한다.
   - 우리에게 멋진 동극을 보여 준 친구들한테 어떻게 고맙다고 표현해 볼까?
   - 우리가 준비한 동극을 보고 나니 어떤 느낌이 드니?
   - 동극을 해 본 친구들은 어떤 느낌이 들었니?
   - 다음 번에 동극을 할 때 어떤 것들이 더 있었으면 좋겠니?
   - ○○는 미술영역에서 만들 수 있겠네! 나 집에 △△있어요~하는 사람? ㅁㅁ가 집에서 가져올 수 있니?

참고사항

1. 교사는 유아들이 대사를 잊어버릴 때마다 옆에서 대사를 읽어 준다.
2. 대사 중 반복되는 부분인 '떡 하나 주면 안 잡아 먹지.' 에 간단한 음을 붙이거나 창작하여 동극을 실시할 수 있다.

활동유형 | 과학(요리)

19

내가 만든 모양 핫케이크

활동대상 만 3~5세

활동목표 1. 핫케이크를 만드는 재료를 안다.
2. 다양한 모양의 핫케이크를 만들 수 있다.

활동자료 요리순서도, 핫케이크 가루, 우유, 달걀, 버터, 큰 그릇, 거품기, 수저, 국자, 뒤집개, 전기 프라이팬, 접시, 크기가 큰 모양틀, 빨간색 마스킹테이프

활동방법

1. 핫케이크 요리순서도를 보며 요리 순서에 대해 알아본다.
   - 달걀 거품을 왜 낼까? 달걀 거품을 내려면 어떤 도구가 필요할까? 거품기를 어떻게 사용할까?
   - 거품을 낸 달걀에 핫케이크 가루를 넣자.
   - 조금 걸쭉하게 하려면 무엇을 넣어야 할까? 우유를 너무 많이 넣으면 어떻게 될까?
   - (다양한 모양틀을 보며) 이 중에서 어떤 모양의 핫케이크를 만들고 싶니?

2. 요리 중에 지켜야 할 약속을 이야기 나눈다.
   - 핫케이크를 만들려면 뜨거운 프라이팬을 사용해야 하는데 어떤 점을 조심해야 할까?
   - (바닥의 마스킹테이프를 보며) 왜 바닥에 빨간 색 테이프를 붙여 놨을까?
   - 빨간 색 테이프를 넘어오면 불에 데기 쉬우니 조심할 수 있겠니?
   - 모두가 한꺼번에 핫케이크를 부칠 수 있을까? 몇 명씩 나와서 하면 적당할까?

3. 요리순서도에 따라 핫케이크 반죽을 만든다.
   - (한 명씩 차례로) 거품기로 달걀을 저어 줘. 차례대로 해보자.
   - ○○가 가루를 그릇 안에 부어 줄래? △△가 우유를 조금씩 부어 줄래?
   - (한 명씩 차례로) 잘 섞이게 수저로 저어 주자.

4. 프라이팬 안에 차례대로 모양틀을 놓고 그 안에 핫케이크 반죽을 국자로 떠서 놓은 후 관찰한다.
   - 3명씩 불러 줄게. 자기 차례가 되기 전엔 바닥에 빨간 색의 테이프 뒤로 가서 기다리자.
   - (한 명씩 차례로 반죽을 붓고 옆으로 선다) 자기가 만들고 싶은 모양틀을 고르자. 골랐니? 프라이팬 바닥에 놓아 줄래? 국자로 반죽을 떠서 틀 안에 부어 줘.
   - (3명이 빨간 색 마스킹테이프 뒤로 서서) 핫케이크가 어떻게 변하고 있어? 원하는 모양으로 되어가고 있니?

5. 각자 만든 모양 핫케이크를 간식으로 먹는다.

참고사항

1. 호일을 30㎝ 길이와 너비로 길게 도형 모양으로 접어 틀로 사용해도 좋다.
2. 가스레인지를 사용할 경우 안전을 더욱 강조해야 한다.

활동유형 | 과학(요리)

카나페

20

활동대상 만 3~5세

활동목표 1. 요리하기의 순서를 알고 직접 만든다.
2. 재료의 특징을 안다.

활동자료 「간식 먹으러 온 호랑이」 그림책, 요리순서도, 과자, 햄, 치즈

활동방법

1. 그림책에 나왔던 음식 종류를 회상해 보며 카나페가 어떤 음식인지 알아본다.
   - 간식 먹으러 온 호랑이 책에서 나온 음식에는 어떤 것들이 있었지?
   - 호랑이에게 알려 주기 위해 카나페를 만들어 보기로 했지?
   - 카나페는 과자로 만든 샌드위치라고 생각하면 돼.
   - 샌드위치처럼 카나페에 어떤 음식들이 들어갈까?
   - 과자만 먹었을 때보다 어떤 음식을 과자 위에 올리면 맛있으면서도 더 영양가 있는 음식이 될까?

2. 카나페 요리순서도를 보며 순서를 익힌다.
   - 그럼 이제 카나페를 어떻게 만드는지 순서를 알아볼까?

과자 위에 햄을 올린다.
그 위에 치즈를 올린다.
과자를 또 올려 완성한다.

3. 요리 만들 때의 필요한 규칙을 정한다.
   - 맛있는 간식을 만들기 위해서 우리가 지켜야 할 점은 무엇일까?
     예 : 손 씻기, 손 씻고나서 머리나 코를 만지지 않기, 친구 방해하지 않기, 다 한 후 정리하기…
   - 그럼 선생님이 머리 짚어 주는 사람부터 차례 차례 손 씻고 자리로 돌아오자.

4. 직접 간식을 만들어 본다.
   - 융판에 요리순서도를 붙여 놨으니 그 다음 순서는 무엇인지 보면서 만들어 봐.

5. 만든 간식을 먹은 후 정리한다.

6. 간식을 만들어 본 느낌에 대해 이야기한다.

- 오늘 너희가 직접 간식을 만들어서 먹어 보니 어땠어?
- 햄과 치즈로 또 어떤 음식을 만들어 볼 수 있을까? 과자 위에 어떤 음식도 올려 볼까?
- 다음에는 다른 음식도 만들어 보자.

참고사항

1. 요리순서도는 글자를 삽입할 칸은 남겨 두고 사진이나 그림만으로 출력하여 코팅한다. 요리 순서를 익힌 후 유아가 언어영역에서 네임펜으로 직접 글자를 써 보는 기회가 될 수 있다.
2. 과자는 접시에 담아 둔다. 햄은 미리 잘라 놓되 딱딱해지지 않도록 과자에 넣을 수 있는 크기로 잘라 접시에 담아 랩을 싸두고, 치즈는 껍질을 제거하지 않은 채로 가위로 잘라 둔다.
3. 유아들이 요리하는 모습을 사진 찍어서 역할놀이영역에 전시하여 음식점 역할놀이를 격려한다.

활동유형 | 과학(요리)

고구마경단 만들기

21

활동대상 만 3~5세

활동목표 1. 우리나라의 음식인 떡에 대해 관심을 갖고 즐겨 먹는다.
2. 고구마경단을 만들 수 있다.

활동자료 요리순서도, 경단 사진, 찹쌀가루, 쌀가루, 요리재료(고구마 삶은 것과 삶지 않은 것, 생크림, 카스테라 빵가루, 장식용 저민 아몬드), 앞치마, 접시

활동방법

1. 우리나라 떡인 경단에 대해 이야기 나눈다.

- (경단 사진을 보며) 너희들 이게 어떤 것인지 아니?
- 떡은 어느 나라의 음식일까? 이 떡의 이름은 뭘까?
- 이 떡은 경단이라고 해, 이 경단은 무엇으로 만들까?
- (찹쌀가루와 쌀가루를 보며) 떡은 찹쌀가루나 쌀가루 등으로 만든단다. 사진 속의 떡은 찹쌀가루로 만들었지만 우리는 고구마로 경단을 만들어 보면 어떨까?

2. 고구마경단 재료를 탐색해 본다.

- 이것들을 본 적 있니? 고구마 경단을 만들 때 필요한 것들이 무엇이 있는지 살펴보자. (각각 보며) 이건 뭘까? 고구마, 생크림, 빵가루, 아몬드…
- (삶은 고구마를 보며) 여기 있는 고구마는 어떤 것 같니? 왜 물렁물렁할까? 딱딱한 고구마를 어떻게 한 걸까?
- 고구마를 뜨거운 물 속에서 삶아 내서 그렇구나! 두 가지를 만져 보고 느낌이 어떤지 비교해 볼까?

3. 요리 중에 지켜야 할 약속에 대해 이야기 나눈다.

- 직접 만들어 보기 전에 우리가 요리하면서 어떤 약속을 지켜야 할까?
- 요리하다가 머리 만지고, 코 만지고, 침 튀기게 말하면 음식이 어떻게 될까?
- 만들다가 어렵거나 잘 모르면 어떻게 하면 좋을까?
- 조용히 손을 들면 선생님이 얼른 가서 도와줄게.

4. 요리순서도를 보며 요리순서를 알아본다.

- 그럼 우리 이제 요리 순서를 알아볼까? (순서도를 보며) 먼저, 삶은 고구마를 그릇에 넣고 으깨.
- 그 다음은? (다음 장면을 보며) 생크림을 넣자. 이 생크림은 왜 넣을까?

- 더 맛있게 만들려고! 또 경단이 동글동글하게 잘 빚어지라고 넣는 거야. 그런데 생크림을 너무 많이 넣으면 어떻게 될까?
- 생크림을 너무 많이 넣으면 물컹거려서 동글동글 예쁜 모양의 경단을 만들기 어려워.
- 그 다음은 어떻게 할까? 손으로 동글동글하게 경단을 빚으면 돼. (교사가 동글동글하게 빚는 손 모양을 보며) 동글동글 손을 해볼까?
- 다 빚은 경단은 어디에 둘까? (접시에 경단을 두며) 다 된 경단을 어떻게 예쁘게 꾸며 줄까? 카스테라 빵가루를 살짝 묻혀 주고 그 위에 아몬드를 뿌려 주자.

5. 직접 고구마경단을 만든다.

- 이제 직접 경단을 만들어 볼까?

6. 요리한 느낌에 대해 이야기한 후 먹는다.

- 오늘 고구마경단을 만들어 봤는데 어땠니?
- 그래, 그럼 우리가 만든 것을 맛볼까? 손 씻고 오자.

참고사항

1. 교사는 계속 돌아다니며 도움이 필요한 유아가 없는지 살펴본다.
2. 카스텔라 가루 대신 참깨나 계핏가루 등을 이용해도 좋다.
3. 요리한 것을 간식으로 먹는다.
4. 가을에 고구마농장 현장학습 후 유아들이 캐온 고구마로 직접 경단을 만들면 효과적이다.

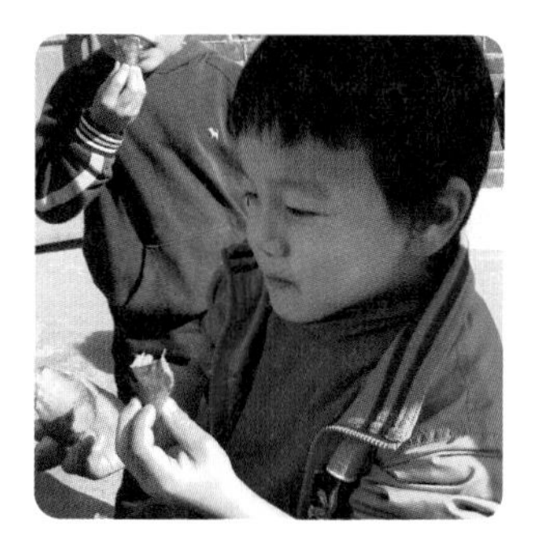

활동유형 | 과학(실험)

22 고구마 삶기와 찌기

활동대상 만 5세

활동목표 1. 고구마 삶기와 찌기의 차이점을 실험을 통해 알 수 있다.
2. 스스로 가설을 설정하고 검증하는 과정을 통해 창의적인 과학적 사고를 기른다.

활동자료 큰 고구마를 반으로 나눈 두 조각의 고구마, 같은 크기의 냄비, 물 500cc, 가스레인지 2개, 접시, 시계, 젓가락, 집게, 삼발이, 가설판, 결과판, 매직

활동방법

1. 간식으로 삶은 고구마가 나온 상황에서 고구마를 요리하는 여러 방법에 대해 이야기한다.
   - 고구마를 어떻게 요리해서 먹을까?
   - 삶는다는 것은 어떻게 요리하는걸까? 찐다는 것은?
   - 고구마를 삶을 때와 찔 때 어떤 점이 다를까?
   - 익었다는 것을 알아보려면 어떻게 해야 할까?

2. 연구문제를 설정한다.
   - 고구마를 가지고 실험해서 우리가 알아보고 싶은 것은 뭘까?
   - 고구마를 삶을 때와 찔 때 어떤 점이 다를까?

3. 고구마의 다른 요리 방법에 따라 예상되는 가설을 적어 본다.
   - 고구마를 삶을 때와 찔 때 익는 시간은 어떨까?
   - 다 익었을 때 씹는 느낌은 어떨 것 같니?
   - 익었을 때 색은 어떻게 될 것 같아?
   - 삶은 고구마와 찐 고구마의 맛은 어떨까?

	삶은 고구마	찐 고구마
익는 시간	빨리 삶아질 것이다.	찌는 데 시간이 더 걸릴 것이다.
씹을 때의 느낌	부드럽고 말랑할 것이다.	퍽퍽해서 목이 마를 것이다.
색 깔	색이 진할 것이다.	색이 덜 진할 것이다.
맛	맛이 덜 달 것이다.	맛이 달 것이다.

※ 칸 안의 가설내용은 유아들의 말을 받아 적은 것임

4. 실험에 필요한 재료와 도구를 알아본다.

5. 실험 시 변화시켜야 할 변인과 고정시켜야 할 변인을 정한다.
   - 변화시켜야 할 것은 무엇일까? (고구마를 물에 넣기와 물에 넣지 않은 것)

- 두 쪽 다 똑같이 해야 할 것은 무엇일까? (고구마 크기, 물의 양, 냄비 크기, 불의 세기)

6. 실험을 진행한다.

· 준비한 고구마 한 개를 반으로 나눈다.
· 같은 양의 물을 넣은 두 냄비에 한쪽에는 고구마를 물에 담그고 나머지 한쪽은 삼발이 위에 고구마를 올려 놓는다.
· 두 군데의 불을 동시에 켠다. 불의 세기를 같게 한다.
· 삶을 때와 찔 때의 변화를 관찰하면서 삶아진 시간과 쪄진 시간, 씹히는 느낌, 색깔, 맛을 비교한다.

7. 실험을 진행하면서 자료를 수집하고 기록한다.

· 고구마를 냄비에 넣고 불을 켠 시간을 적는다.
· 물이 끓기 시작한 시간과 삶은 고구마와 찐 고구마가 익은 시간을 적고 시간을 서로 비교해서 기록한다.
· 삶고 찐 고구마의 맛, 색깔, 씹을 때의 감촉 등을 비교해 보면서 그에 대한 반응을 기록한다.

8. 실험을 진행하면서 기록한 내용을 토대로 결과를 정리한다.

	고구마를 삶았을 경우	고구마를 쪘을 경우
삶아지는 시간	25분	30분
씹을 때의 느낌	부드럽다, 축축하다	퍽퍽하다, 목이 마르다.
맛	달다.	달다.
색 깔	겉 : 진한 빨강색 안 : 연한 노란색	겉 : 연한 빨강색 안 : 진한 노란색

※ 칸 안의 결과내용은 유아들의 말을 받아 적은 것임

9. 실험을 마친 후 평가한다.

- 고구마 삶기와 찌기의 차이를 비교하기 위해 실험을 해봤는데, 이 실험을 하면서 알게 된 점은 뭐니?
- 알아보고 싶은 점 있니? 다음엔 어떤 실험도 해보면 좋겠니?

결 론

고구마를 삶았을 때와 쪘을 경우 그렇게 많은 변화는 없었다. 고구마를 삶는 시간이 찌는 것보다 5분 정도 더 소요되었고, 씹을 때 찐 고구마가 퍽퍽한 느낌이 들었고 목이 많이 말랐다. 하지만 맛에서는 별 차이가 없이 둘 다 달았다. 색깔 면에서 겉과 안의 색깔이 달랐다. 삶을 때와 찔때 별 차이점은 없지만 영양 측면에서 삶는 것보다 찌는 것이 영양소가 덜 파괴된다고 한다.

참고사항

1. 고구마를 삶을 때 고구마가 완전히 잠길 정도의 물을 부어야 한다. 너무 센 불에서 고구마를 삶을 경우 시간만 더 오래 걸리고 잘 안 익는다. 시간 조절 후 뚜껑을 열었다 닫았다 하면 안 된다.
2. 이 실험은 맛이나 씹는 느낌을 말로 표현하는 데 어려울 수가 있으니 만 5세반이 적당하다.
3. 연계활동으로 과학시간에 아이들과 고구마에 대해 이야기를 나눈 후 수경재배를 하여 과학영역에 비치한 뒤 자라는 과정을 살펴보기도 하고 관찰일지를 적어 보기도 한다. 미술시간에 고구마를 살펴본 후 그림을 그려 봐도 좋다.
4. 고구마경단을 만드는 요리활동으로 연계할 수 있다.

활동유형 | 신체표현

23 밀가루 반죽이 되어 봐요

활동대상 만 3~5세

활동목표 1. 밀가루 반죽을 탐색하며 그 특성을 이해한다.
2. 반죽의 다양한 변화를 신체를 통해 창의적으로 표현한다.
3. 즐겁게 신체표현에 참여하고 바른 태도로 감상한다.

활동자료 「깊은 밤 부엌에서」(모리스 샌닥 저, 시공주니어) 동화책, 밀가루 반죽, 카세트테이프

활동방법

1. 「깊은 밤 부엌에서」 동화를 듣는다.

2. 「깊은 밤 부엌에서」 동화를 듣고 난 후의 느낌을 이야기한다.
   - 동화를 읽고 나니 기분이 어떠니?
   - 어떤 부분이 가장 재미있었니?
   - 미키가 빵 반죽에 들어가서 어떻게 했니?
   - 너희들이 미키라면 어떻게 했을 것 같아?

3. 밀가루 반죽을 만져 보며 특성을 탐색한다.
   - 밀가루 반죽을 만져 보니 어때?

4. 앉은 자리에서 밀가루 반죽의 특성을 표현해 본다.
   - 맨 처음 밀가루는 어떻게 표현하면 좋을까? 앉은 자리에서 몸으로 보여 줄래?
   - 물을 넣어 반죽을 했어. 반죽이 되어 가는 것을 어떻게 몸으로 표현할까?
     누가 앞에 나와서 보여 주겠니? 친구들에게 보여준 ○○에게 박수쳐 주자.
   - 밀가루 반죽으로 어떤 모양을 만들고 싶어? △△는? ㅁㅁ는? ㅁㅁ도 앞에 나와서 어떤 모양으로 만들고 싶은지 몸으로 보여 줄래?

5. 몸으로 표현할 때 지켜야 할 점들에 대해 이야기 나눈다.
   - 밀가루 반죽이 되어서 표현할 때 서로 어떤 점을 지켜야 할까?

6. 밀가루 반죽을 어떻게 몸으로 표현할 수 있을지 이야기 나누고 몸으로 표현해 본다.
   - 이제 너희들이 빵 반죽이 되어 보는 거야
   - 커다란 덩어리는 어떻게 표현할 수 있을까?
   - 반죽이 길게 늘어났어요. 꽈배기가 되었어요. 우아! 비행기가 되었네.
   - 다시 반죽을 동그랗게 만들어야겠어!

- 자기가 좋아하는 모양을 몸으로 만들어 보자.

7. 음악을 들으며 반죽 모양을 표현한다.

8. 음악이 멈추면 몸으로 만든 모양대로 멈추어 표현한 것을 설명한다.
   - (교사는 유아들 사이를 돌아다니며) ○○는 무엇을 나타낸 거니?
   - △△는? ㅁㅁ는?

9. 활동을 한 후 활동내용에 대해 회상하며 이야기 나눈다.
   - 친구들의 어떤 표현이 재미있었니?
   - 직접 밀가루 반죽이 되어 보니까 어땠니?

참고사항

1. 두 명이 짝이 되어 밀가루 반죽과 반죽을 만지는 사람으로 역할을 나누어 신체로 표현할 수 있다.
2. 「깊은 밤 부엌에서」 동화를 사전에 들은 후 연계수업으로 신체표현을 계획할 수 있다.
3. 밀가루 반죽을 밀대로 밀어 국수를 만들어 본 후 '국수가 되어 봐요' 신체표현으로 연계하면 재미있다.

활동유형 | 신체표현

24

스파게티가 되어 봐요

활동대상 만 4~5세

활동목표 1. 신체를 이용해서 음식의 모양과 움직임을 표현해 본다.
2. 음식이 움직이는 모양을 잘 생각해 본다.

활동자료 CD 플레이어, 음악 CD, 스파게티재료 사진들, 스파게티 만드는 방법과 과정을 찍은 사진들, 거대한 젓가락, 마라카스

활동방법

1. 아이들과 어제 한 스파게티 요리활동을 회상해 본다.
   - 우리 어제 무엇을 만들었더라…
   - 스파게티를 만들 때 어떠한 재료들이 필요했니?
   - 스파게티 만드는 순서도 기억이 나니?

2. 스파게티에 들어간 재료들의 모양과 스파게티 국수의 모양에 대해서 이야기하며 앉은 자리에서 표현해 본다.
   - 스파게티에 들어가는 재료들을 어떠한 모양으로 잘랐었지?
   - 그 모양을 몸으로 한번 표현해 본다면 어떻게 할 수 있을까? 앉은 자리에서 표현해 보겠니?
   - 버터는 어떻게 녹았었니? 또 그것을 몸으로 표현해 본다면?
   - 스파게티 국수는 요리하기 전에 어떻게 생겼었니?
   - 그런데 국수가 뜨거운 물에 들어가더니 어떻게 변했더라?

3. 신체표현 시 지켜야 할 약속을 정해 본다.
   - 우리의 몸을 이용해서 스파게티를 만들어 볼까?
   - 우리가 스파게티를 만들기 전에 지켜야 할 약속들엔 어떠한 것들이 있을까?
     예 : 서로 부딪치지 않게 조심하기, 장난만 치지 않기…
   - 너희들이 지금 말한 약속을 기억해두고 만들어 보자.
   - 선생님이 머리를 짚어 주는 사람은 의자를 정리하고 카펫에 앉자.

4. 교사의 언어적 자극에 따라 유아들이 스파게티 만드는 과정을 몸으로 표현한다.
   - 채소를 맡아 줄 사람? 버터가 되고 싶은 사람? 스파게티 국수가 되고 싶은 사람?
   - 채소를 먼저! 지금 여기는 도마 위야. 재료들을 자르고 있어요. 양파, 피망, 양송이를 딱딱딱딱, 쿵쿵쿵쿵, 잘게 자르고 있어요.
   - 이젠 버터를 넣어야지! 뜨겁게 달구어진 프라이팬에 버터를 넣었어요. 쏴~지글지글. 이리저리 골고루 묻게 흔들어야지.

- 버터가 이리 저리 미끄러지고 있네요. 이젠 채소들을 넣어야겠다. 양파 넣고, 피망 넣고, 양송이 넣고… 채소들과 섞이네. 지글지글 지글지글~
- 여기에 토마토소스를 부었어. 걸쭉해졌네. 불을 약하게 줄여야겠다. 소스야 잠깐 기다려!
- 이제 국수를 삶아 볼까?
- 냄비에는 뜨거운 물이 끓고 있어. 여기에 국수를 한꺼번에 넣는다~
- 젓가락으로 휘휘 저어야지. 빳빳했던 국수가 부드러워졌네! 이런! 서로 붙네요. 올리브 오일을 한 방울! 두 방울! 또르르르..와! 이젠 붙었던 면이 다시 떨어졌다.
- 체로 국수를 건져야지! 체에 담자! 떨어지지 않게 천-천-히, 위--로
- 물을 쭉 빼게 탈! 탈! 털어야지!
- 접시 위에 담자. 국수들아, 여기가 접시라고 생각하고 접시 위에 누워 볼까? 돌돌 말린 국수, 쭉- 펴진 국수, 다른 국수와 엉킨 국수...이제 접시 위에 다 담았다.
- 준비해 놓았던 소스를 뿌려요. 채소와 토마토소스로 만든 영양가 있는 스파게티 완성!
- 이제 식탁에 예쁘게 올려 놓아야지.

5. 활동 후 카펫에 모인다.

6. 활동을 마친 후 스파게티가 되어 본 느낌을 말해 본다.
   - 재료들이 뜨거운 프라이팬에 들어갈 때 어떠한 느낌이 들었니?
   - 스파게티 국수가 뜨거운 물 속에 들어갈 때는?
   - 어떤 것을 표현할 때 가장 재미있었니?
   - 스파게티 국수를 표현할 때 '이것도 표현해 보았으면 더 재미있겠어요!' 하는 것 있니?

참고사항

1. 신체표현을 할 공간이 비좁을 경우 두 집단으로 나누어 번갈아 표현해 볼 수 있다.
2. 교사는 유아들 사이사이를 돌아다니면서 계속해서 음식을 만들 때 생기는 소리들을 의성어로 표현해 주고 스파게티 만드는 과정을 하나씩 말하며 표현을 자극한다.
3. 역할놀이영역의 '음식점 놀이'와 연계할 수 있다. 이때 스파게티는 노란 고무줄로 만들 수 있다.

활동유형 | 신체표현

25

수제비가 되어 봐요

활동대상 만 4~5세

활동목표 1. 밀가루 반죽으로 요리할 수 있는 음식의 종류를 안다.
2. 다양한 수제비 모양의 변화를 창의적으로 표현해 본다.

활동자료 밀가루 반죽, 유모레스크 음악, 리듬악기(캐스터네츠 또는 우드블럭)

활동방법

1. 수제비를 만들어 보았던 경험을 회상한다.

- 수제비를 만들 때 무엇이 필요했었니?
- 수제비를 만들려면 밀가루에 무엇을 넣었더라…
- 수제비를 물에 넣고 끓였을 때 어떤 일이 일어났어?
- 수제비 말고도 밀가루 반죽으로 할 수 있는 음식에는 무엇이 있을까?

2. 수제비 만드는 과정을 앉은 자리에서 표현해 본다.

- 밀가루에 물을 넣어 반죽을 했어. 반죽이 되어가는 것을 어떻게 몸으로 표현할까? 누가 앞에 나와서 보여 주겠니? ○○에게 박수쳐 주자.
- 이제 물이 팔팔 끓네. 반죽을 떼어 내어야지. 이건 몸으로 어떻게 표현할까? ㅁㅁ는 ~게 표현해 주네!! 와! ◇◇는 ~게 표현하고!
- 반죽이 익으면서 물 위에 둥둥 뜨네! 이건 어떻게 표현할까?
- 그럼 이제 음악에 맞춰서 수제비를 몸으로 나타내 볼까?

3. 신체표현 시 지켜야 할 약속에 대해 이야기한다.

- 다 수제비가 된 후 선생님이 머리 짚어 준 사람들은 어디로 모일까?(카펫을 '국그릇' 이라고 정한다)
- 함께 표현하기 때문에 어떤 점을 지켜야 안전하면서도 재미있을까?

4. 교사의 언어적 자극과 음악에 따라 수제비가 되는 과정을 몸으로 표현해 본다.

- 우리 교실이 밀가루를 담는 커다란 그릇이라고 하자. ◇◇반 밀가루! 봉지에서 뜯어서 커다란 그릇에 담는다. 모두 밀가루가 되어 보자.
- 이제 물을 부어야겠다!
- 반죽을 해야지. (반죽 모으는 손짓을 하며) 이리로! 저리로! 뿍뿍! 여기도 주물러야지! 주물럭!
- 어어! 점점 밀가루들이 서로 엉겨 붙고 있어. (떼어냈다가 다시 붙이는 흉내를 내며) 아이고 힘들어… 더 차지게 만들어야지. 또 반으로 잘라야겠다. 세게 치대야겠다. 으차! 으차!
- 자, 반죽이 다 되었네. 어떤 모양으로 수제비를 뜰까? 별모양 수제비? 공룡모양 수제비? 자동차 모

양 수제비? ㅇㅇ는 ~모양 수제비가 되었네! 또 어떤 모양 수제비를 만들어 볼까?

- 물이 보글보글 다 끓었네!
- 수제비를 물에 넣자! (돌아다니며 아이들의 몸을 위로 들어 올리는 시늉을 하며 쳐 준다) 풍덩! 옆으로 스르르륵! 살짝!
- 어! 뜨거워., 내 몸이 둥둥 떠올랐어.
- 센 불로 해볼까? 팔팔팔팔~ (우드블럭을 요란하게 소리내며 분위기 고조시킨다)
- 끓는 물에 수제비들이 빨리 춤을 추기 시작했어.
- 이리저리 둥둥 떠다니네?
- 국자로 저었더니 함께 빙글빙글 돌기도 한다. (돌아다니며 크게 국자질하는 시늉을 한다) 휘휘~둥그렇게! 반대로! 위아래! 옆으로! 휘휘~~~
- 국물이 끓어오르겠는데? 불을 약하게 줄여야지! 다 익었다. 불을 끄자. (천천히) 수제비가 차츰 차츰 냄비 아래로 가라앉네요.
- 맛있는 수제비가 되었을까?
- 국그릇에 담아야겠다. (여러 명의 유아들을 한꺼번에 머리 짚어 주며 카펫으로 가게 한다)

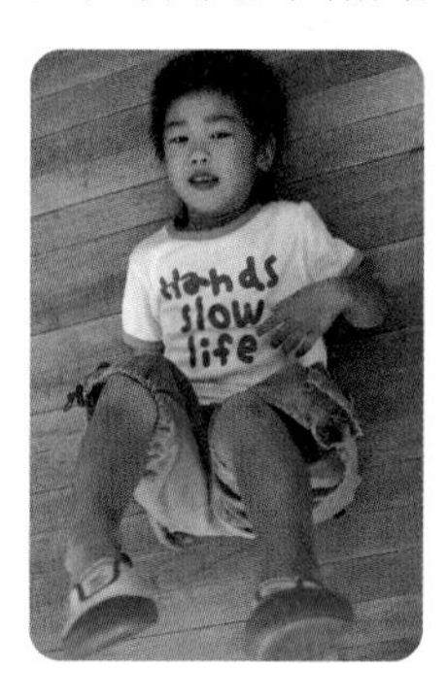

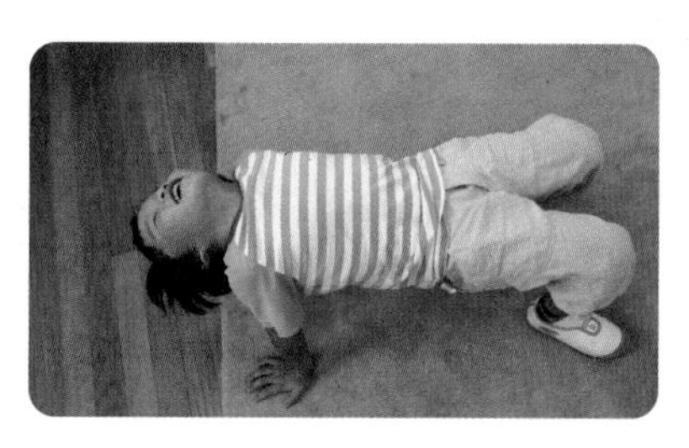

5. 수제비를 표현해 본 느낌을 말하고 확장활동에 대해서도 이야기 나눈다.

- 몸으로 수제비도 만들어 봤는데, 어땠니?
- 재미있었던 점이나 어려웠던 점, 힘들었던 점에 대해 이야기해 볼까?
- 다음엔 어떤 밀가루 반죽도 만들어 볼까? 색을 넣어서 만들어 볼까? 무엇으로 색을 내야 우리 몸에 이로울까? 당근? 시금치?

참고사항

1. 사전활동으로 '수제비 만들어 보기' 요리활동을 계획하면 효과적이다.

활동유형 | 신체표현

아이스크림이 되어 봐요

26

활동대상 만 4~5세

활동목표 1. 여러 종류의 아이스크림을 신체를 이용하여 창의적으로 표현한다.
2. 아이스크림이 녹는 과정을 표현해 본다.
3. 적당한 양의 아이스크림을 먹는 태도를 갖는다.

활동자료 여러 가지 아이스크림 사진자료(컵 아이스크림, 콘 아이스크림, 막대 아이스크림), 아이스크림 모자 20개(컵 아이스크림 7개, 콘 아이스크림 7개, 막대 아이스크림 6개), 음악 CD, 우드블럭

활동방법

1. 아이스크림 수수께끼를 알아맞힌다.
   - 오늘 우리가 뭔가로 변신을 해볼 건데… 무엇으로 변신할지 수수께끼를 내볼게. 이것은 너희들이 아주 좋아하는 간식이야. 단맛이 나고, 아주 차가워. 그리고 처음엔 딱딱한 것도 있는데 시간이 갈수록 흐물흐물해지고 모양도 변해.

2. 아이스크림 사진을 보며 아이스크림의 다양한 생김새와 특징에 대해 이야기 나누고, 몇 명의 유아가 앞에 나와 몸으로 표현해 본다.
   - 어떤 아이스크림을 먹어 봤니?
   - (소프트 아이스크림 사진을 보며) 이런 아이스크림 본 적 있니? 기계에서 어떻게 나와? 누가 나와서 몸으로 표현해 볼까? 전 또 다른 아이스크림을 본 적이 있어요~하는 사람?
   - (컵 아이스크림 사진과 막대 아이스크림 사진을 보며) 맨 처음엔 어떨까? 그런데 시간이 지나면 어떻게 되니? 녹으면서 크기는 어떻게 돼?
   - 누가 앞에 나와서 아이스크림이 녹는 모습을 몸으로 표현해 볼 수 있니?

3. 앞에 나와서 몸으로 표현해 준 유아들에게 박수를 쳐 준다.

4. 표현하고 싶은 아이스크림 모자를 선택하여 쓴다.

5. 두 집단으로 나누어 아이스크림을 몸으로 표현해 본다.

- 얘들아, 이제 음악에 맞춰 아이스크림이 되어 볼까? 그런데 우리 모두가 한꺼번에 아이스크림이 되어 본다면 어떻게 될까?
- 두 팀으로 나눠서 표현해 보자. 그럼 앉아 있는 사람들은 친구들이 표현하는 것을 볼 때 어떻게 봐야 될까? 이제 주문을 건다. 수리수리 마수리 얍! 모두 아이스크림이 되어라~ ○○는 정말 콘 아이스크림 같구나!

아주 아주 더운 날... 어휴... 더워라... 선생님이 아이스크림을 먹으려고 아이스크림을 샀어. 아이스크림이 처음엔 아주 딱딱하고 차가웠지. 너무 딱딱해서 손가락으로 쿡쿡 눌러도 들어가지도 않는 거야. 굴려 봐도 그대로였지. (아이스크림으로 변한 아이들 사이로 돌아다니며 깨무는 흉내를 낸다) 이로 요기.. 조기.. 깨물었다! 으으으... 요건 이가 들어가지도 않네. 그런데 조금 있으니까 (천천히) 아이스크림이 흐물흐물 녹기 시작하는 거야. 이런.. 얼마 먹지도 않았는데.. 점점 아이스크림 물이 바닥에 뚝뚝 떨어지고 (아이스크림 아이들 가까이 가서 후루룩 핥는 흉내를 낸다) 아이스크림은 힘이 없이 흐물흐물거렸어. 안되겠다! 그래서 아이스크림을 다시 냉동실에 넣었어. 그랬더니 점점 딱딱해지는 거야. 어라! 녹은 모습대로 비틀어졌네! 막대 아이스크림도! 콘 아이스크림은 머리가 삐죽! 컵 아이스크림은 쫘악-- 펴지고! 녹은 모습 그대로 다시 꽁꽁 얼어버리네! 어디 보자.. 다시 다 얼었나? 와 성공! 딱 먹기 좋아졌네! 아이스크림을 꺼내서 맛있게 한 입을 먹었어. (아이들 몸 가까이에서 먹는 시늉을 낸다) 오른쪽을 한 입 먹어볼까? 왼쪽도 한 입 먹어야지! 와그작.. 와그작.. 한 입, 또 한 입, 아이스크림이 점점 작아지고 있네. 어? 아이스크림을 거의 다 먹어 버렸네. 이젠 더 못 먹겠어. 남은 아이스크림이 흐물흐물 녹아내리네. "그대로 멈춰라", "얘들아, 뱃속에서 살살살 녹아가는 아이스크림처럼 카펫 쪽으로 옮겨가 보겠니?"

6. 두 번째 다음 집단이 나와 교사의 언어적 자극과 음악에 따라 아이스크림의 모습을 표현한다.

7. 활동을 한 후 회상하며 평가한다.

- "아이스크림들! ('그대로 멈춰라' 음에 따라) 카펫 위로 모-여-라"
- 오늘 너희들이 아이스크림이 되어 몸으로 표현해 봤는데 어땠어? 어떤 점이 재밌었니? 힘든 점은?

8. 아이스크림의 올바른 섭취에 대해 이야기한다.

- 오늘 아이스크림이 되어 표현했는데, 많이 먹으면 어떤 일이 벌어질까?
- 어떤 아이스크림이 우리 몸에 좋지 않을까? (색소가 많이 포함된 아이스바)
- 아무리 더운 날이어도 몇 개 정도 먹어야 적당할까?

활동유형 | 게임

밤 옮기기

27

활동대상 만 3~5세

활동목표 1. 밤이 몸에 주는 이로움을 안다.
2. 규칙과 질서를 지켜 게임을 한다.

활동자료 밤 2개, 국자 2개, 점수판, 바구니, 색깔이 다른 밤 그림자료(노랑, 빨강)

활동방법

1. 양 팀으로 나누어 앉는다.
   - 악수로 (또는 노래로) 양 팀의 수가 맞는지 확인해 볼까?
   - (숫자가 안 맞을 경우) ~팀이 한 명 많은데 어떻게 하면 좋을까?
   - 마지막에 앉은 ○○가 함께 게임하고 싶은 친구를 가리켜 주겠니?

2. 바구니에 있는 밤과 국자를 보며 게임자료를 탐색한다.
   - 우리 지난 시간에 밤에 대해서 이야기 나누었지?
   - 오늘 밤을 가지고 게임을 해보기로 했던 것 기억나니?
   - (국자를 보며) 너희들 이것 본 적이 있니? 어떻게 사용하는 걸까?

3. 게임방법을 정한다.
   - 그럼 이 국자와 밤을 가지고 어떻게 게임을 할 수 있을까?
   - ○○? 또? (여러 유아의 의견을 듣는다)
   - 어떤 방법에 찬성하는지 손을 들어 결정할까?
   - △△의 생각에 찬성하는 사람은 손들어보자. (수를 센다) □□의 생각에 찬성하는 사람? (수를 센다)
   - 어느 쪽에 손을 더 많이 들었니?

4. 유아가 앞에 나와 정해진 게임방법을 시범 보인다.
   - ○○야, 나와서 방법을 몸으로 보여 줄 수 있겠니?
   - 선생님이랑 같이 친구들에게 어떻게 하는지 먼저 보여 줄 수 있는 사람 있니?
   - 어떻게 하는지 알겠니?

5. 게임에 필요한 약속을 정한다.
   - 게임할 때 지켜야 할 것은 어떤 것들이 있을까?
   - 그런데 밤이 국자에서 떨어지면 어떻게 하지?

6. 양 팀에서 한 명씩 나와 게임을 한다.

- 얘들아 누가 먼저 돌아왔니? 규칙을 잘 지켜서 게임한 것 같니?
- 끝까지 잘 하라고 응원해 주자. "끝까지 잘 해라!"
- 열심히 한 친구들에게 박수쳐 주자. 먼저 들어온 친구는 점수판에 자기 팀 색깔 밤을 붙이자.

7. 게임이 끝나면 함께 점수판을 세어 보고, 평가한다.

- 어느 편이 규칙을 잘 지켰니? 어느 편이 먼저 들어온 친구가 많을까? 점수판을 같이 세어 보자.
- 열심히 한 서로에게 박수쳐 주자. 열심히 했다! 수고했다!

참고사항

1. 밤을 먹으면 우리의 몸에 어떤 점이 좋은지 유아들이 이해하기 쉽게 이야기 나누면 효과적이다.

가난하던 때엔 밥 대신 밤을 먹을 정도로 여러 가지 영양소가 들어 있어 몸이 약한 사람들에게 좋은 음식이었대. 책에도 이렇게 써 있대. '밤은 맛이 달고 성질이 따뜻하며 독이 없다. 밤은 더 기운이 나게 하고 위장을 강하게 하며 사람의 식량이 된다'고 말이야. 특히 위장을 튼튼하게 해준대. 밤을 불에 구우면 생밤보다 소화가 잘된대. 또, 비타민 C가 풍부해서 피부를 윤기 있게 해주고, 머리카락이 검어지고 머릿결을 부드럽게 해주기도 하고, 감기도 예방할 수 있게 도와준대. 아이들에겐 근육 만드는 데도 도움을 줘서 키도 크고 다리 힘도 길러진대.

2. 밤송이 옮기기 게임을 할 수도 있다. 반환점에 밤송이 바구니를 두어 밤송이를 열어 속 안에 있는 알밤을 가져 오는 게임을 할 수 있다.

※ **밤송이 제작방법**
직경 5㎝ 스티로폼 볼을 반으로 잘라 가장 작은 스티로폼(밤)이 들어갈 정도로 가운데를 파낸다. 스티로폼 겉면에 반짝이 모루를 붙인 후 갈색 래커를 뿌린다. 각각의 반 안쪽에 벨크로우로 처리하여 붙였다가 떼어 밤송이 속에서 알밤을 꺼내게 한다.

3. 과학영역에 밤송이를 두어 관찰하고 관찰그림을 그려 볼 수 있다.
4. 보다 어린 연령의 영아들을 위해 밤 따기 게임으로 변형하여 수업해도 좋다. 이때 밤은 펠트지에 솜을 넣어 꿰매어 만든다.

활동유형 | 게임

28 송편 만들기

활동대상 만 3~5세

활동목표 1. 송편 만드는 과정을 게임으로 해본다.
2. 송편 만들 때 필요한 재료를 안다.

활동자료 천(흰색, 녹색), 지퍼, 소(깨, 팥, 콩), 솔잎, 큰 냄비, 점수판

활동방법

1. 양 팀으로 나누어 앉는다.

2. 게임자료를 보며 게임자료를 탐색한다.
   - 바로 전에 송편을 직접 만들어 보았지? 송편 만드는 것을 게임으로 해보자.
   - (지퍼가 달린 송편 반죽 천을 가리키며) 어떤 색의 반죽이 있니? 왜 지퍼가 있을까?
   - (소를 하나씩 보며) 송편 안에 들어가는 소에는 무엇 무엇이 있니? 소를 송편에 어떻게 넣을까? (소를 넣고 송편 반죽 천의 지퍼를 닫는다)
   - (냄비 안의 솔잎을 보며) 다 만든 송편을 어떻게 해서 먹을까? 왜 솔잎을 깔고 찔까?

3. 게임방법을 정한다.
   - (탁자 위에 송편 반죽 천과 소를 보며) 그럼 이 송편 반죽 천과 소를 가지고 어떻게 게임할 수 있을까?
   - (반환점에 있는 냄비를 가리키며) 소를 넣어서 지퍼를 잠근 송편을 어디에 놓고 오면 좋을까?

4. 유아가 앞에 나와 정해진 게임방법을 시범 보인다.
   - ○○야, 나와서 방법을 몸으로 보여 줄 수 있겠니?

5. 게임에 필요한 약속을 정한다.
   - 게임할 때 지켜야 할 것에는 어떤 것들이 있을까?

6. 양 팀에서 한 명씩 나와 게임을 한다.

7. 게임이 끝나면 함께 점수판을 세어 보고, 평가한다.
   - 어느 편이 규칙을 잘 지켰니?
   - 어느 편이 먼저 들어온 친구가 많을까? 점수판을 같이 세어 보자.
   - 열심히 했다고 서로에게 박수쳐 주자. 열심히 했다! 수고했다!

참고사항

1. 「송편」 새 노래와 '송편 만들기' 요리활동, 「손 큰 할머니와 송편 만들기」 동극활동과 연계하여 할 수 있다.

활동유형 | 게임

전 부치기

29

활동대상 만 3~5세

활동목표 1. 게임을 통하여 전 부치는 방법을 안다.
2. 전 부칠 때 관련된 어휘를 사용한다.

활동자료 쟁반, 전(앞 · 뒷면 두 가지 다른 색의 펠트 천으로 제작) 2세트, 뒤집개 2개, 점수판

활동방법

1. 양 팀으로 나누어 앉는다.

2. 게임자료를 보며 탐색한다.
   - 전을 먹어 본 적 있니? 어떤 전을 좋아하니? 왜 전이 맛있을까?
   - 직접 부쳐 본 적이 있니? 전이 익었다는 것을 무엇을 보고 알 수 있을까? 색이 어떻게 되니?
   - (제작된 전을 뒤집으며) 기름에서 지글지글… 노릇노릇하게 익으면 어떻게 할까?
   - 한 번 뒤집고 나서 그대로 두면 어떻게 될까? 너무 많이 뒤집으면?

3. 다수결로 게임방법을 정한다.
   - (전환점의 탁자 위에 있는 쟁반 안의 전과 뒤집개를 보며) 전환점에 전 쟁반을 둘게. 전과 주걱으로 어떻게 게임할 수 있을까?
   - ○○의 말에 가장 많이 손을 들어주었네! 너희들이 결정한 대로 전환점에 가서 뒤집개로 전을 뒤집어 주고 돌아오자.

4. 유아가 앞에 나와 정해진 게임방법을 시범 보인다.

5. 게임에 필요한 약속을 정한다.
   - 전을 몇 개 뒤집어 주고 오기로 정했니? 그런데 여러 개 뒤집으면 될까? 전 한 개씩만 뒤집기!

6. 양 팀에서 한 명씩 나와 게임을 한다.

7. 게임이 끝나면 함께 점수판을 세어 보고 평가한다.

활동유형 | 게임

음식상 차리기

30

활동대상 만 5세

활동목표 1. 다양한 음식의 이름을 안다.
2. 게임을 통해 상 위에 음식을 차릴 수 있다.

활동자료 상, 음식 모형(밥, 국, 산적, 생선, 오이소박이, 돈까스, 화전, 전골)

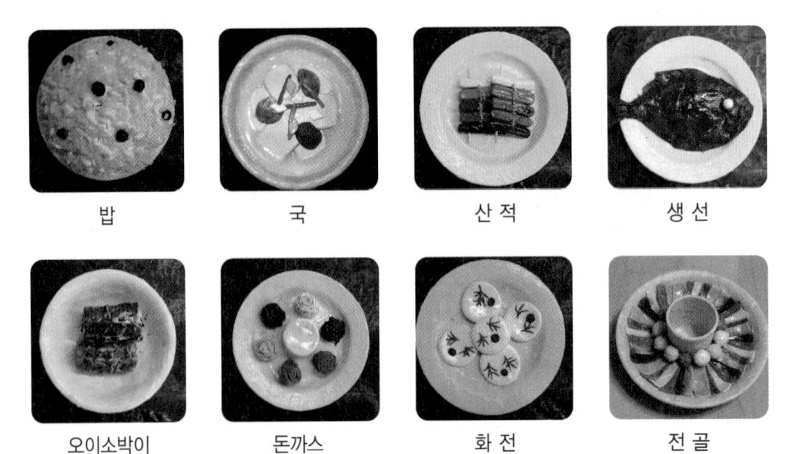

밥 국 산 적 생 선

오이소박이 돈까스 화 전 전 골

활동방법

1. 게임자료를 보며 탐색한다.
   - (음식 모형을 보며) 이 음식의 이름은 뭘까?
   - 상에 어떻게 차려야 먹기 편할까?
   - 오른손으로 밥을 먹을 때 밥과 국은 어디에 두어야 먹기 편할까?
2. 게임방법을 정한다.
   - (완성된 상차림을 보며) 이 음식들로 어떻게 게임할 수 있을까?
   - 몇 명이 상을 차리면 좋을까? 한 명? 두 명?
3. 두 명의 유아가 앞에 나와 정해진 게임방법을 시범 보인다.

4. 두 명이 한 팀이 되어 상차리기 게임을 한다.

5. 게임이 끝난 후 평가한다.

   상 위에 어떤 음식도 더 올려졌으면 좋겠니?

참고사항

1. 상차리기 소품을 역할놀이영역에도 제공하여 놀이할 수도 있다.
2. 음식 모형 제작 시 천사점토와 목공용 풀을 사용하면 손쉬우며 효과적이다.
3. 미술활동으로 '상차림' 그림을 그릴 수 있다.

활동유형 | 게임

벼가 되기까지

31

활동대상 만 5세

활동목표 1. 벼가 되기까지의 과정을 안다.
2. 대근육과 소근육의 신체 조절 능력을 기른다.

활동자료 이야기나누기 자료, 지게, 징검다리, 모판, 벼판, 의자
(교구제작재료 : 하드보드지, 한지, 가마지, 낚싯줄, 상자, 요구르트병, 볏집, 우유상자, 빨판, 아크릴, 플라스틱 빗자루, 셀로판지, 코팅지, 색지, 글루건, 장판, 우레탄, 목공용 풀)

이야기자료

지 게

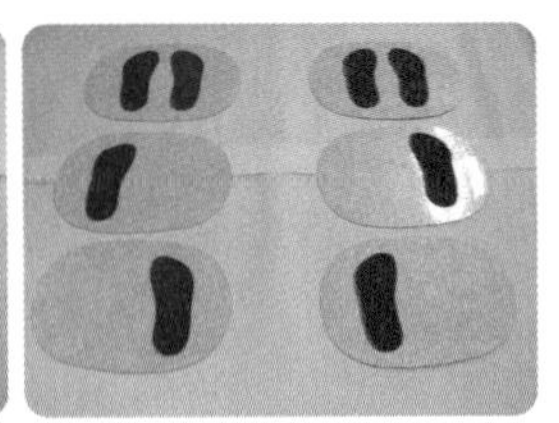
징검다리

모 판

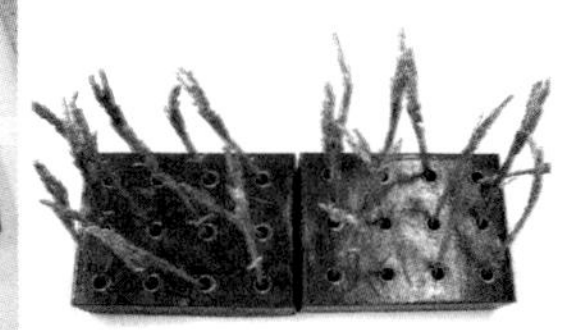
벼 판

활동방법

1. 양 팀으로 나누어 앉는다.

2. 세팅된 게임자료를 보며 벼가 되기까지의 과정을 알아본다.

게임자료 셋팅

- 모판을 놓고, 모는 가운데 바구니에 모아 놓는다.
- 징검다리를 중간 중간에 놓는다.
- 벼 판에 벼를 꽂아 반환점에 놓는다.
- 지게는 출발점 의자에 걸어 놓는다.
- (이야기나누기 자료를 보며)모를 심는 것에서 벼가 되기까지 과정은 어떨지 이야기 해보자.

3. 게임방법을 생각해 보고 다수결로 정한다.
- 맨 처음 지게를 메고 순서대로 징검다리를 밟아 모판에 도착하면 모를 모판에 붙인다. 다시 징검다리를 밟고 가다가 벼 판에서 벼를 하나 뽑아 지게에 넣고 온다.
- 맨 마지막에 오는 유아가 돌아오면서 지게를 메고 도착하면 게임은 끝난다.

4. 양 팀에서 한 명씩 나와서 게임을 시작한다.

5. 게임이 끝난 후 평가한다.

참고사항

1. 과학영역에 '벼'를 내주어 관찰하도록 한다.

2. 모내기철일 때 유아교육기관 바깥놀이터에서 유아들과 함께 모를 심고 기를 수 있다.

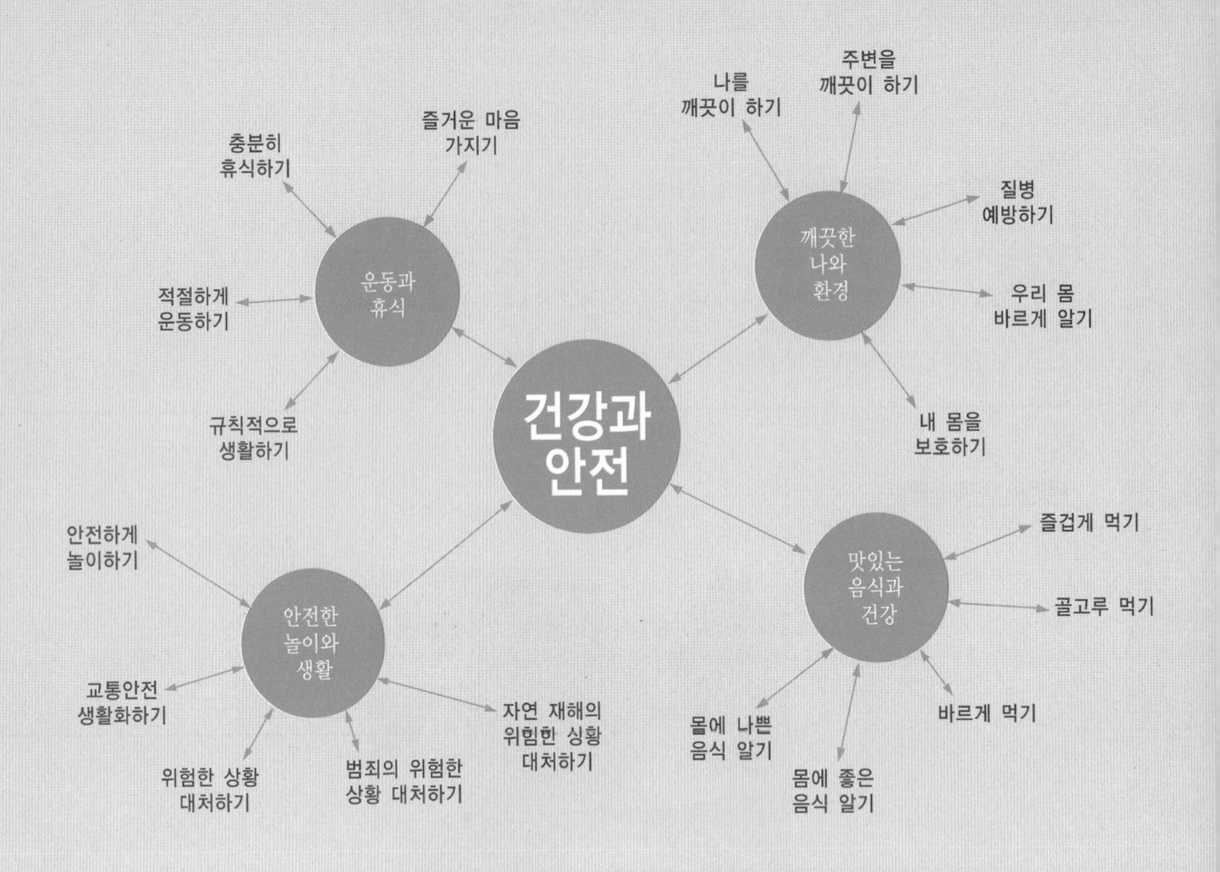

주요 내용

- 매일매일 운동하는 습관을 기른다.
- 계획한 대로 생활하는 습관을 기른다.
- 휴식은 나에게 에너지를 준다는 것을 경험한다.
- 놀이할 때 필요한 약속을 지킬 수 있다.
- 교통수단을 이용할 때 지켜야 하는 규칙을 알아본다.
- 재난 상황에 대처하는 방법을 안다.
- 위험한 상황을 인식하고 대처하는 방법을 안다.
- 스스로 몸을 깨끗이 할 수 있다.
- 몸의 올바른 신체명칭을 안다.
- 깨끗한 주변을 만드는 여러 가지 방법을 알아본다.
- 병을 예방하기 위해 내가 할 수 있는 여러 가지 방법을 알아본다.
- 음식을 먹으면서 감사한 마음을 가진다.
- 음식에는 우리 몸에 필요한 영양분이 있음을 안다.
- 바른 자세로 앉아 음식을 먹는다.
- 음식을 알맞게 먹는 습관을 기른다.

건강 · 안전교육

건강과 안전

이야기나누기

- 우리 반의 시간 약속
- 운동은 나를 건강하게 해줘요
- 기분이 바뀌었어요
- 깨끗한 몸이 좋아요
- 손을 깨끗하게 씻어요
- 우리 몸을 보호해요
- 음식과 관련된 명화 감상하기
- 남은 음식으로 할 수 있는 요리법 알아보기
- 안전한 곳을 찾아요
- 찻길을 안전하게 건너요
- 응급처치에 대해 알아보아요.
- 미디어를 바르게 사용하려면?
- 이럴 때 이렇게 해요
- 낯선 사람 따라가면 안 돼!

요 리

- 보글보글 국물에 채소가 풍덩!
- 두부 과자 만들기

동화 · 동극 · 동시

| 동 화 |
- 누에콩의 기분 좋은 날
- 손씻기 싫어하는 아이가 있었어요
- 이럴 때 싫다고 말해요
- 응급처치 : 다쳤을 때는 어떻게 할까?

| 동 극 |
- 야! 생선이다

| 동 시 |
- 내가 쉬고 싶을 때는

게임 · 신체

- 건강 체조 만들기
- 빨래되어 보기
- 깨끗 카드를 읽어요
- 음식 탑 쌓기
- 보호 장비를 착용해요
- 교통기관이 되어봐요

음 악

| 노 래 |
- 일찍 자고 일찍 일어나요
- 싫어요, 안돼요, 도와주세요

| 음악창작 |
- 음식 광고 송

| 악기연주 |
- 부엌 악기 난타

| 음악감상 |
- 슈베르트의 자장가

바깥놀이

- 튼튼 달리기 대회
- 인형 옷 빨기
- 안전 생활 캠페인
- 보호장비 착용하고 자전거 타기

현장학습

- 교통공원 견학
- 학교보건진흥원 영양교육관 견학
- 서울지방경찰청 교통안전체험관 견학

자유선택활동

| 쌓기놀이 |
- 약국 구성하기
- 안전한 우리 마을

| 역할놀이 |
- 세탁소 놀이
- 밥상 차리기 놀이
- 안전 띠 매기 놀이

| 언 어 |
- 오늘 하루의 나의 기분은?
- 우리반 친구들의 건강 운동법 책 만들기
- 어느 병원으로 가야 할까요?
- 오늘 점심 메뉴를 소개해요
- 비법 요리책 만들기
- 우산을 바르게 써요
- 응급 상황 전화번호부 책

| 수 · 조작놀이 |
- 운동 기구 짝짓기
- 목욕탕에 가요
- 에스컬레이터를 탔어요
- 보호장비를 착용해요
- 교통안전 도미노
- 아픈 곳을 치료해 줘요

| 과 학 |
- 바람 축구공 놀이
- 천연 세제로 깨끗이 닦아봐요
- 변신 감자 만들기
- 위험을 알리는 표시가 있어요
- 우리 몸은 어떻게 생겼을까?

| 조 형 |
- 김홍도의 '고누 놀이' 명화 감상하기
- 신문지로 축구공 만들기
- 건강 포스터 만들기: 우리 몸을 깨끗이
- 냠냠 시계 만들기
- 필름통 호루라기 만들기

| 음 률 |
- 위험을 알리는 소리를 만들어요
- 우리 몸속에서 나는 소리

활동유형 | 이야기 나누기

01

화장실에서 손을 깨끗하게 씻어요

활동대상: 만 2~5세

활동목표: 1. 화장실에서 변기 물을 내리고 손을 씻어본다.
2. 몸과 주변을 깨끗하게 유지하는 습관이 중요함을 안다.

활동자료: 화장실에서의 상황 그림 3장, 올바른 손 씻는 방법 그림 4장

화장실을 다녀온 후
손을 닦지 않는 모습

물장난을 하는 모습

물을 계속 틀어놓고
손을 씻는 모습

자료 : 교육과학기술부(2009), 유치원 지도서 2권

활동방법:

1. 화장실에서의 상황 그림을 보며 이야기를 나눈다.
   - (손을 씻지 않고 나가는 그림을 보며) 어떤 그림이니? 손을 씻지 않고 그냥 화장실 밖으로 나가면 어떻게 될까?
   - (손을 씻지 않고 물장난하는 그림을 보며) 화장실에서 물장난을 하면 어떤 일이 벌어질까?
   - 물을 계속 틀어놓고 비누질을 하면 그 동안 물이 어떻게 될까?
   - 손을 씻거나 이를 닦을 때 물을 아껴 쓰려면 어떻게 해야 할까?
2. 손을 깨끗이 씻어야 하는 이유와 손을 언제 씻어야 하는지에 대해 이야기한다.
   - 손은 왜 깨끗이 씻어야 할까?
   - 만약 바깥놀이에서 모래놀이를 하던 손으로 음식을 집어 입 속에 넣으면 어떻게 될까?
   - 유치원(어린이집)에서 언제 손을 씻어야 할까? 집에서는 언제?
3. 올바른 손씻기 그림 자료를 보며 깨끗이 손을 씻는 방법을 익힌다.
   - 앉은 자리에서 모두 이 그림 순서대로 우리도 따라 해볼까?
   - (소매를 걷어 올리며) 손을 씻기 전에 옷에 물이 묻지 않으려면 어떻게 해야 할까?
   - 급한 마음에 비누질을 하지 않고 물로만 씻으면 어떻게 될까?
   - 다 같이 두 손! 1번! 손에 물이 흐른다..묻히자. 2번 비누를 손에 쥐고 문지르자....비누질은 손가락 사이사이까지 문질러 주자. 손등도 닦고 손톱도 비벼주자. 비누거품을 물로 깨끗이 씻어내자.

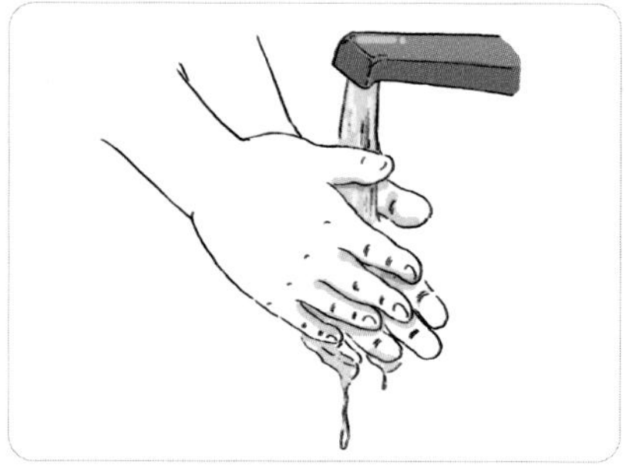

① 손에 물을 묻혀요.

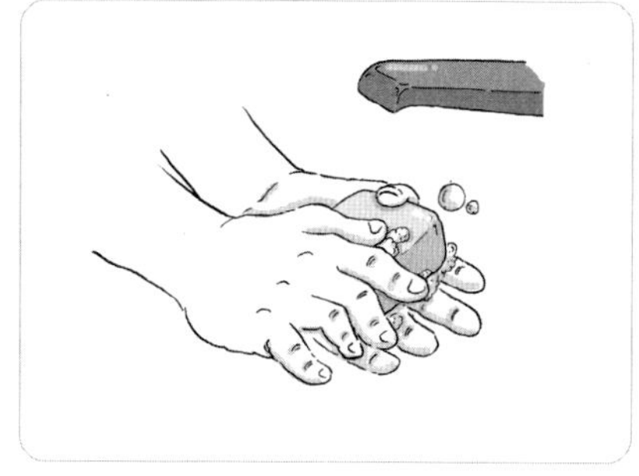

② 비누질을 해요.

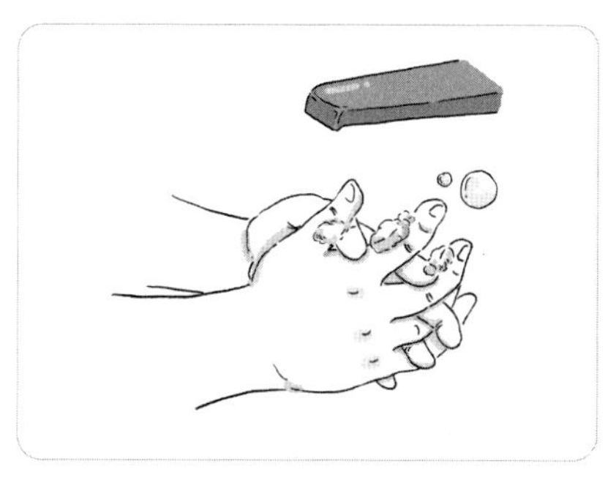

③ 손가락 사이사이까지 닦아요.

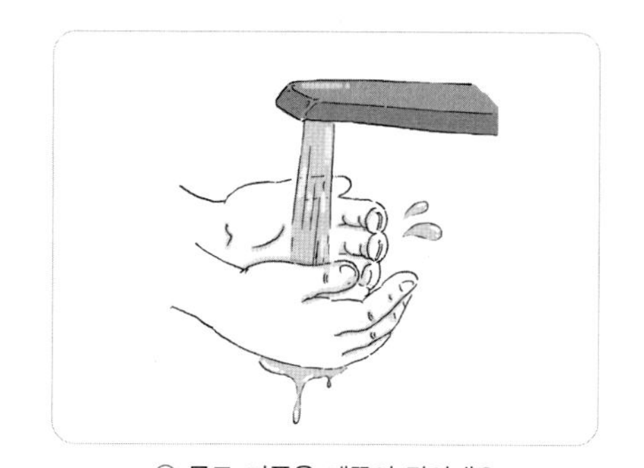

④ 물로 거품을 깨끗이 닦아내요.

자료 : 교육과학기술부(2009), 유치원 지도서 2권

4. 화장실에 가서 직접 손을 씻어본다.

참고사항

1. 올바른 손씻기 6단계 사진자료를 보며 깨끗이 손을 씻는 방법을 익힐 수도 있다.

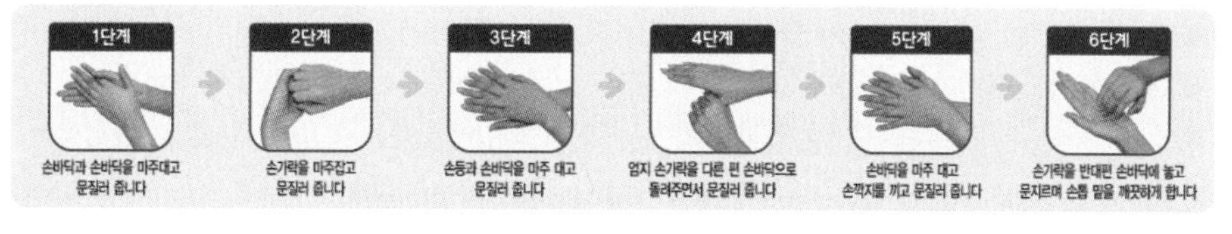

자료 : 범국민손씻기운동본부 홈페이지

2. 세면대 앞에 손 씻는 방법에 대한 약속판과 물을 아껴 쓰는 방법을 그린 그림을 부착한다.
3. 손 씻기와 관련된 물비누, 종이 타월, 핸드 드라이어, 손 소독기를 비치한 경우 올바른 사용방법에 대해 이야기 나누고 직접 실행해 본다.

활동유형 | 이야기 나누기

02

찻길을 안전하게 건너요

활동대상: 만 3~5세

활동목표: 1. 길을 안전하게 건너는 방법에 대해 이야기를 나눈다.
2. 노랫말 개사를 통하여 횡단보도가 없는 길을 안전하게 건너는 방법을 기억한다.

활동자료: 신호등(찍찍이로 처리하여 초록색 불과 빨간색 불을 번갈아 탈부착하는 목에 거는 신호등), 횡단보도, 횡단보도가 있는 길과 없는 길의 그림 자료

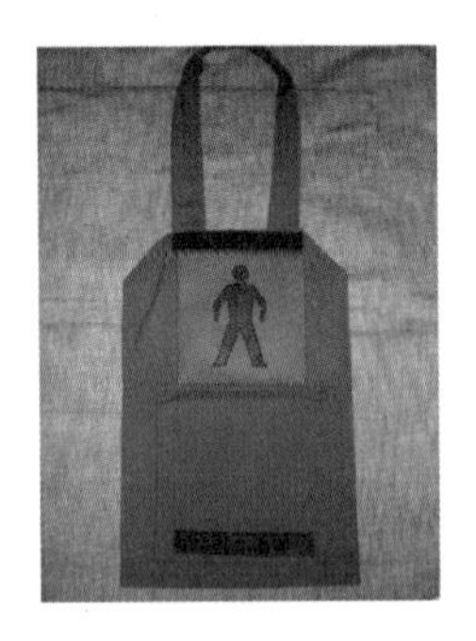

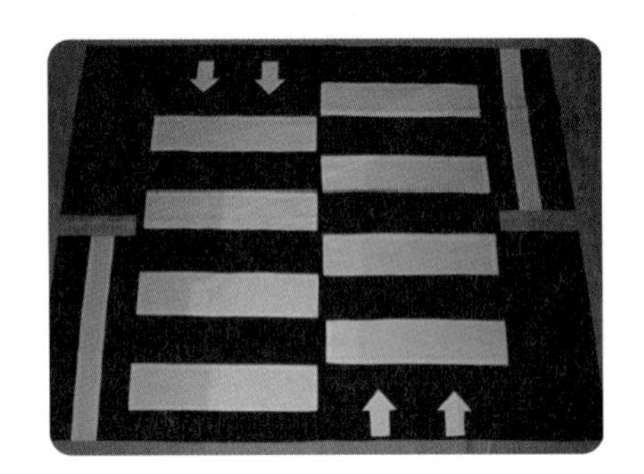

활동방법:

1. 〈건너가는 길〉 노래를 부른 후, 신호등이 있는 횡단보도를 건너는 방법에 대해 이야기를 나눈다.
   - 길을 건너려면 어떻게 해야 하니?
   - 신호등이 무슨 색일 때 건너야 할까?
   - 왜 손을 들고 건너야 하는 걸까?
   - 횡단보도를 건너갈 때에는 어떻게 해야 할까? 횡단보도의 어느 쪽으로 걸어가야 좀 더 안전할까?
2. 신호등과 횡단보도 자료를 이용하여 초록색 신호에 횡단보도를 건너본다.
3. 신호등이 없는 횡단보도 그림을 보며 안전하게 길을 건너는 방법에 대해 이야기 나눈다.
   - 신호등이 없는 횡단보도를 건널 때에는 어떻게 건너야 할까? (예: 건너기 전에 좌우를 꼭 살펴요, 자동차가 지나간 후에 건너가요.)
4. 횡단보도가 없는 건널목의 그림을 보며 안전하게 길을 건너는 방법에 대해 이야기 나눈다.
   - 이곳에는 횡단보도가 없네! 이런 길을 건널 때에는 어떻게 해야 할까?(예: 조금 멀어도 횡단보도를 찾아봐요, 건너기 전에 좌우를 꼭 살펴요, 자동차가 지나간 후에 건너가요, 어른이 오면 같이 건너요, 뛰지 않아요.)

5. 횡단보도가 없는 길에서 어떻게 건너야 할지를 '건너가는 길' 노래에 맞춰 개사하여 부른다.

예: 횡단보도 없는 길에선 일단 멈춰요, 좌우를 살펴요. 차가 지나면 가요.
혼자 건너기 무서울 땐 어른을 기다려 도와 달라 말해요. 함께 건너 가지요.

6. 활동을 하고 난 느낌에 대해 이야기 나눈다.

참고사항

1. 교통안전과 관련된 안전한 상황과 위험한 상황의 사진을 붙여 제작한 도미노 조각을 위험/안전 표시 주사위를 던져 나온 수만큼 세워서 마지막 조각까지 완성한 후 쓰러뜨리는 활동을 할 수도 있다.

도미노에 부착한 교통안전 관련 사진

- 버스에서 내릴 때 양쪽을 살펴 안전을 확인하고 내린다.
- 자가용을 탔을 때 운전하는 사람에게 장난치지 않는다.
- 창밖으로 손이나 얼굴을 내밀지 않는다.
- 지하철을 타서 손잡이 잡으려고 장난치지 않는다.
- 횡단보도에서는 차가 멈춘 것을 확인한 후 손을 들고 건넌다.
- 어린 아이가 신호등을 건널 때에는 보호자의 손을 잡고 건넌다.
- 바퀴달린 것들을 탈 때에는 안전 장비를 착용한다.
- 비오는 날 우산 쓰고 길을 건널 때 똑바로 우산을 든다.
- 저녁에 외출할 때는 밝은 색의 옷을 입는다.
- 버스 안에서 장난치지 않는다.
- 버스를 탈 때는 줄을 선다.
- 정지해 있는 차의 뒤에서 놀지 않는다.
- 지하철을 탈 때는 차례로 줄을 선다.
- 신호등을 기다릴 때는 인도에서 기다린다.
- 차를 타면 안전벨트를 한다.
- 기차길에 들어가 놀지 않는다.
- 놀이공원 등 안전한 곳에서 놀이를 한다.

2. 횡단보도를 건너는 놀이를 할 때 몇몇 유아가 교통기관을 맡아 함께 놀이할 수도 있다. 다음의 탈 것들 중 하나를 선택하여 가슴에 끼워 착용한 후, 제시되는 신호등 색깔에 맞춰 달리다가 멈추는 활동을 한다.

활동유형 | 이야기 나누기

03

응급처치에 대해 알아보아요

활동대상: 만 4, 5세

활동목표: 1. 응급처치의 중요성을 안다.
2. 상황에 따른 응급처치 방법을 안다.

활동자료: 응급처치 사진 혹은 그림, 상황그림 (넘어져서 다친 유아의 그림, 뜨거운 물건을 만지는 그림)

활동방법:

1. 넘어져서 다친 유아의 상황그림을 보며 이야기를 나눈다.
   - 그림 속의 친구에게 어떤 일이 일어났니?
2. 응급처치에 대해 알아본다.
   - 넘어져서 나치면 어떻게 해야 할까?
     예: 약을 발라요. 치료를 해요.
   - 언제 치료해야 할까?
   - 다친 사람에게 그 장소에서 즉시 치료를 하는 것을 응급처치라고 한대. 들어본 적 있니?

사진자료: newsis

3. 응급처치의 중요성에 대해 이야기 나눈다.
   - 넘어져서 다쳤는데 빨리 치료하지 않고 그대로 두면 어떻게 될까?
   - 상처를 빨리 치료하지 않고 그대로 두면 상처에 병균이 들어가 상처가 더 심해지기 때문에 빨리 치료하는 게 중요하단다.
4. 그림을 보며 응급처치가 필요한 상황들을 알아본다.
   - 만약에 뜨거운 것을 만져서 화상을 입었다면 어떻게 해야 할까?
   - 차가운 물에 열을 식히고 병원에 가야해. 물집이 생기면 터뜨리지 않아야해.
   - 넘어졌을 때는 어떻게 해야 할까?
   - 상처 부위를 깨끗이 씻고 약을 발라야 해. 혹시 찢어진 상처라면 병원에 가야해.
5. 응급처치에 대해 알아본 활동을 평가한다.
   - 이렇게 이야기를 나눠보니 새로 알게 된 것은 무엇이니?

참고사항

1. 구조대원을 유아교육기관에 초대하여 직접 응급처치에 대해 배우는 시간을 갖는다.
2. 언어영역에 「응급 처치: 다쳤을 때는 어떡할까?」(비룡소)을 비치한다.

3. 자유선택활동 시간에 역할놀이 영역에서 안전구급상자를 두어 구급대원놀이를 한다.

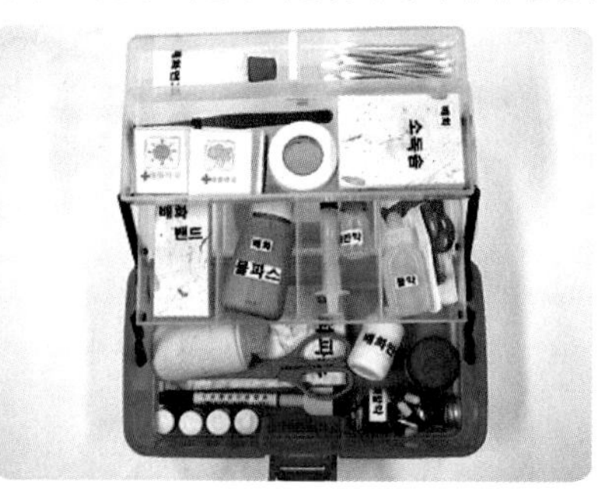

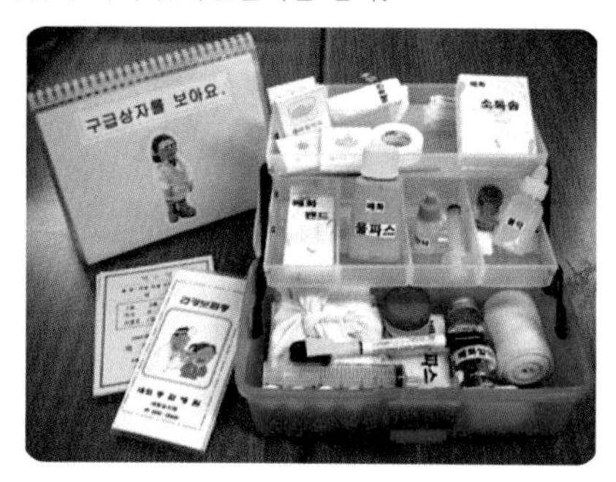

4. 만 3세의 경우, 조작놀이 영역에 각 그림자료 속 등장인물의 상처난 부분에 치료를 해주는 놀이를 제공해 줄 수 있다.

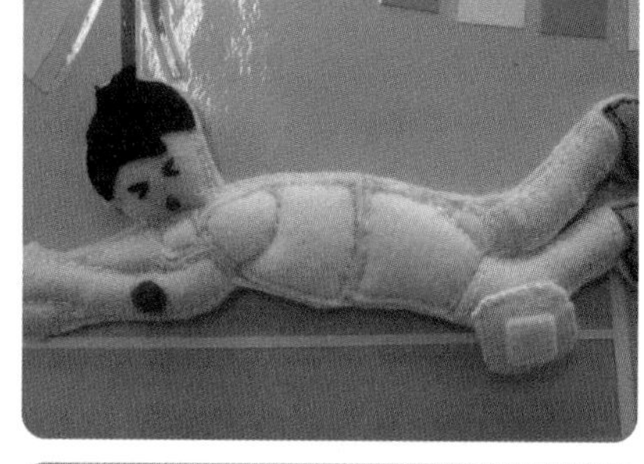

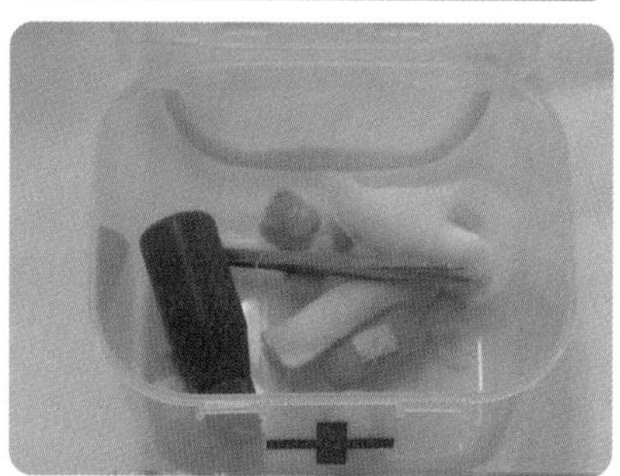

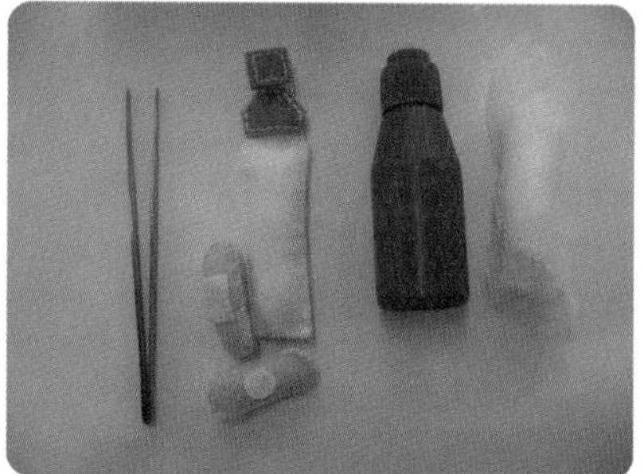

활동유형 | 노래

04

싫어요, 안돼요, 도와주세요

활동대상: 만 4, 5세

활동목표: 1. 낯선 사람이 접근하는 상황에 대처하는 방법을 안다.
2. 내 몸을 지키기 위해 필요한 '싫어요, 안돼요, 도와주세요' 말을 사용할 수 있다.

활동자료: 노래 가사 판, 손 인형 (여자 · 남자 아이, 남자 · 여자 어른)

활동방법:

1. 손 인형 미미의 이야기를 듣는다.
   - (여자아이 인형 목소리로) 얘들아, 안녕. 내가 궁금한 게 하나 있는데 너희가 좀 알려줘. 모르는 사람이 함께 가자고 할 때 어떻게 해야 할까? 선생님이랑 같이 노래를 부르며 알아보고 나에게도 알려줘야 해.
2. "싫어요, 안돼요, 도와주세요." 노래를 들어보고 느낌과 노랫말에 대해 이야기 나눈다.
   - 노래를 듣고 나니 어떤 느낌이 들었니?
   - 모르는 사람이 함께 가자고 할 때에는 어떻게 해야 한대? 미미에게 알려주자.
   - (여자아이 인형 목소리로) 아~ 모르는 사람이 함께 가자고 하면 싫어요, 안돼요, 도와주세요라고 말해야 하는 거구나. 얘들아, 알려줘서 고마워.
3. 피아노로 노래를 들어본 후, 한 가지 소리로 노래를 부른다.
   - 먼저 피아노로 음을 들어보렴.
   - 한 가지 소리로 노래를 함께 불러볼까? 어떤 소리로 부르면 좋을까?(예: 아, 어~)
4. 가사를 알아보고 가사를 넣어 부른다.
   - 가사를 함께 읽어볼까?
   - 가사를 넣어서 불러보자.
   - 어느 부분을 좀 더 크게 부르면 좋을까? (빨간색으로 처리한 노랫말 부분)
5. 노래에 어울리는 율동을 만들어 함께 노래부른다.
   - 이렇게 크게 노래부르는 부분에 어떤 몸동작이 어울릴까?
   - 너희들이 함께 정한 율동과 함께 처음부터 노래를 불러보자.

참고사항

1. 노래를 배우기 전, 손 인형을 가지고 낯선 상황에 대처하는 동화를 듣는다(예: 「이럴 땐 싫다고 말해요」).
2. 위의 노랫말은 〈미소〉 원곡을 개사한 것이다.

활동유형 | 자유선택활동(수 · 조작놀이)

05

에스컬레이터를 탔어요

활동대상: 만 4, 5세

활동목표: 1. 에스컬레이터를 안전하게 이용하는 방법에 대해 이야기 나눈다.
2. 규칙을 지켜 게임을 한다.

활동자료: 에스컬레이터 모형, 그림카드(안전하게 오르내리는 그림, 안전하지 못하게 에스컬레이터를 이용하는 그림), 아이 말 2개

활동방법:

1. 에스컬레이터 모형을 보며 에스컬레이터를 타 본 경험에 대해 이야기 나눈다.
   - 에스컬레이터를 타 본 적이 있니?
   - 어디에서 타 봤니?
2. 에스컬레이터를 탈 때 지켜야 할 안전 수칙에 대해 이야기 나눈다.
   - 에스컬레이터를 탔을 때에는 안전을 위해 어떤 약속을 지켜야 하니?
3. 게임 방법을 알아본다.
   - 말을 하나씩 나눠 가진 후 에스컬레이터의 제일 아래 칸에 놓는다.
   - 순서를 정한다.
   - 그림카드를 뒤집어 에스컬레이터를 안전하게 이용하는 그림이면 말을 이동하여 한 칸 올라간다. 안전하지 못한 그림이 나오면 그 자리에 그대로 있는다.
   - 제일 위 칸까지 올라가면 다시 한 칸씩 내려온다.
   - 먼저 올라갔다 내려온 유아가 이긴다.
4. 게임을 한다.
5. 게임을 하고 난 느낌에 대해 이야기 나눈다.

활동유형 | 자유선택활동(수 · 조작놀이)

06 보호장비를 착용해요

활동대상: 만 4, 5세

활동목표: 1. 바퀴달린 것을 탈 때 필요한 보호장비를 알고 모형을 조작해 봄으로써 보호장비의 중요성을 안다.

2. 안전하게 놀이하는 방법을 안다.

활동자료: 배경 판, 인형2, 보호장비 소품(헬멧, 팔꿈치 보호대, 팔목 보호대, 무릎 보호대, 장갑), 주사위2

헬맷

무릎보호대

팔목보호대

장갑

활동방법:

1. 배경판을 보며 이야기를 나눈다.
   - 우리가 탈 수 있는 바퀴달린 것에는 어떤 것이 있을까?
   - 이렇게 바퀴달린 것들을 안전하게 이용하려면 어떤 약속이 필요할까?

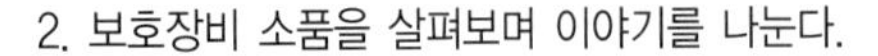

2. 보호장비 소품을 살펴보며 이야기를 나눈다.
   - 바퀴달린 것을 탈 때 우리 몸을 보호할 수 있는 방법에는 어떤 것들이 있을까?
   - 우리 몸을 보호할 수 있는 보호장비에는 어떤 것이 있을까?
   - 이 보호장비의 이름은 무엇일까?
   - 이 보호장비는 어떻게 사용하는 걸까?
   - 만약 보호장비를 착용하지 않고 바퀴 달린 것을 타면 어떤 일이 일어날까?

3. 놀잇감의 활동방법에 대해 이야기를 나눈다.

- 활동상자에 배경 판, 보호장비, 인형, 주사위가 있는데 이것을 가지고 어떻게 놀이할 수 있을까?
- 배경 판의 그림을 보고, 이런 상황에서는 어떤 보호장비를 사용해야 하는지 생각해 보고 인형에 직접 보호장비를 채워줄 수 있단다.
- 이 게임은 두 명이 할 수 있는 게임인데 먼저 각자 인형을 하나씩 나누어 갖고, 순서를 정해.
- 그리고 주사위를 흔들어서 나온 보호장비를 인형에 채워주는 거야. 색깔 주사위에 빨간색이 나오고, 보호장비 주사위에 헬멧 그림이 나오면, 빨간 헬멧을 인형에 채워주면 돼.
- 그런데 주사위에서 ♥모양이 나오면 어떻게 할까?
- 보호장비 주사위에서 ♥모양이 나오면 원하는 보호장비를 가져오고, 색깔 주사위에서 ♥모양이 나오면 원하는 색깔을 가져올 수 있어

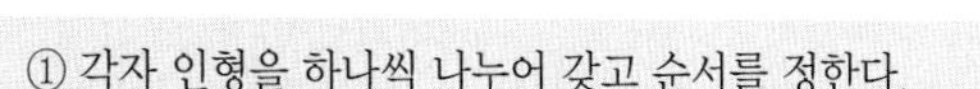

① 각자 인형을 하나씩 나누어 갖고 순서를 정한다.
② 2개의 주사위를 동시에 흔들어서 나온 색과 보호장비를 상자에서 가져와 인형에 채운다.
③ 헬멧, 팔꿈치 보호대, 손목보호대, 장갑, 무릎보호대를 모두 인형에 채우면 게임은 끝이 난다.
※주사위의 ♥모양이 나오면 유아가 원하는 것을 가져올 수 있다.
예: • 보호장비 주사위에서 ♥모양이 나올 경우=유아가 원하는 보호장비 하나를 가져올 수 있다.
• 색깔 주사위에서 ♥모양이 나올 경우=유아가 원하는 색의 보호장비를 가져올 수 있다.

4. 아직접 놀잇감으로 활동해 본다.

- 누가 나와서 한번 해볼까?
- 또 어떤 방법으로 놀 수 있을까?

5. 게임을 하고 난 느낌에 대해 이야기 나눈다.

참고사항

1. 이야기 나누기 시, 실물의 보호장비를 직접 착용해 보고 게임을 진행시킬 수 있다.
2. 바깥놀이 시간에 아이들이 직접 보호장비를 착용하고, 주어진 선을 따라 바퀴달린 놀이기구를 타고 돌아오는 게임을 할 수 있다.

Nutrition and Health Education

for Young Children

APPENDICES

부록

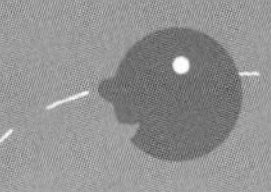

1. 아동의 영양섭취기준 (Dietary Reference Intakes for Koreans, KDRIs)

(1) 에너지 적정비율(%)

영양소	1~2세	3~19세	20세 이상
탄수화물	50~70	55~70	55~70
단백질	7~20	7~20	7~20
지 방	20~35	15~30	15~25
n-6(ω-6) 불포화지방산	4~8	4~8	4~8
n-3(ω-3) 불포화지방산	0.5~1.0	0.5~1.0	0.5~1.0

(2) 다량영양소

성 별	연 령	에너지(kcal/일)				탄수화물(g/일)				지방(g/일)				단백질(g/일)			
		필요추정량	권장섭취량	충분섭취량	상한섭취량	평균필요량	권장섭취량	충분섭취량	상한섭취량	평균필요량	권장섭취량	충분섭취량	상한섭취량	평균필요량	권장섭취량	충분섭취량	상한섭취량
영 아	0~5(개월)	600						55				25				9.5	
	6~11	730						90				25		10	13.5		
유 아	1~2(세)	1,000												12	15		
	3~5	1,400												15	20		
남 자	6~8(세)	1,600												20	25		
여 자	6~8(세)	1,500												20	25		

성 별	연 령	n-6 불포화지방산(g/일)				n-3 불포화지방산(g/일)				식이섬유(g/일)				총수분(액체[1])(mL/일)[1]			
		평균필요량	권장섭취량	충분섭취량	상한섭취량	평균필요량	권장섭취량	충분섭취량	상한섭취량	평균필요량	권장섭취량	충분섭취량	상한섭취량	평균필요량	권장섭취량	충분섭취량	상한섭취량
영 아	0~5(개월)			2.0				0.3								700(700)[2]	
	6~11			4.5				0.8								800(500)[2]	
유 아	1~2(세)											12				1,100(800)	
	3~5											17				1,400(1,000)	
남 자	6~8(세)											19				1,700(1,000)	
여 자	6~8(세)											18				1,600(800)	

[1] 액체는 물과 음료(국민건강영양조사의 '음료 및 주류')를 포함
[2] 모유 수분

(3) 지용성 비타민

성별	연령	비타민 A(㎍ RE/일)				비타민 D(㎍/일)				비타민 E(mg α-TE/일)				비타민 K(㎍/일)			
		평균필요량	권장섭취량	충분섭취량	상한섭취량	평균필요량	권장섭취량	충분섭취량	상한섭취량	평균필요량	권장섭취량	충분섭취량	상한섭취량*	평균필요량	권장섭취량	충분섭취량	상한섭취량
영아	0~5(개월)			350	600			5	25			3				4	
	6~11			400	600			5	25			4				7	
유아	1~2(세)	200	300		600			10	60			5	100			25	
	3~5	210	300		700			10	60			6	130			30	
남자	6~8(세)	290	400		1,000			10	60			7	180			45	
여자	6~8(세)	270	400		1,000			10	60			7	180			45	

상한섭취량(㎍/일)
* RRR-α-tocopherol

(4) 수용성 비타민

성별	연령	비타민 C(mg/일)				티아민(mg/일)				리보플라빈(mg/일)				니아신(mg NE/일)				
		평균필요량	권장섭취량	충분섭취량	상한섭취량	평균필요량	권장섭취량	충분섭취량	상한섭취량	평균필요량	권장섭취량	충분섭취량	상한섭취량	평균필요량	권장섭취량	충분섭취량	상한섭취량[1]	상한섭취량[2]
영아	0~5(개월)			35				0.2				0.3				2		
	6~11			45				0.3				0.4				3		
유아	1~2(세)	30	40		350	0.4	0.5			0.5	0.6			5	6		10	180
	3~5	30	40		500	0.4	0.5			0.6	0.7			5	7		10	250
남자	6~8(세)	40	60		700	0.6	0.7			0.7	0.9			7	9		15	350
여자	6~8(세)	40	60		700	0.5	0.6			0.6	0.7			6	9		15	350

[1]니코틴산(mg/일), [2]니코틴아미드(mg/일)

성별	연령	비타민 B_6 (mg/일)				엽산(㎍DFE/일)				비타민 B_{12} (㎍/일)			
		평균필요량	권장섭취량	충분섭취량	상한섭취량	평균필요량	권장섭취량	충분섭취량	상한섭취량	평균필요량	권장섭취량	충분섭취량	상한섭취량
영아	0~5(개월)			0.1				65			0.2		
	6~11			0.3				80			0.5		
유아	1~2(세)	0.5	0.6		25	120	150		300	0.75	0.9		
	3~5	0.6	0.7		35	150	180		300	0.9	1.1		
남자	6~8(세)	0.7	0.9		45	180	220		400	1.1	1.3		
여자	6~8(세)	0.7	0.8		45	180	220		400	1.1	1.3		

성 별	연 령	판토텐산(mg/일)				비오틴(μg/일)			
		평균 필요량	권장 섭취량	충분 섭취량	상한 섭취량	평균 필요량	권장 섭취량	충분 섭취량	상한 섭취량
영 아	0~5(개월)			1.7				5	
	6~11			1.8				6	
유 아	1~2(세)			2				8	
	3~5			2				10	
남 자	6~8(세)			3				15	
여 자	6~8(세)			3				15	

(5) 다량무기질

성 별	연 령	칼슘(mg/일)				인(mg/일)				나트륨(g/일)				칼륨(g/일)			
		필요 추정량	권장 섭취량	충분 섭취량	상한 섭취량	평균 필요량	권장 섭취량	충분 섭취량	상한 섭취량	평균 필요량	권장 섭취량	충분 섭취량	상한 섭취량	평균 필요량	권장 섭취량	충분 섭취량	상한 섭취량
영 아	0~5(개월)			200				100				0.12				0.4	
	6~11			300				300				0.37				0.7	
유 아	1~2(세)	300	500		2,500	350	500		3,000			0.8				2.5	
	3~5	400	600		2,500	390	500		3,000			1.0				3.0	
남 자	6~8(세)	550	700		2,500	550	700		3,000			1.2				3.8	
여 자	6~8(세)	550	700		2,500	450	600		3,000			1.2				3.8	

성 별	연 령	마그네슘(mg/일)				염소(g/일)			
		평균 필요량	권장 섭취량	충분 섭취량	상한 섭취량*	평균 필요량	권장 섭취량	충분 섭취량	상한 섭취량
영 아	0~5(개월)			30				0.18	
	6~11			55				0.56	
유 아	1~2(세)	60	75		(65)			1.2	
	3~5	80	100		(85)			1.5	
남 자	6~8(세)	120	140		(120)			1.9	
여 자	6~8(세)	115	140		(120)			1.9	

* 식품외 급원의 마그네슘에만 해당

(6) 미량무기질

성 별	연 령	철(mg/일)				아연(mg/일)				구리(μg/일)				불소(mg/일)			
		필요 추정량	권장 섭취량	충분 섭취량	상한 섭취량	평균 필요량	권장 섭취량	충분 섭취량	상한 섭취량	평균 필요량	권장 섭취량	충분 섭취량	상한 섭취량	평균 필요량	권장 섭취량	충분 섭취량	상한 섭취량
영 아	0~5(개월)			0.26	40			1.76				225				0.01	0.6
	6~11	5	7		40	2.2	2.5					290				0.5	0.9
유 아	1~2(세)	5	7		40	2.4	3		6	230	300		2,000			0.6	1.2
	3~5	5	7		40	3.1	4		8	290	380		2,000			0.8	1.6
남 자	6~8(세)	7	9		40	4.3	5		13	340	440		3,000			1.0	2.2
여 자	6~8(세)	7	9		40	4.1	5		13	340	440		3,000			1.0	2.2

성 별	연 령	망간(mg/일)				요오드(μg/일)				셀레늄(μg/일)				몰리브덴(μg/일)			
		필요 추정량	권장 섭취량	충분 섭취량	상한 섭취량	평균 필요량	권장 섭취량	충분 섭취량	상한 섭취량	평균 필요량	권장 섭취량	충분 섭취량	상한 섭취량	평균 필요량	권장 섭취량	충분 섭취량	상한 섭취량
영 아	0~5(개월)			0.008				130				8.5	45				
	6~11			0.8				170				11	60				
유 아	1~2(세)			1.2	2	55	80			16	20		85				100
	3~5			2.0	3	65	90			18	25		100				150
남 자	6~8(세)			2.5	4	75	100			24	30		150				200
여 자	6~8(세)			2.3	4	75	100			24	30		150				200

자료 : (사)한국영양학회(2005). 한국인 영양섭취기준

식단표

**〈농수산물의 원산지 표시에 따른 법률〉의 시행령, 시행규칙이 제정 · 공포(2010. 8. 5 시행)됨에 따라 집단급식소에서 쌀 및 배추김치, 소고기, 돼지고기, 닭고기, 오리고기나 그 가공품을 조리하여 제공하는 경우 반드시 원산지 표시를 하여야 함

**음식을 조리할 때 짜거나 맵지 않게 유의한다.

주	요 일	월	화	수	목	금	토
1주	날 짜	1	2	3	4	5	6
	오전간식		계절과일	계절과일	찜케익	견과류	감자떡
	중식	설 날	발아현미밥 조랭이떡국 돼지고기채소볶음 포항초무침 배추김치	현미찹쌀밥 순두부찌개 게맛살새송이버섯부침 미나리무침 배추김치	검은콩밥 홍합미역국 닭가슴살간장조림 옥수수전 양배추쌈/쌈장	율무밥 소고기무국 삼치구이 두부톳무침 배추김치	오므라이스 다시마어묵국 오징어채볶음 단무지
	오후간식		닭죽	치즈	김치전	계절과일	
2주	날 짜	8	9	10	11	12	13
	오전간식	플레인요거트	계절과일	계절과일	찹쌀도넛	꼬마김밥	밤식빵, 우유
	중식	찹쌀보리밥 팽이버섯된장국 고등어카레튀김 브로콜리무침 배추김치	잡곡밥 해물탕 달걀채소찜 우엉조림 배추김치	강낭콩밥 육개장 연두부/양념간장 고사리나물 배추김치	조밥 북어무채국 돼지고기채소전 도토리묵무침 배추김치	고구마밥 참치김치찌개 버섯잡채 해초무침 깍두기	떡만둣국 생선전 배추김치 귤
	오후간식	미니크로켓	감자맛탕	미숫가루	견과류	계절과일	
3주	날 짜	15	16	17	18	19	20
	오전간식	찐고구마	계절과일	핫케이크	견과류	계절과일	고기만두
	중식	서리태콩밥 시금치된장국 갈비찜 도라지무침 배추김치	차조밥 소고기감잣국 파래전 꽈리고추멸치볶음 배추김치	흑미밥 오징어무국 두부조림 모듬채소샐러드 배추김치	팥밥 소고기미역국 골뱅이소면 콩나물무침 깍두기	발아현미밥 토장국 고등어무조림 참나물간장무침 배추김치	유부초밥 달걀김국 오이파프리카무침 배추김치
	오후간식	미니호떡, 두유	옥수수수프	땅콩강정	계절과일	채소모닝빵	
4주	날 짜	22	23	24	25	26	27
	오전간식	호두과자, 우유	계절과일	절편, 꿀차	계절과일	참치주먹밥	찐빵, 우유
	중식	현미밥 콩나물국 버섯불고기 다시마튀각 모듬쌈 배추김치	현미찹쌀밥 호박된장국 닭볶음탕(닭도리탕) 취나물무침 배추김치	흰콩밥 아욱국 돼지고기탕수육 과일콘샐러드 배추김치	수수밥 두부된장국 미나리새우전 가지소고기볶음 배추김치	찹쌀밥 돼지고기고추장찌개 코다리찜 미역줄거리볶음 배추김치	현미밥 카레라이스 비름나물 배추김치
	오후간식	군고구마	견과류	치즈스틱	자장떡볶이	계절과일	
5주	날 짜	29	30	31			
	오전간식	콩강정	계절과일	백설기,우유			
	중식	기장밥 설렁탕 마파두부 참나물무침 석박지	완두콩밥 근대국 꽁치커틀릿 버섯굴소스볶음 배추김치	율무찹쌀밥 모시조개부추국 오징어간장조림 브로콜리샐러드 배추김치			
	오후간식	약과, 유자차	누룽지튀김	계절과일			

**매주 월 · 화 · 목 오전은 계절과일을, 매주 수 · 금 · 토 오전은 견과류를 간식으로 줍니다.
(1인 양 : 호두 1알, 땅콩 10알, 잣 15알 중 택1)
**견과류의 종류는 호두, 잣, 땅콩 등이며, 가공되지 않은 한국산을 사용합니다.
**계절과일은 수입과일(바나나, 키위, 오렌지 등)을 제외한 각 계절에 나오는 과일을 사용합니다.
**키성장 발육을 위해 매일 흰우유 급식을 권장합니다.

	요 일	월	화	수	목	금	토
1주	날 짜				1	2	3
	오전간식					견과류	견과류
	중식				삼일절	차조밥 감자당면국 동태전 뱅어포구이 배추김치	해물카레볶음밥 콩나물된장국 사과오이무침 배추김치
	오후간식					단호박찜	
2주	날 짜	5	6	7	8	9	10
	오전간식	계절과일	계절과일	견과류	계절과일	견과류	견과류
	중식	강낭콩밥 북엇국 떡잡채 미나리파무침 김구이 배추김치	찹쌀밥 쑥조개된장국 고구마소고기조림 오이무침 봄동겉절이	밤밥 콩나물김칫국 녹두부침 닭고기겨자초구이 배추김치	보리밥 굴두부국 돈육불고기 달래무침 배추김치	수수밥 시금치된장국 황태구이 달걀말이 배추김치	찹쌀밥 들깨무채국 검은콩조림 새송이버섯전 배추김치
	오후간식	깨강정, 우유	팥시루떡	스크램블드에그	프렌치토스트, 우유	쑥개떡, 우유	
3주	날 짜	12	13	14	15	16	17
	오전간식	계절과일	계절과일	견과류	계절과일	견과류	견과류
	중식	검은콩밥 소고기무국 오징어탕수 씀바귀나물 열무김치	차조밥 팽이버섯모시조갯국 돼지고기마늘조림 양배추건새우볶음 깍두기	팥밥 우거지갈비탕 고등어카레구이 취나물무침 배추김치	발아현미밥 다시마무채국 고추잡채/꽃빵 콩나물무침 배추김치	수수찰밥 감잣국 소고기곤약콩조림 골뱅이무침 깍두기	새싹비빔밥 두부쑥갓미소국 달걀프라이 미역초무침 배추김치
	오후간식	호박죽	김치부침개	약과, 우유	감자치즈범벅	멸치꼬마김밥	
4주	날 짜	19	20	21	22	23	24
	오전간식	계절과일	계절과일	견과류	계절과일	견과류	견과류
	중식	완두콩밥 냉이콩나물국 새우살치즈볶음 북어포무침 깍두기	현미보리밥 순두부호박국 닭볶음탕 무오이초무침 배추김치	영양밥 도가니탕 마파두부 해초레몬샐러드 배추김치	흑미밥 조랭이떡미역국 꽁치양념구이 시금치나물 배추김치	고구마밥 아욱된장국 브로콜리돼지고기볶음 꼬막채소무침 상추겉절이	찹쌀밥 버섯찌개 명엽채볶음 고사리나물 배추김치
	오후간식	현미플레이크, 우유	고구마샐러드	삶은달걀, 멸치	핫케이크, 우유	쑥인절미	
5주	날 짜	26	27	28	29	30	31
	오전간식	계절과일	계절과일	견과류	계절과일	견과류	견과류
	중식	차조밥 콩가루배춧국 삼치튀김조림 양념도라지무침 깍두기	수수밥 대구미나리탕 돼지고기연근조림 비름나물무침 배추김치	현미밥 육개장 갈치구이 근대된장무침 배추김치	서리태콩밥 시금치된장국 돼지고추장불고기 꽈리고추멸치볶음 배추김치 양배추쌈	현미찹쌀밥 건새우무채국 닭깻잎튀김 참나물무침 나박김치	콩나물밥 달걀파국 두부부침, 달래장 깻잎나물무침 오이소박이
	오후간식	닭강정	땅콩강정	감자깻잎전	쌀과자	국수장국	

4월 식단표

**매주 월 · 화 · 목 오전은 계절과일을, 매주 수 · 금 · 토 오전은 견과류를 간식으로 줍니다.
(1인 양 : 호두 1알, 땅콩 10알, 잣 15알 중 택1)
**견과류의 종류는 호두, 잣, 땅콩 등이며, 가공되지 않은 한국산을 사용합니다.
**계절과일은 수입과일(바나나,키위,오렌지 등)을 제외한 각 계절에 나오는 과일을 사용합니다.
**키성장 발육을 위해 매일 흰우유 급식을 권장하며, 소화가 잘 안되는 아이들을 위해 우유와 다른 간식
(비스킷, 과일, 옥수수, 감자, 고구마, 떡류 등)을 같이 먹을 것을 권장합니다.

	요 일	월	화	수	목	금	토
1주	날 짜	2	3	4	5	6	7
	오전간식	계절과일	계절과일	견과류	흑임자죽	견과류	견과류
	중식	찹쌀밥 청국장 로스트치킨구이 건새우호박볶음 배추김치 상추쌈	보리밥 꽃게탕 부추유정란찜 마늘종건새우볶음 오이소박이	현미찹쌀밥 근대새우된장국 골뱅이무침 두부달걀부침 배추김치	현미밥 냉이순두부국 소갈비떡찜 쫄면채소무침 배추김치	율무밥 아욱된장국 생선커틀릿/소스 팽이버섯볶음 배추김치	검은콩밥 콩나물배추우거짓국 돼지고기된장불고기 진미채부추무침 배추김치
	오후간식	쌀과자, 우유	우리밀비스킷	감자샐러드	계절과일	옥수수, 우유	
2주	날 짜	9	10	11	12	13	14
	오전간식	계절과일	계절과일	견과류	계절과일	견과류	견과류
	중식	팥밥 쑥된장국 너비아니구이 양배추콘샐러드 배추김치 상추쌈	현미밥 찹쌀경단미역국 코다리강정 감자마늘버터구이 배추김치	차조밥 동태찌개 닭갈비 숙주나물 열무김치	쑥현미찹쌀밥 시금치된장국 임연수구이 소고기우엉조림 오이부추무침 배추김치	보리밥 콩나물국 돼지고기완자전 청포묵무침 봄동겉절이	현미찹쌀밥 북어감잣국 닭가슴살구이 씀바귀나물 깍두기
	오후간식	유부초밥	브로콜리수프	호밀빵샌드위치	단호박찜	찐고구마, 우유	
3주	날 짜	16	17	18	19	20	21
	오전간식	계절과일	계절과일	견과류	계절과일	견과류	견과류
	중식	차조밥 느타리찌개 오징어탕수 무생채무침 배추김치	카레라이스 미소된장국 김치제육볶음 두부톳나물 깍두기 상추쌈	수수밥 소고기미역국 고등어튀김/간장소스 당면채소무침 배추김치	차조밥 시금치된장국 주꾸미볶음 유정란달걀찜 배추김치	밤밥 짬뽕국 춘장돈육볶음 참나물들깨무침 배추김치 상추쌈	기장밥 순두부찌개 해물콩나물찜 마늘멸치볶음 배추김치
	오후간식	프렌치토스트	시리얼, 우유	쑥떡, 우유	유밀과, 우유	해물떡볶이	
4주	날 짜	23	24	25	26	27	28
	오전간식	계절과일	계절과일	견과류	계절과일	견과류	견과류
	중식	김치잡채밥 소고기무국 갈치구이 메밀묵무침 배추김치	검은콩밥 조개탕 녹차돈가스/소스 양상추요플레샐러드 취나물 오이소박이	오곡밥 육개장 흰살생선전 해초무침 배추김치	검은쌀밥 해물된장찌개 닭날개강정 시금치쑥갓무침 배추김치	보리밥 돼지등뼈감자탕 오징어쫄면무침 숙주피망나물 섞박지	율무밥 아욱된장국 가자미카레구이 원추리나물 상추겉절이
	오후간식	콩찰떡	고구마샐러드	찐감자, 우유	단호박죽	매생이전	
5주	날 짜	30					
	오전간식	계절과일					
	중식	검은콩밥 홍합된장국 옥수수크로킷 돼지고기달걀장조림 봄동된장무침 배추김치					
	오후간식	백설기, 우유					

**매주 월 · 화 · 목 오전은 계절과일을, 매주 수 · 금 · 토 오전은 견과류를 간식으로 줍니다.
(1인 양 : 호두 1알, 땅콩 10알, 잣 15알 중 택1)
**견과류의 종류는 호두, 잣, 땅콩 등이며, 가공되지 않은 한국산을 사용합니다.
**계절과일은 수입과일(바나나, 키위, 오렌지 등)을 제외한 각 계절에 나오는 과일을 사용합니다.
**키성장 발육을 위해 매일 흰우유 급식을 권장하며, 흡수 불량한 친구들은 산양유로 교체급식 또는 다른 간식(과일, 옥수수, 고구마, 감자, 떡류 등)과 같이 급식할 것을 권장합니다.

	요 일	월	화	수	목	금	토
1주	날 짜		1	2	3	4	5
	오전간식		견과류	계절과일	견과류	견과류	
	중식		현미찹쌀밥 콩비지찌개 삼치구이 참나물전 배추김치 당근 · 오이스틱	흑미쌀밥 근대된장국 닭고기고구마조림 시금치꼬막무침 배추김치	현미밥 소고기무채국 새우오징어전 취나물무침 배추김치	차조밥 북어달걀탕 돼지고기불고기 부추오이무침 배추김치 양배추, 상추	어린이날
	오후간식		단호박죽	자른뱅어포, 오렌지주스	꼬마김밥	모닝롤샌드위치	
2주	날 짜	7	8	9	10	11	12
	오전간식	계절과일	계절과일	견과류	계절과일	견과류	견과류
	중식	검은콩밥 느타리소고깃국 낙지떡볶음 비름나물 배추김치	차조밥 애호박된장국 돼지고기두부조림 오이볶음 배추김치	팥밥 관자조개콩나물국 동태포전 고사리나물 배추김치	발아현미밥 감자느타리국 돼지고기탕수육 미나리나물 배추김치	수수찰밥 아욱된장국 닭고기카레볶음 물파래무침 배추김치	모듬볶음밥 김치만둣국 콩나물무침 석박지
	오후간식	밤호두머핀, 우유	쑥개떡, 우유	찐옥수수	양송이수프	찐고구마	
3주	날 짜	14	15	16	17	18	19
	오전간식	계절과일	계절과일	견과류	계절과일	견과류	견과류
	중식	기장밥 생태무찌개 당근유정란부침 깻잎나물무침 배추김치	보리밥 건새우무채국 돼지고기갈비구이 시금치나물 배추김치	차조밥 돼지고기김치찌개 가자미탕수 고춧잎무침 깍두기	흑미밥 냉이된장국 오징어볶음 소고기가지볶음 배추김치	완두콩밥 맑은조개탕 닭강정 도라지초무침 배추김치	발아현미밥 두부된장국 베이컨시금치볶음 메추리알장조림 상추겉절이
	오후간식	조랭이떡볶이	참치샌드위치	단호박튀김	찐빵, 우유	유부초밥	
4주	날 짜	21	22	23	24	25	26
	오전간식	계절과일	계절과일	견과류		견과류	견과류
	중식	옥수수밥 두부호박맑은국 고등어구이 감자고추장양념구이 배추김치	서리태콩밥 해물찌개 당근유정란말이 어묵오징어무침 백김치	수수찹쌀밥 버섯된장국 치즈돈가스/소스 풋고추진미채볶음 배추김치	석가탄신일	현미밥 미소된장국 소고기팽이버섯볶음 브로콜리숙회 연근조림 배추김치	찹쌀밥 반계탕 열무된장무침 깍두기
	오후간식	바람떡, 우유	프렌치토스트	단팥죽		바나나달걀부침	
5주	날 짜	28	29	30	31		
	오전간식	계절과일	계절과일	견과류	계절과일		
	중식	차조밥 삼선짬뽕국 꽁치겨자초구이 돼지고기풋마늘대볶음 깍두기	수수밥 사골시금치된장국 삼치간장조림 무나물 배추김치 양상추/요거트샐러드	현미찹쌀밥 바지락미역국 돼지고기청경채볶음 참나물무침 배추김치	완두콩밥 버섯찌개 사태떡찜 북어포무침 얼갈이겉절이		
	오후간식	팬케이크, 우유	화전, 우유	고구마샐러드	호두쿠키, 우유		

6월 식단표

**매주 월 · 화 · 목 오전은 계절과일을, 매주 수 · 금 · 토 오전은 견과류를 간식으로 줍니다.
(1인 양 : 호두 1알, 땅콩 10알, 잣 15알 중 택1)
**견과류의 종류는 호두, 잣, 땅콩 등이며, 가공되지 않은 한국산을 사용합니다.
**계절과일은 수입과일(바나나, 키위, 오렌지 등)을 제외한 각 계절에 나오는 과일을 사용합니다.
** 키성장 발육을 위해 매일 흰우유 급식을 권장하며, 흡수 불량한 친구들은 산양유로 교체급식 또는 다른 간식(과일, 옥수수, 고구마, 감자, 떡류 등)과 같이 급식할 것을 권장합니다.

주	요 일	월	화	수	목	금	토
1주	날 짜					1	2
	오전간식					견과류	방울토마토
	중식					수수밥 닭고기오징어찌개 알감자조림 참나물 배추김치	채소볶음밥 맑은된장국 달걀장조림 깍두기
	오후간식					쑥가래떡, 오미자차	
2주	날 짜	4	5	6	7	8	9
	오전간식	계절과일	계절과일		계절과일	견과류	견과류
	중식	차조밥 오이미역냉국 깻잎제육볶음 감자샐러드 배추김치 양배추/상추쌈	흑미밥 사골우거지국 오징어쫄면무침 껍질콩볶음 섞박지	현충일	차조밥 모시조개아욱국 오렌지탕수육 시금치무침 깍두기	현미찹쌀밥 건새우무채국 닭볶음탕 사과오이무침 배추김치	콩나물밥/양념간장 소고기미역국 쥐포채무침 우엉콩조림 배추김치
	오후간식	단팥죽	스크램블드에그		카스텔라, 우유	채소버섯죽	
3주	날 짜	11	12	13	14	15	16
	오전간식	계절과일	계절과일	견과류	계절과일	견과류	견과류
	중식	검은콩밥 시금치달걀국 파프리카잡채 마늘멸치볶음 배추김치	차조밥 미소된장국 닭고기겨자초구이 오이무새콤무침 백김치	완두콩밥 소고기싸리버섯국 고등어카레구이 얼갈이된장무침 미니깍두기	보리밥 감자수제비미역국 돼지고기갈비찜 고춧잎나물 배추김치	찹쌀밥 콩나물김칫국 닭버섯볶음 두부톳무침 열무김치	수수밥 돼지등뼈감자탕 양배추샐러드 미나리나물 섞박지
	오후간식	단호박찜	감자전	고구마맛탕	절편	롤케이크	
4주	날 짜	18	19	20	21	22	23
	오전간식	계절과일	계절과일	견과류	계절과일	견과류	견과류
	중식	현미찹쌀밥 근대들깻국 오징어간장불고기 숙주나물 배추김치 양배추쌈	검은콩밥 미역미소국 코다리강정 애호박나물 배추김치	옥수수밥 소고기감잣국 완자전 가지건새우무침 열무김치	강낭콩밥 두부새우젓국 삼치엿장구이 도토리묵무침 배추김치	차조밥 쑥된장국 돼지고기무조림 연근새싹샐러드 배추김치 키위드레싱	현미밥 콩나물냉국 생선커틀릿/소스 뱅어포파래무침 배추김치
	오후간식	닭날개튀김	찐감자	호박시루떡	현미참치주먹밥	찐고구마	
5주	날 짜	25	26	27	28	29	30
	오전간식	계절과일	계절과일	견과류	계절과일	견과류	견과류
	중식	기장밥 소라된장국 소고기불고기 콩나물찜 배추김치	완두콩밥 육개장 오징어새콤무침 시금치나물 배추김치	현미밥 북어느타리국 우엉돈육조림 감자마늘버터구이 상추파무침	찹쌀밥 모시조개콩나물국 로스트치킨구이 가지냉채 배추김치	검은콩밥 소고기실파국 녹두전 취나물 배추김치	완두콩밥 두부된장국 가자미구이 도라지사과무침 열무김치
	오후간식	떡볶이	프렌치토스트	브로콜리크림수프	삶은달걀	채소스틱, 요거트	

식단표

**매주 월 · 화 · 목 오전은 계절과일을, 매주 수 · 금 · 토 오전은 견과류를 간식으로 줍니다.
(1인 양 : 호두 1알, 땅콩 10알, 잣 15알 중 택1)
**견과류의 종류는 호두, 잣, 땅콩 등이며, 가공되지 않은 한국산을 사용합니다.
**계절과일은 수입과일(바나나, 키위, 오렌지 등)을 제외한 각 계절에 나오는 과일을 사용합니다.
** 키성장 발육을 위해 매일 흰우유 급식을 권장하며, 흡수 불량한 친구들은 산양유로 교체급식 또는 다른 간식(과일, 옥수수, 고구마, 감자, 떡류 등)과 같이 급식할 것을 권장합니다.

주	요 일	월	화	수	목	금	토
1주	날 짜	2	3	4	5	6	7
	오전간식	계절과일	계절과일	견과류	계절과일	견과류	견과류
	중식	기장밥 미소된장국 김치돈육볶음 연근조림 열무김치	검은콩밥 바지락미역국 소고기불고기 비름나물무침 배추김치	찹쌀밥 콩나물김칫국 골뱅이볶음 토란대들깨무침 깍두기	현미밥 두부찌개 해물자장볶음 천사채샐러드 배추김치	전주비빔밥 소고기무국 메추리알장조림 열무김치	수수밥 김치찌개 깐풍기 시레기무침 열무김치
	오후간식	군고구마	쑥찐빵, 우유	치킨너겟	플레인요거트	우동김치볶음	
2주	날 짜	9	10	11	12	13	14
	오전간식	계절과일	계절과일	단호박죽	채소죽	멸치주먹밥	견과류
	중식	현미밥 닭고기해물찌개 달걀채소말이 시금치나물 깍두기	율무밥 버섯돼지고기찌개 표고버섯흰떡볶음 마늘종볶음 배추김치	찹쌀밥 팽이버섯된장국 삼치카레튀김 감자피망볶음 배추김치	검은콩밥 들깨미역국 생선가스 콩나물잡채 배추김치	완두콩밥 애호박된장국 돼지콩나물찜 진미채볶음 깍두기 양배추쌈/쌈장	김치볶음밥 어묵무국 알감자조림 깍두기
	오후간식	영양찐빵, 우유	미니햄버거, 우유	견과류	계절과일	견과류	
3주	날 짜	16	17	18	19	20	21
	오전간식	계절과일		견과류	계절과일	견과류	견과류
	중식	찹쌀밥 오징어무국 버섯돼지고기볶음 부추두부샐러드 배추김치	제헌절	현미밥 아욱된장국 가지소고기볶음 오이생채 배추김치	검은콩밥 동태찌개 브로콜리닭가슴살볶음 깻잎순나물 배추김치	팥밥 콩나물냉국 조기구이 가지탕수 오이소박이	잡채밥 짬뽕국 연두부/양념간장 단무지새콤무침
	오후간식	군만두		양송이수프	오징어튀김	자장떡볶이	
4주	날 짜	23	24	25	26	27	28
	오전간식	계절과일	계절과일	견과류	계절과일	견과류	견과류
	중식	흑미밥 북어달걀국 돼지고기뱅어포구이 시금치나물 깍두기	강낭콩밥 홍합탕 닭갈비 콩나물무침 깍두기	찹쌀밥 감자된장국 고추잡채/꽃빵 쑥갓나물 배추김치	현미밥 오이냉국 낙지해물볶음 숙주나물무침 깍두기	쑥쌀밥 소고기미역국 동태전 취나물 배추김치	모듬볶음밥 시금치된장국 꼴뚜기볶음 깍두기
	오후간식	모듬찰떡	콩국, 시리얼	단호박샐러드	호박수제비	채소모닝빵,우유	
5주	날 짜	30	31				
	오전간식	계절과일	계절과일				
	중식	차조밥 얼갈이배추된장국 감자돈가스 도토리묵무침 깍두기	흑미밥 두부고추장찌개 꽁치구이 표고버섯흰떡볶음 열무김치				
	오후간식	흑임자죽	깨찰빵, 우유				

8월 식단표

**매주 월 · 화 · 목 오전은 계절과일을, 매주 수 · 금 · 토 오전은 견과류를 간식으로 줍니다.
(1인 양 : 호두 1알, 땅콩 10알, 잣 15알 중 택 1)
**견과류의 종류는 호두, 잣, 땅콩 등이며, 가공되지 않은 한국산을 사용합니다.
**계절과일은 수입과일(바나나, 키위, 오렌지 등)을 제외한 각 계절에 나오는 과일을 사용합니다.
** 키성장 발육을 위해 매일 흰우유 급식을 권장하며, 흡수 불량한 친구들은 산양유로 교체급식 또는 다른 간식(과일, 옥수수, 고구마, 감자, 떡류 등)과 같이 급식할 것을 권장합니다.

	요 일	월	화	수	목	금	토
1주	날 짜			1	2	3	4
	오전간식			견과류	계절과일	견과류	견과류
	중식			완두콩밥 흰순두부찌개 깐풍기 해초무침 배추김치	율무밥 들깨조랭이떡국 오징어강정 애호박나물 배추김치	찹쌀밥 무된장국 돼지고기튀김볶음 깻잎나물무침 배추김치	김치볶음밥 콩비지찌개 메추리알장조림 깍두기 오미자화채
	오후간식			절편, 우유	찐감자, 두유	카스텔라, 우유	
2주	날 짜	6	7	8	9	10	11
	오전간식	계절과일	계절과일	김주먹밥	계절과일	견과류	견과류
	중식	검은콩밥 해물된장찌개 가자미구이 호박나물 배추김치	날치알비빔밥 두부흰된장국 달걀장조림 열무김치	현미찹쌀밥 김치만둣국 고등어구이 미역초무침 섞박지	찹쌀밥 영양갈비탕 취어채볶음 쑥갓콩비지무침 열무김치	현미밥 바지락미역국 돼지고기불고기 시금치나물무침 배추김치 양배추쌈	고추장떡볶이 어묵무국 무초절임 방울토마토
	오후간식	핫케이크, 두유	콩국수	견과류	프렌치토스트	냉콩국수	
3주	날 짜	13	14(말복)	15	16	17	18
	오전간식	계절과일	계절과일		계절과일	베이비슈, 우유	견과류
	중식	현미쑥쌀밥 조개탕 소고기잡채 콩나물무침 깍두기	찹쌀밥 반계탕 노각무침 깍두기	광복절	보리밥 모시조개된장국 김치돼지고기볶음 두부양상추 포도드레싱 배추김치	검은콩유부초밥 맑은콩나물국 닭고기샐러리볶음 깍두기	조밥 안 매운 짬뽕국 햄버그스테이크 버섯채소볶음 깍두기
	오후간식	채소튀김	해물파전		자장떡볶이	견과류	
4주	날 짜	20	21	22	23	24	25
	오전간식	계절과일	계절과일	견과류	계절과일	견과류	견과류
	중식	찹쌀밥 동태찌개 돼지고기장조림 도라지무침 나박김치	콩나물밥 건새우무채국 김치치즈전 배추김치	완두콩밥 설렁탕 잔멸치당근볶음 가지무침 섞박지	현미밥 오이냉국 오징어채소볶음 유정란말이 배추김치	검은콩밥 시금치된장국 수제돈가스, 소스 브로콜리숙회 배추김치 오이피클	오므라이스 미역국 배추김치 방울토마토
	오후간식	찐고구마, 우유	팥칼국수	플레인요거트, 시리얼	떡꼬치	수박화채	
5주	날 짜	27	28	29	30	31	
	오전간식	단팥죽	계절과일	견과류	계절과일	견과류	
	중식	완두콩밥 시금치된장국 코다리강정 숙주나물무침 깍두기	차조밥 청국장찌개 브로콜리새우볶음 오이무침 배추김치	검은콩밥 조갯살콩나물국 마파두부 실파잡채 배추김치	흑미밥 미소된장국 모듬버섯카레 소고기장조림 열무김치	수수밥 떡어묵국 해파리매실냉채 새송이달걀부침 배추김치	
	오후간식	계절과일	단호박샐러드	참치꼬마김밥	찐옥수수	찹쌀닭죽	

**매주 월 · 화 · 목 오전은 계절과일을, 매주 수 · 금 · 토 오전은 견과류를 간식으로 줍니다.
(1인 양 : 호두 1알, 땅콩 10알, 잣 15알 중 택1)
**견과류의 종류는 호두, 잣, 땅콩 등이며, 가공되지 않은 한국산을 사용합니다.
단, 3세 이하의 어린이의 경우 점도가 높은 떡류와 견과류는 피해야합니다.
**계절과일은 수입과일(바나나, 키위, 오렌지 등)을 제외한 각 계절에 나오는 과일을 사용합니다.
(가을: 단감, 배, 사과, 홍시 등)
** 키성장 발육을 위해 매일 흰우유 급식을 권장하며, 흡수 불량한 친구들은 산양유로 교체급식 또는 다른 간식
(과일, 옥수수, 고구마, 감자, 떡류 등)과 같이 급식할 것을 권장합니다.

식단표

주	요 일	월	화	수	목	금	토
1주	날 짜				1	2	3
	오전간식				계절과일	견과류	견과류
	중식				팥밥 소고기다시마채국 골뱅이소면무침 고사리나물 배추김치	새우달걀볶음밥 꼬치어묵국 삼치무조림 미나리나물 배추김치	전주비빔밥 팽이된장국 달걀찜 배추김치
	오후간식				쌀빵, 우유	고구마범벅	
2주	날 짜	5	6	7	8	9	10
	오전간식	계절과일	양송이수프, 소프트롤	계절과일	계절과일	견과류	견과류
	중식	현미찹쌀밥 감잣국 동그랑땡전 무쌈채소말이 배추김치	율무밥 콩나물된장국 고등어카레소스찜 버섯굴소스볶음 배추김치	수수밥 바지락미역국 돼지고기안심가지볶음 새싹샐러드 키위드레싱 배추김치	검은콩밥 감자당면국 황태구이 브로콜리양파무침 깍두기	현미밥 소고기미역국 두부양념조림 건새우무말랭이볶음 배추김치	현미찹쌀밥 갈비탕 마늘종새우볶음 섞박지 귤
	오후간식	해물파전	견과류	찐감자, 우유	치즈떡볶이	녹두전	
3주	날 짜	12	13	14	15	16	17
	오전간식	계절과일	요거트과일샐러드	계절과일	계절과일	견과류	견과류
	중식	완두콩밥 다시마채국 돼지고기가래떡볶음 깻잎무침 배추김치	완두콩밥 팽이버섯맑은된장국 삼치구이 고사리나물 배추김치	차조밥 콩비지찌개 닭가슴살채소볶음 우무채소무침 알타리김치	찹쌀밥 얼갈이된장국 조기구이 돈육버섯잡채 배추김치	현미쑥쌀밥 된장찌개 베이컨밤말이 명엽채볶음 배추김치	검은콩밥 만둣국 상추겉절이 깍두기
	오후간식	찐빵, 우유	아몬드멸치강정	단호박샌드위치	파래전	보리떡, 우유	
4주	날 짜	19	20	21	22	23	24
	오전간식	계절과일	견과류	플레인요거트, 시리얼	계절과일	견과류	견과류
	중식	밤밥 홍합살미역국 새송이달걀찜 호박전 배추김치	검은콩밥 북어감잣국 꽁치구이 숙주미나리초무침 깍두기	찹쌀밥 시금치된장국 꼬막양념장 참치김치전 배추김치	흑미밥 대구탕 도라지소고기볶음 오이부추겉절이 알타리김치	수수찰밥 토란대들깨탕 고등어크로킷 표고버섯감자조림 배추김치	삼색비빔밥 미소된장국 배추김치
	오후간식	검은콩수프	조랭이떡볶음	계절과일	찹쌀떡, 우유	닭강정, 주스	
5주	날 짜	26	27	28	29	30	
	오전간식	계절과일	견과류	계절과일	계절과일	표고버섯죽	
	중식	보리밥 김치콩나물국 오징어탕수 부추오이겉절이 알타리김치	찹쌀밥 호박된장국 돼지갈비찜 과일샐러드 배추김치 상추쌈	완두콩밥 참치김치찌개 메추리알장조림 쑥갓두부무침 깍두기	현미밥 조랭이미역국 돼지고기안심채소볶음 양배추샐러드 배추김치	차조밥 오징어무국 생선가스, 소스 참나물무침 배추김치	
	오후간식	누룽지탕	고구마맛탕, 우유	채소전	스크램블드에그	견과류	

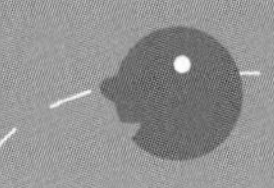

3. 주요 식품과 1인 1회 분량

(1) 곡류 및 전분류의 주요 식품과 1인 1회 분량

	품 목	식품명	분량(g)[1]	비 고
곡류 및 전분류 I (300kcal)	곡류	쌀, 보리쌀	90	
		쌀밥, 보리밥	210	1공기
		삶은면: 자장면, 칼국수용	300	1대접
	면류	건면: 국수용	100	
		냉면국수, 메밀국수	100	
	떡류	흰떡: 떡국용	130	
	빵류	식빵	100	큰 것 2쪽
곡류 및 전분류 II* (100kcal)	시리얼류	콘플레이크 등	30	
	감자류	감자	130	중 1개
		고구마	90	중 1/2개
	면류	당면	30	
	묵류	메밀묵	150	
	견과류	밤	60	큰 것 3개
	떡류	절편	50	

*곡류 및 전분류 II는 I과 다르므로 식단 작성 시 감안할 것
[1] 분량(g): 가식부 무게임

(2) 고기, 생선, 계란, 콩류의 주요 식품과 1인 1회 분량

	품 목	식품명	분량(g)[1]	비 고
고기, 생선, 계란, 콩류 (80kcal)	육류	소고기[2]	60	
		돼지고기[3]	60	
		닭고기	60	
		햄	60	
	어패류	갈치, 삼치, 꽁치, 고등어, 동태, 가자미, 조기, 넙치, 참치, 참치통조림, 어묵 오징어, 낙지, 새우, 미꾸라지, 민물장어	50	작은 것 한 토막
		생굴, 조갯살, 꽃게	80	
		건멸치, 건조기, 건오징어	15	
	난류	달걀, 메추리알	50	중 1개
	콩류	검은콩, 대두	20	
		두부	80	
		두유	200	

[1] 분량(g): 가식부 조리전 무게임 [2] 한우등심(살코기 기준) [3] 국산 돼지고기(살코기 기준)

(3) 채소류의 주요 식품과 1인 1회 분량

	품 목	식품명	분량(g)[1]	비 고
채소류 (15kcal)	채소류	고구마줄기, 고사리, 시금치, 풋고추	70	1접시
		근대, 깻잎, 무청, 부추, 들미나리, 배추		
		상추, 시금치, 쑥갓, 아욱, 취나물, 애호박		
		오이, 콩나물, 숙주나물, 무, 양배추		
		양파, 가지, 당근, 늙은호박, 토마토		
		나박김치, 오이소박이	60	
		갓김치, 깍두기, 배추김치, 열무김치	40	
		우엉, 도라지, 파, 파김치	25	
		마늘	10	
		토마토주스	100	
	해조류	다시마, 미역, 파래(생것)	30	
		김	2	1장
	버섯류	느타리, 양송이, 팽이, 표고(생것)	30	

[1] 분량(g): 가식부 무게임

(4) 과일류의 주요 식품과 1인 1회 분량

	품 목	식품명	분량(g)[1]	비 고
과일류 (50kcal)	과일류	딸기, 수박, 참외	200	딸기 10개
		감, 귤, 바나나, 배, 사과	100	귤 중 1개
		복숭아, 오렌지, 포도		사과 중 1/2개
	주스류	오렌지주스	200	1컵

[1] 분량(g): 가식부 무게임

(5) 우유 및 유제품의 주요 식품과 1인 1회 분량

	품 목	식품명	분량(g)	비 고
우유 및 유제품 (125kcal)	우유	우유	200	1컵
	유제품	치즈	20	1장
		요구르트(호상)	110	1/2컵
		요구르트(액상)	150	3/4컵
		아이스크림	100	1/2컵

(6) 유지, 견과 및 당류의 주요 식품과 1인 1회 분량

	품 목	식품명	분량(g)	비 고
유지, 견과 및 당류 (45kcal)	유지류	버터, 마요네즈	5	1작은술
		옥수수기름		
		참기름, 콩기름, 들기름		
		커피프림		
		깨, 깨소금	8	
	견과류	땅콩	10	
	당류	꿀, 설탕, 당밀/시럽, 사탕	8	

4. 칼로리별 기준 대상 연령

패턴 A(kcal)	적용연령[1]	적용연령 평균에너지필요량[2]
1,000	1~2세 소아	1,000
1,200	3~5세 소아	1,400
1,400	3~5세 소아	
1,600	6~8세 소아	여: 1,500 남: 1,600

1) 적용연령: 권장식사패턴 제시를 위해 각 칼로리의 영양섭취기준을 삼고자 적용연령을 정하였으며, 권장식사패턴은 칼로리별 적용연령의 영양섭취기준을 만족하도록 구성함

2) 적용연령 평균에너지필요량: 해당 연령 및 성별의 reference person에 대한 에너지필요추정량(Estimated Energy Requirements)이며, 저활동도 기준으로 계산됨

5. 권장식사패턴(식품군별 1일 권장섭취횟수)의 예

식사패턴(kcal)[2]		1,000	1,200	1,400	1,600
패턴 A[1] (우유 2컵) (소아 · 청소년)	곡류 및 전분류 I[3]	1	1.5	2	2.5
	곡류 및 전분류 II[4]	1	1		
	고기, 생선, 계란, 콩류[5]	2	2	3	3
	채소류[6]	2	3	4	4
	과일류[7]	1	1	1	2
	우유 및 유제품[8]	2	2	2	2
	유지, 견과 및 당류[9]	2	2	3	3

[1] 패턴 A: 소아 · 청소년의 권장식사패턴으로 우유 2컵을 기준으로 식품군 횟수를 배분하였으며, 일상적인 소아 · 청소년의 식사양상을 반영함. 칼로리별 1일 식사구성은 적용연령의 영양섭취기준을 만족하도록 구성됨. 개인의 기호도를 고려해 식품군의 배분 횟수 조정 가능함

[2] 식사패턴(열량, kcal): 각 열량에는 양념사용량이 포함되어 있음, 여기서 양념이란 조미료류(간장, 된장, 고추장, 맛술, 식초, 케첩, 돈가스 소스 등)와 국이나 나물에 사용되는 소량의 마늘, 파 정도를 말하며, 부식량에 따라 패턴 A의 경우 40~60kcal 정도의 양념량이 사용된 것으로 계산됨

[3] 곡류 및 전분류 I: 식이섬유 섭취를 늘이기 위해서는 잡곡류의 사용을 권장함

[4] 곡류 및 전분류 II: 부식 또는 간식으로 이용할 수 있으며, 주식(예, 밥 종류)으로 사용할 경우에는 백미 또는 잡곡 30g으로 간주하고 밥량을 늘여도 됨

[5] 육류, 생선, 계란, 콩류: 육류의 경우 살코기 기준이며, 지방함량이 높은 식품을 이용할 경우에는 유지류를 추가 사용한 것으로 간주해야 함

[6] 채소류: 염분의 목표섭취량(소금 5g 이하)을 맞추기 위해 가능한 한 싱겁게 조리하도록 하며, 국, 찌개류의 경우 건더기 위주로 섭취하도록 함

[7] 과일류: 식이섬유의 섭취량을 늘이기 위해 주스보다는 생과일의 섭취를 권장함

[8] 우유 및 유제품: 단순당질이 적게 함유된 제품을 권장함

[9] 유지, 견과류 및 당류: 조리시 사용되는 유지 및 당류의 경우에는 식품군(유지 및 당류) 단위수 범위 내에서 사용하도록 함

자료 : (사)한국영양학회(2005). 한국인 영양섭취기준

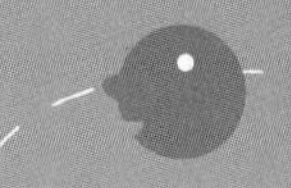

6. 전국 보육정보센터 홈페이지 및 연락처

전국보육정보센터 대표번호: 1577-0756

구 분	센터명	홈페이지	연락처
중 앙	중앙보육정보센터	http://central.childcare.go.kr/	02-701-0431
특별시·광역시·시	서울특별시 보육정보센터	http://seoul.childcare.go.kr/	02-772-9814~8
	부산광역시 보육정보센터	http://busan.childcare.go.kr/	051-866-0536~7
	대구광역시 보육정보센터	http://www.daegu.childcare.go.kr/	053-421-2346~7
	인천광역시 보육정보센터	http://incheon.childcare.go.kr/	032-431-4606~9
	광주광역시 보육정보센터	http://gwangju.childcare.go.kr/	062-350-3600~2
	대전광역시 보육정보센터	http://daejeon.childcare.go.kr/	042-721-1256~8
	울산광역시 보육정보센터	http://ulsan.childcare.go.kr	052-266-4173~4
도	경기도 보육정보센터	http://educare.gyeonggi.go.kr/	031-258-1485~6, 258-1433
	경기도 북부 보육지원센터	http://www.kgbc.or.kr/	031-876-5767~8
	강원도 보육정보센터	http://gangwon.childcare.go.kr/	033-244-2660, 4660, 8660
	충청북도 보육정보센터	http://www.chungbuk.childcare.go.kr	043-239-8777
	충청남도 보육정보센터	http://chungnam.childcare.go.kr/	042-825-3473~4
	전라북도 보육정보센터	http://jeonbuk.childcare.go.kr/	063-276-8080~1
	전라남도 보육정보센터	http://www.jeonnam.childcare.go.kr	061-285-5455, 5456
	경상북도 보육정보센터	http://gyeongbuk.childcare.go.kr/	053-851-9939~40
	경상남도 보육정보센터	http://gyeongnam.childcare.go.kr/	055-213-2471~4
	제주특별자치도 보육정보센터	http://jeju.childcare.go.kr/	064-746-2211
시·군·구	강릉시 보육정보센터	http://www.kneducare.or.kr/	033-641-1382, 642-1383
	고양시 보육정보센터	http://www.echild.or.kr/	031-975-3314
	군포시 보육정보센터	http://www.gpccic.or.kr/	031-393-0236~7
	부천시 보육 정보센터	http://www.bucheoni.or.kr/	032-322-8686
	성남시 보육정보센터	http://www.sneducare.or.kr/	031-721-1640, 721-1648~9
	시흥시 보육정보센터	http://www.shccic.net/	031-431-6358
	수원시 보육정보센터	http://www.swchildcare.or.kr/	031-255-5682~3
	안산시 보육정보센터	http://www.ansanbo6.com/	031-415-2271~3
	안양시 보육정보센터	http://www.aycteducare.go.kr/	031-383-5170~1
	이천시 보육정보센터	http://www.goodcare.or.kr/	031-634-9842~3
	의왕시 보육정보센터	http://www.uweducare.or.kr/	031-455-1853
	의정부시 보육정보센터	http://www.icare.or.kr/	031-853-5006~8
	진주시 보육 정보센터	http://www.jinjucare.or.kr/	055-751-3622~4

(계속)

구 분	센터명	홈페이지	연락처
시 · 군 · 구	평택시 보육정보센터	http://www.supercare.or.kr/	031-692-7705
	포항시 보육정보센터	http://phcare.ipohang.org/	054-256-2580
	화성시 보육정보센터	http://www.hsicare.or.kr/	031-8059-1640~2
	강남구 육아 포털	http://www.gncare.go.kr	02-546-1736~7
	강동구 보육정보센터 영유아 프라자	http://gdkids.or.kr/	02-486-3516~8
	강서구 보육정보센터 영유아 프라자	http://www.gskids.or.kr/	02-2064-2730~2
	관악구 보육정보센터 영유아 프라자	http://www.gwanak.go.kr/	02-851-2834~5
	광진구 보육정보센터 영유아 프라자	http://www.gjcare.go.kr/	02-467-1827~9
	금천구 보육정보센터	http://www.happycare.or.kr/	02-894-2264~5
	노원구 보육정보센터	http://www.nwccic.or.kr/	02-930-1944
	도봉구 보육정보센터 영유아 프라자	http://www.doccic.go.kr/	02-3494-3341~2
	동대문구 보육정보센터 영유아 프라자	http://ddmcic.or.kr/	02-2237-5800, 2247-843~44
	동작구 보육정보센터	http://www.dccic.go.kr/	02-823-4567
	마포 보육정보센터	http://www.mcic.or.kr/	02-308-0202
	서초구 보육정보센터 영유아 프라자	http://youngua.seocho.go.kr/	02-598-9340
	성동구 보육정보센터 영유아 프라자	http://ccic.sd.go.kr/	02-499-5675-6
	성북구 보육정보센터 영유아 프라자(아이조아)	http://ijoa.gongdan.go.kr/	02-918-8080~2
	영등포구 보육정보센터 영유아 프라자	http://www.ydpccic.or.kr/	02-833-6022
	종로구 보육정보센터 영유아 프라자	http://www.jnccic.or.kr/	02-399-0891
	인천광역시 남구 보육정보센터	http://www.nccic.or.kr/	032-884-0756
	부평구 보육정보센터	http://www.jbpeducare.or.kr/	032-361-8653

7. 참고 사이트

교육과학기술부	http://www.mest.go.kr/me_kor/index.jsp
보건복지부	http://www.mw.go.kr/front/index.jsp
질병관리본부	http:/www.cdc.go.kr
식품의약품안전청	http://www.kfda.go.kr/index.jsp
서울특별시 학교보건진흥원	http://www.bogun.seoul.kr/
서울특별시 유아교육진흥원	http://www.seoul-i.go.kr/main/main.asp
한국보육시설연합회	http://www.koreaeducare.or.kr/
보육통합정보시스템	http://cpms.childcare.go.kr/
서울특별시 보육 포털시스템	http://iseoul.seoul.go.kr/
(재)한국보육진흥원	http://www.kcpi.or.kr/
한국보육진흥원 평가인증국(보육시설평가인증)	https://www.kcac21.or.kr/index.do
구로사이버보육센터	http://kids.guro.go.kr/
영양보육정보센터	http://www.ysbo.kr/
성주군 농촌보육정보센터	http://www.sjeducenter.org/
한국통합교육연구회	http://www.inclusion.co.kr/
전국장애아동보육시설협의회	http://www.kaedac.or.kr/default/index.php
다누리(다문화가정지원센터)	http://liveinkorea.mogef.go.kr/changelocale.do
미국보육정보센터	http://nccic.acf.hhs.gov/
한국보육교사회	http://www.kdta.or.kr/
대한소아과학회	http://www.pediatrics.or.kr/
아이코리아	http://www.aicorea.org/
공동육아와 공동체 교육	http://www.gongdong.or.kr/
삼성아동교육문화센터	http://child.samsungfoundation.org/index.asp
푸른보육경영	http://puruni.com/puruni/index.asp
(사)어린이도서연구회	http://www.childbook.org/new2/
야무야무 참참(EBS)	http://home.ebs.co.kr/cham/index.html
일동후디스육아/교육	http://www.ildongfoodis.co.kr/servlet/foodis.infedu.FCntDsellnfEdu
베베하우스	http://www.bebehouse.com/
주니어 네이버	http://jr.naver.com/index.html
조선일보 맛있는 공부	http://study.chosun.com/
맘스쿨	http://www.momschool.co.kr/
푸름이닷컴	http://www.purmi.com/
(사)대한응급구조사협회	http://www.emt.or.kr/
대한적십자사	http://www.redcross.or.kr/

1) 보육시설 평가지표

(1) 보육시설 평가인증 점수 기록표

평가인증지표는 '보육의 질'을 결정하는 구체적인 기준이며, 2차 평가인증에서는 1차 평가인증을 통하여 확보된 보육시설의 보편적 질적 수준을 점진적으로 향상시키는 것을 목표로 합니다. 평가인증 지표는 보육환경, 운영관리, 보육과정, 상호작용과 교수법, 건강과 영양, 안전의 6개 영역으로 구성되어 있으며 그 중 건강과 영양, 안전 영역의 필요성과 범위는 다음과 같다.

항 목		점 수	(최고점수)
영역 1. 보육환경	1~3. 보육시설 환경		(9)
	4~8. 보육활동 자료		(15)
	9~11. 보육지원 환경		(9)
	합 계	(33)	
영역 2. 운영관리	1~3. 시설의 운영관리		(9)
	4~6. 보육인력		(9)
	7~10. 가족과의 협력		(12)
	11~12. 지역사회와의 협조		(6)
	합 계	(36)	
영역 3. 보육과정	1~7. 보육활동 계획과 구성		(21)
	8~14. 보육활동		(21)
	합 계	(42)	
영역 4. 상호작용과 교수법	1~3. 일상적 양육		(9)
	4~9. 교사의 상호작용		(18)
	10~11. 교수법		(6)
	합 계	(33)	
영역 5. 건강과 영양	1~8. 청결과 위생		(24)
	9~10. 질병관리		(6)
	11~12. 급식과 간식		(6)
	합 계	(36)	
영역 6. 안전	1~5. 실내의 시설의 안전		(15)
	6~10. 영유아의 안전보호		(15)
	합 계		(30)
전체 합계			(210)

*영역 4. 상호작용과 교수법에 영유아의 급식 · 간식 지도 시 상호작용 방법에 대해 수록되어 있음

자료 : 보건복지가족부(2010). 2010 보육시설 평가인증 지침서(40인 이상 보육시설). p266

(2) 보육시설 평가인증 지표와 평가 기준: 영역 5. 건강과 영양 영역

건강한 환경과 균형 있는 영양 제공의 필요성

영유아기는 급속한 성장발달이 이루어지고 면역력이 약해 질병에 취약한 시기이므로, 보육시설은 영유아의 건강을 유지하기 위해 청결하고 위생적인 환경을 마련해 주어야 하며 양질의 식사와 간식을 제공해야 합니다.

보육시설과 보육교사의 역할

보육시설은 실내 공간 전반을 위생적이고 청결하게 관리하여 영유아가 어릴 때부터 위생적인 생활습관을 기를 수 있도록 해야 하며, 양질의 식품으로 다양하게 조리된 식단을 계획하여 제공함으로써 영유아의 성장을 도와주어야 합니다. 또한 보육교사는 집단생활에서 예상되는 전염성 질환에 대한 예방대책을 마련하고, 몸이 아픈 영유아에게 적절한 조치를 취해야 합니다.

하위영역	항 목	평가방법			
		관 찰	면 담	문 서	확인자료
청결과 위생	대 5-1. 실내 공간의 청결	○		○	소독 실시 기록, 대청소 실시 기록
	대 5-2. 보육실의 환기, 채광, 온도관리	○			
	대 5-3. 놀잇감의 청결	○			
	대 5-4. 화장실과 세면장의 청결	○			
	대 5-5. 조리실의 공간과 설비의 위생적 관리	○			
	대 5-6. 식자재, 조리 및 배식과정의 위생적 관리	○			
	대 5-7. 영유아와 보육교사의 청결 유지	○			
	대 5-8. 개별침구의 사용과 관리	○	○		
질병관리	대 5-9. 아프거나 다친 영유아의 보호	○	○	○	아프거나 다친 영유아를 위한 절차, 응급처치동의서, 투약의뢰서
	대 5-10. 영유아와 종사자의 건강관리		○	○	전염성 질환의 예방 및 관리대책(공지기록), 건강검진결과서
급식과 간식	대 5-11. 영유아를 위한 급식	○		○	식단표, 급식 시행 기록
	대 5-12. 영유아를 위한 간식	○		○	식단표, 급식 시행 기록

자료 : 보건복지가족부(2010). 2010 보육시설 평가인증 지침서(40인 이상 보육시설). p186

(3) 보육시설 평가인증 지표와 평가 기준: 영역 6. 안전 영역

안전한 보육환경의 필요성

보육시설에 영유아를 맡기는 부모나 보호자가 가장 우선으로 바라는 것은 영유아가 안전하게 보호되는 것입니다. 사고나 위험으로부터 영유아를 보호할 수 있는 안전한 보육환경은 영유아로 하여금 보육활동에 마음 놓고 참여하도록 하여 건강한 신체와 심리적 안정감을 발달시킬 수 있도록 도와줍니다.

보육시설의 안전관리 범위

보육시설의 안전관리는 시설과 장비 등의 관리에 국한되지 않으며, 보육 일과 전반에 걸쳐 영유아의 안전한 보호에 세심한 주의를 기울이는 것, 영유아가 항상 성인의 보호 아래 있도록 하는 것, 등원과 귀가할 때 영유아를 인계하는 것 등에 이르기까지 영유아 안전보호에 만전을 기해야 합니다.

하위영역	항 목	평가방법			
		관 찰	면 담	문 서	확인자료
실내외 시설의 안전	대 6-1. 보육실의 안전관리	○		○	모든 보육실의 안전점검 기록
	대 6-2. 실내시설의 안전관리	○		○	실내시설 및 설비의 안전점검 기록
	대 6-3. 실외시설의 안전관리	○		○	실외시설 및 설비의 안전점검 기록
	대 6-4. 실내외 놀잇감의 안전관리	○		○	놀잇감의 안전점검 기록
	대 6-5. 실내외 위험한 물건의 보관	○			
영유아의 안전 보호	대 6-6. 영유아에 대한 성인의 보호	○			
	대 6-7. 영유아의 안전한 인계 과정	○	○	○	인계과정에 대한 규정, 귀가동의서
	대 6-8. 보육시설의 안전한 차량 운행	○		○	차량안전수칙, 차량의 안전점검 기록
	대 6-9. 비상사태를 대비한 시설 및 설비와 대처방안	○		○	비상시 대처방안(비상대피도, 대피요령, 종사자 역할분담)
	대 6-10. 안전교육과 정기적인 소방훈련			○	안전교육, 소방훈련 실시 기록

자료 : 보건복지가족부(2010). 2010 보육시설 평가인증 지침서(40인 이상 보육시설). p219

(4) 보육시설 평가인증 우수사항: 영역 5. 건강과 영양

하위영역	항 목	중요사항	우수사항(3점)
청결과 위생	대 5-1. 실내 공간의 청결	• 모든 실내 공간(보육실, 공유공간 포함)에 대해 정기적으로 2개월에 1회 이상 소독과 대청소를 실시한다. • 대청소 일지, 소독일지 구비	모든 실내 공간이 청결하고, 정기적인 대청소와 소독이 이루어진다.
	대 5-2. 보육실의 환기, 채광, 조명, 온도관리		보육실의 환기, 채광, 조명, 온도가 적절하게 유지되고 있다.
	대 5-3. 놀잇감의 청결	영아(만 0~1세, 2세) : 영아용 놀잇감은 청결하지 못하면 구강염 등이 걸릴 수 있으므로 매일 세척한다.	놀잇감이 전반적으로 청결하다.
	대 5-4. 화장실과 세면장의 청결	영아(만 0-1세)를 위한 기저귀를 가는 공간과 세정 공간은 영아의 건강과 위생에 직결되는 곳이므로 항상 청결하게 유지하여 세균 감염을 미리 예방해야 한다.	화장실과 세면장이 전반적으로 청결하고, 비품이 잘 갖추어져 있다.
	대 5-5. 조리실의 공간과 설비의 위생적 관리	• 조리실의 온도 21~22℃, 습도는 30~79% (식품의약품안전청, 2009) • 영아(만 0~1세) : 수유가 필요한 영아의 경우 항상 소독이 된 청결한 상태의 우유병과 젖꼭지를 사용한다.	조리실의 공간과 설비 및 비품이 청결하고 위생적이다.
	대 5-6. 식자재 조리 및 배식과정의 위생적 관리	영아(만 0~1세) : 영아를 위한 모유나 우유를 꼭 냉장고에 보관하고, 분유는 습기가없는 곳에 보관하여야 한다. 먹다 남은 우유나 모유는 바로 버리도록 한다.	식자재, 조리 및 배식 과정이 위생적으로 관리되고 있다.
	대 5-7. 영유아와 보육교사의 청결 유지	영아(만 0~1세) : 이가 나기 전의 영아는 수유 후 거즈 손수건에 끓였다 식힌 물을 살짝 적셔 잇몸을 닦아 주며, 이가 나기 시작하면 손가락 칫솔 등에 영아용 치약을 묻혀 잇몸을 마사지하고 이를 닦아준다.	영유아와 보육교사는 손 씻기와 이 닦기를 통해 위생과 청결유지를 한다.
	대 5-8. 개별침구의 사용과 관리	영아(만 0~1, 2세) : 돌연사를 방지하기 위해서 영아용 개별침구는 너무 푹신하지 않는 것으로 사용하는 것이 바람직하다.	영유아는 개별침구를 사용하고 있으며, 침구 등을 자주 세탁하여 항상 청결한 상태를 유지하고 있다.

하위영역	항 목	중요사항	우수사항(3점)
질병관리	대 5-9. 아프거나 다친 영유아의 보호	• 보육시설의 방침(예: 응급처치 동의서, 투약의뢰서 등)이 마련 • 아픈 영유아의 부모가 투약을 의뢰할 경우에는 반드시 서면으로 요청하도록 하고, 보육시설에서는 투약한 내용에 대한 보고 관련 기록을 유지	아프거나 다친 영유아를 위한 적절하고 구체적인 절차가 마련되어 있고, 이를 일관되게 시행한다.
	대 5-10. 영유아와 종사자의 건강관리	• 자주 발생하는 전염성 질환, 예방접종 건강검진에 대한 정보 제공 • 영유아나 종사자가 전염성 질환에 감염 또는 의심되는 경우 보육시설로부터 격리시키고 치료를 받도록 문서화 • 영유아와 종사자에 대한 건강검진을 연 1회 이상 실시하고, 증빙서류 비치	전염성 질환의 예방과 관리를 위한 구체적인 대책이 마련되어 있으며, 영유아와 종사자의 건강관리가 체계적으로 이루어지고 있다.
급식과 간식	대 5-11. 영유아를 위한 급식		영유아를 위한 급식이 영양적 균형과 발달 단계에 적절하고, 식단에 따라 적절한 형태로 조리되어 제공된다.
	대 5-12. 영유아를 위한 간식		간식이 오전과 오후로 다양하게 제공되며, 신선한 과일이나 채소가 주 3회 이상 제공된다.

(5) 보육시설 평가인증 우수사항: 영역 6. 안전

하위영역	항 목	중요사항	우수사항(3점)
실내외 시설의 안전	대 6-1. 보육실의 안전관리	모든 보육실의 안전점검 기록	모든 보육실의 시설 및 설비에는 위험 요인이 없으며, 안전점검이 매일 이루어진다.
	대 6-2. 실내시설의 안전관리	실내시설 및 설비의 안전점검 기록	실내시설 및 설비에 위험 요인이 없으며, 안전점검이 월 1회 이상 적절하게 이루어진다.
	대 6-3. 실외시설의 안전관리	실외시설 및 설비의 안전점검 기록	실외시설 및 설비에 위험요인이 없으며, 안전점검이 월 1회 이상 적절하게 이루어진다.
	대 6-4. 실내외 놀잇감의 안전관리	놀잇감의 안전점검 기록	보육시설 실내외의 모든 놀잇감에는 위험요인이 없으며, 안전점검이 매일 이루어진다.
	대 6-5. 실내외 위험한 물건의 보관		실내외 위험한 물건은 영유아의 손이 닿지 않는 곳에 보관한다.
영유아의 안전 보호	대 6-6. 영유아에 대한 성인의 보호		보육교사는 실내외에서 영유아들의 전체 상황을 항상 주시하고 있다.
	대 6-7. 영유아의 안전한 인계과정	인계과정에 대한 규정, 귀가동의서	영유아의 인계과정에 대한 규정이 잘 수립되어 있고, 이를 잘 지킨다.
	대 6-8. 보육시설의 안전한 차량운행	차량안전수칙, 차량의 안전점검 기록	보육시설에서 차량을 운행하지 않거나, 운행할 경우 차량 안전설비를 갖추고 안전하게 운행하며, 차량 안전점검을 매일 실시한다.
	대 6-9. 비상사태를 대비한 시설 및 설비와 대처방안	비상시 대처방안(비상대피도, 대피요령, 종사자 역할분담)	비상사태를 대비한 안전시설 및 설비가 관리되고 있으며, 비상시 대처방안이 마련되어 있다.
	대 6-10. 안전교육과 정기적인 소방훈련	안전교육, 소방훈련 실시 기록	종사자와 영유아에게 다양한 안전교육이 이루어지며, 소방훈련을 월 1회 이상 실시한다.

2) 유치원 평가지표

유치원 평가에서 건강 · 안전 영역은 제3영역으로 유아를 위한 건강관리, 영양관리 및 안전관리가 적절하게 이루어지고 있는지를 점검한다. 유아교육기관에서는 유아가 심신의 건강을 유지하고 안전한 환경 속에서 생활할 수 있도록 노력해야 한다. 또한 유아기의 영양섭취와 올바른 식습관의 형성은 이후의 성장 · 발달을 위해 매우 중요하므로 유아교육기관에서는 유아를 위한 영양관리가 적절하게 이루어질 수 있도록 노력해야 한다. 평가지표에 따른 평가기준, 평가방법, 관련자료, 예시자료를 다음과 같이 제시하고자 한다.

평가영역(배점)	평가항목(배점)	평가지표(배점)
1. 교육과정(65)	1-1. 교육계획 수립의 적절성(15)	1. 교육계획안 작성 및 활용 (5) 2. 유아교육에 적합한 교육내용?활동 선정 (10)
	1-2. 일과 운영의 적절성(15)	3. 통합적 일과 운영 (10) 4. 교육활동 유형간의 균형적 안배 (5)
	1-3. 교수-학습 방법의 적합성(20)	5. 유아교육에 적합한 교수-학습 방법의 사용 (10) 6. 교사-유아간의 질적인 상호작용 (10)
	1-4. 평가의 적절성(15)	7. 유아의 발달 상황 기록 및 활용 (10) 8. 교육과정 평가 실시 및 결과 활용 (5)
2. 교육환경(45)	2-1. 교육환경의 적합성(25)	9. 실내 교육환경의 적합성 (10) 10. 실외 교육환경의 적합성 (10) 11. 유아 발달 수준에 적합한 시설 · 설비 (5)
	2-2. 교재 · 교구의 적합성(20)	12. 유아 발달 수준과 주제에 적합한 교재 · 교구의 구비 및 활용 (10) 13. 교재 · 교구의 체계적인 관리 및 보관 (10)
3. 건강 · 안전(40)	3-1. 건강관리의 적절성(15)	14. 유아 건강 지도 및 관리 (5) 15. 시설 · 설비의 청결한 관리 (10)
	3-2. 영양관리의 적절성(10)	16. 균형있는 급 · 간식 시행 및 식습관 지도 (5) 17. 식재료의 위생적 관리 및 사용 (5)
	3-3. 안전관리의 적절성(15)	18. 안전교육 실시 및 안전사고 대비책 (10) 19. 시설 · 설비의 안전한 관리 (5)
4. 운영관리(40)	4-1. 교직원 인사 및 복지의 적절성(10)	20. 교직원 인사 규정 보유 및 준수 (5) 21. 교직원 복지 규정 보유 및 지원 (5)
	4-2. 예산 편성 및 운용의 합리성(10)	22. 예 · 결산서 작성 및 공개 (5) 23. 정부지원금 예산 편성 및 사용의 타당성 (5)
	4-3. 가정 및 지역사회와의 연계(10)	24. 다양한 부모교육 및 가정과의 교류 (5) 25. 지역사회 인사 · 자원의 활용 및 기관 홍보 (5)
	4-4. 기관장의 원 운영의 전문성(10)	26. 교육과정의 질 제고를 위한 노력 (5) 27. 기관장의 리더십 (5)
	학부모 만족도(10)	28. 학부모의 기관 운영에 대한 만족도 조사 결과 (10)

(계속)

평가영역(배점)	평가항목(배점)	평가지표(배점)
5. 종일반 운영	5-1. 종일반 운영을 위한 기본 시설 · 설비 구비 5-2. 종일반 프로그램의 적절성 5-3. 종일반 교사 확보	
계		200점

※ 종일반 운영의 포함 여부는 시 · 도교육청에서 자체 판단

※ 국가 공통지표 편람 외에 시 · 도교육청별 자체 평가지표 편람 및 평가계획을 함께 안내

자료 : 서울시 유아교육진흥원 홈페이지, http://www.seoul-i.go.kr/

(1) 건강 · 안전 영역

3.1 건강관리의 적절성(15점)

※ 평가지표 • 유아에게 적합한 건강지도와 기본적인 건강관리를 실시하고 있다.(5점)

• 시설 · 설비를 청결하게 유지 · 관리하고 있다.(10점)

평가기준		평가방법	관련자료
3.1.1	• 유아를 대상으로 청결 및 위생 지도(손 닦기, 양치질 포함)를 실시하고 있는가? • 유아 건강검진을 1년에 1회 이상 실시하고, 관련 서류를 비치 · 보관하고 있는가? ※ 기본 건강검진 내역 : 소아과, 치과, 안과 등 • 유아 건강검진 결과를 가정에 통보하고, 치료를 요하는 유아에 대한 적절한 조치를 취하고 있는가?	현장평가 : -유아 건강기록부 확인 -교육계획안(건강지도 활동 포함 여부) 확인 -유아 건강검진에 관한 원장 면담, 유아 건강 지도에 관한 교사면담	
3.1.2	• 실내외 시설 · 설비를 청결하게 관리하고 있는가? ※ 실내 시설 · 설비 : 실내 놀이기구 및 놀이감, 각종비품(책걸상, 카펫/깔개, 침구 등), 교실, 복도, 계단, 화장실, 세면대, 조리실, 식기, 조리기구 등 ※ 실외 시설 · 설비 : 실외 놀이기구, 모래놀이 · 물놀이 영역, 자연체험 영역 등 • 자외선 살균소독기를 설치 · 활용 · 관리하고 있는가? • 유아 개인용품에 대한 위생관리를 하고 있는가? ※ 개인용 칫솔관리, 화장실에 핸드타올 또는 핸드드라이어 설치 등	현장평가 : -시설 · 설비 청결 상태 관찰 -2010년도 위생 점검 관련 자료 확인	위생 점검 관련 자료 (환경위생점점표: 실내 · 외 청결위생 점검표/ 화장실 청결위생 점검표/ 조리실 청결위생 점검표 등)

20○○학년도 (　　)월 실내 · 외 환경 · 안전 점검표

양호○, 불량×

점검자 : (인) 확인자 : (인)

구분	점검사항	1		2		3		…	29		30		31	
		AM	PM	AM	PM	AM	PM	…	AM	PM	AM	PM	AM	PM
1 청결	1. 실내 · 외 휴지통이 비워져 있고, 항상 깨끗한 휴지가 비치되어 있습니까?													
	2. 각 교실과 복도, 층계는 매일 청소와 환기를 하여 쾌적합니까?													
	3. 실외 화단의 정리가 잘 되어 있고, 청결합니까?													
	4. 실내 · 외 바닥이 청결합니까?													
2 비품	1. 각 반 교실에 소화기가 설치되어 있는가?													
	2. 소독약, 탈지면, 반창고, 체온계, 붕대 등 응급 처치용 구급약품이 준비되어 있는가?													
	3. 청소도구가 제자리에 정리되어 있는가?													
3 안전	1. 모든 계단에는 유아가 오르내릴 때 미끄러지거나 넘어질 위험한 요소가 없습니까?													
	2. 건물에는 비상구와 소방시설이 갖추어져 있습니까?													
	3. 모래 놀이장에는 유아가 안전하게 놀이할 수 있도록 위험한 요소가 제거되어 있습니까?													
	4. 등 · 하원 길의 유아가 안전하게 이동할 수 있도록 바닥 및 주변에 위험한 요소가 없습니까?													

○○ 유치원

20○○학년도 (　　)월 화장실 일일점검표

양호○, 불량×

점검자 : (인) 확인자 : (인)

구분	점검사항	1		2		3		…	29		30		31	
		AM	PM	AM	PM	AM	PM	…	AM	PM	AM	PM	AM	PM
1 청결	1. 거울 및 세면대 위는 청결합니까?													
	2. 변기 상태는 청결합니까?													
	3. 물을 내리지 않은 변기는 없 습니까?													
	4. 바닥은 물기가 없습니까?													
	5. 악취는 나지 않습니까?													
	6. 휴지통은 깨끗이 비워져 있습니까?													
	7. 매주 1회 이상 소독하고 있습니까?													
2 비품	1. 세면대 위 물비누는 제자리에 비치되어 있습니까?													
	2. 물비누는 보충이 되어 있습니까?													
	3. 핸드타월은 보충이 되어 있습니까?													
3 시설및도구	1. 고장 난 시설물은 없습니까?													
	2. 위험한 물건이 방치되어 있지 않습니까?													

○○ 유치원

3.2 영양관리의 적절성(10점)

평가지표
- 균형 있는 영양의 급 · 간식 식단을 작성 · 시행하고 있으며, 식습관 지도를 하고 있다.(5점)
- 급 · 간식 식재료를 위생적으로 관리 · 사용하고 있다.(5점)

	평가기준	평가방법	관련자료
3.2.1	• 영양 균형을 유지한 급식과 다양한 종류의 간식이 제공되고 있는가? ※ 간식은 식욕을 저해하지 않아야 하며, 인스턴트 음식, 탄산음료, 튀긴 음식, 과자 · 사탕류는 지양함. • 급 · 간식 식단표를 공개하고, 가정에 제공하고 있는가? • 유아대상 식습관 및 영양지도를 하고 있는가?	• 서면평가 : -유치원 운영계획서 -급 · 간식 식단표 작성 방법, 식재료의 구입 및 사용과 관련하여 자체 평가보고서에 기록된 내용 • 현장평가 : -당해년도 급 · 간식 식단표 확인 -급 · 간식 식단표의 공개 여부 확인	당해년도 급 · 간식 식단표
3.2.2	• 신선한 식재료를 구입하고, 검수 절차를 거치고 있는가? • 신선한 식재료를 위생적으로 보관 · 사용하고 있는가? ※ 식재료의 유통기간을 확인함. • 보존식을 시행하고 있는가?	• 서면평가 : -유치원 운영계획서, 자체평가보고서에 기록된 내용 • 현장평가 : -급 · 간식 식단표 확인 -급 · 간식 식재료 보관 및 사용 실태 관찰	당해년도 식재료 구입 검수일지 또는 관리 · 점검표

3.3 안전관리의 적절성(20점)

평가지표
- 유아, 교사를 대상으로 안전교육을 실시하고, 안전사고 대비책이 마련되어 있다.(10점)
- 시설 · 설비를 안전하게 관리하고 있다.(10점)

	평가기준	평가방법	관련자료
3.3.1	• 유아를 대상으로 하는 안전교육을 수시로(또는 주기적으로) 실시하고 있는가? ※ 유아 대상 안전교육 : 교통안전(안전한 보행 및 등 · 하원 차량 이용 포함), 놀이시설 안전 및 놀이 규칙, 아동학대(성폭력 포함), 유괴, 소방대피훈련, 자연재해대피훈련 등 • 정기적으로 실시하는 안전교육 외에도 일과 중 교육활동 주제와 관련하여 안전교육이 적절하게 포함되어 있는가? • 교사를 대상으로 하는 안전교육을 수시로(또는 주기적으로) 실시하고 있는가? ※ 교사 대상 안전교육 : 안전관리 지도법, 응급 처치법, 화재 및 화상대처, 아동학대 및 유괴, 식중독, 교통안전, 놀이시설 안전, 소방대피훈련, 자연재해대피훈련 등 • 유아를 위한 상해 보험에 가입하고 이를 가정에 공지하고 있는가? ※ 학교안전공제회 가입도 무방함. • 시설을 위한 재난 보험에 가입하고, 이를 가정에 공지하고 있는가? ※ 교육시설재난공제회 가입 가능함. • 사고 발생에 대비하여 적절한 수습책이 마련되어 있는가? ※ 학부모 비상연락처 비치, 각종 응급처치 약품 구비, 구급요법에 관한 안내 책자 비치 등 ※ 비상시 사용 가능한 비상구 및 대피 장소가 건물 내에 있는지 확인함. • 유치원 차량에 대한 보험에 가입하고, 등하원시 성인이 차량에 동승하고 있는가? ※ 차량 운행을 하는 경우에만 해당함.	• 서면평가 : -안전 교육 및 훈련, 안전사고 대비책과 관련하여 자체평가 보고서에 기록된 내용 • 현장평가 : -당해년도 안전점검표 확인 -각종 보험가입 증서 (또는 보험료 지급 서류) 확인 -당해년도 교육계획안 (안전교육 및 비상훈련) 확인 -비상연락처, 응급처치약품 등 비치 실태 관찰 -안전교육 실시 관련 교사 면담, 안전 대비책 관련 원장 면담	• 당해년도 안전 점검표 • 당해년도 안전사고일지 • 당해년도 교육 계획안 (연간 안전교육계획 등) • 보험가입 증서 등
3.3.2	• 실내외 시설 · 설비는 유아가 사용하기에 안전한가? • 실내외 시설 · 설비에 대한 안전관리가 철저하게 이루어지고 있는가? ※ 안전점검 항목에는 전기, 가스, 소방 등도 포함됨.	• 현장평가 : -안전점검표 확인 -시설 · 설비의 안전성에 대한 관찰	시설 안전 점검일지 (안전점검표)

[예시자료] 연간 안전교육 계획서/ 안전관련 평가 준비 자료목록

안전교육 주제와 지도내용

주제	하위 주제	지 도 내 용
유아 교육 기관 안전	실내안전	유치원 실내에서 안전규칙
		교실, 복도, 계단, 각종 문구 사용 시 위험 상황 인식과 대처
	실외안전	놀이터에서의 안전한 놀이기구 사용법
		놀이터에서의 안전한 행동과 위험한 행동 인식
		유아교육기관 실외에서의 위험 지각
교통 안전	보행안전	유치원까지 안전한 통학로 알기
		비 오고 눈 오는 날의 안전한 보행법
		보행 시 위험 상황 예측하기
		야간 보행시 안전한 행동
		신호등이 없는 횡단보도의 안전한 횡단법
		안전한 도로횡단 수칙 알기
		보호자와 함께 보행하는 것의 중요성 인식
	교통기관 이용안전	통학버스를 안전하게 이용하는 방법 알기
		지하철에서의 안전한 이용법
		승용차 안에서의 안전한 행동
	바퀴달린 탈 것의 안전	겨울철 놀이에 따른 안전장비, 복장 알기
		자전거의 안전한 이용법
		안전한 놀이장소 알기
		자전거의 구조 알기
		내 몸에 맞는 자전거와 장비 구분하기
	교통일반	교통안전을 위해 수고하시는 분들에 대한 고마움
		교통 표지판의 중요성과 의미 인식
생활 안전	집에 혼자 있을 때의 안전	집에 혼자 있을 때의 안전수칙
		집에 혼자 있을 때의 위험 상황 인식과 대처법
	집밖에서의 안전	집밖에서 놀이할 때의 안전
		집밖에서 놀이하기에 안전한 장소 알기
	물놀이 안전	물놀이 할 때 주의사항
		물놀이 시 위험 상황 인식과 대처
		안전한 물놀이 장소 인식
		구조원의 역할 알기

(계속)

주제	하위 주제	지도내용
생활 안전	성폭력 안전	좋은 느낌과 싫은 느낌 구별하기
		성폭력 위험 상황 인지와 대처법
		내 주변의 믿을 수 있는 어른 알기
	낯선 사람에 대한 안전	낯선 사람에 대한 개념 알기
		위험 상황 대처법
	약물 안전	몸에 해로운 약물 구별하기
		위험 상황 대처법 및 구조 요청법
	동물 안전	애완동물을 안전하게 기르는 법
		동물의 위험 신호와 대처
		곤충에 대한 안전
		동물원 견학 시 지켜야 할 약속
	전기 안전	전기 안전 수칙
		안전한 전기 사용법
	화재 안전	불이 날 수 있는 상황 인식
		화재 시 연기 아래로 대피하는 방법
		안전하게 대피하는 법
		옷에 불이 붙었을 때 대처법
	환경오염 안전	환경오염의 위험성 인식
		환경오염을 막는 법 알기
	승강기 · 에스컬레이터 안전	승강기와 에스컬레이터의 안전한 사용법
		승강기와 에스컬레이터에서 안전표시의 의미
		승강기의 원리 알기
	집안에서의 안전	집안에서 안전하게 지내는 법
		집안에서 사고가 날 수 있는 위험 장소 알기
	길을 잃었을 때의 안전	길을 잃었을 때 안전한 행동
		도움을 줄 수 있는 사람 알기
		집 주소와 전화번호 알기
	공공장소에서의 안전	공공장소에서 지켜야 할 약속
		공공장소의 개념 알기
	행사시의 안전	행사 때 지켜야 하는 규칙들
		명절 때 지켜야 할 약속

안전교육 주제와 지도내용

월	생활주제	안전지도 내용	안전관리	가정과의 연계
3	유치원과 친구	• 등 · 하원 시 안전	• 등 · 하원로 실태파악	• 등 · 하원로 익히기
		• 놀이 안전	• 승 · 하차 안전지도	• 비상연락망
		• 화재의 원인, 예방법	• 놀이터 점검	• 교통안전 통신문
		• 미아 관련 안전수칙	• 방화시설 점검	
4	봄	• 가정에서의 안전	• 실내 환경 점검	• 귀가 후 놀이지도
		• 화재 시 대처행동	• 놀이기구 점검	• 교통안전 부모교육
		• 운동기구 안전		• 가정 내 안전
		• 도로의 횡단		
5	가족/이웃	• 견학 시 안전수칙	• 현장학습지 답사	• 견학시 안전지도
		• 성, 유괴관련 안전수칙		• 교통규칙 지키기
6	동물/기계와 도구	• 승 · 하차 시 안전수칙	• 우산, 우비 정돈	• 장마철 통학로 점검
		• 우천 시 보행안전		• 화재안전 부모교육
		• 화재 진화 방법		
		• 실내놀이		
7	여름	• 우천 시 보행안전	• 놀이기구 점검	• 여름 건강관리
		• 안전한 놀이장소 알기	• 풀장 점검	• 여름방학 지도
		• 물놀이 안전지도		
		• 위험한 놀이 유의		
		• 음식물 안전		
8	여름방학			
9	교통기관/환경	• 교통공원 견학	• 신체 건강관리	• 교통안전 부모교육
		• 시설, 설비 안전	• 승 · 하차 안전지도	• 귀가 후 놀이지도
		• 환경오염 위험성 알기		
		• 화재 시 대피계획 세우기		
10	가을/우리나라	• 교통안전 면허증 발급	• 놀이터 점검	• 불조심 강조
		• 종합화재 대피훈련		
11	다른나라	• 대중교통 안전수칙	• 견학지 점검	• 편한 복장 권장
		• 천재지변 시 안전수칙		
		• 종합화재 대피훈련		
12	겨울/불조심	• 난방기구 사용주의	• 난방기구 안전점검	• 화재 예방 지도
		• 소방서 견학	• 공기 환기	• 겨울방학 지도
		• 눈길 보행 안전		
1	겨울방학			
2	초등학교에 가려면	• 초등학교 안전통학로 알기	• 유아의 건강관리	• 초등학교 견학지도
		• 교통 표지판 익히기	• 안전지도 재정비	
		• 불과 우리의 생활		

[예시자료] 유치원 안전점검표

유치원의 안전한 환경 구성을 위한 점검표

항 목	내 용
비 품	________ 비품의 크기가 유아들의 나이에 맞는가?
	________ 책걸상과 교구장의 모서리는 둥글게 되어 있는가?
	________ 목재로 된 비품에 가시가 없는가?
	________ 부서진 비품은 없는가?
	________ 여분의 비품은 교실 밖으로 옮겨 있는가?
	________ 비품은 안정되어 있어서 쉽게 넘어지지 않는가?
	________ 무독성 페인트와 니스가 사용되었는가?
	________ 전기코드의 상태는 양호한가?
학습자료 및 장난감	________ 매끄럽고 가장자리가 둥글게 되어 있는가?
	________ 유아들이 사용하기에 너무 작은 조각이 없는가?
	________ 페인트와 재질이 무독성인가?
	________ 목재의 표면이 매끈하고 가시가 없는가?
	________ 장난감의 모든 부품이 단단하게 붙어 있는가?
	________ 장난감이 바닥에 흩어져 있지 않은가?
건 물	________ 벽과 바닥의 페인트가 무독성인가?
	________ 문은 항상 닫혀 있거나 버팀쇠를 이용하여 항상 열려져 있는가?
	________ 바닥의 왁스가 너무 두껍지 않은가?
	________ 카펫이 미끄럽지 않은가?
	________ 커튼과 카펫이 불연기준에 맞는가?
	________ 낮은 창문에는 보호대가 있는가?
	________ 난로와 선풍기에는 차단막이 설치되어 있는가?
	________ 콘센트는 덮여 있는가?
	________ 옷장은 안전한 상태인가?
	________ 의자는 안으로 집어넣어져 있는가?
	________ 어린이용 싱크대의 뜨거운 물은 잠겨져 있는가?
교사용 자료	________ 가위와 칼이 적절하게 보관되어 있는가?
	________ 세제와 독성물질은 어린이들의 손에 닿지 않고 눈에 보이지 않는 곳에 보관되어 있는가?
	________ 구급함은 어른들의 손에 쉽게 닿을 수 있고 유아들의 손에는 닿지 않는 곳에 보관되어 있는가?
	________ 독성 식물은 없는가?
학습영역	________ 블록은 낮은 선반에 보관되어 있는가?
	________ 소꿉놀이 영역에는 소품을 배치할 공간이 적당한가?
	________ 물놀이 영역에 스펀지와 걸레가 있는가?
	________ 목공놀이 영역에 보호안경이 있는가?
	________ 요리 실습 시에는 감독이 적절하게 되고 있는가?
	________ 실내 규칙이 붙어 있고, 유아들이 규칙을 이해하고 있는가?
	________ 허가기준에 적합한가?

영 역	항 목	요 소	양 호	보 통	미 흡
건축 · 구조	건물	건물벽체 안전관리			
		담장 및 축대시설 안전관리			
		급배수장치 작동 및 안전관리			
		물탱크 주기적 청소 및 관리			
		정화조 주기적 청소 및 관리			
	놀이기구	놀이기구 안전관리(날카로운 모서리, 돌출된 부위, 파손부위 등)			
		도색관리			
	복도, 계단	바닥의 미끄럼, 걸려 넘어질 장애물 등 방지			
		계단의 적정성(계단참의 폭 150cm, 단 높이 16cm 이하, 단 너비 26cm 이상)			
		계단 양측에 벽 또는 난간 · 손잡이			
	창문	2층 이상 창문의 안전창살 설치(창살간격 10cm 이하, 높이는 바닥 마감면부터 150cm 이하)			
	화장실	세면대나 변기 안전관리			
		바닥의 미끄럼방지			
		위험물 제거			
	시설 · 설비	교구 · 설비의 안전관리(파손, 날카로운 모서리 등 위험부분 등)			
		놀잇감의 안전성			
		시설 개보수 및 용도 변경 시 관할청 허가			
전기 · 기계	전기 · 기계	전기시설 안전점검 연 1회 실시			
		전선 안전관리(손상된 전선 유무 등)			
		유아들 접근이 쉬운 콘센트의 안전커버			
		누전차단기 설치 및 작동			
		전기관련 배선의 안전			
		전열기 사용기기의 허용전류 이상 규격전선 사용			
		두꺼비집 퓨즈의 규격 휴즈 사용			
		냉 · 난방시설의 필터 청결 유지			
		전기기구의 규격전선 사용			
		각종 전기기구의 접속 안전관리(노후, 파손 등)			
가스	가스	액화석유가스 사용 시 연 2회 안전점검			
		도시가스 사용 시 연1회 가스안전공사 정기점검			
		가스누출 차단기 설치 · 작동			
		가스누출 경보기 설치 · 작동			
		가스 충전 용기는 직사광선을 막는 지붕 또는 보관함을 설치하고			
		유아의 손이 닿지 않는 곳에 설치 배관과 호스의 안전관리(부식 또는 손상된 곳 등)			
		가스관련 설치 안전상태 유지(가스밸브, 중간밸브, 연소기 잠금장치 등)			

영역	항목	요소	양호	보통	미흡
소방소	자동 화재탐지기 및 경보 설비	연면적 600m² 이상은 층마다 자동화재 탐지시설 1개 회로 설치하되, 500m²마다 1개 회로 설치			
		지하층 및 3층 이상으로서 바닥면적 300m² 이상의 전층에는 자동화재 탐지설비 설치			
		화재탐지기의 검사용 버튼 부착			
	소화설비 및 소화용수	소화기구는 바닥면적 200m²당 1개 이상 설치			
		액화석유가스 40kg이상 사용시설은 분말소화기 1개 이상 설치			
		위험물(석유 · 경유) 500L 이상 저장 취급 시 소방서장의 허가를 받고 소방기구 1개 이상 설치			
		소화기 충전(충전 시 화살표가 압력수치의 초록색 쪽에 있어야 함)			
	대피시설	비상구 2곳 이상 확보			
		비상구 상단에 비상유도등 설치			
		비상구로 향하는 유도 표시 부착			
		유아 수 30명 이상으로 2층 이상 층에서는 구조대 또는 피난사다리, 미끄럼대 설치			
		비상구 및 비상계단 개방			
	경보설비	연면적 400m² 이상, 지하층의 바닥면적 150m² 이상 경우 설치			
		비상벨 작동			
	건축물 내장	내장재가 불연재료로 마감			
		커튼, 카펫 등 장식물품의 방염처리			
관리	재난 대비 안전 운영 관리	연간교육활동에 안전교육 실시			
		비상시 대비 탈출계획로나 대피기구표 부착			
		응급전화번호(경찰, 병원, 소방서 등)가 전화기 옆에 부착			
		비상(화재 등 대피 훈련 연 5회 이상 실시)			
		자체안전점검 실시(정기, 임시, 일일점검 등)			
		자체적인 안전점검 체크리스트 작성 · 활용			
		구급 약품상자와 약품목록 정기점검			
		유치원 차량 정기적 안전점검 실시			
		유치원 전 직원 안전점검 사항 숙지			
		사고보고서 작성			
		유아가 접근할 수 있는 주변에 유해물질 제거			
		유치원에 응급처치 기술을 익힌 교사 1명 이상			
		학교안전공제회 가입			
		원아상해보험 가입			
		화재보험 가입			

실내 놀이시설 · 설비 안전점검표

월		점 검 자	교 사	원 감	원 장

	1주	2주	3주	4주
1. 설비(책상, 의자, 교구 정리장, 개인 사물함, 책꽂이, 기타)				
- 표면은 부드러운가?				
- 날카로운 모서리는 없는가?				
- 못이나 부품 등이 빠져 나와 있지 않은가?				
- 흔들거리지 않는가?				
2. 놀잇감(장난감, 교재 · 교구, 기타)				
- 망가져 위험한 것은 없는가?				
- 날카로운 모서리는 없는가?				
- 부품이 빠진 것은 없는가?				
- 유해한 색소로 된 것은 없는가?				
3. 건물				
- 방바닥에 돌출된 부분은 없는가?				
- 바닥이 미끄럽지 않는가?				
- 벽이 안전한가?				
- 기타 위험물은 없는가?				
- 천장에 낙하할 물건이 매달려 있지 않는가?				
4. 창				
- 깨진 유리는 없는가?				
- 창문 부분에 디딤대가 놓여 있지 않는가?				
5. 전기, 약품				
- 손상된 전선은 없는가?				
- 콘센트의 안전 덮개가 덮여 있는가?				
- 성냥, 화학약품, 세제 등 위험물은 유아의 손이 닿지 않는 곳에 보관되어 있는가?				
6. 기타				
- 쓰레기통은 깨끗한가?				
- 소화기는 제자리에 있는가?				
- 단추, 동전, 바둑알, 비닐봉투 등이 바닥에 떨어져 있지 않는가?				

비 고	

실외 놀이시설 · 설비 안전점검표

월		점검자	원감	원장

	1주	2주	3주	4주
1. 건물				
- 건물 벽은 안전한가?	____	____	____	____
- 담장 및 축대시설은 튼튼한가?	____	____	____	____
- 기타 위험물은 없는가?	____	____	____	____
- 정화조 관리를 하고 있는가?	____	____	____	____
2. 놀이기구				
- 노후된 위험한 놀이기구는 없는가?	____	____	____	____
- 날카로운 모서리나 돌출된 부분은 없는가?	____	____	____	____
- 볼트, 고리 등의 짜임새가 단단한가?	____	____	____	____
- 못이 빠져 나오거나, 나무가 갈라지거나, 페인트칠이 벗겨진 곳은 없는가?	____	____	____	____
- 그네의 로프는 안전한가?	____	____	____	____
- 나사나 조임새 등은 안전캡이나 안전장치로 덮여 있는가?	____	____	____	____
- 기타 위험물은 없는가?	____	____	____	____
3. 기타				
- 돌, 유리조각, 각목 등 위험물은 없는가?	____	____	____	____
- 돌출된 바닥이 없는가?	____	____	____	____
- 청소상태는 양호한가?	____	____	____	____

비 고	

유아 안전행동 평가 체크리스트

주제	하위주제	행동 평가 항목	예	아니오
유아 교육 기관 안전	실내 안전	1. 가지고 온 놀잇감을 정리 · 정돈한다.		
		2. 규칙을 잘 지킨다.		
		3. 친구와 싸우거나 장난하지 않는다.		
		4. 교실이나 복도에서 뛰지 않는다.		
		5. 계단에서 장난하지 않는다.		
		6. 계단 난간을 타지 않는다.		
		7. 계단을 오르내릴 때는 호주머니에 손을 넣지 않는다.		
	실외 안전	1. 바깥놀이 시 질서를 잘 지킨다.		
		2. 미끄럼을 탈 때는 바르게 앉아서 탄다.		
		3. 미끄럼틀에서 둘이 같이 타고 내려온다.		
		4. 그네를 탈 때 의자에 앉아서 탄다.		
		5. 그네 앞에나 뒤에서 놀지 않는다.		
		6. 움직이는 그네 가까이에서 놀지 않는다.		
		7. 오르기 기구를 탈 때는 두 손으로 손잡이를 꽉 쥔다.		
		8. 바깥 놀이 시 안전수칙을 꼭 지킨다.		
		9. 모래놀이 도구로 친구와 장난하지 않는다.		
		10. 모래놀이 시 상대방에게 모래를 뿌리지 않는다.		
		11. 시소를 탈 때 친구와 마주보며, 손잡이를 꼭 잡고 탄다.		
		12. 흔들다리 위에서 서로 부딪히며 장난하지 않는다.		
		13. 기타 놀이시설을 안전하게 이용한다.		
교통 안전	보행 안전	1. 길을 걸을 때는 왼쪽으로 걷는다.		
		2. 차도로 걷지 않는다.		
		3. 길에서 장난을 하지 않는다.		
		4. 길을 건널 때는 어른과 함께 건넌다.		
		5. 횡단보도를 건널 때는 손을 들고 건넌다.		
		6. 신호를 기다릴 때는 보도경계석에 서서 기다린다.		
		7. 비가 오는 날에는 밝은 색 옷을 입는다.		
	교통기관 이용안전	1. 유치원 차안에서 장난하지 않는다.		
		2. 유리창 밖으로 손이나 신체의 일부를 내밀지 않는다.		
		3. 차를 타고 내릴 때는 손잡이를 잡고 타고 내린다.		
		4. 내리는 친구를 밀지 않는다.		
		5. 지하철에서는 안전선 바깥쪽으로 서 있는다.		
		6. 지하철 안에서 장난하지 않는다.		
		7. 자동차를 타면 안전벨트를 착용한다.		
		8. 자동차 앞좌석에 앉지 않는다.		

주제	하위주제	행동 평가 항목	예	아니오
교통 안전	바퀴 달린 탈것의 안전	1. 자전거, 인라인스케이트, 킥보드를 탈 때는 안전한 보호 장구를 착용한다.		
		2. 바퀴 달린 탈것을 타기 전에 어른과 함께 안전점검을 한다.		
		3. 몸에 맞는 자전거를 탄다.		
		4. 자전거를 탈 때 바지나 티셔츠와 같은 간편한 복장을 하고 탄다.		
		5. 바퀴 달린 탈 것을 탈 때 뒤터진 신발을 신지 않는다.		
		6. 비탈길이나 공사 중인 길을 지날 때는 자전거를 끌고 간다.		
생활 안전	놀이안전	1. 차가 다니는 골목에서 친구와 뛰어 다니며 잡기 놀이를 하지 않는다.		
		2. 주차된 차 뒤에서 놀지 않는다.		
		3. 사람이 많이 다니는 곳이나 차가 다니는 곳에서는 장난하지 않는다.		
		4. 버려진 가구나 냉장고 안에서 놀지 않는다.		
		5. 안전한 놀이장소는 학교운동장, 놀이터, 공원이라는 것을 알고 있다.		
		6. 공사장에서는 놀지 않는다.		
		7. 놀이기구를 탈 때는 질서를 잘 지킨다.		
		8. 끝이 뾰족한 물건을 가지고 노는 경우가 있다.		
	물놀이안전	1. 어른과 함께 물놀이를 한다.		
		2. 수영장에서 뛰어 다니지 않는다.		
		3. 물속에 들어가기 전 항상 준비운동을 한다.		
		4. 물놀이를 할 때에는 음식물이나 사탕, 껌 등을 먹지 않는다.		
		5. 해변에서는 뒤터진 신발을 신지 않는다.		
		6. 깊은 곳에 혼자 들어가지 않는다.		
		7. 계곡에서 물놀이 할 때 다이빙을 하지 않는다.		
		8. 물살이 세거나, 파도가 높이 일어나는 곳은 들어가지 않는다.		
		9. 오염된 물에 들어가지 않는다.		
		10. 어른이 보고 있는 곳에서만 논다.		
	신변안전	1. 집에 혼자 있을 때 낯선 사람이 찾아오면 문을 열어주지 않는다.		
		2. 낯선 사람이 우산을 씌워준다고 하면 같이 쓰지 않는다.		
		3. 낯선 사람이 과자를 사주면 거절한다.		
		4. 낯선 사람이 길을 물으면 손가락으로만 가르쳐 준다.		
		5. 낯선 사람을 함부로 따라가지 않는다.		
		6. 좋은 느낌과 싫은 느낌을 구분할 수 있다.		
		7. 누군가 내 몸을 만지려고 하면 '싫어요' 또는 '안돼요' 라고 표현한다.		
		8. 길을 잃었을 때는 울지 않고, 그 자리에 서 있는다.		

주제	하위주제	행동 평가 항목	예	아니오
생활 안전	화재안전 및 전기안전	1. 한 개의 콘센트에 여러 개의 전기코드를 꽂지 않는다.		
		2. 손에 물이 묻은 채로 전기코드를 만지지 않는다.		
		3. 전기 제품이나 소켓 근처에 손가락이나 물건을 집어넣지 않는다.		
		4. 성냥이나 라이터를 보면 어른들에게 갖다 드린다.		
		5. 불장난을 하지 않는다.		
		6. 불이나면 빨리 밖으로 나가려고 밀친다.		
		7. 불이 나면 연기 아래로 기어서 밖으로 나간다.		
		8. 몸에 불이 붙으면 '멈춘다-엎드린다-뒹군다' 는 순서를 알고 있다.		
	승강기 · 에스컬레이터 안전	1. 승강기 버튼을 장난삼아 계속해서 누르지 않는다.		
		2. 승강기 안에서 뛰어 다닌다.		
		3. 승강기 문틈에 쓰레기를 버리지 않는다.		
		4. 에스컬레이터의 계단을 뛰어 다니지 않는다.		
		5. 에스컬레이터를 탈 때는 손잡이를 꼭 잡는다.		
		6. 에스컬레이터를 탈 때 안전선 안에 서 있는다.		
		7. 위험시 비상벨을 누를 줄 안다.		
	약물안전	1. 약을 먹기 전에는 어른들께 여쭤보고, 혼자서 약을 먹지 않는다.		
		2. 다른 사람의 약을 함부로 먹지 않는다.		
		3. 바닥에 떨어진 약을 먹지 않는다.		
		4. 비상약품 상자에 있는 약을 함부로 먹지 않는다.		
		5. 약이 맛있다고 계속 먹지 않는다.		
	기타안전	1. 강아지와 과자를 나눠먹고 입을 맞추지 않는다.		
		2. 벌은 우리에게 꿀을 주는 고마운 곤충이나 위험하다고 생각한다.		
		3. 주인 없는 동물을 함부로 만지지 않는다.		
		4. 쓰레기를 함부로 버리지 않는다.		
		5. 분리수거를 할 수 있다.		
		6. 공공장소에서 큰 소리로 떠들지 않는다.		
		7. 차례를 잘 지킨다.		
		8. 공동으로 사용하는 물건은 소중히 여긴다.		
		9. 혼자 돌아다니지 않는다.		
		10. 선생님 지시에 잘 따른다.		

응급처치 동의서 및 비상 연락망(A)

응급처치 동의서 및 비상 연락망

반 이름: ______________________ 유아 이름: ______________________ 성별: (남 · 여)

사고 발생시 응급처치는 부모님의 동의를 얻어야 함을 이해합니다. 따라서 귀 기관에서는 사고시 응급처치에 대한 신속한 동의가 이루어지도록 다음의 연락처로 연락을 취해주시고, 귀 기관에서 다음의 절차에 따라 응급처치를 하는 경우 그 권한을 귀 기관에 의임할 것에 동의합니다.

날짜: ______________________ 부모이름: ______________________ 서명 또는 인

응급처치의 절차

1. 사고 발생시 가장 먼저 부모님께 연락합니다.

(시간/기간) (전화번호)

어머니와는 ______________________ 동안에 ☎ ______________________ 로 연락할 수 있습니다.

______________________ 동안에 ☎ ______________________ 로 연락할 수 있습니다.

아버지와는 ______________________ 동안에 ☎ ______________________ 로 연락할 수 있습니다.

______________________ 동안에 ☎ ______________________ 로 연락할 수 있습니다.

2. 부모님과 신속하게 연락이 되지 않을 경우 부모님이 정해주신 다음의 사람들에게 연락합니다.

이름 ______________________ 는 ☎ ______________________ 로 연락할 수 있습니다.

아동과의 관계 ______________________

이름 ______________________ 는 ☎ ______________________ 로 연락할 수 있습니다.

아동과의 관계 ______________________

3. 필요한 경우 119 구조대의 연락을 할 것이며(기관에서 지정하는 의료기관이나, 부모님이 정하신 의료기관)으로 응급수송할 것입니다. 비용은 보호자부담으로 합니다.

4. 의료기관 수송 후에는 다음 의료보험 관련 정보를 주어 신속한 치료를 받을 수 있도록 합니다.

의료보험 종류: ______________________

번호: ______________________

기관: ______________________

응급처치 동의서 및 비상 연락망(B)

________________반　유아명 : ________________　성별 (남 · 여)

생년월일 : ________________　혈액형 :

귀 기관에서 어린이에 대한 사고시 응급처치가 신속히 이루어지도록 다음의 연락처로 연락을 취해 주시고, 귀 기관에서 다음의 절차에 따라 응급처치를 하는 경우 그 권한을 귀 기관에 위임한 것에 동의합니다.

월　일　　학부모 : ________________

1. 비상연락망

응급처치 발생 시 먼저 부모님께 연락하며, 연락이 되지 않을 경우 부모님이 정해주신 비상연락망에 의해 연락됩니다.

부모님	관계	성 명	직장명	전화번호	핸드폰
긴급	부				
연락처	모				

그 외	관계	성 명	직장명	전화번호	핸드폰
긴급					
연락처					

2. 유아의 건강상태

• 장기복용하고 있는 약

① 복용이유 :　　② 복용방법 :

• 영양, 위생상 주의사항(자세히 기록하여 주시기 바랍니다)

① 섭취 금지 식품 :

② 투여 금지 식품 :

③ 체질상 특이 사항 :

• 유아가 다니는 병원(단, 유치원 주변의 병 · 의원을 기재 바랍니다)

① 병원명 :

② 검진의사 :

③ 전화번호 :

④ 병원위치 :

보상금지급신청서

보상금지급신청서

서울학교안전공제회 이사장 귀하

서울학교안전공제회 정관 제11조 제1항에 의거 아래와 같이 보상금지급을 신청합니다.

사고학생	주 소: 성 명: 성 별: 주민등록번호: 소속유치원: 반:			
보상금수령자 (학부모)	주 소: 성 명: 사고학생과의 관계: 주민등록번호:			
신청금액	원(최종, 중간신청)			
중간신청사유				
송금은행계좌 (유치원계좌)	송금은행: 은행 지점 계좌번호: 예 금 주:			
이 사고와 관련하여 지급받은 금액	사건번호	금 액	지급일자	비 고
구비서류	1. 보상금지급신청서 2. 사고개요(별지제1-2호서식) 3. 일반진단서 원본1통(신청액 100만원 미만은 진단서 대신 의사소 견서로 대치 가능, 장해보상금신청의 경우 장해진단서, 사망보상금 신청시는 사망진단서, 사망원인이 불명확한 경우에는 사체부검서) 4. 진료비영수증 및 퇴원진료비계산서 원본 1통 (퇴원진료비계산서는 입원치료시에만 첨부, 약국영수증은 병원처방전 첨부) 5. 주민등록등본 1통(장해나 사망시에만 첨부) 6. 호적등본 1통(장해나 사망시에만 첨부)			

200 . . .

유치원명: 유치원장(회원)명: 직인

사고 경위 및 처치 보고서

사고 경위 및 처치

1. **사고발생일시:** 년 월 일(시 분경) 시간

2. **사고발생장소:**

3. **성 명:** **반:** **성별:**

4. **사고경위**

(육하원칙에 의거 상세히 기재하여 주시고 사고발생시간을 정확히 명시하여 주시기 바랍니다. 예: 체육시간, 휴식시간, 점심시간, 청소시간 등)

예) ◎◎유치원 □□□반 김하늘 어린이는
200○년 ○월 ○일 ○○시 ○○분경
바깥놀이 시간에
나선형 미끄럼틀을 타고 내려오다가 미끄럼틀 밖으로 떨어져
안면 우측에 광대뼈 부위 쪽 빰이 타박상을 입어 출혈이 남.

5. **사고 후 처치**

예) 학부모와 사고내용 공유 후, 진료희망 기관 확인/ 유아의 병력 및 진료시 유의사항 확인(특정 의약품 알러지 등) /의료기관 후송 및 처치/ 학부모와 진료 내용 공유/ 안전사고일지 작성 등.

200 . . .

작성자 직위: 성명: (인)

유치원장: 사인 또는 직인

원내 안전사고 일지

년 월 일	요 일	성 명	사고장소	시 간	발견 및 최초 처치자	조처 및 결과

학부모 투약의뢰 기록지

(　　　)월　　　　　　　　　　　　　　　　　　　　　　　　　ㅇㅇ유치원

투약의뢰 및 결과					투약의뢰 및 결과				
월/일	요일	유아명	투약방법	교사 확인	월/일	요일	유아명	투약방법	교사 확인

1) 조리종사원에 대한 건강문진 및 동의서

조리종사원에 대한 건강문진 및 동의서

성 명		성 별	남 · 여
주민등록번호		소 속	

건강문진표	예	아니오
현재 또는 2주 이내에 설사를 한 일이 있습니까?		
눈, 귀 또는 코에서 진물이나 고름이 나옵니까?		
피부감염(화상 화농성질환 또는 상처 등)이 있습니까?		
피부 발적/습진이 있습니까?		
알레르기 증세가 있습니다.		

근무자 동의서

1. 나는 다음과 같은 질병이 발생했을 때 즉각 영양사나 관리자에게 보고하는 데 동의합니다.
   - 설사
   - 구토
   - 인후염
   - 눈, 귀 또는 코에 진물이나 고름
   - 피부감염(화상, 화농성 질환 또는 상처 등)
   -고열
   - 피부발진/습진
   - 결핵
   - 알레르기 질환

2. 나는 휴일 또는 휴가 동안 위의 경우와 같은 증상이 있었다면 작업 전에 소속 부서 책임자에게 보고하는 데 동의합니다.

3. 나는 위의 사항을 지키지 않아도 문제가 발생될 경우 제재조치 받음을 동의합니다.

4. 나는 집단환자 발생시 역학조사기관에서 실시하는 검사에 협조합니다.

작성일자: 20 . . . 서명:

2) 조리종사자 개인위생 확인 기록지

일자 (일자)	조리원 성명	건강상태	복장 위생상태				손 위생상태			개선 조치	점검자
		감염성 질환유무	위생복	위생모	위생화	앞치마	손의 상처	손톱 상태	반지등 부착물		
월 (/)											
화 (/)											
수 (/)											
목 (/)											
금 (/)											

관리기준	• 감염성질환: 설사, 고열, 구토, 피부발작/습진, 인후염, 결핵, 눈 · 귀 · 코에 진물, 알레르기질환 피부감염자(화상, 화농성 질환 또는 상처) • 작성요령: 이상이 없거나 양호한 경우 'O' 로 표시하고 이상이 있는 경우 그 사항을 기재
개선조치	시정, 작업 배제, 작업 변경, 복장 교체 등 조치 후 조치사항 기재

확인자: 확인일자: 20 . . .(요일)

3) 식재료 검수 기록지

검수확인표

○○유치원

날짜: ____________

조리실(검수구역) 확인자: ____________________ 영양사 또는 검수 담당자 서명: ____________________

식재료명	규격	수량	단위	원산지	식품 포장상태 (O, X)	식품 온도 (℃)	유통기한	품질 상태 (O, X)	개선조치	업체명

관리기준	• 식품온도: 냉장식품 및 조리식품은 5℃ 이하, 냉동식품은 냉동상태 유지 • 포장상태: 박스, 냉장 · 냉동, 진공포장상태, 녹은 흔적 등을 검토 • 품질상태: 각 식품별 검수기준에 의하여 신선도, 이취 확인
검색방법	• 냉장 · 냉동, 조리식품별로 온도계를 꽂아 온도를 측정(또는 표면온도계 사용) • 검색빈도: 온도관리를 요하는 식재료별로 각 3회 측정
개선조치	반품 또는 공급업자 경고 처분

4) 식재료 반품 확인서

유치원
보관용

식재료 반품 확인서

○○유치원

1. 납품업체명:
2. 납품일시:
3. 품목 및 수량:
4. 반품이유:

확인자: (서명)

입회자: (서명)

절 취 선

업 체
보관용

식재료 반품 확인서

1. 납품업체명:
2. 납품일시:
3. 품목 및 수량:
4. 반품이유:

확인자: (서명)

입회자: (서명)

5) 냉장 · 냉동 온도관리 기록지

요일 (일자)	확인 시간	온도(℃)			청결도 확 인	덮개 확인	분리 보관 여부	점검자 성 명
		식품저장용		보존식품				
		냉장고	냉동고					
월 (/)	am :							
	pm :							
화 (/)	am :							
	pm :							
수 (/)	am :							
	pm :							
목 (/)	am :							
	pm :							
금 (/)	am :							
	pm :							
토 (/)	am :							
	pm :							

관리기준	• 냉장실 5℃ 이하, 냉동실 -18℃ 이하 • 냉장 · 냉동고가 2개 이상일 경우, 각각의 냉장고에 대해 작성
검색방법	• 냉장 · 냉동고의 온도 측정 • 빈도: 1식 제공시 2회/일(출근후, 퇴근전) 2식 제공시 3회/일 측정(매전 조리 시작전, 퇴근전)
개선조치	냉장 · 냉동고 온도 조정

확인자: 확인일자: 20 . . .(요일)

6) 채소 · 과일의 세척 및 소독 기록지

일자(요일)	채소 · 과일명	전처리 수행여부	소독액농도(100ppm)	5분 침지 여부	헹굼물 청정도	점검자 성명

관리기준	• 양호 ○, 분량 ×로 표기 • 채소는 박피, 잎 분리 등의 전처리 후 소독 • 소독제 사용법: 유효염소농도(100ppm)에서 5분간 담근 후 먹는물로 씻는다. • 헹굼물 청정도: 먹는물을 사용하되 육안검사 확인
검색방법	• 세척제 농도는 test paper의 색변화로 확인 • 검색빈도: 생으로 먹는 모든 채소, 과일의 세척시
개선조치	• 소독액 농도 조정 • 재세척

확인자: 확인일자: 20 . . .(요일)

7) 식품 중심온도 확인 기록지

확인일자	음식명	음식별 식품중심온도 확인 (온도기록 후 74℃ 이상 ○, 이하 ×)	점검자 성명
		(74℃ 이상) ○	
		(74℃ 이하) ×	

관리기준	• 밥, 국을 제외한 모든 음식 • 조리 후 음식명을 기록 • 식품 중심온도는 74℃ 이상
개선조치	• 74℃ 이상이 되도록 계속 가열

확인자: 확인일자: 20 . . .(요일)

8) 보존식 기록지

년 월 일 요일(조 · 중 · 석식)	
식단명	
채취일시	
폐기일시	
채취자	
비고(특이사항)	

9) 일(주)별 청소 점검표(예시)

항목		담당	월	화	수	목	금	토	지적사항	조치사항
일별	밥솥									
	국솥									
	조림솥 · 튀김솥									
	식판									
	작업대									
	세정대									
	도마 · 칼									
	밥통 · 반찬통 · 국통									
	조리기구									
	냉장냉동고									
	가스렌지 · 오븐									
	식품보관실									
	배식기기류									
	벽 및 바닥									
	배수구 및 음식찌꺼기 걸름망									
	쓰레기통									
주별	배기후드									
	유리창 · 방충망									
	전기소독고									
	조명 · 환기시설									
청소시 유의사항		• 전열기구의 코드를 뽑거나 차단기를 내려 감전사고에 유의한다. • 음식물이 오염되지 않도록 보관 후 청소를 실시한다.								

확인자: 확인일자: 20 . . .(요일)

10) 일일 위생안전 점검 기록지

일일 위생안전 점검표

결재			

점검일: 20 년 월 일

구 분	점검내용	점검결과	조치사항
개인 위생	조리원(명)의 건강상태는 어떠한가?(감염성질환 여부)	이상없음, 이상 발견 후 조치	
	복장(위생복, 위생모, 위생화 앞치마) 위상생태는 어떠한가?	청결, 미흡, 불량	
	손 위생상태(손상처, 손톱상태, 장신구착용여부)는 어떠한가?	이상없음, 이상 발견 후 조치	
식품의 취급	식재료는 바닥에서 60cm 이상에서 취급하였는가?	실시, 미실시	
	가열 조리하는 식품은 내부온도(74℃ 이상)을 측정하였는가?	실시, 미실시, 해당없음	
	생으로 먹는 과일 및 채소류는 소독을 실시하였는가?	실시, 미실시, 해당없음	
	검식시 음식에서 이상한 냄새, 맛은 없었는가?	이상없음, 이상 발견 후 조치	
	보존식은 −18℃ 이하에 보관 · 관리하였는가?	실시, 미실시 (보존식, 우유)	
	변질, 부패 및 유통기한 경과식품은 없는가?	이상없음, 이상 발견 후 조치	
시설 · 설비 위생	급식실 내 · 외부 청소 및 소독상태는 어떠한가?	청결, 미흡, 불량(내부, 외부)	
	조리실의 정리정돈 상태는 어떠한가?	청결, 미흡, 불량	
	식품창고의 청결과 정리정돈 상태는 어떠한가?	청결, 미흡, 불량	
	고장 또는 수리를 요하는 시설 · 설비가 있는가?	이상없음, 고장( )	
	냉장고는 정상 작동되는가? 청결 및 정리정돈상태는 어떠한가?	작동 상태( ), 청결, 미흡, 불량	
	용도에 따라 구분하여 사용하였나? (채소, 생선, 육류로 구분-칼, 도마, 식기류 등)	구분 사용, 미사용( )	
	조리기구 · 기계는 사용 전 · 후 세척, 소독을 실시하였나?	실시, 미실시	
	행주, 도마, 칼은 소독하고 사용하였는가?	실시, 미실시( )	
	쥐, 파리 등 해충류가 있는가?	종류:	
	쓰레기의 처리 상태는 어떠한가?(잔반량: kg)	청결, 미흡, 불량 수거상태( )	
안전 관리	가스, 수도꼭지 잠금을 확인하였나?	확인, 미확인	
	문단속, 전열기, 코드를 뽑았나?	확인, 미확인	
	급식실 바닥은 미끄럽지 않게 관리되는가?	관리, 미관리( )	
기타			

*감염성 질환: 설사, 고열, 구토, 피부발작, 습진, 인후염, 결핵, 눈 · 귀 · 코에 진물, 알레르기질환, 피감염(화상, 화농성 질환 또는 상처)

참고문헌

국내외 문헌

강재헌(2000). 소리없이 아이를 망치는 질병 소아비만. 웅진지식하우스.

교육인적자원부(2007). 유치원급식 운영관리 지침서.

교육인적자원부(2007). 학교 식중독 위기 대응 실무 매뉴얼.

구재옥 외(2006). 생활주기 영양학. 도서출판 효일.

권순자 외(2006). 웰빙식생활. 교문사.

김정숙 외(2006). 생활주기 영양학. 광문각.

김준평(1997). 식품과 건강. (주)국제정밀문예사.

김화영 외(2005). 영양과 건강. 교문사.

대한소아과학회(2008). 2007년 한국 소아 청소년 신체 발육치.

대한소아과학회(2008). 소아예방접종.

대한심폐소생협회(2006). 공폐소생술 가이드라인.

대한치과의사협회(2007). 바른어린이 칫솔법.

덕성여자대학교 부속유치원(2006). 유아영양과 요리활동. 창지사.

동아일보(2007년 10월 24일). 아토피 피부염 예방 및 관리를 위한 7대 생활습관. 대한아토피피부염 학회.

문수재 외(1999). 어린이 영양과 건강. 수학사.

문화일보(2006년 5월 23일). 어린이 구강 관리에 관한 잘못된 상식들.

백성희 · 안옥희 · 윤정아(2006). 아동간호학. 형설출판사.

백성희 · 이원유 · 최옥순 · 남혜현 · 오수민(2006). 아동의 사고와 응급처치. 도서출판 혜란.

백성희 외(2009). 기본간호학. 수문사.

보건복지가족부(2009). 2009 영유아를 위한 식생활지침 및 실천지침.

보건복지가족부(2009). 2009 어린이를 위한 식생활지침 및 실천지침.

보건복지가족부(2010). 2010 보육시설평가인증 지침서(40인 이상 보육시설).

보건복지부(1999). 영아보육프로그램 7-영양 · 건강 · 안전관리.

보건복지부(1999). 영유아보육시설의 영양관리.

보건복지부(2004). 어린이를 위한 식생활실천지침.

보건복지부(2009). 2009 보육사업안내.

보건소[의왕시, 군포시, 안양시, 구리시]. 영양교육 자료.

서울중앙병원 교육연구부(2001). 심폐소생술. 군자출판사.

송태희 · 곽현주 · 우인애 · 김용선 · 이현옥(2008). 영유아 영양과 건강. 교문사.

승정자 외(2006). 영양판정. 청구문화사.

참고문헌

식품의약품안전청(2005). 식품안전관리지침.

식품의약품안전청(2007. 2). 어린이 먹거리 안전 종합대책.

식품의약품안전청(2007. 3). 2007 식중독 예방사업 계획.

식품의약품안전청(2009). 오란아 식생활안전관리 특별법 시행에 따른 어린이 식생활 안전관지 지침.

식품의약품안전청(2009). 집단급식소 위생관리 매뉴얼.

유치원연합회(2010). 유치원 안전관리 매뉴얼.

이기열 외(1998). 특수영양학. 신광출판사.

이기숙 · 강영희 · 정미라 · 배소연 · 박희숙(1997). 영유아를 위한 안전교육. 양서원.

이명희 외(2006). 아동영양학-건강영양 및 안전. 형설출판사.

이명희 · 장은정 · 최인숙 저, (사)전국보육교사교육연합회 편(2006). 건강영양 및 안전 아동영양학. 형설출판사.

이상일 · 최혜미(2002). 영유아 영양. 교문사.

이연숙 외(2006). 생애주기영양학 개정판. 교문사.

이자형 외(2005). 아동건강교육. 교문사.

이재연 외(2004). 보육시설 안전 · 영양관리 실태조사 및 정책대안 연구(연구보고 2004-66). 여성부.

장유경 외(2007). 기초영양학 개정판. 교문사.

전국보육교사교육협의회(2006). 아동안전관리. 형설출판사.

최혜미 외(2003). 21세기 영양학. 교문사.

최혜미 외(2007). 21세기 영양학원리 개정판. 교문사.

한국영양학회(2005). 한국인 영양섭취기준.

Kretchmer, N. & Zimmerman M.(1997), Developmental Nutrition. Allyn & Bacon.

Lynn R.Marotz, Marie Z. Cross, Jeanettia M. Rush.(2001). Health, Safety, and Nutrition for young child, 5th ed. Delmar.

主婦の友社(2007). 赤ちゃんの食べていいもの悪いもの 新版. 主婦の友社.

웹사이트

(사)대한응급구조사협회 http://www.emt.or.kr/

(사)어린이도서연구회 http://www.childbook.org/new2/

(재)한국보육진흥원 한국보육진흥원 평가인증국(보육시설 평가 인증) http://www.kcpi.or.kr/

(재)한국보육진흥원 http://www.kcac21.or.kr

공동육아와 공동체 교육 http://www.gongdong.or.kr/

교육과학기술부 http://www.mest.go.kr/

구로사이버보육센터 http://kids.guro.go.kr/
국가법령정보센터 http://www.law.go.kr
국립농산물품질관리원 http://www.naqs.go.kr
농림수산식품부 http://www.maf.go.kr
농산물이력정보추적 http://farm2table.kr
농식품안전정보서비스 http://foodsafety.go.kr/
다누리(다문화가정지원센터) http://liveinkorea.mogef.go.kr/changelocale.do
대한적십자사 http://www.redcross.or.kr/
대한치과의사협회 http://www.kda.or.kr/kda
맘스쿨 http://www.momschool.co.kr/
보건복지부 http://www.mw.go.kr/front/index.jsp
보육통합정보시스템 http://cpms.childcare.go.kr/
서울시 치과의사회 http://www.sda.or.kr/
서울특별시 보육포털시스템 http://iseoul.seoul.go.kr/
서울특별시 보육정보센터 http://seoul.childcare.go.kr/
서울특별시 유아교육진흥원 http://www.seoul-i.go.kr/main/main.asp
서울특별시 학교보건진흥원 http://www.bogun.seoul.kr/
성주군 농촌보육정보센터 http://www.sjeducenter.org/
쇠고기이력정보추적 http://www.mtrace.go.kr
수산물이력정보추적 http://www.fishtrace.go.kr/
식 · 의약품종합정보서비스 http://kifda.kfda.go.kr/
식중독예방 대국민홍보사이트 http://fm.kfda.go.kr
식중독통계시스템 http://e-stat.kfda.go.kr
식품안전정보서비스 http://www.foodnara.go.kr
식품안전정보센터 http://www.foodinfo.or.kr
식품의약품안전청 영양평가과 http://nutrition.kfda.go.kr
식품의약품안전청 http://www.kfda.go.kr/
식품이력관리정보제공웹사이트 http://www.tfood.go.kr
어린이 건강메뉴 http://kidmenu.kfda.go.kr
어린이 먹거리 안전 2010 어린이 건강메뉴 http://kidmenu.kfda.go.kr
어린이 식생활교육 프로그램 http://kids_nutri.khidi.or.kr/
영양 보육정보센터 http://www.ysbo.kr/
영양표시정보 http://nutrition.kfda.go.kr/

참고문헌

우수식품정보시스템 http://www.goodfood.go.kr
인증마크 http://www.greenbobsang.co.kr/info/info_01.html
전국장애아동보육시설협의회 http://www.kaedac.or.kr/default/index.php
중앙보육정보센터 http://central.childcare.go.kr
질병관리본부 http://www.cdc.go.kr
친환경농산물정보시스템 http://www.enviagro.go.kr
한국보건산업진흥원 http://www.khidi.or.kr/
한국보육교사회 http://www.kdta.or.kr/
한국보육시설연합회 http://www.koreaeducare.or.kr/
한국보육진흥원 평가인증국(보육시설 평가인증) https://www.kcac21.or.kr/index.do
한국생활안전연합 http://www.safia.org/
한국통합교육연구회 http://www.inclusion.co.kr/

관련 법령

농수산물의 원산지 표기에 대한 법률 시행령, 시행규칙(2010. 8. 5)
식품위생법(2010.1.19)
식품위생법 시행령(2010.3.19)
식품위생법 시행규칙(2010.7.1)
식품위생법 시행규칙(보건복지부령 제435호)
식품의약품안전청고시 제2007-69호(2007. 10. 19)
식품의약품안전청 고시 제2009-78호(2009.8.24)
어린이 식생활안전관리 특별법, 법률 제8943호(2008.3.21)
어린이 식생활안전관리 특별법, 법률 제9932호(2010.1.18.)
영유아보육법(2010.7.5)
영유아보육법 시행령(2010.7.9)
영유아보육법 시행규칙(2010.7.9)
유아교육법(2010.3.24)
유아교육법 시행령(2010.5.31)
유아교육법 시행규칙(2010.6.8)

찾아보기

저자 소개

송태희
배화여자대학 식품영양과 교수

곽현주
배화여자대학 유아교육과 교수

우인애
수원여자대학 외식산업과 교수

김용선
유한대학 식품영양과 겸임교수

이현옥
안양과학대학 식품영양과 교수

백성희
백석문화대학 간호과 교수

건강·영양 및 안전
아동영양과 건강교육

2010년 8월 30일 초판 발행
2014년 2월 19일 2쇄 발행

지은이 송태희 외
펴낸이 류제동
펴낸곳 ㈜교문사

전무이사 양계성
편집부장 모은영
책임편집 북큐브
디자인 황옥성
제작 김선형
영업 이진석 · 정용섭 · 송기윤

출력 현대미디어
인쇄 동화인쇄
제책 한진제본

우편번호 413-756
주소 경기도 파주시 교하읍 문발리
출판문화정보산업단지 536-2
전화 031-955-6111(代)
팩스 031-955-0955
등록 1960. 10. 28. 제406-2006-000035호

www.kyomunsa.co.kr
webmaster@kyomunsa.co.kr

ISBN 978-89-363-1076-9 (93590)

*잘못된 책은 바꿔 드립니다.
값 18,000원